國家圖書館出版品預行編目資料

會計學概要 / 杜榮瑞, 薛富井, 蔡彥卿, 林修葳著. -- 7 版. -- 臺北市：臺灣東華書局股份有限公司, 2022.02

568 面 ; 19x26 公分

ISBN 978-986-5522-90-2（平裝）

1. CST: 會計學

495.1　　　　　　　　　　111000571

會計學概要　第 7 版

著　　者	杜榮瑞・薛富井・蔡彥卿・林修葳
發 行 人	謝振環
出 版 者	臺灣東華書局股份有限公司
地　　址	臺北市重慶南路一段一四七號三樓
電　　話	(02) 2311-4027
傳　　真	(02) 2311-6615
劃撥帳號	00064813
網　　址	www.tunghua.com.tw
讀者服務	service@tunghua.com.tw

2028 27 26 25 24 HJ 8 7 6 5 4 3

ISBN　　978-986-5522-90-2

版權所有・翻印必究　　　　圖片來源：www.shutterstock.com

作者簡介

杜榮瑞
美國明尼蘇達大學博士,主修會計
國立臺灣大學名譽教授
現任東海大學會計學系教授

薛富井
美國喬治華盛頓大學博士,主修會計
現任國立臺北大學會計學系教授

蔡彥卿
美國加州大學(洛杉磯校區)博士,主修會計
現任國立臺灣大學會計學系教授

林修葳
美國史丹佛大學博士,主修會計
現任國立臺灣大學國際企業學系教授

七版序

　　《會計學概要》一書自出版至今，已進入第七版，承蒙許多學界與實務界先進及讀者的支持與愛護，採用作為教科書或自修讀本，也提供許多寶貴意見，讓這本書更加趨近完美，謹此致謝。

　　自第六版出版以後，雖然沒有新的 IFRS 生效適用，然而基於持續改善的原則，以及回應讀者之意見，在第七版中，我們作了修改。

　　茲將我們在第七版所作的主要變動與更新，簡要說明如下：

一、第 1 章（企業與會計）、第 3 章（借貸法則、分錄與過帳）及第 4 章（調整分錄、結帳分錄與會計循環）

對於部分章節章首故事、「會計部落格」與「會計好簡單」專欄，作了更新。

二、第 6 章（存貨）

對於章首故事、「會計部落格」專欄加以增修或更新。

三、第 7 章（現金與應收款項）

應收帳款之減損評估，依 IFRS 9「金融工具」採用「預期信用損失模式」重新撰寫，且對於應收帳款之評價，特別提到變動對價，說明其對於企業預期可收取對價之影響。

四、第 10 章（不動產、廠房及設備與遞耗資產）

不動產、廠房及設備的後續資本支出，特別是部分重置的概念，有更詳細的說明與釋例之解析。

五、第 11 章（權益）

納入新興或近日開始流行的激勵員工工具，如限制員工權利新股，該制度已成為半導體業重要的留才措施。

六、第 12 章（負債）

負債準備衡量之說明，以更詳盡之釋例，說明有關大量母體或單一義務之最佳估計概念。同時，有關公司債發行之會計處理，回復至總額法之概念，另立折價或溢價項目，更方便教師教學與學生學習。

七、第 13 章（現金流量表）

對於章首故事、「會計部落格」專欄作了更新，並新增習題。

八、其他

除了更換部分實際公司的案例外，另將原有實際案例之相關財務報表數據加以更新，對於部分受變種病毒疫情影響顯著之企業，本書提供其 2021 年前半之資料。

與上一版相同，第七版有許多習題，亦附有解答，另亦備有題庫與教學投影片等配件。供使用本書的教師作為命題與準備教材輔助。

這些更新及變動的原由均與我們寫這本書的初衷一致，希望本書有助於讓會計更生活化，讓學習會計更有親切感。本書能夠如期出版，首先應感謝東華書局的同仁之支持與鼓勵，尤其是編輯部同仁的配合與幫忙，發揮高度的專業精神。最後要感謝我們的家人，他們的支持讓我們能放心投入。尚祈讀者先進不吝賜教，以匡不逮。

杜榮瑞　薛富井
蔡彥卿　林修葳　謹識

2022 年 1 月

原　序

　　有人說：「學術研究之深層境界，皆以數學相通。」我們想加兩句：「一切著述，其最高境界，在能與讀者心靈相通。」少年時愛看的舊小說、外文小說，今天我們所閱讀的一流期刊學術論文、以至於所使用的教科書，其勝出之處不在五味雜陳，而在能與讀者心靈相通。這是我們的衷心期望。

　　年輕會計老師常說：「我竭盡腦汁想教好這科，但不知道學生能否體會我的心？」要回答這問題，或許只有引用腓特烈大帝的話：「我為人民所做的一切、我抱持的耐心、細心，不需要眾人知道。」畢竟，沒有接觸過企業環境的年輕朋友，是否能夠體會甚麼是備抵呆帳、應付公司債、普通股票呢？會計老師所需要的耐心與細心，不是言語所能形容。希望這本書既能幫忙年輕朋友學習會計學，也能幫忙老師教授會計學。

　　會計學真的是一門有用、有意思的課程。作老師的，總迫不及待要把知識、經驗傳給學生，會計像是商業概論，是中世紀以來錘鍊再三的寶貴學問，希望同學有看武俠小說那樣的堅實豪情，像讀言情作品所保有「然後呢？」的好奇與期盼。

　　我們密集討論怎樣的情節、編排能夠讓同學感覺興趣？怎樣能夠諧而不謔、輕鬆而不失格？怎樣的安排，能夠鼓勵邊學邊做？我們試著以「國際瞭望台」、「給我報報」等方塊，補充會計領域的新發展、會計與財經小常識。我們也經常斟酌：怎麼樣安排段落文字，讓會計學輕鬆些。年輕時很佩服翻譯家能夠想出像多瑙河、翡冷翠等引人入勝的文字，一旦自己有機會讓文字在筆下轉動，我們也不讓釋例裡的公司名稱，局限於忠孝公司、仁愛企業，不讓各個篇章，淪為講義。

我們也試著以「動動腦」、「中場練功」與「大功告成」等專欄，鼓勵初學者勇敢嘗試解決問題，從中鍛鍊實作能力。我們在書的邊欄彙總名詞與觀念，提醒初學者隨時整理思緒，作為繼續閱讀的良好基礎。

　　四個人合寫的書，規模雖不如管弦樂團的演出，但組成與歷程上，極為相似；培養默契，更不可缺。我們努力讓不同樂器發揮特色，花費功夫整合成一體。為了默契，我們在週四的夜晚聚會，背景音樂有時是德布西的月光，有時是貝多芬的英雄。

　　本書能順利付梓，首先要感謝東華書局董事長卓鑫淼先生的全力支持；李潤之與金再興二位先生的殷切催促，他們未列名作者，但實為本書的策畫人，與他們每週四的腦力激盪，至今難忘。感謝養育我們的父母，他們的辛苦使我們有接受更進階教育的機會，也要感謝家人對我們的寬容與支持，使我們能放心投入而無後顧之憂。同時要感謝在我們成長與學習階段，給予我們啟蒙與鼓勵的師長。我們選擇教育與研究的生涯，乃至如今仍能保有最初的熱情與真誠，受他們的影響甚深。我們也很慶幸得到許多同事的協助與關照，啟發了不少寫作的靈感。最後我們感謝劉雅芳、林千惠、譚傳庚以及東華編審部同仁，尤其是劉玉梅與周曉慧的鼎力協助，讓本書生色不少。尚祈讀者先進賜教，以匡不逮。

杜榮瑞　薛富井
蔡彥卿　林修葳　謹識

2005 年 8 月

目 錄

01 企業與會計　2

1.1　企業之利害關係人　4
1.2　利害關係人與企業間以及利害關係人之間的關係　6
1.3　會計與企業之關係　12
1.4　會計之角色：從「家管」到「評價」　13
1.5　會計與倫理　14
1.6　財務報表　15
1.7　一般公認會計原則　20
1.8　相關的會計權威團體　27
1.9　國際財務報導準則：從接軌到採用　32

02 從會計恆等式到財務報表　44

2.1　以會計恆等式記錄交易以及編製資產負債表　46
2.2　以會計恆等式記錄收入與費用相關事件以及編製綜合損益表　52
2.3　權益變動表　58
2.4　彙總會計恆等式記帳並編製財務報表的程序　65

03 借貸法則、分錄與過帳　80

3.1　會計項目與借貸法則　82
3.2　會計分錄與過帳：日記簿與分類帳　88
3.3　試算表　98
3.4　會計項目表　99

04 調整分錄、結帳分錄與會計循環　　120

4.1　會計期間假設與收入認列條件　　122
4.2　調整分錄　　125
4.3　結帳分錄　　150
4.4　會計循環　　160
　　附錄　工作底稿　　168

05 買賣業會計與存貨會計處理 - 永續盤存制　　186

5.1　服務業與買賣業之營業週期　　188
5.2　買賣業商品的買賣程序　　189
5.3　商品買賣的會計處理—永續盤存制　　190
5.4　買賣業之會計循環　　204
5.5　分類式資產負債表以及單站式與多站式綜合損益表　　209

06 存　貨　　234

6.1　存貨之意義　　236
6.2　存貨制度的會計處理　　237
6.3　存貨之成本公式　　242
6.4　存貨之後續評價—成本與淨變現價值孰低　　251
6.5　存貨評價錯誤的影響　　253
6.6　以毛利率法估計期末存貨　　255
6.7　存貨與財務報表分析　　257

07 現金與應收款項　　270

7.1　現金之內容與重要性　　272
7.2　零用金制度　　275
7.3　銀行存款調節表　　278

7.4	應收款項之意義及產生	283
7.5	應收帳款之認列	283
7.6	應收帳款之評價―預期損失模式	285
7.7	應收帳款之評價―變動對價	291
7.8	應收票據之會計處理	292
7.9	應收帳款與財務報表分析	297

08 不動產、廠房及設備與遞耗資產　　308

8.1	不動產、廠房及設備之定義	310
8.2	不動產、廠房及設備之特性與成本之決定	310
8.3	不動產、廠房及設備成本的分攤	315
8.4	不動產、廠房及設備的後續支出	328
8.5	不動產、廠房及設備的處分	330
8.6	遞耗資產的會計處理	332
附錄	資產減損的會計處理	335

09 負　債　　348

9.1	負債之意義	350
9.2	確定性的流動負債	350
9.3	負債準備與或有負債	357
9.4	非流動負債	362
附錄	現值的觀念與公司債的發行價格	373

10 無形資產、投資性不動產、生物資產與農產品　　388

10.1	無形資產的會計處理	390
10.2	投資性不動產	397
10.3	生物資產與農產品之定義	402

11 權　益　428

11.1 公司概念與權益　430
11.2 普通股與特別股之權利　431
11.3 投入資本中的股本　435
11.4 資本公積　438
11.5 保留盈餘　439
11.6 現金股利與股票股利　443
11.7 其他權益項目　445
11.8 庫藏股票　446
11.9 公司獲利能力評估　449
附錄　合夥人權益　454

12 投　資　468

12.1 貨幣市場及資本市場的投資標的　470
12.2 金融資產在會計上的分類　471
12.3 債務工具之投資　472
12.4 權益工具（股票）投資　484
12.5 債務工具投資之減損　489
12.6 權益法評價之長期股權投資　498
12.7 合併財務報表　501

13 現金流量表　514

13.1 現金流量表的功能與約當現金的意義　516
13.2 營業活動之現金流量　520
13.3 投資活動之現金流量　532
13.4 籌資活動之現金流量　534

中英索引　548

01 企業與會計

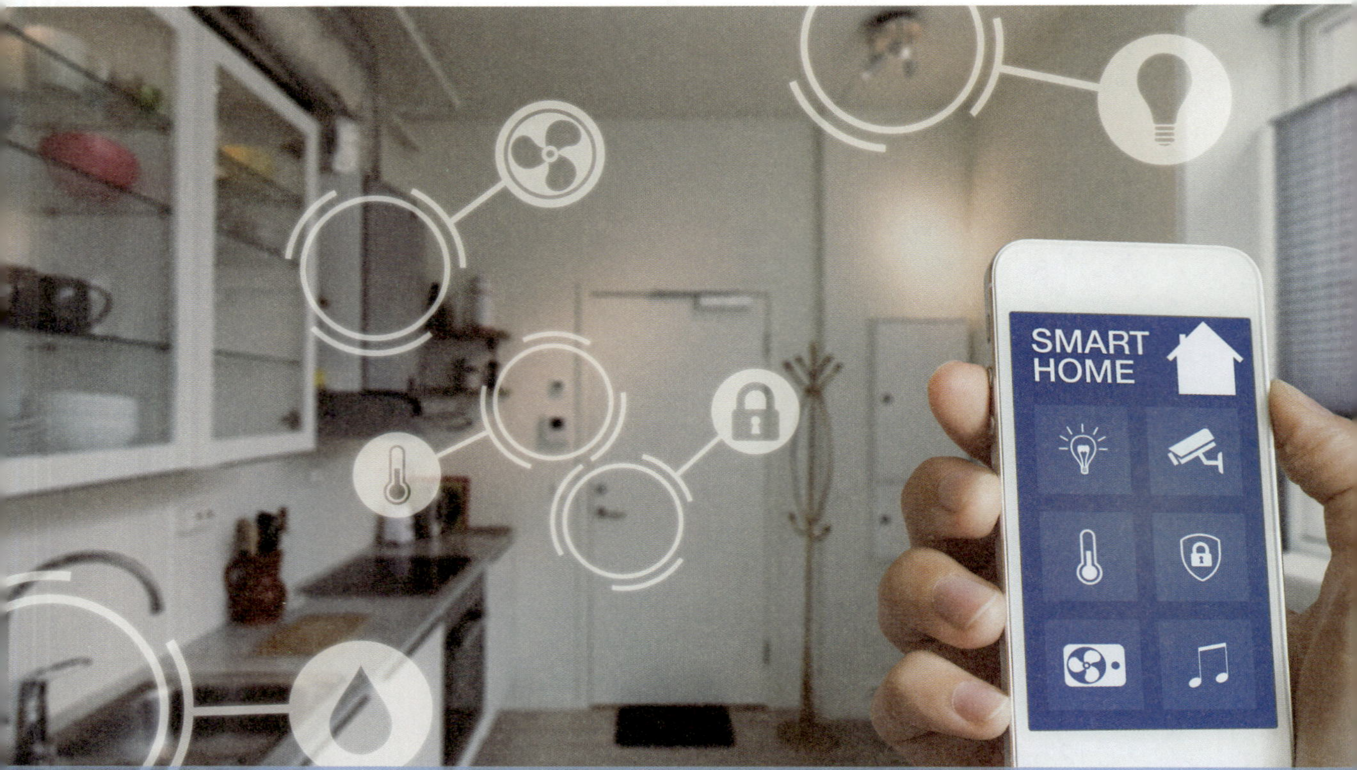

objectives

研讀本章後,預期可以了解:

- 企業的組織型態為何?
- 企業的利害關係人為何?
- 上述利害關係人與企業之關係為何?利害關係人彼此間之關係又為何?
- 會計在企業與上述利害關係人之間,以及利害關係人彼此之間的交易活動中,所扮演的功能為何?
- 會計的定義為何?
- 財務報表的內容包括哪些?
- 何謂會計恆等式?
- 何謂一般公認會計原則?
- 與會計有關的學術或專業團體有哪些?

近10年來，人工智慧（Artificial Intelligence; AI）再度引起大家的關注與興趣，如同任何新科技的興起，各行各業也對人工智慧充滿期待，希望能幫忙解決問題，預測未知，甚至利用人工智慧帶來商機。

人工智慧的發展不是一蹴而就，而是經歷大約60年的跌跌撞撞，前仆後繼，纔有現在的樣貌，如今雖有很大的進展，仍不斷的精進中。第一波的人工智慧，可以回溯至1950年代，當時的電腦科學家、腦神經科學家，及語言學家等學者滿懷願景，思考用什麼方法，使電腦模擬人類的思考，讓電腦像人類的大腦一樣能與人溝通，能做判斷，這麼高的期待，後來落空。原因之一，連人類都還沒辦法清晰理解自己的思考過程，如何能將人類的語言脈絡與思考過程，用具體的電腦程式表達出來呢？

儘管面對第一波的挫敗，仍有一羣勇於逐夢，鍥而不捨的學者不願放棄，於是在1970年代開始，並在1980年代流行的專家系統（Expert Systems）的出現，代表了第二波的人工智慧。相較於第一波，第二波的野心變小了，只想讓電腦學會按照人類定義好的規則來做決策，這一波的人工智慧，也就是說專家系統，也曾經商業化；但自1990年代起，逐漸失去產業界，乃至學術界的興趣，因有些問題，連人類都無法處理，即使能夠處理，也無法字正腔圓的說出決策的規則，也就是說，人們會做卻說不出所以然來。第一波與第二波的人工智慧共同處，在於依賴領域專家，但這種取向的人工智慧，似乎行不通。

第三波的人工智慧，可以追溯至2010年甚至更早。利用深度學習，配合圖形處理器的運算速度，藉由大量數據（例如上萬甚至更多張的不同類別的照片）的訓練，讓機器學會分類，而深度學習（Deep Learning）竟可快速分類且錯誤率低，讓人驚豔，也重啟人們對人工智慧的熱潮，更使得人工智慧的發展，不僅止於學術界，產業界紛紛投入深度學習的研究與應用。

如今我們的生活經驗中，潛藏許多人工智慧的應用，當你回家時，有人幫你打開家門，輕聲細語的向你問候時，不必驚訝；無人車更是已在路上行駛；歌唱演藝的真假成分也變得模糊；在醫療診斷中，判讀X光片以分辨是否患肺結核，判讀心電圖以分辨是否心律不整的案例中，也都發現，利用深度學習的技術，獲得頗佳的正確率。

每一次的科技突破之際，都會出現預言家，彷彿是某些產業的末日博士，預測哪些產業或行業將因而蕭條或被取代。想當年電腦興起時，有人預言即將進入無紙張的時代，暗示與紙張有關的產業會走入末日，但這些產業，如今依然存在。人工智慧的再度興起，也開始有人預測，諸如會計，法律，甚至某些醫療人員將被取代，這些預言不一定成真，但提醒一件事，重複性高，可藉由大量數據分析與深度學習代勞的工作，將被取代，相反的，需要專業判斷的工作，將不易被取代，在會計學的學習過程中，不免遇到一些規則，但切記，絕大多數的規則或準則之背後，均有立論與邏輯，這正是專業判斷的重要基礎。

* 本文部分內容取材自陳昇瑋，溫怡玲著，2019，人工智慧在臺灣——產業轉型的契機與挑戰，臺北：天下雜誌股份有限公司。

本章架構

企業與會計

- **企業利害關係人**
  - 企業的組織型態
  - 利害關係人

- **利害關係人與企業間之關係**
  - 利害關係人之投入（貢獻）
  - 利害關係人之請求權

- **利害關係人彼此間之關係**
  - 自利動機
  - 均衡與控制

- **會計與企業的關係**
  - 會計之功能
  - 會計之定義

- **會計之角色**
  - 家管
  - 評價

- **會計與倫理**
  - 法律與倫理
  - 職業道德

- **財務報表的種類與內容**
  - 資產負債表
  - 綜合損益表
  - 現金流量表
  - 權益變動表

- **一般公認會計原則**
  - 假設
  - 限制
  - 品質特性
  - 會計基礎

- **會計權威團體**
  - 美國
    - 會計師協會
    - 財務會計準則理事會
    - 證券交易委員會
    - 其他
  - 國際會計準則理事會

- **採用國際財務報導準則**
  - 從IASC到IASB
  - 從接軌到採用
  - IFRS特色

> **學習目標 1**
> 了解企業的組織型態以及與企業往來之利害關係人
>
> 企業組織型態包括：
> 1. 獨資；2. 合夥；
> 3. 公司。

1.1 企業之利害關係人

與企業最直接的利害關係人當屬業主，業主如果只有一人，這個企業即屬**獨資**（proprietorship），兩人以上出資，即屬**合夥**（partnership），如果是一人以上的業主，並依公司法規定成立的企業，則屬**公司**（corporation; company）組織，其業主就是**股東**（shareholders; stockholders）。這些股東出資，交由**經理人**（managers）經營。企業成立初期可能由股東親自經營，此時即為**業主兼經理人**（owner-manager）的情形，蘋果電腦、微軟（Microsoft Corporation）與鴻海初期皆屬此一情形。但是，隨著企業業務的成長，所需資金便不是少數股東可以支應，因此，企業開始向更多的人籌措資金，這些人認購股份，繳付股款，從潛在投資人的身分，成為這個企業的**投資人**（investors），亦即新的股東。由於股東人數眾多，也可能分散全球各地，且多數各有其本身職業，無法親自經營，需委由專業經理人代為經營。企業除了長期發展需要資金外，為應付短期週轉，也需資金支應。資金籌措來源除前面提到的投資人（股東）外，也可以向銀行貸款，獲取資金，此時銀行成為這家企業的**債權人**（creditors）。

經理人利用股東與債權人提供之資金，購買或使用其他資源，包括人力與物力資源或各種服務。蘋果的研發工程師與微軟的程式設計師即為其主要的人力資源（員工），他們發揮創意，開發產品、設計程式，其他的**員工**（employees）則負責行銷、人事、財務、總務等方面的工作。有錢（資金）有人（員工）還不夠，企業需要向**供應商**（suppliers; vendors）購置（或租用）土地、廠房與設備，購入材料、原料、消耗品或服務等。經理人統籌配置資金、人力與物力，將之轉換成商品（或勞務），出售給**顧客**（customers），滿足顧客的需要。微軟的商品即為電腦與通訊軟體，其顧客則為企業、**政府**（government）、學校及個人等。由於企業的經營過程中，使用政

府提供的服務，包括國防、交通與安全設施及保護，因此，政府也是企業的利害關係人。

　　至此，我們討論的企業利害關係人，包括投資人（股東）、債權人、經理人、員工、供應商、顧客及政府。大家也許會感到好奇，為什麼投資人與債權人提供資金給企業，而他們本身又不親自經營該企業，他們為什麼放心？他們當初又如何決定提供資金？決定提供資金後，又如何獲知企業的一切狀況？這就牽涉到會計的角色。投資人與經理人間存在**資訊不對稱**（information asymmetry），經理人對於企業的現況與前景通常比投資人有較多的訊息與知識，因此，透過**財務報表**（financial statements），可將經理人所了解的情況告知投資人與債權人。一般而言，資金提供者會要求企業提供財務報表，以供他們評估企業某一時點的財務狀況、某一期間的經營績效，以及財務狀況變動情形。企業經理人基於籌資之需要，編製財務報表予以潛在投資人或債權人，若這些資金提供者評估可行，便會認購企業發行的股票或是貸放資金給企業，成為企業股東或債權人。之後，企業依當初協議，定期提供財務報表，若投資人覺得情況不如預期，可以在資本市場將所持有股票出售；若債權人覺得企業信用惡化，也可以依約做必要處理，包括要求提高借款利率或提前清償債務等。當然，若情況與預期類似，投資人或債權人繼續與這家企業往來。

　　因此，不論事前決策或事後控制，財務報表扮演極為重要的角色。但是，投資人或債權人可能還不放心，因為編製財務報表的人不是他們，而是經理人，經理人是否會忠實地將經營成果及財務狀況反映在財務報表上呢？降低這層疑慮的方式之一，乃是聘請獨立而稱職的第三者，針對經理人編製的財務報表加以查核，這個第三者乃是**外部審計人員**（external auditors）。外部審計人員經過一定的程序加以查核後，出具審計報告表示專業意見，如果所出具的意見為投資人或債權人所接受，上述疑慮將會降低。上述企業的利害關係人可用圖 1-1 表示。

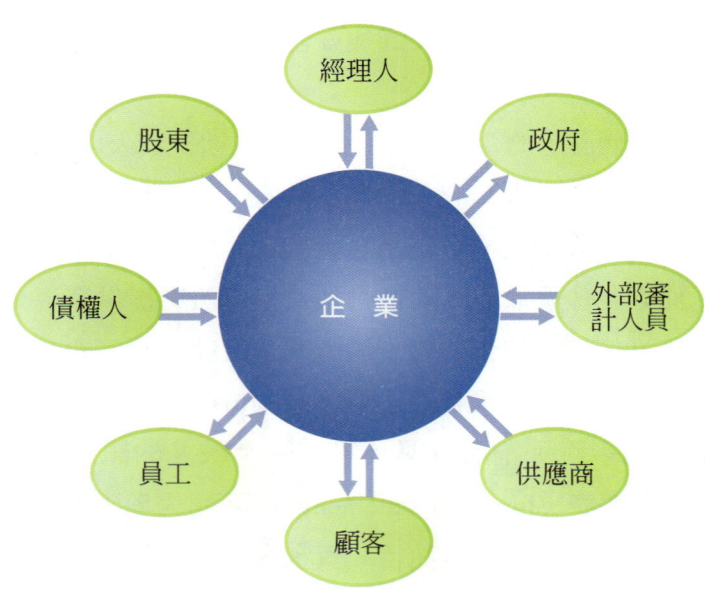

資料來源：S. Sunder 著，杜榮瑞、姜家訓、顏信輝譯，會計與控制系統，台北：遠流出版事業股份有限公司，2000 年，頁 28。

圖 1-1　企業及其利害關係人

會計好簡單

圖 1-1 裡的每位利害關係人與企業間的關係均以雙向箭頭表示，為什麼？

解析

因為每位利害關係人既對企業有貢獻，也有請求權。請參閱下一節的討論。

學習目標 2
了解利害關係人與企業的關係，以及利害關係人彼此間之關係

1.2　利害關係人與企業間以及利害關係人之間的關係

從上面所述可知，債權人貸放資金供企業經營與週轉之需，他們固然提供資金，他們的預期是什麼呢？他們向企業要求定期繳付**利息**（interest），作為回報。此外，債期屆滿，也向企業要回**本金**（principal）。例如：**台灣積體電路**製造股份有限公司於民國 109 年

3 月發行**公司債**（corporate bonds），在資本市場向債權人募得新台幣 240 億元，年**利率**（interest rate）0.58%，5 年到期。就這筆債務而言，每一年要支付現金新台幣 1.392 億元之利息，到了民國 114 年 3 月還要將新台幣 240 億元的本金還給這些債權人。

經理人為企業業主（即股東）經營，付出時間與心力，除了追求成就感外，期待收到薪資與獲得獎酬。獎酬高低往往視經理人是否達到預定目標而定，而且形式不一，有的企業除了給現金外，還給股票或**認股選擇權**（stock options）。微軟及一些科技業者即是利用認股選擇權激勵並留住好的經理人，言明在一定時間（如 3 年）後，經理人可以按事先約定的價格認購企業的股票。基於追求自利的動機，經理人會努力拚業績，並希望 3 年後股價遠在該約定的價格之上，此時行使該股票選擇權對他們而言，有很大的利益，同時，企業的股東也因所持有的股票價格上漲而享受企業業績蒸蒸日上之好處。台灣的高科技產業為了吸引經理人，甚至是員工，發放股票給經理人或員工，由經理人或員工無償取得。員工受僱於企業，付出時間，提供心力或勞力，他們期待收到薪資與獎酬，有時薪資係按工作時間給付，大部分則是按月給一定金額，至於獎酬則看企業經營成果與員工表現而定。對高科技產業言，人力資源極為重要，因此為使員工的利益與股東的利益一致，會給予重要的員工認股選擇權作為獎酬，如**微軟**即是；或是藉由員工分紅給予員工股票，如設廠於台灣新竹科學園區的公司，包括**聯華電子**股份有限公司、台灣積體電路製造股份有限公司（以下簡稱**聯電**、**台積電**）等。

供應商提供原（物）料、零組件、商品、機器、設備、廠房、土地、消耗用品或服務給予企業，供應商期待的是收到帳款，企業必須依約繳付給供應商。顧客支付帳款給企業，期待企業提供商品或勞務，企業提供商品外，尚負擔潛在的責任，例如 2003 年 7 月，美國加州舊金山高等法院判決台灣某食品公司須賠償 5,000 萬美元，因為顧客控告該公司未標示警告而不慎吞食商品導致意外。又如家電業者或自行車業者提供顧客免費的保固服務，此時企業不僅須支付商品給顧客，而且在售後一定期間內甚至終身對顧客負有依

約保固的責任。政府提供國防、安全與交通等設施，使企業可以順利經營，因此政府向企業徵收營利事業所得稅等稅捐。會計師或外部審計人員提供審計服務予企業，因此向企業收取審計公費。

從上面說明可知，債權人、經理人、員工、供應商、政府、外部審計人員提供人力、物力或財力，有權獲得企業的回報，而股東或投資人不也是提供財力（資金），為什麼沒有提到他們該有的回報呢？是不是作為股東就沒有回報？當然不是。一般而言，股東的回報是上述利害關係人應得的回報均計算完後，若有剩餘，再將剩餘的利益分配給股東，因此股東是企業剩餘利益的請求者，企業通常

會計部落格

代理理論、「肥貓」與經理人薪酬揭露

投資人購買企業的股票，成為其股東，卻又無法親自經營，而委由經理人代為經營，這種股東－經理人關係乃是經濟學**代理理論**（agency theory）的代理關係之一。在代理關係中，股東為**主理人**（principal），經理人為**代理人**（agent），二者均追求自身利益，可是代理人對企業的了解多於主理人，主理人儘管花費一些監視成本，也無法百分之百監視代理人，為使代理人的決策能顧及主理人的利益，最好讓二者的利害關係一致。因此企業為了激勵經理人，給予經理人的激勵獎酬除了現金外，另給予股票或認股選擇權，言明在一定時間（如 3 年後），經理人可以按事先約定的價格認購該企業的股票，經理人基於追求自利的動機，會全力以赴，希望 3 年後的股價上漲至約定的行使價格之上，此時行使該認股選擇權對他們自然會有很大的利益。對股東而言，他們的利益也因所持有的股票價格上漲而增加。此種制度可留住優秀經理人或重要員工（以此例而言，至少 3 年），使經理人（員工）之利益與股東之利益趨於一致。依照這種設計，高階經理人的薪酬應與企業績效有正向關係，然而實證研究並未有一致的發現，甚至在 2007 年爆發金融海嘯以來，美國一些申請紓困的企業，其高階經理人依然坐領巨額薪酬，而有「肥貓」之譏。**美國財政部**的紓困計畫中，強烈要求申請紓困的企業必須「瘦貓」──消除過高的薪酬。

我國**金融監督管理委員會**（簡稱「**金管會**」）則要求上市、上櫃等公開發行公司於**年報**（annual report）揭露支付給經理人（含總經理與副總經理）、董事及監察人之薪酬，揭露方式可採：(1) 彙總配合級距，或 (2) 個別揭露姓名及酬金方式為之；但在某些情況下（如：最近年度虧損仍支付酬金者）應揭露個別董事及監察人之酬金。

透過**股利**（dividends）分配的形式回應股東之請求。例如：**統一超商**股份有限公司在民國 109 年分配的現金股利為每股新台幣 9 元。如果您當時持有 1,000 股，您有權獲得 9,000 元的股利。

　　由上面的討論可以知道，為什麼圖 1-1 裡的每一位利害關係人與企業間的關係均以雙向箭頭表示。值得注意的是，在圖 1-1 裡的利害關係人還可以再擴充。由於大多數的股東將經營權交給經理人，對日常營運乃至重大決策，並未親自處理，亦無法直接監督經理人，為了增進對股東權益之保障，我國公司法規定公司必須設置董事與監察人，前者成立董事會，依法令及股東會決議監督公司營運以及決定重大事項；後者則單獨行使職權，監督公司業務之執行及調查業務與財務狀況，包括董事會提出之各種表冊等。因此，在圖 1-1 中還可加入董事與監察人，作為企業的利害關係人。董事與監察人付出時間與心力，代替股東監督經理人，亦有其預期獲得的回報。雖然股東委由董事與監察人代為監督，但董事與監察人均是於股東會內由股東選任，且持有股份較多的股東擁有較多的選舉權，因此，一般而言，獲得持股較多的股東（俗稱「大股東」）支持的人選越容易當選為董事或監察人。相對而言，持股較少的股東

會計好簡單

　　請上統一超商網站（http://www.7-11.com.tw/）或公開資訊觀測站（http://mops.twse.com.tw/），查詢該公司民國 109 年分配的每股股利為多少？

　　由於盈餘分配在股東大會決議，而年度財務報表編製並經會計師查核後，已是下一年度了，因此在民國 109 年召開股東大會所決議者為 108 年度的盈餘分配。請上公開資訊觀測站（http://mops.twse.com.tw/）。在公司簡稱欄位內輸入統一超商（或股票代號：2912）。點選「股東會及股利」下的「股利分配情形」，並鍵入年度（本例為 109），可獲得民國 109 年分配民國 108 年的每股股利的資訊。根據該份報告，統一超商於民國 109 年 6 月 17 日，經股東常會決議通過，民國 109 年度分配現金股利每股 $9。

（俗稱「小股東」）所偏好的人選則不易擔任董事或監察人，於是可能形成大股東支配董事會，而疏於照顧甚至侵犯小股東的利益。另外，如果董事本身又兼經理人，也容易產生「球員兼裁判」而無法獨立行使董事職權，失去監督經理人的意義。近若干年來，由於國內外的企業弊案時有所聞，使得**公司治理**（corporate governance）的問題益受重視，對於設置獨立董事與獨立監察人的要求也日漸增加。公司的「獨立董事」或「獨立監察人」必須具備一定商業、法律與財務方面經驗與專門知識，而且不能為受僱於公司之員工，以及不能持股高於一定比例等。雖然我國企業設置監察人的制度行之已久，受到英、美公司治理實務的影響，我國證券交易法規定公開發行公司應擇一設置審計委員會或監察人，審計委員會成員必須為獨立董事，且人數不得少於三人，至少其中一人應具會計或財務專

曆年制 企業或其他組織為求及時了解其財務狀況與經營績效，必須劃分會計期間（通常以1年為一個會計年度），並編製財務報表。曆年制係指企業組織會計期間始於1月1日，終於12月31日。

會計部落格

年度財務報表出爐、股東會開會旺季與撞期及新冠肺炎之影響

依據證券交易法第36條第1項規定，公開發行公司必須於會計年度結束後3個月以內，公告上年度經會計師查核簽證、董事會通過及監察人承認的年度財務報告。由於我國公開發行公司大多採「**曆年制**」（calendar year）（每年1月1日為會計年度開始日，同年12月31日為結束日），故公開發行公司至遲需於3月31日公告並向主管機關申報。若未及時公告並申報，會受主管機關或台灣證券交易所或櫃檯買賣中心的處分。這些財務報表必須經股東大會承認，而公司法第170條第2項規定股東大會應於會計年度結束後6個月內召開，故每年的5、6月便成了股東會開會的「旺季」，且發生數家公司在同一天召開股東會的「撞期」現象。為了緩和撞期的問題，公司法第177條之1於民國101年1月4日公布修正，規定公司召開股東會時，得以書面或電子方式為行使表決權的方式，並授權證券主管機關依公司規模、股東人數等條件，強制上市、上櫃公司應將電子投票列為表決權行使方式之一。民國110年5月20日金融監督管理委員會因應新冠肺炎（原稱武漢肺炎）的嚴峻疫情，緊急宣布在6月30日前，上市櫃及興櫃公司停止召開股東會，但應於8月31日前召開完畢，受此影響的上類公司達1,931家。

長。證券交易法並授權金融監督管理委員會依企業規模與性質規定應設置審計委員會的企業；經多年之推動後，自民國 109 年 1 月 1 日起，所有上市（櫃）公司應設置審計委員會替代監察人。

除了企業之利害關係人與企業之間的關係外，各利害關係人之間也有相互之關係，絕大多數的情況下，彼此之間各依約定行事，但有時其中一方未按另一方的預期行事，而損及另一方利益。例如，股東聘請專業經理人，預期經理人會為股東謀求最大福利，若經理人未妥善經營管理甚至掏空企業的資產，固然短期而言使自己的經濟利益增加，卻犧牲了股東的福利，也毀了自己的聲譽，以及受到法律制裁。又如，外部審計人員為求自利，未獨立執行審計程序，出具不當的審計報告，誤導債權人的信用評估，致使貸放之本金與利息無法回收。著名的例子為美國**安隆事件**（Enron scandal），此案至少牽涉到經理人、股東、債權人、董事以及外部審計人員等利害關係人。

會計部落格

安隆事件

安隆事件乃是二十一世紀初所爆發的企業醜聞。**安隆公司**為一能源商，總部設於美國德州，為一家具有創意的公司，其企業**執行長**（chief executive officer, CEO）及**財務長**（chief financial officer, CFO）公布不實的財務報表，而負責查核簽證財務報表的會計師事務所——**安達信**（Arthur Anderson LLP）竟出具無保留意見的審計報告，事件爆發前，企業的執行長出售所持有的股份，而有內線交易之嫌。爆發後，股價大跌，使投資人、債權人與員工遭受極大損害，安隆公司的董事長、執行長與財務長被控以詐欺等多項罪名，前二者於 2006 年受審，而財務長則已於 2004 年承認有罪；安達信會計師事務所也因此遭法院起訴，而結束業務，使美國五大會計師事務所變為四大。有興趣之讀者可以參考：(1) Shyam Sunder 著，杜榮瑞、吳婉婷譯，「會計之崩潰：起因與對策」，會計研究月刊，2002 年，第 204 期，頁 32-42；(2) 薛富井與林千惠，「美國沙氏法案對會計師事務所與發行公司影響之探討」，會計研究月刊，2003 年，第 209 期，頁 102-130。

1.3　會計與企業之關係

學習目標 3
了解會計與企業之關係，以及會計之功能與定義

在第 1.1 節曾提到，企業為了籌措資金而提供經會計師查核簽證的財務報表，供潛在投資人或債權人評估，作成決定。投資人（股東）或債權人為了確保權益，也要求企業提供財務報表，使狀況獲得控制。易言之，會計對資金的流動，提供了協助利害關係人事前決策與事後控制的功能。事實上，生產要素不僅限於資金，尚包括勞力與土地（物力），均可做如是觀。

在第 1.2 節也提到每位利害關係人與企業間的相對關係，提供生產要素者，有權自企業獲得該有的回報，而使用企業提供的商品或勞務者，有義務付予企業現金或帳款。會計的功能之一乃是將生產要素提供者所提供的資源，以及他們應獲得的回報，加以認列、衡量與記錄。同樣地，對於企業提供予顧客的商品或勞務，以及應自顧客獲得之帳款，也加以認列、衡量與記錄。

上述的功能進一步促使生產要素的流通更為順暢。舉例言之，有了會計記錄及財務報表後，投資人或債權人明確知曉自己對某一企業的投入與請求權，例如：債權人可以知曉企業應付的利息有多少。投資大眾藉由評估企業所提供的資料，也可以決定是否成為它的股東。現有的股東也可決定是否繼續持有股票，繼續當它的股東。易言之，藉由會計，這些個人或組織可決定何時進入，何時退出股東或債權人行列，也促成資金在市場上的流動。經理人明瞭自己投入於企業之勞力外，會計記錄也計算經理人的業績及該有之薪資與獎酬，勞動市場的經理人也較易決定何時擇木而棲，何時離職他就，也促成勞力（經營才能）在市場的流動。另外，企業的經理人也藉由會計記錄與財務報表更易了解自己的經營績效，以及整個企業的財務狀況，作出較佳的資源配置決策，也可透過會計報表，了解部屬的投入與貢獻，給予相對的獎勵或處罰，甚至調整人力的配置。

綜上所述，會計所提供的功能包括：

1. 衡量與記錄每位利害關係人對企業的投入或貢獻。

會計之功能包括：
1. 衡量與記錄每位利害關係人對企業的投入或貢獻。
2. 衡量與記錄每位利害關係人對企業的請求權。
3. 協助企業經理人從事各生產要素的配置決策與控制。
4. 溝通上述資訊，促進各生產要素在市場的流動。
5. 協助維持各利害關係人間的平衡或控制狀態。

2. 衡量與記錄每位利害關係人對企業的請求權。
3. 協助企業經理人從事各生產要素的配置決策與控制。
4. 溝通上述資訊，促進各生產要素在市場的流動。
5. 協助維持各利害關係人間的平衡或控制狀態。

美國會計學會（American Accounting Association, 1966）對會計所做的定義如下：

> 「會計乃是對經濟資料的辨認、衡量與溝通之過程，以協助資訊使用者作審慎的判斷與決策。」[註1]

> **會計的定義** 會計乃是對經濟資料的辨認、衡量與溝通之過程，以協助資訊使用者作審慎的判斷與決策。

上述定義強調會計為一過程，在這個過程中，會計人員對經濟交易的結果，加以分析、辨識，進而認列、衡量，並且還要將這些資訊加以表達與揭露，讓人知曉並使用之，以使資訊使用者作出審慎的判斷與決策。從分析、辨識、認列、衡量、表達、揭露乃至讓人知曉與使用的過程中，每一個步驟均有可能影響資訊使用者的決策，從而影響他們的利益。例如延遲公布財務報表可能使投資人無法及時反應，錯失進場或退場時機，又如不按一定的規範編製財務報表，可能使債權人受到誤導而將資金貸借出去，乃至本金的回收遙遙無期。企業若能提供及時且可靠的資訊，有助於資訊使用者作成審慎決策，也有助於他們與企業之間的往來關係更加順暢。

1.4　會計之角色：從「家管」到「評價」

> **學習目標 4**
> 了解會計扮演的「家管」與「評價」角色

上一節所提到的會計功能，可以從另外的角度觀察。例如，第 1. 項與第 2. 項會計功能注重每位利害關係人的盡責程度及請求權。由於經理人對於企業的經營負有責任，透過財務報表，其他的利害關係人，尤其是股東，得以評估與監視經理人的績效，這種財務報表的功能或角色，稱之為「**家管**」（stewardship）。一旦監視與評估後，經理人以外的利害關係人（尤其是股東）得以作出決策，包括經理人的獎酬，甚至經理人的去留。至於第 4. 項與第 5. 項功能

1　Committee to Prepare a Statement of Basic Accounting Theory, *A Statement of Basic Accounting Theory* (Evanston, Ill: AAA, 1966), p. 1.

則注重既有的利害關係人與潛在的利害關係人藉由財務報表評估企業的價值，進一步作成決策，包括新增對企業的投資或貸款、繼續持有或出售原有投資或債權。這種財務報表的功能或角色稱為**評價**（valuation），財務報表使用者利用會計資訊預測企業未來可能產生的**現金流量**（cash flows），並經一定程序後評估企業的價值。不論是家管或評價的角色，會計的最終目的均是提供決策有用（decision usefulness）的資訊。

雖然「家管」與「評價」均是促成會計資訊決策有用性的功能，但會計思潮與實務，則越來越重視資產與負債的評價，而且幾乎所有的資產與負債均是按**公允價值**（fair value）評價。例如，若甲公司期初以每股 $4,000 買入**大立光**股份 1,000 股，持續持有且期末收盤價漲到每股 $4,300，則在期末當天應以每股 $4,300 評價，而不是依期初購入的成本 $4,000 評價。因為每股 $4,000 為**歷史成本**（historical cost），而非期末那一天的公允價值。反之，若期末收盤價下跌到每股 $3,800，則期末應以 $3,800 作為該日之公允價值。至於期末將股票投資的金額調到期末的公允價值所發生的價差，該如何處理，在以後的章節會進一步說明。初學者可能不易領略，請不必氣餒，讀完本書後再回過來閱讀本節，當更可體會。

1.5　會計與倫理

學習目標 5
了解會計人員的道德價值對經濟社會的重要性

會計人員能否促成上述的會計功能，取決的因素很多，但會計人員的操守、知識與技能無疑是非常重要的因素，另外，企業經理人與外部審計人員的操守與能力，以及會計資訊使用者的素質也會影響上述功能的達成。2001 年的安隆事件乃至 2007 年爆發的全球金融危機，一再測試法令與管制的極限，這些事件都起源於立法與司法堪稱完備的國家，然而過度強調法令與管制的同時，倫理與道德卻被忽略，甚至被認為空談。殊不知在欠缺道德或倫理意識的社會裡，法令與管制並無法確保個人的自由與社會的秩序。由於會計在經濟社會所扮演的角色極為重要，會計人員以及外部審計

人員的道德與操守不容忽視。有鑑於此，會計或審計專業團體，如美國的**管理會計人員協會**（Institute of Management Accountants, IMA），以及**美國會計師協會**（American Institute of Certified Public Accountants, AICPA），甚至**國際會計師聯盟**（International Federation of Accountants, IFAC），均訂有職業道德規範，約束其會員，以免玷辱專業，而危害社會。例如，IMA 對於「倫理」的定義為：廣義而言，倫理涉及個人行為中，道德上的好壞與對錯；倫理乃是將誠實、公正、負責、敬業與同理心等價值應用於日常決策上。IMA 的最高倫理原則包括：誠實、公正、客觀及負責，而其倫理準則包括：稱職、守密、正直與可信。這些原則與準則可以幫忙會計人員面對公事與私誼，以及公司與社會等衝突時，作出合宜的決定。尤其在評價的角色越受重視的今天，企業價值的評估往往繫乎一心。

1.6　財務報表

> **學習目標 6**
> 了解財務報表之種類與內容

　　企業經理人為了便於經營，建立各種制度，其中包括會計制度，用以規範企業的會計處理方式與程序，會計人員基於會計制度及所建置的**會計資訊系統**（accounting information systems），將企業的交易事項，加以衡量與記錄。由於日常交易繁多，序時記錄如同流水帳，不易查詢資料，為了方便立即查詢，再將序時記錄加以分類，乃至彙總成**財務報表**（financial statements）或**管理報表**（managerial accounting reports）。一般而言，財務報表除了提供給經理人外，也提供給其他利害關係人如債權人或投資人等，作為他們決定進入或離開企業利害關係人行列的依據，這種資訊稱之為**財務會計**（financial accounting）資訊。而管理報表僅提供給企業經理人作為決策與控制之用，這種資訊稱之為**管理會計**（management accounting; managerial accounting）資訊。

　　財務報表一般包括**資產負債表**（balance sheet）、**綜合損益表**（statement of comprehensive income）、**現金流量表**（statement of cash flows），以及**權益變動表**（statement of equity），這些報表的附

> **財務報表**　包括資產負債表、綜合損益表、現金流量表、權益變動表以及它們的附表與附註揭露。
>
> **資產負債表**　係表達一個企業在某一時點的財務狀況，包括有多少資產、負債及權益。
>
> **綜合損益表**　報導一個企業在某一段期間內的當期損益以及當期的其他綜合損益，並將二者之合計數（即以綜合損益）加以表達。

表及附註揭露均是財務報表的一部分。其中資產負債表又稱**財務狀況表**（statement of financial position），我國翻譯之正體中文版國際財務報導準則係翻譯為財務狀況表，而金管會公布之財務報告編製準則中，則仍稱為資產負債表。本書後續均以金管會規定為準，使用資產負債表一詞，因為公司公告之財務報表均須遵循財務報告編製準則之規定。

知名的*鴻海精密*股份有限公司一開始由創辦人郭台銘籌資 10 萬元成立，此時的*鴻海*擁有創辦人投入之現金，這些現金就是*鴻海*的一項**資產**（assets），它代表*鴻海*可以控制的資源，這項資源係由創辦人所投入（過去的交易），且預期*鴻海*可因利用這個資源產生經濟效益。既然是業主所投入的，因此它屬於業主的權益，以**權益**（equity）稱之。亦即資產＝權益，因為此時*鴻海*的資產有 $10 萬，權益亦為 $10 萬。若使用現金 $9 萬購置辦公設備，此時現金減少 $9 萬，辦公設備增加 $9 萬，但資產總額不變，因為這些現金與辦公設備均是這個企業可控制且對企業未來具有經濟效益。資產總額與權益總額均未改變，只是資產內容或結構改變。隨著業務的需要，若*鴻海*向銀行貸款 $20 萬，此時現金會增加 $20 萬，但同時也增加了**負債**（liabilities）$20 萬，代表*鴻海*之既有義務，這個義務係由於向銀行貸借（過去交易）而來，且預期將來清償時將產生現金（經濟資源）的流出，因為*鴻海*未來有義務依約清償 $20 萬。於是，資產總額變為 $30（即 $10 ＋ $20）萬元，負債變為 $20 萬，權益為 $10 萬，可知：

資產＝負債＋權益

此一方程式稱之**會計恆等式**或**會計方程式**（accounting equation）。它代表企業的資產來自業主（股東）的貢獻，以及來自債權人的資金融通，由於業主乃企業之所有主，因此來自業主（股東）的資金一般稱為**自有資金**，而來自債權人的資金，則稱為**外來資金**。自有資金與外來資金的相對比例，代表一個企業的財務結構。例如*台積電* 民國 108 年 12 月 31 日資產總額為 $22,648 億，負債總額為 $6,427

資產 係企業所控制之資源，該資源係過去交易事項所產生，且預期未來可為企業產生經濟效益的流入。

權益 係指企業之資產扣除其所有負債後之剩餘權益。

負債 係指企業之既有義務，該義務係由過去交易事項所產生，且預期未來清償時將產生經濟資源之流出。

會計恆等式或會計方程式
資產＝負債＋權益

會計好簡單

聯發科公司民國 108 年底的資產負債表顯示資產總額為 $4,587 億，負債總額為 $1,443 億，則聯發科民國 108 年底的權益為多少？

$$資產 = 負債 + 權益$$
$$權益 = 資產\ \$4,587\ 億 - 負債\ \$1,443\ 億$$
$$= \$3,144\ 億$$

億，負債占資產的 28%；同日，中鋼資產總額為 $6,666 億，負債總額為 $3,344 億，負債占資產的 50%。由會計恆等式也可得知：

$$資產 - 負債 = 權益$$

上式代表業主（股東）乃是企業剩餘資產之分配者，另外，資產減負債的差額也代表企業的**淨資產**（net assets）或稱**淨值**（net worth）。例如，台積電 108 年 12 月 31 日淨值為 $16,221 億（即 $22,648 億 - $6,427 億）。資產負債表之內容即反映會計恆等式的意涵，該報表表達一個企業在某一時點的財務狀況，包括有多少資產、負債及權益。

企業將其商品出售並交付予顧客，以產生**收入**（revenue），然而在產生收入的過程中，企業也發生許多**費用**（expenses），包括原先自供應商購入而後再銷售出去的商品之成本（一般稱為**銷貨成本**，cost of goods sold）、薪資、廣告費、水費、電費、電話費與政府的各項稅捐等。有時候，企業會處理一些廠房及設備，若出售所得的價款高過帳面上的價值時，便產生了**利益**（gain），例如長榮海運公司民國 108 年度處分不動產、廠房及設備的利益約為 $4 億。反之，則有**損失**（loss），例如遠傳公司民國 108 年度發生處分不動產、廠房及設備損失約 $8 億。**收益**包括收入與利益，代表在某一期間內企業所增加的經濟效益。費用與損失合稱**費損**，代表在某一期間內企業所減少的經濟效益。收益總額與費損總額二者之差額代

> 收益與費損之差額為淨利（純益）或淨損（純損）。代表企業在某一期間之經營績效。

會計好簡單

以生產捷安特（GIANT）腳踏車聞名國際的國內上市公司**巨大機械**，民國 108 年度之收益總額為 $63,527 百萬，費損總額為 $59,932 百萬，則該年度巨大機械之淨利為何？

淨利＝收益總額－費損總額
　　＝ $63,527 百萬－ $59,932 百萬
　　＝ $3,595 百萬

表經理人的經營成果或績效，若所有收益大於所有費損，代表**淨利**（net income）或稱**純益**或**盈餘**。反之為**淨損**（net loss），或稱**純損**或**虧損**。例如，**華碩**民國 108 年的收益總額為 $359,184 百萬，費損總額為 $346,169 百萬，因此當年度淨利為 $13,015 百萬。

綜合損益表所包括的要素為收入、利益、費用與損失，這些要素的金額相加、減後，即為淨利（或淨損），代表某段期間的經營績效。有時候，企業在某一期間購買其他上市或上櫃公司的股票，作為投資，並打算短線進出，作為**交易目的用**（trading），冀能賺取價差。例如，企業在期末前數日以 $100 萬的成本購買**宸鴻**股票，在期末尚未賣出，但股價已漲到 $105 萬，此時 $105 萬為這些股票在期末當天的**公允價值**（fair value），應將之調整到 $105 萬；雖然股票尚未賣出，但應承認 $5 萬的利益；反之，當跌到 $95 萬，則應調到當天的公允價值 $95 萬並承認 $5 萬的損失。無論利益與損失均應承認，因為這項投資係交易目的用，即使期末當天尚未賣出，很有可能在極短期間內就會出售，只差執行交易的動作。但是若企業購買這些股票並不作為交易目的，並不積極短線進出，在期末當天仍須將這些投資的金額調到 $105 萬（或 $95 萬）的公允價值，但這個價差不得承認為當期利益（或損失），而應作為**其他綜合損益**（other comprehensive income）的一部分（屬於「權益」）。除了上述由於期末按公允價值評價造成之價差作為其他綜合損益外，

尚有其他項目亦應作為其他綜合損益，在以後相關章節會逐一討論。

損益表只包含當期損益；綜合損益表則尚須包含當期的其他綜合損益。將當期損益（可能為淨利，也可能為淨損）與當期的其他綜合損益合計，即為當期的**綜合損益**（comprehensive income）。我國自 2013 年開始，所有上市、上櫃與興櫃公司應依國際財務報導準則編製財務報表（詳見第 1.8 與 1.9 節說明），依照國際財報導準則之規定，企業應編製綜合損益表。編製綜合損益表時，可將損益表的全部內容包括在內，再加上當期的其他綜合損益之內容，加以併列表達。另一種方式則僅包括損益表的「本期淨利」（或「本期淨損」），再加上當期的其他綜合損益之內容，加以表達；但必須另外編製損益表。我國的實務採用第一種方式，亦即，不另外單獨編製損益表。

現金流量表則將企業的活動分為三大類：**營業活動**、**投資活動**與**籌資活動**。由於這三大類活動的進行會使用或產生現金，因此造成現金餘額的改變。現金餘額的改變，可能是增加，也可能是減少現金餘額，稱為**現金流量**（cash flows），好比高速公路上來回穿梭的車輛變化一般。將某一期間內每一類活動的現金流量加總，即為該期間內的淨現金流量。若為正數，代表期末現金餘額較期初現金餘額為多；若為負數，則期末現金餘額較期初現金餘額為少。

就製造業言，其營業活動包括購料、僱用員工、加工為製成品，以及出售製成品，在從事這些活動時，會有現金的收入與支付，收支相抵，若為正數，代表營業活動帶來現金餘額之增加，反之則為減少。投資活動包括購置土地、不動產、廠房及設備，以及將以前的投資出售，前者會用掉現金，後者則流入現金，兩者之差額代表投資活動帶來的現金餘額變化。籌資活動包括向銀行借款、透過發行公司債籌措資金，或透過發行新股份籌措資金（現金增資），這些均使現金餘額增加，另外，在同一期間內也可能清償債務或發放現金股利，造成現金餘額減少，一增一減之淨額代表籌資活動之現金流量。現金流量表即是彙總表示三大活動所帶來的現金餘

> **現金流量表** 報導一個企業在某一段期間內因為營業活動、投資活動與籌資活動所造成的現金餘額變化情形，亦即報導現金流量的情形。

會計好簡單

以 iPod 及之後的 iPhone 再度聞名於世的**蘋果公司**（Apple Inc.）2020 年度的現金流量表顯示：(　) 代表淨流出。

營業活動現金流量為 80,674 百萬美元
投資活動現金流量為 (4,289) 百萬美元
籌資活動現金流量為 (86,820) 百萬美元

則該年度蘋果公司的現金流量淨額為多少？

 解析

現金流量淨額＝營業活動現金流量＋投資活動現金流量＋籌資活動現金流量
　　　　　＝ 80,674 百萬 － 4,289 百萬 － 86,820 百萬
　　　　　＝ (10,435) 百萬（美元）

額變化情形。

　　第四張財務報表為權益變動表。若企業為股份制的公司，權益變動表表達該企業股東的權益在某一段期間內的變化情形。如果企業在該期間內發行股票，進行現金增資，權益即會增加，代表股東投入於企業的資源增加。另外，如果企業在該段期間的經營成果，獲有淨利，但未分配股利給股東，這些未分配的盈餘當然也是權益的一部分，也因此，某一段期間獲有淨利，會增加權益，因為本應由股東分享的資源，繼續保留於企業內，甚至累積至以後期間。但若將累積的盈餘以股利的形式，分配給股東，則該部分的股利分配金額，使得權益變少。身為一個企業的股東，會關心自己的權益變化，因此可以透過權益變動表了解變化的詳細情形。

學習目標 7
了解何謂一般公認會計原則，以及會計原則、假設與限制

1.7　一般公認會計原則

　　由於財務會計資訊提供給各種利害關係人，而各利害關係人中除企業經理人外，大都不親自經營企業，且這些利害關係人可能也想成為或退出另一個企業之利害關係人行列，因此，他們也會分析

該另一企業的財務報表。若這兩家企業在編製財務報表的過程中對相同的交易，所使用的會計方法及依據不同，這些利害關係人即使有這兩家企業的財務報表，也無從分析與比較。試想，若您有一筆錢，本想投資三家企業的股票，受限於資金，您僅能投資其中一家企業的股票，您如何自這三家企業中擇一投資呢？若每一家企業編製財務報表的方法不同，您如何分析、比較並作出選擇呢？

為了方便經理人以外的利害關係人（一般稱為「外部使用者」，而經理人稱之為「內部使用者」）作分析與比較，會計專業界發展出一套規則體系，這一套體系通稱**一般公認會計原則**（Generally Accepted Accounting Principles, GAAP）。狹義的一般公認會計原則係指由權威團體所訂定發布而為大家遵守的會計處理方式，包括認列、衡量、表達以及揭露方式之規定。這些規定或由於實務界的認同而共同遵守，但更重要的是必須獲得法律或經法律授權的行政命令之支持，方具公權力。在極少數情況下，權威機構的規定與政府機關的偏好不一致。儘管如此，權威機構仍應秉持獨立與中立的專業精神，訂定一般公認會計原則。各國基於法律制度、經濟發展、資本市場結構以及文化等因素，形成與發布各國的一般公認原則。

廣義的一般公認會計原則則包括一套觀念、假設、原則與程序，使財務報表所包含的資訊既可靠，且與決策者的決策攸關。本章就常見的會計假設加以說明。所謂**假設**（assumptions），乃是針對企業所處的環境所做的前提，因為這些前提的存在，才使得目前我們所依循的會計原則與程序顯得合理。

首先乃是**企業個體假設**（separate entity assumption），這個假設認為企業是一個單獨的個體，而企業的業主則是另外的個體，兩者應予區分。在這個前提下，企業的所有交易均應有單獨的會計記錄與報告，不應與企業的業主混淆一起。例如張小開自他爸爸張大發所開的甜心商店拿了一顆糖果吃，從甜心商店的角度言，應該將此交易記錄清楚，載明銷售一顆糖果，而且也要記錄業主提取一顆糖果 $20。如果甜心商店會計人員要討好張小開而沒有記錄，則不合乎企業個體假設，當然也就違背一般公認會計原則。若張大發自己

財務報表使用者 包括內部使用者，通常為企業經理人；以及外部使用者包括：投資人（股東）、債權人、供應商、顧客及政府等。

一般公認會計原則 係指由權威團體所訂定發布而為大家遵守的會計處理方式，包括認列、衡量、表達以及揭露方式之規定。

企業個體假設 企業是一個單獨的個體，而企業的業主則是另外的個體，兩者應予區分。因此，企業的所有交易均應有單獨的會計記錄與報告。

會計好簡單

阿嘉與友子合夥開設海角七號唱片行。有一天阿嘉自唱片行拿一片中孝介的 CD 專輯回家珍藏，唱片行會計小姐記載「阿嘉自唱片行提取 CD 一片，金額 $350」，阿嘉不僅沒有不高興，反而稱讚她懂會計，為什麼？

 解析

因為這正是企業個體假設的應用。

擁有一部跑車，這部跑車乃其個人財產，不應將它列為甜心商店的資產，儘管張大發擁有這個商店。在企業個體假設下，企業與其業主應予區分，不論企業為獨資、合夥或公司組織皆然。

> **繼續經營假設** 企業會永續經營，不會於近日內結束業務並清算其財產。

第二個假設乃是**繼續經營假設**（going-concern assumption），依此假設，企業會持續經營下去，而不會在近日內被清算而結束業務。繼續經營假設非常重要，因為許多目前的會計原則與程序乃依附在此一假設上，若脫離這個假設則會計人員將惶惶終日，因為企業隨時可能會被清算，帳列的資產與負債到底要按照什麼金額入帳列表無法拿準。例如日商英英公司於年初依當時市價 $300 萬購入一部機器設備，但會計人員美黛子不敢按照這個歷史成本入帳，因為她不知道這個企業何時要結束，如果結束業務而隨即清算的話，該部機器設備說不定只值 $180 萬，而非 $300 萬。但是繼續經營假設告訴她一個前提，那就是不要擔心企業何時被清算，企業會繼續經營下去的，因此，像其他的企業一般，她在這個假設的支撐下，列帳 $300 萬的機器設備。除此之外，繼續經營假設也使得區分短期與長期的債權（或負債）更有意義，如果沒有這個假設，所有債權與債務均可能隨時到期，而無所謂短期或長期。

> **貨幣單位衡量假設** 此一假設言明企業所有交易的結果均可以按貨幣單位衡量。

第三個假設為**貨幣單位衡量假設**（unit-of-measure assumption），這個假設言明企業所有交易的結果均可以按貨幣單位衡量。按照這個假設，不論所交易的標的物是用噸（如煤）、公升（如汽油）、克拉（如鑽石）或張（如桌子）衡量，均可將之轉換為貨

會計好簡單

郭董與周董合資設立滿地黃金電影公司，有一天滿地黃金電影公司的會計主任佳玲將公司所購置的製作影片器材未按成本 $8,000 萬入帳，而依她所估計的清算價值 $5,000 萬入帳，因此遭到郭董指正。請問佳玲做錯了什麼事？

 解析

佳玲以為滿地黃金電影公司只拍一部電影就會解散，而無法繼續經營。但是會計的環境假設之一乃是繼續經營，佳玲應按成本 $8,000 萬入帳才是，除非她有很大的疑慮。

幣金額，而彙總成單一的衡量。例如：遠西百貨於今天上午出售 10 件襯衫、5 雙皮鞋與 2 條領帶，這麼多不同種類的衡量單位，該如何作會計處理呢？在貨幣單位衡量假設下，我們按一件襯衫售價 $2,000、一雙皮鞋售價 $3,000、一條領帶售價 $4,000 加以統一衡量單位，加總成銷貨金額共計 $43,000〔即（$2,000×10）＋（$3,000×5）＋（$4,000×2）〕。

第四個假設為**幣值不變假設**（stable monetary unit assumption）。此一假設乃是自貨幣單位衡量延伸而來，它言明幣值不會隨著時間的經過而改變，這個假設使會計處理程序變得簡單易行，否則會計人員要隨時依物價變動程度重新衡量資產與負債及因而可能引起的收益或費損。這個假設也使會計人員將資產或負債按歷史成本列帳而無須擔心物價變動。例如：曼波公司 3 年前購買辦公桌椅一套共支付成本 2 萬元，至今仍按 2 萬元列於帳上，此乃基於幣值不變假設。當然，幣值不變假設有點不切實際，因此當物價變化較大時，補充揭露其影響，可彌補這方面的限制。另外，隨著公允價值會計的興起，企業於會計期間終了日應按市價將某些資產評價，使得這些資產的價值係按市價或公允價值衡量。在第 8 章開始會討論這個議題。

幣值不變假設
此一假設乃是延伸自貨幣單位衡量假設，言明幣值不會隨著時間的經過而改變。

會計好簡單

田喬剛服完兵役後就繼承他父親的事業，上班第一天他發現資產負債表上列有土地 $2,000 萬。他知道那塊土地約 200 坪，是他父親好幾十年前買的，位於台北市仁愛路，不應只值 $2,000 萬。試問：為何資產負債表的土地只有 $2,000 萬？

 解析

因為按照歷史成本該土地金額為 $2,000 萬，在幣值不變假設下，一直按 $2,000 萬列帳。有關土地重估價的議題，在第 8 章有進一步的討論。

會計期間假設
用人為的方式，將企業的全部壽命劃分為若干較短的期間，並將每個期間稱之為會計期間。典型的會計期間為 1 年。

第五個會計假設為**會計期間假設**（time-period assumption）。理論上來說，一個企業的財務狀況為何、財務狀況變動為何，以及經營成果為何，只有等到該企業結束業務那一天才能論定。可是如果財務報表在那一天才出爐，會計所提供之功能便會變成相當有限（回想第 1 章的討論），其供決策與控制的角色無法及時到位，只能成為明日黃花。會計期間假設言明在企業的全部壽命中，用人為的方式將之劃分為若干較短的期間，每個期間稱之為**會計期間**（accounting period）。典型的會計期間為 1 年。有的企業採曆年制決定會計期間，有的企業則採 4 月制，自 4 月 1 日開始至次年 3 月 31 日結束，如日本的企業；也有的企業則依其業務特性，以 2 月 1 日開始至次年 1 月 31 日結束，如美國的百貨業者。蘋果公司的會計年度則更特別，其會計年度結束日為 9 月的最後一個星期六，因此其會計年度有時包括 52 週（例如 2010、2011 年度），有時則為 53 週（例如 2012 年度）。

除了上述會計上的環境假設外，一般公認會計原則的體系尚包括觀念架構，除了可協助會計準則的制定外，尚可協助財務報表編製者、查核人員與使用者應用與解釋會計準則。國際會計準則理事會（詳後說明）於 2010 年 9 月發布的「財務報導之觀念架構」中，除了說明一般用途財務報表之目的外，並說明有用的財務

資訊應具有的品質特性，包括兩項必須同時具備的**基本品質特性**（fundamental qualitative characteristics）：**攸關性**（relevance）與**忠實表述**（faithful representation）。具攸關性的財務資訊，其提供與否會使財務報表使用者（如：投資人與債權人）的決策有所差異。所謂忠實表述，則指財務資訊能忠實表述其所意圖表述的經濟現象，必須具備完整（complete）、中立（neutral）與免於錯誤（free from error）三特性。

如果兩種會計處理方法所提供的財務資訊均同時具備攸關性與忠實表述兩項基本品質特性，該決定採用哪一種方法呢？國際會計準則理事會另提出**強化性品質特性**（enhancing qualitative characteristics），以協助選擇。這些特性包括**可比性**（comparability）、**可驗證性**（verifiability）、**時效性**（timeliness），以及**可了解性**（understandability）。必須注意的是，若財務資訊不具攸關性與忠實表述兩項基本品質特性，即使具備強化性品質特性，仍無法使此資訊成為有用的財務資訊。最後，提供與使用財務資訊均有其成本，因此財務資訊的有用性受到成本限制，在制定會計準則時應考量成本與效益。

最後，必須提到會計基礎。一般而言，會計基礎有**現金基礎**（cash basis）與**應計**（或稱**權責發生**）**基礎**（accrual basis）兩種。若會計處理係依現金基礎，則所有營業活動的收入與費用認列與否，端視企業是否收付現金而定。如果沒有現金的收入，即使已完成商品的提供，仍不應認列銷貨收入；反之，如果沒有現金的流出，即使已享受完供應商的服務，仍不應認列為費用。應計（權責發生）基礎則主張交易及其他事項之影響應於發生時予以辨認、記錄與報導。一般企業的會計處理採用應計基礎。在應計基礎下，交易之影響應於發生時，而非於現金或約當現金收付時予以辨認、記錄與報導。採用應計基礎編製之財務報表，不僅可讓報表使用者知道企業過去收付現金之交易，並且可讓使用者了解企業未來支付現金（或提供商品或服務）之義務及收取現金（或商品或服務）之權利；反之，若採現金基礎，則企業的營業活動所產生之未來收取現

基本品質特性 有用的財務資訊應兼具兩項品質特性：攸關性及忠實表述。

攸關性 具攸關性的財務資訊，其提供與否會使財務報表使用者的決策有所差異。

忠實表述 指財務資訊能忠實表述其所意圖表述的經濟現象；必須具備完整、中立與免於錯誤三特性。

強化性品質特性 包括可比性、可驗證性、時效性，及可了解性。若兩種會計方法均可提供具備基本品質特性的財務資訊時，可應用強化性品質特性協助選擇。

現金基礎 所有營業活動的收入與費用認列與否，端視企業是否收付現金而定。

應計基礎 交易及其他事項之影響應於發生時予以辨認、記錄與報導。

會計好簡單

法拉第電器行賣給一位顧客一部冷氣機,連安裝售價 $20,000,因為是老顧客,過去信用良好,因此電器行雖然已幫顧客安裝好,仍等到下月初才收款。試問:(1) 若按現金基礎,法拉第電器行應做何會計處理? (2) 若按應計基礎,法拉第電器行應做何會計處理?

解析

(1) 在現金基礎下,不作任何記錄。因為沒有現金的收取或支付,因此法拉第電器行不認列銷貨收入。
(2) 在應計基礎下,因為已提供商品給這位顧客,對這位顧客擁有未來(下月初)收取現金的權利,因此法拉第電器行應認列銷貨收入,同時也應認列這項權利(用「應收帳款」表示)。

金權利與支付現金的義務,無從得知。一般家庭使用自來水都是 2 個月繳費一次,若收到的帳單金額為 $1,000,表示 2 個月合計水費為 $1,000,而非付水費當月份的水費為 $1,000。按照現金基礎,企業在第一個月的月底不作會計記錄,因為沒有現金的支付,但是在第二個月支付水費時則記載該月份的水費為 $1,000。很明顯地,現金基礎下的資訊與實際交易沒有配合,造成低列第一個月的水費,

 會計好簡單

惜福雜誌社今天收到訂戶劃撥的預約款 $2,400,預約未來 12 期的惜福雜誌。試問:(1) 若按現金基礎,惜福雜誌社應做何會計處理? (2) 若按應計基礎,惜福雜誌社應做何會計處理?

 解析

(1) 按照現金基礎,惜福雜誌社於收到現金時,除了記錄現金增加 $2,400 外,也認列銷貨收入 $2,400,儘管並未寄送任何一期的雜誌。
(2) 按照應計基礎,惜福雜誌社所收到的 $2,400 為預約款,表示惜福雜誌社於未來有交付 12 期雜誌之義務,因此,除記載現金增加 $2,400,也應認列一筆負債(用「預收貨款」表示)$2,400。

及高列第二個月的水費。按照應計基礎，既然在第一個月使用自來水，自應認列水費，而且因為尚未支付，也必須記載未來有支付現金的義務（負債），等到下月份收到帳單並支付時，當月份所認列的水費只包括第二個月的部分，而支付的現金則包括上個月積欠部分以及當月份認列的部分。在應計基礎下，不僅權責記錄清楚，且交易時間與認列時間較為配合。

1.8 相關的會計權威團體

> **學習目標 8**
> 了解與一般公認會計原則之發展有關之會計權威團體

美國由於資本市場的發展較其他國家更快更完備，對一般公認會計原則的發展也較其他國家更早更重視，因此，美國的一般公認會計原則常成為其他國家仿效的對象。每個國家基於法律、經濟發展（特別是資本市場）與文化的不同，各自發展各國的一般公認會計原則。各國各訂其一般公認會計原則固然將各國的國情反映於會計處理方式上，但對於跨國籌資與投資言，則造成不便，因為會計處理方式可能存在跨國差異，使得相同的交易卻有不同的會計處理，致使財務報表可比較性較不易達成。因此在二十世紀末期，出現一種主張，要求各國的一般公認會計原則朝向**聚合**（convergence）（即俗稱「接軌」），而不再各行其是。以下先將相關的權威團體加以說明，在下一節再說明各國在朝向單套會計準則所作的努力。

1. 美國會計師協會

美國會計師協會（American Institute of Certified Public Accountants, AICPA）的**會計程序委員會**（Committee on Accounting Procedures, CAP），對許多會計理論及實務的處理提出建議，自 1938 年成立到 1959 年間，共發布 51 號**會計研究公報**（Accounting Research Bulletins, ARB）。從 1959 年至 1973 年，**會計原則委員會**（Accounting Principles Board, APB）承續了會計程序委員會的任務，並發布了 31 號**意見書**（Opinion），這些意見書對美國會計師協會的會員在執行審計工作時，具有強制力。這也是將百花齊放的會

計處理方式，邁向統一的開端。會計程序委員會的會計研究公報，及會計原則委員會的意見書，都已成為具有權威性的一般公認會計原則。

2. 美國財務會計準則理事會

會計原則委員會（APB）在 1973 年被另一個獨立於美國會計師協會的「**財務會計準則理事會**」（Financial Accounting Standards Board, FASB）所取代，這個理事會隸屬於非營利性質的**財務會計基金會**（Financial Accounting Foundation, FAF），該基金會下包括兩個委員會：其一為財務會計準則理事會；另一則為政府會計準則理事會，自成立以來一直設址於美國康乃迪克州。財務會計準則理事會的委員有 7 名，均為專職；成立後即不斷地發布**財務會計準則公報**（Statement of Financial Accounting Standards）及公報的**解釋**（Interpretations），它所規定的會計處理方法，多年來已經廣為企業界所採用，這是美國目前一般公認會計原則的主要來源。

3. 國際會計準則理事會

國際會計準則理事會（International Accounting Standards Board, IASB）的前身為**國際會計準則委員會**（International Accounting Standards Committee, IASC），係 1973 年由澳洲、加拿大、法國、德國、日本、墨西哥、荷蘭、英國／愛爾蘭及美國等 9 國的會計專業團體代表所組成，至今已有 130 餘個會計專業團體代表。IASC 發布的**國際會計準則公報**（Statements of International Accounting Standards, IAS），以促進各國會計準則之調和，及提升各國企業財務報表的比較性及有用性為主要目標。IASC 董事會後來改採美國 FASB 的架構，使委員會包括 12 個全職委員及 2 名兼職委員，並於 2001 年宣布更名為**國際會計準則理事會**，其發布的準則也改稱為**國際財務報導準則**（International Financial Reporting Standards, IFRS），積極為世界各國財務報導準則的聚合而努力，並以全世界只有一套高品質、易懂且可執行的財務報導準則為目標。

4. 美國證券交易委員會

美國證券交易委員會（U.S. Securities and Exchange Commission, SEC）是依照 1934 年所頒布的**證券交易法**（Securities and Exchange Act）所成立的政府機關，這個組織負責證券發行市場與流通市場的監管工作。SEC 有權規定股票上市公司所應該遵循的會計原則，以及應該發布的財務報表的種類、頻率及內容，同時對企業應該報導的財務資料等也都有規定。只是許多年來，SEC 都委由民間會計專業團體（如財務會計準則理事會）訂立，並支持民間會計專業團體所發布的會計準則，很少自行發布與會計原則有關的規定。

5. 美國會計學會

美國會計學會（American Accounting Association, AAA）的主要成員為大學會計學教師，其宗旨在鼓勵及支持會計理論的研究，促進會計實務合理化及改進會計教育。AAA 不定期發布有關會計理論的研究報告，包括對美國財務會計準則理事會所草擬或發布之準則以及美國證券交易委員會的管制措施或政策，表達學術界的意見，並且發行**《會計評論》**（*The Accounting Review*）與**《會計地平線》**（*Accounting Horizons*）。為增加學術界發表研究成果的管道，AAA 另外發行**《審計學刊》**（*Auditing: A Journal of Practice & Theory*），以及**《管理會計學刊》**（*Journal of Management Accounting Research*）與**《行為會計研究》**（*Behavioral Research in Accounting*）等，對會計理論與實務的發展有重大貢獻。

6. 國際會計團體聯合會

國際會計團體聯合會（International Federation of Accountants, IFAC）成立於 1977 年，它的宗旨是在凝聚各國對會計問題的共識，主要的目的包括：(1) 協助發展有關審計、職業道德、會計教育及管理會計的國際性指引；(2) 提升所有會計人員之研究與聯繫。IFAC 所發布的**國際審計準則**（International Standards on Auditing, ISAs）於 1992 年為**國際證券管理機構組織**（International Organization of Securities Commission, IOSCO）所接受。IFAC 每 4

年召開一次**世界會計師大會**（World Congress of Accountants），其第二十次大會於 2018 年在雪梨舉行。

7. 公開公司會計監督委員會

安隆事件發生前，美國審計及相關簽證準則、審計品質管制準則與會計師職業道德規範主要由美國會計師協會制定，並以同業評鑑等自律方式進行審計品質之控制。安隆事件發生後，投資人開始對會計師的可信賴度與獨立性產生質疑，美國國會於 2002 年 7 月通過的**沙賓法案**（Sarbanes-Oxley Act）中，除了加重企業主管責任外，亦強化對會計師的管理。沙賓法案的第 1 條明定設立**公開公司會計監督委員會**（Public Company Accounting Oversight Board, PCAOB），其設立宗旨為：透過有效監督公開公司的外部審計人員，確保審計報告之公正與獨立，保障投資人與一般大眾之權益。因此，該法案授予 PCAOB 定期檢查及調查、懲處會計師事務所的權力，同時也改由公開公司會計監督委員會制定用以查核公開公司財務報表的審計準則。

依據沙賓法案第 101 條之規定，PCAOB 之委員共有 5 人；第 102 條規定，會計師事務所非向 PCAOB 完成註冊，不得出具公開發行公司之審計報告。

8. 證券期貨局與金融監督管理委員會

我國的證券期貨局，成立於民國 49 年，成立當時稱證券管理委員會，原來隸屬於經濟部，自民國 70 年 7 月改隸財政部。證券管理委員會主管證券發行及交易事項，在政府成立期貨市場後，使投資人增加了投資及避險的工具，而有關期貨的管理也由這個單位負責，並更改為證券暨期貨管理委員會，後來金融監督管理委員會（金管會）成立，再自財政部改隸金管會，更名為證券期貨局（證期局），金管會成立後，「證券發行人財務報告編製準則」、「證券商財務報告編製準則」及「公司制證券交易所財務報告編製準則」等，均改由金管會發布。這些準則對於證券公開發行及上市、上櫃公司，受委託買賣證券之證券商及以服務證券交易為業之台灣證券

交易所與櫃檯買賣中心之財務報告的編製方法等均有詳細的規定。

9. 會計研究發展基金會

為加強會計研究，提升會計實務水準，國內會計界人士於民國 72 年積極籌措基金，經多方努力募集後，於民國 73 年 4 月成立「財團法人中華民國會計研究發展基金會」，至今基金會內設有五個委員會，其中之一乃財務會計準則委員會。自民國 73 年 10 月起，這個委員會接辦原會計師公會財務會計委員會的工作，財務會計準則委員會的成員來自學術機構、政府單位、會計師界及工商團體等，均為無給職，負責會計準則的訂定及實務問題的研究。委員會自成立以後，訂定「財務會計準則公報」及公報的解釋函，它所規定的會計處理方法，已為證期局所發布的「證券發行人財務報告編製準則」等規定認同，並且被企業界遵循，自 2013 年後，會計師研究發展基金會不再自行訂定財務會計準則公報，而直接翻譯 IFRS 為中文，經金管會認可後成為我國一般公認會計原則的主要來源。

10. 中華會計教育學會

中華會計教育學會成立於民國 84 年，會員主要來自國內大專院校的會計教師，並有來自會計師界、政府機關及企業界的會員，以促進會計學術與實務界的知識創造與分享為宗旨，設有教育、學術研究、學術交流及會計實務等委員會，除了舉辦學術或實務的研討會外，並發行「中華會計學刊」作為發表與交流學術研究心得的平台。

11. 會計師公會

台灣省、台北市及高雄市會計師公會為國內專業會計師分別組成的地方性團體，三個公會早期曾成立會計原則的專業研究單位──會計問題評議委員會，民國 70 年 4 月另成立財務會計委員會取代了原評議委員會的工作，並公布財務會計準則公報 1 號。民國 71 年 12 月，原來的省、市三公會合組的財務會計委員會改隸中華民國會計師公會全國聯合會，到民國 73 年 10 月止，一共發布財務會計準則公報 5 號及會計準則解釋 1 號。

> 學習目標 9
> 了解全世界朝向單套會計準則之努力，以及 IFRS 之特性

1.9 國際財務報導準則：從接軌到採用

　　由於資本市場的全球化，企業可以在不同國家的證券交易所掛牌上市以便籌資，投資人的投資對象也不再僅限於本國的企業。企業籌資過程中必須依一般公認會計原則編製並提供財務報表以便投資人評估；由於各國訂有各自的一般公認會計原則，如果需要跨國籌資，勢必要依另一國家的一般公認會計原則編製財務報表，或編製比較調節表，對於籌資的企業言，增加了會計成本，而投資人也必須了解另一套一般公認會計原則，因此，有人倡議朝向全世界只有一套高品質的會計準則而努力，而當時的國際會計準則委員會所訂定的國際會計準則，被認為是可以改進而成為全世界單套高品質會計準則的標的。

　　國際會計準則理事會（IASB）之前身為國際會計準則委員會（IASC），成立於 1973 年，後經改組，並自 2001 年起以 IASB 稱之。IASC 初期（1973 年至 1980 年代末期）所訂定的國際會計準則（IAS）有一特點，也是招致批評的地方，那就是容許針對相同的交易事項自數個會計衡量方式中，擇一使用，所要求揭露之事項也不多。面臨批評，IASC 自 1989 年開始推動比較性／改善計畫，以增進國際會計準則之品質及增進國際間的財務報表比較性，並與 IOSCO 密切合作。

　　IOSCO 為世界上 80 餘個國家的證券主管機關所組織的聯合會，我國證期局亦為其會員。IOSCO 鼓勵 IASC 刪除既有準則中的會計衡量備案選擇空間，並增加揭露事項的規定。IOSCO 並要求 IASC 完成 24 個「核心準則」後，可考慮認同並推動國際會計準則為國際通用的會計準則，而適用於跨國股票上市。IASC 在 1998 年 12 月完成核心準則，並在 2001 年完成改組後，改稱 IASB，嗣後訂定的會計準則改稱為國際財務報導準則（IFRS），但原已訂定的 IAS 及相關的解釋仍然適用，除非被取代。

　　在 IASC 努力提高其會計準則的品質，增進國際比較性的同時，美國財務會計準則理事會也採取積極主動的作法，包括在 IASC

發展每一個核心準則的過程中，以觀察員身分參與討論並提供建議。FASB 也自 1995 年開始進行一項計畫：「國際會計準則與美國一般公認會計原則（GAAP）之比較」，將 IASC 所完成的準則與美國的 GAAP 比較，以決定美國是否容許以 IAS（IFRS）編製財務報表的企業，不需重編或另編調節比較文件即可在美國申請上市籌資。美國證管會於 2007 年 12 月決定外國公司在美國的證券交易所掛牌上市或發行存託憑證者，只要其財務報表依據 IASB 的 IFRS 編製，可以免編比較調節表，並進一步考慮本國的公司也比照辦理，惟何時實現似乎遙遙無期。歐盟則已於 2000 年決議，所有的歐盟與即將成為歐盟的會員國，其企業之合併報表自 2005 年開始必須依照 IFRS 編製。

我國的財務會計準則委員會自 1984 年成立以來，訂定財務會計準則的主要依據為美國的 GAAP，包括 FASB 的準則公報及 APB 的意見書，其次才參考 IASC 的 IAS，並考慮國情，包括法律、經濟與文化因素。大約自 1999 年，我國財務會計準則委員會開始檢討我國準則與 IAS 的異同點，並將有重要差異的準則公報修訂之，對於新訂的準則公報也以 IAS 或 IFRS 為主要參考依據。鑑於當時美國的發展趨勢，我國金管會於 2008 年成立推動小組，並於 2009 年 5 月公布，上市、上櫃與興櫃公司自 2013 年開始必須按照 IFRS 編製財務報表，但得提早於 2012 年採用之。在採用 IFRS 作為我國的 GAAP 之後，忠實又快速地將 IFRS 譯為中文而為 IASB 認可、法規及時地因應修改，以及企業資訊系統之更新等均將成為持續的工作，另外，報表編製者與使用者在心態上亦應調整。

IFRS 與美國的 GAAP 的早期差異雖然已因 IASB 與 FASB 不斷地相互靠攏而縮小，但是，IFRS 被認為是傾向**原則式準則**（principles-based standards），而美國的 GAAP 則為**規則式準則**（rules-based standards）。相對於原則式準則，規則式準則較多細節規定、較為繁複、較多釋例與指引，也較多「界線」規定以及例外規定，它的好處是明確以及裁決空間較小，但它的缺點則是複雜，而且可能引導企業經理人規避對企業「不利」的會計處理。我國的

會計準則不再以美國 GAAP 為參考架構，直接採用翻譯後的 IFRS 之後，將不再有那麼多的釋例以及界線規定，因此善用專業判斷成為不可避免的要求，充實專業知識以及謹守職業道德亦愈形重要。

會計達人

夢蝶咖啡為一家加工銷售咖啡豆之公司，並附設咖啡屋，其 9 月 1 日的資產負債表顯示當日資產總額 $3,000 萬，負債總額 $1,000 萬，9 月份發生下列事項，相關資訊如下：

- 9/10 購買機器一部，依公允市價支付 $100 萬。某一同業於同日結束業務，該同業亦有一部相同機器，清算價值為 $60 萬。
- 9/20 依主計處公布的物價指數估計，5 年前買入之辦公設備不再只值 $150 萬，而是 $160 萬。
- 9/28 收到顧客款項 $3 萬，係購買夢蝶咖啡禮券用。持有該禮券一張可以品嚐咖啡一杯。
- 9/30 成立 10 週年，總經理認為一定存在商譽，否則無法如此迅速成長。可是會計師堅持不讓他於帳上認列，並告訴他這是一般公認會計原則，係為會計權威團體所規定的。

試問：
(1) 9 月 30 日夢蝶咖啡之資產總額、負債總額與權益總數各為何？
(2) 在算得上列金額的過程中，您依據的會計假設為何？
(3) 9 月 30 日發生的事項中提到的會計權威團體有哪些？

解析

(1)、(2)

- 9/10 依公允市價 $100 萬，取得機器一部，並當場支付現金成交，因此，現金減少 $100 萬，機器設備增加 $100 萬。此係依繼續經營假設與貨幣單位衡量假設。
- 9/20 雖然物價上漲，但依幣值不變假設，仍依 5 年前之成本 $150 萬認列辦公設備。此外，繼續經營假設也主張應依 $150 萬，而非清算價值認列。
- 9/28 依應計基礎，夢蝶咖啡除了應記錄收到現金 $3 萬（現金增加 $3 萬），也應記錄未來有義務提供咖啡給持咖啡禮券的顧客，此一義務為夢蝶咖啡之負債，因此，同時也產生負債 $3 萬。
- 9/30 不能因成長快速就自認存在商譽而認列於帳上。一般公認會計原則認為商譽應該經由交易而產生，不能一廂情願主觀認定。

綜上：

資產	=	負債	+	權益
$3,000 萬		$1,000 萬		$2,000 萬
+100 萬				
−100 萬				
+3 萬		+3 萬		
$3,003 萬	=	$1,003 萬	+	$2,000 萬

(3) 會計權威團體包括國際會計準則理事會、美國財務會計準則理事會，以及我國會計研究發展基金會的財務會計準則委員會。

摘要

　　本章討論企業的利害關係人，包括投資人（股東）、債權人、經理人、員工、供應商、顧客、政府及外部審計人員（會計師）。這些個體與企業的關係均是雙向的，一方面投入，另一方面則有請求回報的權利。企業的利害關係人彼此之間也可能直接或間接存在這種雙向關係。本章也討論會計在各個利害關係人追求自己利益的過程中所提供的功能，並強調在追求自利過程中應保有道德的心。

　　本書第 1 章介紹財務報表的基本概念；自第 2 章至第 4 章討論**會計循環**（accounting cycle），亦即日常與期末的會計作業程序，並討論企業的會計制度；第 5 章以買賣業為例，說明上述三章的會計作業程序；自第 6 章至第 8 章，則討論與資產有關的會計處理，包括存貨、現金、應收款項、不動產、廠房及設備；第 9 章及第 10 章討論與負債、投資性不動產、無形資產、生物資產與農產品有關之會計處理；第 11 章及第 12 章討論與權益、投資有關的會計處理；第 13 章說明現金流量表的編製。

　　財務會計資訊除提供給企業經理人外，通常也應利害關係人之要求，提供給投資人、債權人或政府等，且必須依據一般公認會計原則編製。財務報表包括資產負債表、綜合損益表、現金流量表、權益變動表，及上列各表之附表與附註揭露。資產負債表代表一個企業在某一時點的財務狀況，包括有多少資產、負債及權益其編製方式反映會計恆等式的關係，亦即資產＝負債＋權益。損益表表達一個企業在某一期間的經營績效，包括產出多少收益，發生多少費損，以及兩者的差額，若差額為正數，代表有淨利或純益；若為負數，代表有純損或淨損。綜合損益表則報導企業在某一期間之綜合損益，包括當期的損益以及當期的其他綜合損益，其中當期損益代表某一期間的經營績效。現金流量表則代表一個企業在某一期間因營業活動、投資活動與籌資活動所產生的現金餘額變化，亦即該期間的現金流量。權益變動表則代表一個企業在某一期間內股東的權益的變化情形。必須注意的

是，這些報表的附表與附註揭露均為財務報表整體的一部分。

　　一般公認會計原則乃是依權威團體所制定的會計處理方式，包括認列、衡量、表達與揭露的規定。廣義而言則包括一套觀念、假設、原則與程序。會計環境假設，包括企業個體假設、繼續經營假設、貨幣單位衡量假設、幣值不變假設，以及會計期間假設。會計原則包括收益認列原則、充分揭露原則與成本原則（將於以後章節討論）。在應用一般公認會計原則時，存在一些例外或限制，包括重大性、審慎原則、成本與效益考量以及行業特性。會計基礎有現金基礎與應計基礎（權責發生基礎）兩種。一般而言，企業應採應計基礎。各國因法律、經濟與文化因素而訂定其一般公認會計原則。有的國家則採國際會計準則理事會的國際財務報導準則作為一般公認會計原則，例如比利時、丹麥及香港等。鑑於國際資金流動的頻繁與重大性，國際會計準則委員會自 1990 年代中期開始檢討並改善其訂定之準則，在 2001 年完成改組，改稱國際會計準則理事會，並努力使其訂定之國際財務報導準則成為全世界所接受的單套高品質會計準則。至目前為止已有超過 100 個國家宣布將與國際財務報導準則接軌，甚或直接採用之。我國經過十餘年與國際財務報導準則接軌後，金管會宣布自 2013 年開始，所有上市、上櫃與興櫃公司的財務報表應依照國際財務報導準則編製。

本章習題

問答題

1. 一般而言，企業的利害關係人包括哪些？
2. 企業經理人為何聘請會計師查核財務報表？
3. 有些人為何將其積蓄不用，而將之投資在股票上，他們有何期待？
4. 會計的功能有哪些？
5. 美國會計學會對會計之定義為何？
6. 何謂會計的「家管」功能？
7. 何謂會計的「評價」功能？
8. 美國管理會計人員協會所訂的最高倫理原則為何？
9. 實務上常提到的財務報表為何？
10. 會計假設有哪些？
11. 企業使用之會計基礎為應計基礎，它與現金基礎有何不同？

12. 何謂一般公認會計原則？
13. 原則式準則（principles-based）與規則式準則（rules-based）之差異為何？
14. 何謂綜合損益表？

選擇題

1. 下列何者非為會計之功能？
   (A) 衡量與記錄每位利害關係人對企業的貢獻
   (B) 衡量與記錄每位利害關係人對企業的請求權
   (C) 協助維持各利害關係人間的平衡或控制狀態
   (D) 協助政府追緝經濟犯

2. 布希的媽媽投資安隆公司的股票，一般情況下，她期待的報酬為何？
   (A) 安隆公司定期支付利息給她
   (B) 安隆公司按月支付薪資給她
   (C) 安隆公司獲利並分配股利給她
   (D) 安隆公司提供政治獻金

3. 根據公務人員財產申報資料，萬貫才在民國 ×9 年 8 月 31 日持有上市與上櫃公司股票共計 800 萬股，若按面額計算，其上市、櫃股票之財產共值多少？
   (A) 800 萬元
   (B) 8,000 萬元
   (C) 1,600 萬元
   (D) 16,000 萬元

4. 郝克滬向銀行貸借 1,000 萬元，利率 5%，5 年到期，銀行對他的期待為何？
   (A) 每年付息 50 萬元
   (B) 每月付息 50 萬元
   (C) 每年還款 200 萬元
   (D) 每年還款 1,000 萬元

5. 下列敘述何者不正確？
   (A) 藉由財務報表以評估與監視經理人的績效是指會計扮演著「家管」的角色
   (B) 藉由財務報表以評估企業的價值是指會計扮演著「評價」的角色
   (C) 不管會計扮演著「家管」或「評價」的角色，其最終目的均是提供決策有用資訊
   (D) 現行會計思潮與實務愈來愈重視「家管」的角色

6. 劉備三顧茅廬，禮聘諸葛亮輔佐國政，為歷史美談。若將國政比喻為今天的企業經營，則諸葛亮的深謀遠慮與經營長才欲為人知，最有可能自何管道讓遠在美國的投資人知道？
   (A) 財務報表的公開
   (B) 小道消息的走漏
   (C) 蘋果日報的報導
   (D) 國語日報的報導

7. 根據研究（見 Chan, K. H., A. Y. Lew, and M. Y. J. W. Tong, 2001. Accounting and manage-

ment controls in the classical Chinese novel: A Dream of the Red Mansions. *The International Journal of Accounting* 36: 311-327)，《紅樓夢》裡的大戶人家在清朝當時已體認會計與控制的重要，並建立良好的制度，依此研究，這些大戶人家的會計與控制制度為何？

(A) 應有良好的會計記錄　　　　　　(B) 對現金的收支應有控制制度
(C) 僕人要上下其手應該不易　　　　(D) 以上皆是

8. 世界級品牌的蘋果公司向台灣的製造廠商下單採購，蘋果公司對其製造商的期待為何？
   (A) 能在極短的指定期間內如期交貨　(B) 委製的產品品質佳
   (C) 製造廠商的財務健全，資訊透明　(D) 以上皆是

9. 益群企業想去美國紐約證券交易所掛牌上市，募集資金，下列何者不是該企業最為重要的事情？
   (A) 提供允當表達的財務報表　　　　(B) 委任聲譽佳的會計師對其財務報表簽證
   (C) 委任公關高手　　　　　　　　　(D) 提供透明可靠之會計資訊

10. 嫦娥得知日月企業去年的淨利為 1,500 萬元，請問她直接自何處得知這項資訊？
    (A) 股市行情表　　　　　　　　　　(B) 詩經小雅篇
    (C) 綜合損益表　　　　　　　　　　(D) 資產負債表

11. 勇腳公司以生產銷售自行車為業務，去年度的收益總額為 9,000 萬元，費損總額為 7,000 萬元，則去年度的經營績效為何？
    (A) 去年度的淨利為 2,000 萬元　　(B) 去年底的現金餘額為 8,000 萬元
    (C) 去年底的現金餘額為 2,000 萬元(D) 以上皆非

12. 梅姬影視公司 ×7 年 12 月 31 日的資產總額為 400 萬元，負債總額為 150 萬元，則當天的財務狀況為何？
    (A) 權益為 550 萬元　　　　　　　(B) 淨值為 250 萬元
    (C) 淨利為 400 萬元　　　　　　　(D) 淨利為 250 萬元

13. 賈伯斯自蘋果公司拿取一支 iPhone 回家使用，蘋果公司記錄為銷貨收入，並認列對賈伯斯的現金請求權，此乃基於哪一個會計假設？
    (A) 企業個體假設　　　　　　　　　(B) 審慎
    (C) 重大性　　　　　　　　　　　　(D) 行業特性

14. 雖然物價微幅波動，台積電的機器設備仍依購置當時的成本認列，此乃基於哪一個會計慣例或假設？
    (A) 成本與效益之考量　　　　　　　(B) 會計期間
    (C) 幣值不變假設　　　　　　　　　(D) 行業特性

15. 電視遊樂器 Wii 未上市先轟動，若任天堂採先收現再交貨的政策，則任天堂收到貨款時，應如何記錄？
    (A) 依現金基礎，不作任何記錄
    (B) 依現金基礎，認列為預收貨款
    (C) 依應計（權責發生）基礎，不作任何記錄
    (D) 依應計（權責發生）基礎，認列為預收貨款

16. 誠品書店既賣書也賣咖啡，但它的財務報表均以新台幣表達，此乃基於哪一個會計假設？
    (A) 行業特性 (B) 繼續經營假設
    (C) 成本效益考量 (D) 貨幣單位衡量假設

17. 快樂公司的會計小姐將以 1,000 元購入的碎紙機作為辦公費用，此乃基於哪一個會計原則？
    (A) 審慎 (B) 重大性
    (C) 成本原則 (D) 行業特性

18. 下列敘述何者為真？
    (A) 現金流量表告知閱表者一個企業在某一時點的現金變化情形
    (B) 銀行業的資產負債表之表達方式與其他產業不同乃基於行業特性之限制
    (C) 若一筆支出 $400 本應認列為資產，但將之認列為費用乃基於會計期間假設
    (D) 企業採用的會計基礎通常為現金基礎

19. 下列何者非發布財務會計準則公報的單位？
    (A) 美國財務會計準則理事會
    (B) 財團法人中華民國會計研究發展基金會
    (C) 美國會計學會
    (D) 國際會計準則理事會

20. 穩賺公司 ×8 年 6 月 30 日現金流量淨額增加 900 萬元，營業活動現金流量淨增加 600 萬元，投資活動現金流量淨減少 1,000 萬元，請問公司籌資活動現金流量淨增加多少金額？
    (A) 500 萬元 (B) 1,300 萬元
    (C) 700 萬元 (D) 2,500 萬元

21. 殺很大電器行雖然經營不善但並不預期將於年底結束營業，會計搖搖擅自將當年度購入的電腦設備帳面金額 50 萬元調降至清算價值 20 萬元，請問她違反了下列哪項會計假設？
    (A) 審慎原則 (B) 繼續經營假設

(C) 行業特性   (D) 重大性

22. 黑面張滷肉飯有員工 4 人，每月薪資於次月 5 日發放。假設每位員工薪資為 2 萬 5 千元，則下列何者正確紀錄上述交易？
    (A) 每月月底會計記錄會記載支付員工薪資 7.5 萬元
    (B) 每月月底會計記錄會記載支付現金 10 萬元，供作員工薪資
    (C) 每月月底會計記錄會記載尚欠當月份員工薪資 10 萬元
    (D) 每月月底會計記錄會記載尚欠當月份員工薪資 7.5 萬元

23. 紐約時報社收到川樸公司訂閱未來一年的報費，依應計基礎，該報社應如何記錄？
    (A) 增加資產，且增加收入   (B) 增加資產，且增加負債
    (C) 增加資產，且減少收入   (D) 增加資產，且減少負債

24. 下列何者為有用的財務資訊應具備的基本品質特性？
    (A) 攸關性   (B) 可驗證性
    (C) 可比性   (D) 時效性

應用問題

1. 請上統一超商網站（http://www.7-11.com.tw/）或公開資訊觀測站（http://newmops.tse.com.tw/）。請試著找出其關係企業與其民國 108 年度的財務報告；再試著上全家便利商店（http://www.family.com.tw/）的網站，試比較這兩家便利超商民國 108 年的營業額。

2. 請上證期局網站（http://www.sfb.gov.tw 或 http://www.selaw.com.tw），查詢證券交易法，了解公開發行公司董事長、總經理以及財務報表簽證會計師，對於公布之財務報表不實所應負的法律責任。

3. 【利害關係人－顧客與企業的關係】喬治向台新銀行申請現金卡，請問：
    (1) 喬治期待自台新銀行得到什麼？
    (2) 台新銀行期待自喬治得到什麼？
    (3) 什麼情況下，喬治與台新銀行的關係失去「控制」？

4. 【利害關係人－顧客與企業的關係－觀念之應用】中國信託銀行與其持卡人約定每刷卡消費 30 元，持卡人可獲紅利 1 點，並可依點數兌換物品。卡神刷卡消費共 60 萬元，在卡神尚未兌換物品前，中國信託的會計人員已依刷卡消費數及過去經驗估列物品的費用，請問會計人員這麼做與會計的功能有何關係（請參考本章第 1.2 節）？

5. 【利害關係人－顧客與企業的關係－觀念之應用】連發公司是近年來表現出色的 IC 設計公司。該公司員工分紅金額往往羨煞他人。假設 ×8 年該公司每位經理人可分得該公司

30 張股票，已知該公司分配股票給經理人時之收盤價為每股 180 元，試問：該公司在 ×8 年可獲配股的經理人共 30 名，這些經理人的員工分紅金額共為多少？（一張股票為 1,000 股）

6. 【利息之計算】林志伶於 ×6 年 3 月 1 日購買赤壁公司發行之普通公司債（面額為 70 萬元，年利率為 5%）。已知該公司於每年的 1 月 1 日與 7 月 1 日會定期支付債權人半年期的利息。試問：於 ×6 年 7 月 1 日，林志伶可領取之利息金額為多少？實際的利息收入又為何？

7. 【定期存款或股票投資】劉得華將其積蓄 100 萬元，存入銀行 1 年，獲得利息 8,000 元；如果將這筆錢投資某上市公司的股票，1 年後可獲得股利 4 萬元，則何者有利？利率與殖利率（股利占投資成本的比率）各為何？

8. 【財務報表】×1 年初，大 S 與康永各出資現金 150 萬元成立大康網路科技股份有限公司，公司主要營業項目係在網路拍賣二手書刊。成立初期購買相關電腦辦公設備共支付現金 65 萬元，並花費 80 萬元收購二手書報雜誌，同時在各大雜誌、書刊與網站刊登廣告以招攬顧客，此一行銷費用約計 12 萬元，均以現金支付之。×1 年底，大 S 有感於公司規模日漸擴大，所需人力資源不足，欲再招募員工。因此，除與康永各再出資 20 萬元之外，並向偉中銀行借款 150 萬元，約定 2 年之後還款。根據上述資料，試問：
   (1) 假設大康網路科技股份有限公司會計記帳採用曆年制（即自 1 月 1 日開始至 12 月 31 日止，為一個會計年度），至 ×1 年底，大康網路科技股份有限公司現金以外資產之總金額為何？
   (2) 承上，大康網路科技股份有限公司的現金金額為何？
   (3) 承 (1)，大康網路科技股份有限公司的權益金額為何？

9. 【會計基礎】鑫月刊社今天收到訂戶劃撥預約款 2,200 元，預約未來 12 期的鑫月刊，試問：(1) 若按現金基礎，鑫月刊社應做何會計處理？(2) 若按應計基礎，則又該如何做會計處理？

10. 【財務報表】創建 ×6 年度的現金流量表顯示：

    營業活動現金流量為 $6,084,785（千元）
    投資活動現金流量為 ($5,937,151)（千元）
    籌資活動現金流量為 $2,492,643（千元）

    則該年度創建的現金流量淨額為多少？（ ）代表淨流。

11. 【財務報表】弘基公司 ×3 年度的綜合損益表顯示收益總額為 $324,649,378（千元），費損總額為 $311,690,445（千元），則 ×3 年度弘基公司的淨利為何？

12. 【財務報表】Google, Inc. 在 2004 年 8 月 19 日上市時，每股股價 85 美元，之後並曾漲

至 385.1 美元，組織改組後，Google, Inc. 成為 Alphabet, Inc. 的子公司。請上網 http://investor.alphabet.com/ 查詢 2020 年 12 月 31 日 Alphabet, Inc. 之資產總額及權益總額各有多少？

13. 【會計恆等式】承上題，請問 2020 年 12 月 31 日 Alphabet, Inc. 的負債為何？

14. 【財務報表】大立光研發生產光學產品，供應蘋果電腦生產手機之用，大立光的股價曾經高達每股新台幣 $4,800 以上，請上網 http://www.largan.com.tw/html/about/invest.php，查詢 2020 年 12 月 31 日該公司的資產、負債與權益總額各為多少？2020 年度該公司的淨利為何？營業活動現金流量又為何？

15. 【財務報表】Facebook, Inc. 在 2012 年 5 月 18 日上市時，每股股價 38 美元，之後並曾漲至 133.2 美元，請上網 http://investor.fb.com/ 查詢 2020 年 12 月 31 日 Facebook 之資產總額及權益總額各有多少？

16. 【會計恆等式】承上題，請問 2020 年 12 月 31 日 Facebook, Inc. 的負債為何？

17. 【會計假設】傅裕仁剛服完兵役後就繼承他父親的事業，上班第一天他發現資產負債表上列有土地 1,000 萬元。他知道那塊土地約 100 坪，是他父親好幾十年前買的，位於台北市信義路，不應只值 1,000 萬元。試問：為何資產負債表的土地只有 1,000 萬元？

18. 【會計假設】美玲今年雖已 75 歲，但仍滿懷夢想與數位身體勇健的好友們合組長春食堂股份有限公司，準備將各自之絕活與好菜上市。有一天長春食堂的會計小姐慧喬以美玲已 75 歲為理由，認為長春食堂無法繼續經營而將其所購置的廚具未按成本 210 萬元入帳，而依她所估計的清算價值 150 萬元入帳，因此遭到美玲指正。請問慧喬做錯了什麼事？

02 從會計恆等式到財務報表

objectives

研讀本章後,預期可以了解:

- 如何進一步闡釋會計恆等式之意義?
- 資產、負債與權益之定義為何?
- 如何以會計恆等式記錄企業發生之交易?
- 如何以會計恆等式編製資產負債表、綜合損益表與權益變動表?

中世紀歐洲貧窮的農民必須幫擁有許多土地的領主（lord）耕種或飼養牛羊等家畜以換取生活物資，而這些領主都是請專人管理領地。為了能輕易掌控領地生產之穀物或家畜數量，領主們早在西元1250年時期即開始使用帳本（manorial accounts），甚至雇用專人查核帳本記錄是否與事實相符。領主們要求所聘請之管理人以下列會計方程式記錄領主在領地擁有的財富：

領地中有價值的經濟資源（穀物或牛羊）＝
屬於他人的部分＋領主擁有的部分

領地中經濟資源不是屬於領主自己擁有的，就是屬於其他領主的（例如其他領主寄養的牛羊），因此這個方程式左手邊永遠等於右手邊，所以稱為「恆等式」。換言之，這個恆等式是利用下列恆等式的觀念：

領地中有價值的經濟資源（穀物或牛羊）＝
經濟資源的來源（誰擁有這些資源）

這個方程式也清楚地讓領主知道領地中牛羊總數，再扣除屬於他人之部分，就可得知屬於自己的部分。時至今日，最複雜之企業如台灣積體電路公司（台積電）的會計帳本基本上仍沿襲上述領地會計：

資產＝負債＋權益（或：資產－負債＝權益）

其中資產代表企業的有價值之經濟資源（如企業擁有的土地或權利，類似領地中的牛羊），而負債代表企業將來必須償還的義務（或稱外部求償權，類似領地中屬於他人之牛羊，將來必須返還），而資產減除負債則代表企業老闆（業主）剩餘的價值（類似領主自己的部分剩下多少價值），乃是業主的權益，稱之為「權益」。現在常見的公司組織形式中，所有股東即是業主，因此業主的權益即為股東的權益。

本章架構

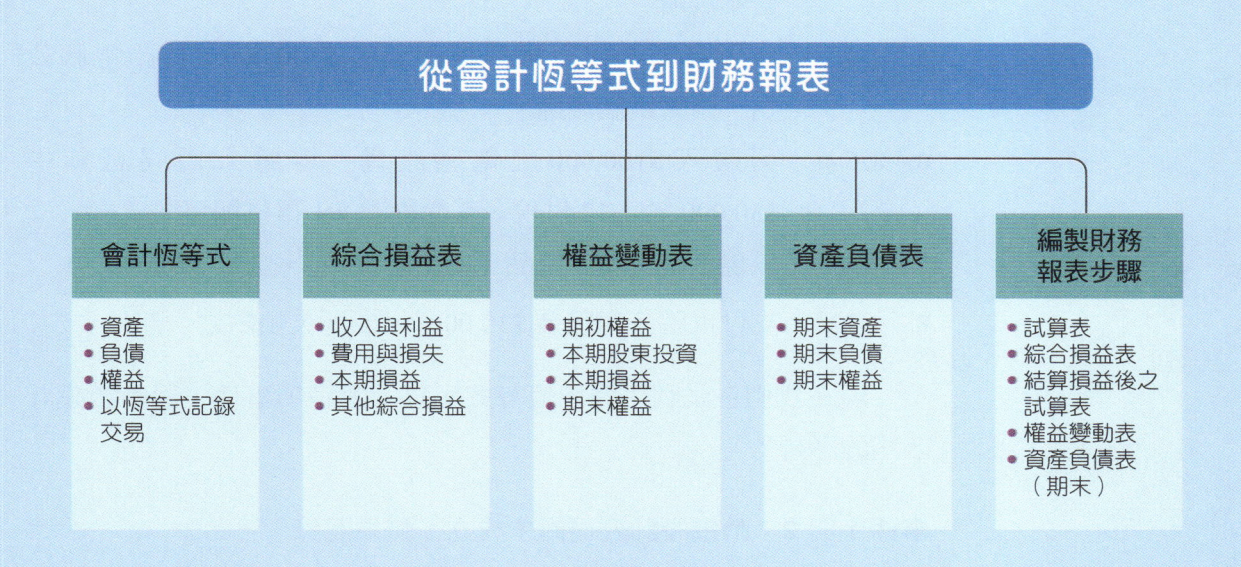

從會計恆等式到財務報表

會計恆等式
- 資產
- 負債
- 權益
- 以恆等式記錄交易

綜合損益表
- 收入與利益
- 費用與損失
- 本期損益
- 其他綜合損益

權益變動表
- 期初權益
- 本期股東投資
- 本期損益
- 期末權益

資產負債表
- 期末資產
- 期末負債
- 期末權益

編製財務報表步驟
- 試算表
- 綜合損益表
- 結算損益後之試算表
- 權益變動表
- 資產負債表（期末）

學習目標 1
學習如何利用會計恆等式記錄交易並編製資產負債表

公司組織下會計恆等式為：

資產＝負債＋權益

2.1 以會計恆等式記錄交易以及編製資產負債表

本章將以章首故事中的會計恆等式「資產 ＝ 負債 ＋ 權益」的架構，詳細說明如何記錄公司發生的交易，以及如何從此一架構編製財務報表，第一節先討論資產負債表之編製，綜合損益表與權益變動表則在其餘兩節繼續討論。

假設阿嘉想開一家動畫設計公司，他必定會像領主們一樣，希望隨時知道他經營的公司（領地）到底擁有多少有價值之資產，扣除負債後屬於他（業主或股東）的部分又有多少。我們利用會計恆等式說明如何記錄動畫設計公司的交易事項。首先，他可能要想一下，如何開設動畫設計公司。假設發生之相關**事件**如下：

1. 12/25 阿嘉向開動畫設計公司的前輩請教所需資金，得知約需 $1,000,000。
2. 12/26 阿嘉郵局存款僅有 $500,000，邀好友茂柏與瑪拉桑各出資 $250,000，籌劃設立動畫設計公司。
3. 1/1 登記設立動畫設計公司，將三人合資之 $1,000,000 以動畫設計公司名義轉存恆春第一銀行。
4. 1/3 承租海角路 7 號為營業場所，並聘請甜中千繪小姐管理營業場所。
5. 1/4 自恆春第一銀行帳戶提出現金 $100,000，付給電腦公司，購置電腦設備。
6. 1/5 另購入 $100,000 之電腦設備，電腦公司同意其中 $30,000 於 1/12 付現，其餘款項 2/1 再付即可。
7. 1/6 以現金購入辦公用品（紙筆等文具），金額 $20,000。
8. 1/12 支付電腦公司現金 $30,000（1/5 所欠帳款之一部分）。

現在我們嘗試利用會計恆等式記錄上述各項事件，對動畫設計公司的影響：

事件 1 與 **2**：動畫設計公司尚未成立，無須記錄。

事件 3：（股東原始投資）阿嘉出資 $500,000，茂柏出資 $250,000，瑪拉桑出資 $250,000，合計三人投入現金入股動畫設計公司共 $1,000,000。會計記錄之標的為動畫設計公司擁有的經濟資源（資產），以及這些資源的來源（負債及權益）。阿嘉等三人以現金 $1,000,000 投資動畫設計公司，在會計恆等式左邊應記錄動畫設計公司擁有之經濟資源（資產）＝現金 $1,000,000；會計恆等式右邊應記錄這些經濟資源的來源＝（阿嘉、茂柏與瑪拉桑三位股東之）權益。更確切地說，阿嘉和他的朋友因為提供資金給動畫設計公司而取得股東的身分，因此為了表示動畫設計公司來自股東的投資而籌到的資本，我們用**股本**（Capital Stock）項目代表這一個性質的權益。透過會計恆等式以下列表列方式呈現股東原始投資之交易：

	資產	=	負債	+	權益
	現金	=			股本
(3)	+$1,000,000	=		+	+$1,000,000

記錄任何交易之後，資產還是等於負債加上權益（左方等於右方）。

事件 4： 動畫設計公司的經濟資源並無變動，不予記錄。

事件 5： 動畫設計公司擁有的現金（銀行存款）減少 $100,000，其他經濟資源則多了電腦設備 $100,000，總共的經濟資源仍為 $1,000,000。

	資產			=	負債	+	權益
	現金	+	電腦設備	=			股本
餘額	$1,000,000			=			$1,000,000
(5)	−100,000		+$100,000	=			
餘額	$ 900,000	+	$100,000	=			$1,000,000

$1,000,000　　　　　　　　$1,000,000

會計好簡單

如果事件 5 改為以現金 $200,000 購買電腦設備，則資產、負債與權益的餘額變為多少？

解析

仍然是資產 $1,000,000、負債 $0 以及權益 $1,000,000。但是資產中的現金變為 $800,000，電腦設備則有 $200,000，所以資產總額仍然是 $1,000,000。易言之，資產總額不變，但資產的內容改變了。

事件 6：增購電腦設備 $100,000，但同時欠電腦公司 $100,000。這個事件中的電腦公司（供應商）把一些資源（電腦設備）移轉給動畫設計公司，同時取得要求動畫設計公司未來支付現金的權利。對動畫設計公司而言，電腦設備這項經濟資源的來源是電腦公司，未來必須償還電腦公司該項欠款（負債）。此時，電腦公司既是動畫設計公司的供應商，也是債權人。為了能將負債做恰當歸類，將此一負債稱為應付帳款（應該付給電腦公司的帳款）。所以動畫設計公司的資產與負債（應付帳款）同時增加：

資產與負債各增加 $100,000 後，會計恆等式左邊仍然等於右邊。

	資產			=	負債	+	權益
	現金	+	電腦設備	=	應付帳款	+	股本
餘額	$900,000		$100,000	=			$1,000,000
(6)			+100,000	=	+$100,000		
餘額	$900,000	+	$200,000	=	$100,000	+	$1,000,000
	$1,100,000				$1,100,000		

事件 7：與事件 5 類似，現金減少 $20,000，資產中的辦公用品增加 $20,000。

		資產				=	負債	+	權益
	現金	+	辦公用品	+	電腦設備	=	應付帳款	+	股本
餘額	$900,000				$200,000	=	$100,000		$1,000,000
(7)	−20,000		+$20,000			=			
餘額	$880,000	+	$20,000	+	$200,000	=	$100,000	+	$1,000,000

$1,100,000 　　　　　　　　　　　　　　$1,100,000

事件 8：原欠電腦公司 $100,000 中，還款 $30,000，表示動畫設計公司資產中現金減少 $30,000，但同時負債（欠電腦公司的錢）也減少 $30,000：

以資產償付負債之後，資產減少，負債也等額減少，因此會計恆等式的左邊與右邊仍然相等。

		資產				=	負債	+	權益
	現金	+	辦公用品	+	電腦設備	=	應付帳款	+	股本
餘額	$880,000		$20,000		$200,000	=	$100,000		$1,000,000
(8)	−30,000					=	−30,000		
餘額	$850,000	+	$20,000	+	$200,000	=	$ 70,000	+	$1,000,000

$1,070,000 　　　　　　　　　　　　　　$1,070,000

將所有相關記錄彙總於表 2-1。

表 2-1　動畫設計公司之交易與會計恆等式

	資產			=	負債	+	權益
	現金	+ 辦公用品	+ 電腦設備	=	應付帳款	+	股本
1/1餘額	$ 0	$ 0	$ 0	=	$ 0		$ 0
(3)	+1,000,000			=			+1,000,000
(5)	−100,000		+100,000	=			
(6)			+100,000	=	+100,000		
(7)	−20,000	+20,000		=			
(8)	−30,000			=	−30,000		
1/12餘額	$ 850,000	+ $20,000	+ $200,000	=	$ 70,000	+	$1,000,000

$1,070,000　　　　　　　　　　$1,070,000

任何一個事件記錄後，動畫設計公司均可將各項資產、負債與權益計算清楚，大股東阿嘉可以迅速了解動畫設計公司所有資產狀況以及負債的多寡，其差額自然是屬於所有股東的權益。前述列表方式可以改變為下列正式之資產負債表。

動畫設計公司
資產負債表
ＸＸ年1月12日

現金	$ 850,000	應付帳款	$ 70,000
辦公用品	20,000	股本	1,000,000
電腦設備	200,000		
資產總額	$1,070,000	**負債及權益總額**	$1,070,000

事實上，只要把前述會計恆等式的左邊與右邊以由上至下的排列方式，重新列表，就成為會計上正式的「資產負債表」。這個表很簡要地列出動畫設計公司擁有的經濟資源（資產）、所欠負債與剩餘的權益，使阿嘉、茂柏與瑪拉桑三個股東能對企業現況（財務狀況）一目了然。

會計好簡單

請以會計恆等式記錄下列五項交易,並編製資產負債表:

1. 登記設立 KTV 公司,股東投資 $800,000。
2. 購置設備,支付現金 $80,000。
3. 購入另一批設備 $150,000,其中 $50,000 付現,餘款半個月後支付即可。
4. 以現金購入辦公用品,金額 $15,000。
5. 支付現金 $100,000 以償還事件 3 所欠款項。

解析

(1) 以會計恆等式記錄交易:

	資產					=	負債	+	權益
	現金	+	辦公用品	+	電腦設備	=	應付帳款	+	股本
期初餘額	$ 0		$ 0		$ 0		$ 0		$ 0
(1)	+800,000					=			+800,000
(2)	−80,000				+80,000	=			
(3)	−50,000				+150,000	=	+100,000		
(4)	−15,000		+15,000			=			
(5)	−100,000					=	−100,000		
期末餘額	$555,000	+	$15,000	+	$230,000	=	$ 0	+	$800,000
	$800,000						$800,000		

(2) 編製資產負債表:

KTV 公司
資產負債表
××年 ××月 ××日

現金	$555,000	負債	$ 0
辦公用品	15,000	股本	800,000
電腦設備	230,000		
資產總額	$800,000	**負債及權益總額**	$800,000

會計部落格

會計恆等式的起源

我們在這一章學習以會計恆等式記錄企業交易的方法，是文藝復興時代的義大利人發展出來的。其中的代表人物是帕西歐里（Pacioli），他在西元1445年生於義大利的圖斯坎尼（Tuscany），並於1494年出版的數學著作中，很清楚地交代了以基本會計方程式記錄交易的方法。但這個記帳的觀念是義大利人學習中古世紀領地會計，並以阿拉伯數字記錄他們商業交易而發明的方法。其實柯儲格里（Cotrugli）在1458年就出版了一本書，其中一部分簡要介紹基本會計恆等式的觀念，帕西歐里在出版他的書之前，就讀過柯儲格里的書。因此，帕西歐里將這個會計恆等式的記帳方式之重大發展歸功給柯儲格里。

學習目標 2
以會計恆等式格式記錄收入與費用，並編製綜合損益表

2.2 以會計恆等式記錄收入與費用相關事件以及編製綜合損益表

上一節中我們以會計恆等式記錄一些交易（事件），並利用記錄結果編製資產負債表。本節進一步以交易例子導出並說明收益與費損的觀念，並解釋如何編製「綜合損益表」。雖然綜合損益表報導某一期間之淨利（或淨損）以及其他綜合損益，但其他綜合損益在性質上屬「權益」，非屬收益或費損，因此在本章僅討論綜合損益表中決定淨利（或淨損）的部分，而所舉例的綜合損益表均假設沒有「其他綜合損益」。由於沒有「其他綜合損益」，因此討論權益變動表時，也略過這個項目。在以後章節再逐漸導入「其他綜合損益」的相關說明。在第1章提到，收益乃收入與利益之合稱，費損為費用與損失之合稱。本章的例子均是與「收入」及「費用」有關之交易，因此，逕以收入及費用表示。假設動畫設計公司在1月中繼續發生下列事件：

9. 1/13　完成顧客要求之動畫設計，收到現金 $100,000。
10. 1/15　阿嘉自郵局個人帳戶再轉帳至動畫設計公司的恆春第一銀行帳戶，金額 $100,000，以增加他對動畫設計公司之投資。
11. 1/20　完成顧客委託設計動畫，阿嘉讓客戶簽帳 $50,000，下月 5 日再付款即可。
12. 1/31　以現金支付 1 月份房租費用 $40,000，以及甜中千繪小姐 1 月份薪資 $30,000。

這四項事件可以用類似的列表方式記錄如下：

事件 9：完成動畫設計服務後，公司收到現金，現金餘額增加 $100,000，這項資產增加的來源為何？讀者可能認為應該是顧客。這樣回答並非錯誤，但是顧客購買動畫設計公司服務，付出的代價應該屬於阿嘉及其二位股東好友賺得的，因為他們籌辦動畫設計公司，目的即是提供服務，由顧客身上賺取收入，收入增加會增加淨利（盈餘），而盈餘就是給股東的剩餘權益，因此這個現金（資產）的增加，應該屬於這三位股東的，權益相對地增加 $100,000（帳上多認列的現金，其來源是屬於股東的）。為了與來自股東的投資而增加的權益（股本）區分，我們用**保留盈餘**（Retained Earnings）項目代表，因為在沒有分配給股東之前，這些盈餘保留在動畫設計公司。

	資產					=	負債	+	權益		
	現金	+	辦公用品	+	電腦設備	=	應付帳款	+	股本	+	保留盈餘
餘額	$850,000		$20,000		$200,000	=	$70,000		$1,000,000		
(9)	+100,000					=					+$100,000
餘額	$950,000	+	$20,000	+	$200,000	=	$70,000	+	$1,000,000	+	$100,000
			$1,170,000						$1,170,000		

事件 10：（股東再投資）動畫帳戶內現金增加 $100,000，其來源為股東阿嘉，因此以「股本」代表權益同時增加 $100,000。

	資產			=	負債	+	權益	
	現金	+ 辦公用品	+ 電腦設備	=	應付帳款	+	股本	+ 保留盈餘
餘額	$ 950,000	$20,000	$200,000	=	$70,000		$1,000,000	$100,000
(10)	+100,000			=			+100,000	
餘額	$1,050,000 +	$20,000 +	$200,000	=	$70,000	+	$1,100,000 +	$100,000
	$1,270,000						$1,270,000	

事件 11：顧客獲得服務後，簽帳 $50,000，下月再付款，應如何處理呢？動畫設計公司提供服務後，顧客答應下月付款，對動畫設計公司而言，是取得一個權利——下個月向顧客收錢的權利。權利是否為有價值的經濟資源（資產）？現金是有價值的經濟資源，那麼向其他人收取現金的權利也是有價值的。所以這個收錢的權利在會計上也歸類為資產。為了將資產的項目區分清楚，將這項下個月收取現金的權利稱為應收帳款（應該向客戶收取的款項），所以應收帳款增加 $50,000。這個資產增加的來源就如同事件 9，應該是屬於出資的股東，因此用「保留盈餘」代表權益同時增加 $50,000。

	資產				=	負債	+	權益	
	現金	+ 應收帳款	+ 辦公用品	+ 電腦設備	=	應付帳款	+	股本	+ 保留盈餘
餘額	$1,050,000		$20,000	$200,000	=	$70,000		$1,100,000	$100,000
(11)		+$50,000			=				+50,000
餘額	$1,050,000 +	$50,000 +	$20,000 +	$200,000	=	$70,000	+	$1,100,000 +	$150,000
	$1,320,000							$1,320,000	

事件 12：房租與薪資等兩項共支付現金 $70,000（即 $40,000 + $30,000），因此現金減少 $70,000。事件 9 與 11 中向顧客收取的現金使資產增加，因為產生收入，增加盈餘，是屬於權益的增加。那麼為了提供顧客服務，動畫設計公司所發生的費用是否也應該由股東來承擔呢？答案是肯定的，因為費用的增加，使淨利減少，股東可以享受的剩餘權益減少了，因此他們的權益減少，記錄為「保留盈餘」減少 $70,000。

	資產				=	負債	+	權益	
	現金	+ 應收帳款	+ 辦公用品	+ 電腦設備	=	應付帳款	+	股本	+ 保留盈餘
餘額	$1,050,000	$50,000	$20,000	$200,000	=	$70,000		$1,100,000	$150,000
(12)	−70,000				=				−70,000
餘額	$980,000 +	$50,000 +	$20,000 +	$200,000	=	$70,000 +		$1,100,000 +	$80,000

$1,250,000　　　　　　　　　　　　　　$1,250,000

茲將所有相關記錄彙總於表 2-2。

表 2-2　動畫設計公司有關收入、費用交易之會計恆等式

	資產				=	負債	+	權益	
	現金	+ 應收帳款 +	辦公用品	+ 電腦設備	=	應付帳款 +		股本	+ 保留盈餘
1/12 餘額	$850,000		$20,000	$200,000	=	$70,000		$1,000,000（本期股東投資）	
(9)	+100,000				=				+$100,000（收入）
(10)	+100,000				=			+100,000（本期股東投資）	
(11)		+$50,000			=				+50,000（收入）
(12)	−70,000				=				−70,000（費用）
1/31 餘額	$980,000 +	$50,000 +	$20,000 +	$200,000	=	$70,000 +	$1,100,000	+	$80,000

$1,250,000　　　　　　　　　　　　　　$1,250,000

> 權益的變化包括：
> 1. 本期股東投資（增加權益）。
> 2. 收入（權益增加）與費用（權益減少）。

顯然，動畫設計公司有價值的經濟資源（資產）由 1 月 1 日企業設立時的餘額 $0，增加至 1 月 31 日的 $1,250,000。這樣的資產負債表可以顯示任何一個時點（例如 1 月 31 日時），動畫設計公司有多少總資產，負債有多少，其差額即是阿嘉與二位好友的權益。這個表相當簡要地報告三位股東有多少權益在動畫設計公司中，但是動畫設計公司究竟在開業 1 個月中，賺取多少收入？發生多少費用？並為他們賺了多少淨利呢？從資產負債表不容易回答這個問題，我們必須將記錄方式再改進。

阿嘉與好友出資成立動畫設計公司的目的是為了賺錢，前述 1 月 31 日資產負債表的權益 $1,180,000 其實包含了阿嘉以及二位好友的投資金額及 1 月份動畫設計公司為他們賺得的淨利。這些影響股東權益的交易，分類如下（請注意表 2-2 最右一欄保留盈餘項下的括弧註解）：

1. 事件 3 與 10 是阿嘉等三位股東這個期間對動畫設計公司的投資，使權益增加 $1,100,000（事件 3 係反映在 1 月 12 日餘額的資訊內），這類由股東直接投入現金使權益增加的交易造成動畫設計公司的「股本」增加。

2. 事件 9 與 11 是動畫設計公司提供顧客服務賺取經濟資源，而使權益增加。這類提供服務賺取經濟資源而使權益增加的交易產生了「本期收入」或簡稱「收入」；而事件 12 則是提供服務用掉了經濟資源，使權益減少。這類為提供服務而耗掉資源致使權益減少的交易造成「本期費用」或簡稱「費用」。收入減除費用即是動畫設計公司 1 月份的經營績效，稱之為「本期損益」。若收入大於費用，以「本期淨利」表示；反之，以「本期淨損」表示。以恆等式表示如下：

收入 − 費用 = 本期損益

為了回答動畫設計公司在 1 月中賺了多少利潤，方程式中保留盈餘項下的收入與費用可用以編製綜合損益表（利潤表）如下：

動畫設計公司
綜合損益表
××年1月1日至1月31日

收入	$150,000
薪資費用	(30,000)
房租費用	(40,000)
本期損益	$ 80,000
其他綜合損益	0
綜合損益	$ 80,000

1. 注意綜合損益表中的本期損益代表一段期間之經營成果，以動畫設計公司為例，綜合損益表中的數字代表1月份整個期間的收入、費用及當期（1月）損益各有多少。因此綜合損益表表頭日期是一個期間：1月1日至1月31日。
2. 會計慣例上減號或負數是以括弧的形式表示。執行計算時數字下畫一條橫線，計算結果的數字下則畫上雙橫線。

這個綜合損益表事實上表示「收入 $150,000 －費用 $70,000 ＝本期損益 $80,000」的數學恆等式。這筆賺得的盈餘並未分配給阿嘉及其好友，因此為權益的一部分，以「保留盈餘」表示之。經過這四個事件後，到1月31日，動畫設計公司的資產、負債與權益如下表（利用表 2-2 最後一列數字編製）：

動畫設計公司
資產負債表
××年1月31日

現金	$ 980,000	應付帳款	$ 70,000
應收帳款	50,000		
辦公用品	20,000	股本	1,100,000
電腦設備	200,000	保留盈餘	80,000
資產總額	$1,250,000	負債及權益總額	$1,250,000

資產負債表的開始，一定會先註明是哪一家企業的報表。同時請注意在本例中，資產負債表的日期是1月31日，表示報表上的數字代表1月31日當天企業的資產、負債與權益各有多少。

會計部落格

請同學進入公開資訊觀測站（http://mops.twse.com.tw），查詢**台灣塑膠公司**（簡稱**台塑**）（股票代號：1301）民國108年12月31日的資產負債表資料（查詢民國108年第4季資料），並檢驗資產總額是否等於負債總額加上權益總額。

解析

首先進入 http://mops.twse.com.tw，找到「公開資訊觀測站」，選「新版」，再搜尋公司代號「1301」、年度「108年」，即可找到**台塑公司**資料。

再選擇基本資料下的電子書中之財務報告書。該表顯示台塑 108 年 12 月 31 日資產（$4,971 億）＝ 負債（$1,479 億）＋ 權益（$3,492 億）。

2.3 權益變動表

學習目標 3
了解如何擴展會計恆等式，以涵蓋五大類會計項目，及編製權益變動表

阿嘉從小學起就有在郵局存款儲蓄的好習慣，每一個月月底，他會去郵局刷一下存摺，看看還有多少錢。好奇心很重的他，還會分析一下，自上次刷存摺到這次的 1 個月期間內，郵局存款是如何變化的，他利用下列數學式協助分析（假設他並未提款花用）：

上期累積存入金額 ＋ 上期期末累積利息 ＋ 本期存入 ＋ 本期利息 ＝ 本期期末結存

假設他在 ×1 年 1 月 1 日開始存款，至 3 月 31 日時根據他的存摺，連續 3 個月的存款與利息收入情形如下：

日期	摘要	支出	存入	餘額
×1/01/01	存款		4,000	4,000
×1/01/31	利息		20	4,020
×1/02/03	存款		1,000	5,020
×1/02/28	利息		10	5,030
×1/03/09	存款		2,000	7,030
×1/03/31	利息		15	7,045

1 至 3 月底時根據他的數學式，將會有如下資訊：

	上期期末累積存入金額	＋	上期期末累積利息	＋	本期存入	＋	本期利息收入	＝	本期期末結存
（1 月底）	$0 ＋		$0 ＋		$4,000 ＋		$20	＝	$4,020
（2 月底）	$4,000 ＋		$20 ＋		$1,000 ＋		$10	＝	$5,030
（3 月底）	$5,000 ＋		$30 ＋		$2,000 ＋		$15	＝	$7,045

由每個月月底的數學式,他可以清楚知道,自他開始存款後,總共累積存入金額多少、總共累積利息收入多少、當月存入金額以及當月利息收入。例如 3 月底的數學式中,至前一月總共累積存入與累積利息收入金額分別是 $5,000 與 $30;當月的存入與當月利息收入則為 $2,000 與 $15;3 月底時的總餘額則為 $7,045。如此一來,不論經過多少個月,他總是可以利用這個式子很迅速地掌握所有重要資訊。

> 想像 168 個月後,似乎很難利用銀行存摺資訊,迅速了解總共存入多少金額與銀行總共給你多少利息。但阿嘉的數學式仍然迅速告知我們所有重要資訊。

再回到動畫設計公司的會計問題上,阿嘉及其好友在動畫設計公司的權益好比他在郵局的存款一樣,代表他在企業的財富有多少。前一節所說的動畫設計公司之損益就像郵局存款的利息,前者代表企業在這個期間幫股東賺到的利潤,後者則是郵局在這個期間內幫他們賺到的利息;累積利息則像是動畫設計公司在過去經營中累積賺到的損益(稱之為保留盈餘);而每個月的存款則像是動畫設計公司中股東當期的投資。由存款的例子他想通了下式:

> 損益也可以稱為盈餘,保留盈餘的意思是公司過去累積賺得的損益(盈餘),還保留在公司的總金額。

上期期末權益 = 上期期末股本 + 上期期末保留盈餘

上期期末股本 + 上期期末保留盈餘 + 本期股東投資 + 本期損益 = 本期期末權益

以動畫設計公司 1 月份的數字代入:

上期期末股本 + 上期期末保留盈餘 + 本期股東投資 + 本期損益 = 本期期末權益
$0 + $0 + $1,100,000 + $80,000 = $1,180,000

這個式子主要說明權益可能因股東再投入資金至企業(「股本」會增加),或因每月損益之多寡(「保留盈餘」之變化),造成權益之增減。這個式子為分析權益增減原因的重要工具,也是「權益變動表」的原理,動畫設計公司 1 月的權益變動表如下:

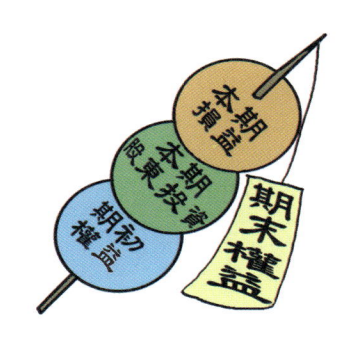

注意：權益變動表也和綜合損益表一樣，是涵蓋一個期間的報表，表示股東的權益如何由期初的總額變動至期末的總額。

動畫設計公司
權益變動表
××年1月1日至1月31日

	股本	保留盈餘	權益合計
上期期末餘額	$ 0	$ 0	$ 0
＋本期股東投資	1,100,000	－	1,100,000
＋本期損益（收入減費用）	－	80,000	80,000
本期期末餘額	$1,100,000	$ 80,000	$1,180,000

這張權益變動表可做如下之解析：

1. 會計恆等式告訴我們1月31日時：

$$\underbrace{（期末）資產 = （期末）負債 + （期末）權益}_{\text{資產負債表 (1/31)}} \quad （式2\text{-}1）$$

即 $1,250,000 = $70,000 + $1,180,000$

2. 這一節的權益變動表可以用來將期末權益進一步拆解：

$$（期末）資產 = （期末）負債 + 上期期末股本 + 上期期末保留盈餘 + 本期股東投資 + 本期損益 \quad （式2\text{-}2）$$

即
$1,250,000 = $70,000 + $0 + $0 + $1,100,000 + $80,000$

3. 上一節的綜合損益表說明了本期損益可以表示為收入減除費用，因此可再繼續拆解成：

$$（期末）資產 = （期末）負債 + \underbrace{上期期末股本 + 上期期末保留盈餘 + 本期股東投資}_{\text{權益變動表}} + \underbrace{（收入－費用）}_{\text{綜合損益表}} \quad （式2\text{-}3）$$

即
$1,250,000 = $70,000 + $0 + $0 + $1,100,000 + ($150,000 － $70,000)$

現在以動畫設計公司1月份所有交易為例，利用式2-3重新記錄所有交易如表2-3。請仔細對照表2-2與表2-3：它們的差異只出

表 2-3 以完整會計恆等式記錄動畫設計公司 1 月份所有交易

	資產				=	負債	+	權益					
								期初權益		本期股東投資	收入	−	費用
	現金	+ 應收帳款	+ 辦公用品	+ 電腦設備	=	應付帳款	+	上期期末股本 + 上期期末保留盈餘		+ 本期股東投資	+ 收入	−	薪資費用 − 房租費用
1/1 餘額	$ 0	$ 0	$ 0	$ 0	=	$ 0	+	$0 + $0		+ $ 0	+ $ 0	−	$ 0 − $ 0
(3)	+1,000,000				=					+1,000,000			
(5)	−100,000			+100,000	=								
(6)				+100,000	=	+100,000							
(7)	−20,000		+20,000		=								
(8)	−30,000				=	−30,000							
(9)	+100,000				=						+100,000		
(10)	+100,000				=						+100,000		
(11)		+50,000			=						+50,000		
(12)	−30,000				=								−30,000
(12)	−40,000				=								−40,000
1/31 餘額	$ 980,000	+ $50,000	+ $20,000	+ $200,000	=	$70,000	+	$0 + $0		+ $1,100,000	+ $150,000	−	$30,000 − $40,000
	$1,250,000					$70,000				$1,180,000			
								$1,250,000					

現在權益，表 2-3 的記錄與表 2-2 實質上完全相同，差異僅在於表 2-3 將權益按變動的原因，分別記錄，如此就可以輕易地彙總所有綜合損益表與權益變動表所需資訊。

再考慮另外一種表達方式，式 2-3 也可以將費用移至左邊，恆等式的關係依然維持（請注意：式 2-3 的上期期末股本和上期期末保留盈餘在式 2-4 改為本期的期初股本和期初保留盈餘，二者完全相等）。

$$資產 + 費用 = 負債 + \frac{期初}{股本} + \frac{期初}{保留盈餘} + \frac{本期}{股東投資} + 收入 \quad （式2\text{-}4）$$

表 2-4 依式 2-4 再將所有交易重新表達一次。讀者可以再一次仔細比對表 2-3 與表 2-4；其實新的表（表 2-4）只是把費用放到恆等式左邊記錄，所有的資訊仍然是相同的。

企業利用表 2-4 最底下一列的數字（資訊），將等式左邊的項目寫入表 2-5 的左邊，等式右邊的項目寫入表 2-5 的右邊，左邊加總等於右邊加總，表 2-5 的形式即是試算表的形式。試算表並非正式的財務報表，只是在企業日常記錄交易乃至編製財務報表的過程中，為了驗證帳務處理是否有誤，利用試算表檢查該表左邊的金額合計數與右邊的合計數是否相等。

會計部落格

會計恆等式觀念之擴充

表 2-3 的權益分為四個項目記錄當然比較麻煩，可是一個大型公司如果只用表 2-2 記錄權益的變化，這個公司是否能順利的將綜合損益表與權益變動表編製出來呢？

台灣電力公司（簡稱**台電**）民國 109 年總發電與購電量為 2,389.3 億度。抽蓄水力發電量為 31.47 億度，占 1.3%；火力發電與購電量為 1916.22 億度，占 80.2%；核能發電量為 303.42 億度，占 12.7%；再生能源發電與購電量為 138.58 億度，占 5.8%；其中購自託營水力、汽電共生、民營電廠等電量為 549.5 億度，占 23%。

表 2-4　以現代化公司所使用的會計恆等式觀念記錄動畫設計公司 1 月份所有交易（試算表的觀念）

	資產					負債		權益			
	現金 +	應收帳款 +	辦公用品 +	電腦設備 +	費用 薪資費用 + 房租費用	=	應付帳款 +	期初股本 +	期初保 留盈餘 +	本期股 東投資 +	收入 收入
1/1 餘額	$ 0	$ 0	$ 0	$ 0	$ 0　　　$ 0	=	$ 0	$0	$0	$ 0	$ 0
(3)	+1,000,000					=				+1,000,000	
(5)	−100,000			+100,000		=					
(6)			+20,000	+100,000		=	+100,000				
(7)	−20,000					=					
(8)	−30,000					=	−30,000				
(9)	+100,000					=					+100,000
(10)	+100,000					=				+100,000	
(11)		+50,000				=					+50,000
(12)	−30,000				+30,000	=					
(12)	−40,000				+40,000	=					
1/31 餘額	$ 980,000 +	$50,000 +	$20,000 +	$200,000 +	$30,000 + $40,000	=	$ 70,000 +	$0 +	$0 +	$1,100,000 +	$150,000

$1,320,000　　　　　　　　　　　　　　　　　$70,000　　　　　　　　$1,250,000

　　　　　　　　　　　　　　　　　　　　　　　　　　　　　　　　　　　　　　$1,320,000

台電民國 109 年底的資產總額為 2 兆 756 億元,其規模相當大。上述是 109 年度之資訊,但是即使是在民國 96 年度,該公司 1 個月份的交易便約有 400 多萬筆,想像 400 多萬筆中有 300 萬筆與權益增減有關,而其中收入有 200 萬筆。如果台電用類似表 2-2 的觀念,把 200 萬筆收入夾雜在 300 萬筆與權益有關的交易中,若該公司在沒有電腦的時代,要算出 1 月份的收入是如何困難!但若能將收入(費用)單獨列為一欄,這一欄數字加總即為當期收入(費用)!

所以實際上企業在記帳時所用的觀念是如表 2-4 所示:

$$資產+費用=負債+\frac{期初}{股本}+\frac{期初}{保留盈餘}+\frac{本期}{股東投資}+收入$$

表 2-5 的試算表事實上就是表 2-4 最後的恆等式以直列的方式寫下來,所以表 2-5 的結構與表 2-4 一模一樣。這個試算表看似簡單,但是台塑或裕隆公司,它們的試算表也是這樣的結構,如果這個試算表上的所有數字都是正確的,那麼會計人員就能輕易地將大型上市公司所需要的主要財務報表正確地編製出來。所以主要的問題在於:我們是否有能力以表 2-4 這種方式記錄所有交易,再將表 2-4 中最底下一列數字編製成表 2-5 中的試算表格式。下一節我們將針對財務報表編製程序再簡要而完整的彙總一次。

表 2-5　動畫設計公司試算表

××年 1 月 31 日

資產	現金	$980,000	應付帳款	$70,000	負債
	應收帳款	50,000			
	辦公用品	20,000			
	電腦設備	200,000	期初股本	0	期初權益
費用	薪資費用	30,000	期初保留盈餘	0	
	房租費用	40,000	本期股東投資	1,100,000	本期股東投資
			收入	150,000	收入
	餘額	$1,320,000	餘額	$1,320,000	

表 2-6　試算表結構圖

資產	負債
	期初權益
	本期股東投資
費用	收入

表 2-6 將表 2-5 所有項目分類為六大類，左邊二類（資產與費用）加總等於右邊四類（負債、期初權益、本期股東投資與收入）加總。

2.4　彙總會計恆等式記帳並編製財務報表的程序

學習目標 4
了解自記錄交易至編製財務報表之步驟

我們利用表 2-6 的結構說明現代化的公司整個記帳與編表的程序。所有編製報表的程序如下（請參見圖 2-1）：

步驟零　利用表 2-4 記錄 1 月份所有交易。

步驟一　以表 2-4 中最底下的會計恆等式編製「試算表」，其形式如表 2-5。

步驟二　試算表中之收入與費用的金額可用以編製綜合損益表。這個表讓我們計算出 1 月 1 日至 1 月 31 日的本期損益（收入－費用）。此一金額若大於零，稱為「本期淨利」；若小於零，稱為「本期淨損」。

步驟三　綜合損益表計算而得的本期損益可將試算表改編為「結算損益後試算表」。

步驟四　利用結算損益後試算表中的期初權益、本期股東投資與本期損益等三個數字，編製「權益變動表」。這個表最後的計算結果即為期末（1 月底）的權益。即權益＝股本（期末）＋保留盈餘（期末）。

步驟五　以期末資產等於期末負債加期末權益的方式，編製 1 月 31 日的「資產負債表」。

現在以動畫設計公司 1 月底的試算表資料，依照上述程序，編製該公司的三個重要財務報表：1 月份之綜合損益表、1 月份之權益變動表與 1 月 31 日之資產負債表（見第 66~67 頁）。

步驟一
試算表****

資產（期末）	負債（期末）
	期初權益
	本期股東投資
費用*	收入*

步驟二
綜合損益表

收入*
－費用*
本期淨利**

步驟三
結算損益後試算表****

資產（期末）	負債（期末）
	期初權益
	本期股東投資
	本期淨利***

步驟四
權益變動表

期初權益
＋本期股東投資
＋本期損益
期末權益****

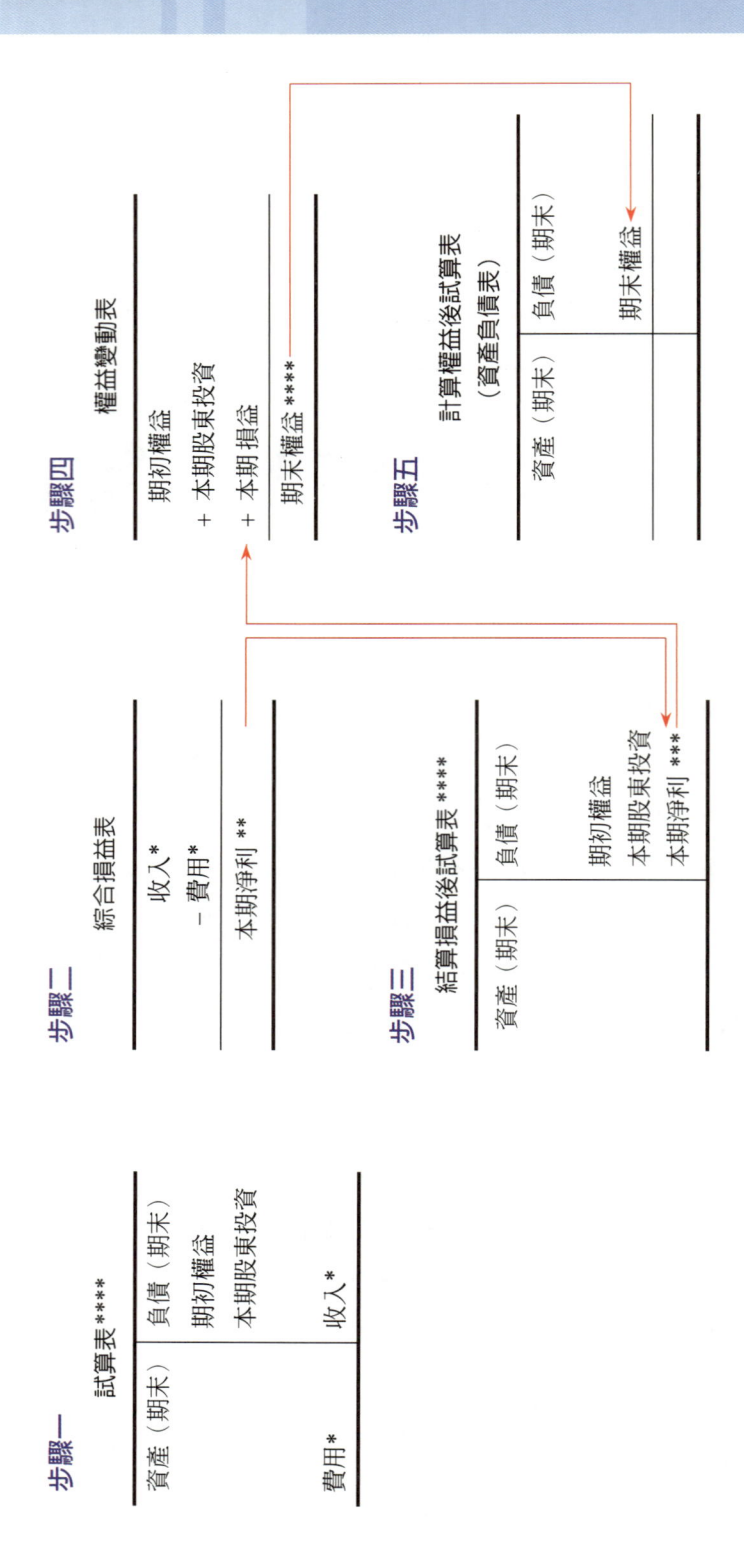

步驟五
計算權益後試算表
（資產負債表）

資產（期末）	負債（期末）
	期末權益

* 嚴格地說，應為收益（含收入及利益）與費損（含費用及損失）；本章所舉的例子沒有涉及利益與損失，因此以收入和費用表達；也假設沒有「其他綜合損益」發生。
** 若收入小於費用，二者之差為本期淨損。
*** 若為本期淨損，則該金額應放在左邊。
**** 如有分配股利給股東，應於試算表左方，列示股利金額；計算期末權益時，也應減除該金額。

圖 2-1　編製財務報表的五個步驟

從會計恆等式到財務報表

步驟一 動畫設計公司 1 月份試算表
（以表 2-5 最後一列數字編製）

現金	$ 980,000	應付帳款	$ 70,000
應收帳款	50,000	期初權益	0
辦公用品	20,000	本期股東投資	1,100,000
電腦設備	200,000	收入	150,000
薪資費用	30,000		
房租費用	40,000		
餘額	$1,320,000	餘額	$1,320,000

步驟二 綜合損益表（以試算表之收入和費用項目編製）

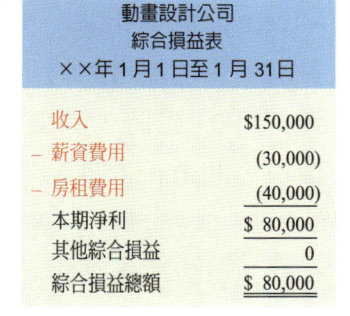

動畫設計公司
綜合損益表
××年1月1日至1月31日

收入	$150,000
－ 薪資費用	(30,000)
－ 房租費用	(40,000)
本期淨利	$ 80,000
其他綜合損益	0
綜合損益總額	$ 80,000

若「本期損益」大於零，稱之為「本期淨利」；小於零則稱為「本期淨損」。

損益表編製後試算表可以表示為：

步驟三 結算損益後試算表
（以本期損益取代收入與費用編製）

動畫設計公司 1 月份結算損益後試算表

現金	$ 980,000	應付帳款	$ 70,000
應收帳款	50,000	期初權益	0
辦公用品	20,000	本期股東投資	1,100,000
電腦設備	200,000	本期淨利	80,000
餘額	$1,250,000	餘額	$1,250,000

步驟四 權益變動表（以結算損益後試算表中的數字編製）

動畫設計公司
權益變動表
××年1月1日至1月31日

	股本	保留盈餘	權益合計
上期期末餘額	$ 0	$ 0	$ 0
＋ 本期股東投資	1,100,000	－	1,100,000
＋ 本期損益（收入減費用）	－	80,000	80,000
本期期末餘額	$1,100,000	$80,000	$1,180,000

步驟五 資產負債表（以期末權益取代相關數字後編製）

動畫設計公司
資產負債表
××年1月31日

現金	$ 980,000	應付帳款	$ 70,000
應收帳款	50,000	股本	1,100,000
辦公用品	20,000	保留盈餘	80,000
電腦設備	200,000		
資產總額	$1,250,000	負債及權益總額	$1,250,000

注意 1 月底的資產負債表，其中的權益包括本期淨利 $80,000。另外注意這個表中的所有數字都是 1 月底的金額，即所謂「期末」的金額。

大股東阿嘉看了綜合損益表就知道動畫設計公司 1 個月內產生多少收入，發生多少費用，幫所有股東賺了多少淨利。再看過權益變動表，就會了解股東們在動畫設計公司由本月初的權益為零，期間股東投資了多少，再加上本月的淨利，累積到 1 月底的股東的權益剩多少以及增減的原因為何。最後再檢視資產負債表，就可以知道 1 月 31 日時，動畫設計公司擁有多少資產，扣除必須償還的負債後，期末（1 月 31 日）的權益又有多少。

值得注意的是，若動畫設計公司將賺得的盈餘發放現金給股東（稱為發放現金股利），將使保留盈餘減少，連帶影響期末權益，亦即：

$$\text{期末權益} = \text{上期期末權益} + \text{本期股東投資} + \text{本期損益} - \text{本期現金股利}$$

會計達人

請以表 2-3 與表 2-4 等兩個會計恆等式方式記錄發生於本月份之下列各項交易，並編製本月份之綜合損益表、權益變動表與資產負債表：

1. 登記設立 KTV 公司，股東投資 $800,000。
2. 購置設備，支付現金 $80,000。
3. 購入另一批設備 $150,000，其中 $50,000 付現，餘款半個月後支付即可。
4. 以現金購入辦公用品，金額 $15,000。
5. 支付現金 $100,000，以償還事件 3 所欠款項。
6. 顧客至 KTV 消費，收現金 $150,000。
7. 股東再投資 KTV，匯入現金 $200,000 至 KTV 的銀行帳戶。
8. 顧客來 KTV 消費，KTV 讓客戶簽帳 $50,000，下月 10 日再付款即可。
9. 以現金支付本月份 KTV 店面租金費用 $100,000。
10. 顧客至 KTV 消費，收現金 $120,000。
11. 以現金支付職員本月薪資 $110,000。

解析

(1) 以表 2-3 的會計恆等式記錄交易：

	資產					=	負債	+	權益						
	現金	+ 應收帳款	+ 辦公用品	+ KTV設備		=	應付帳款	+	期初股本	+ 期初保留盈餘	+ 本期股東投資	+ 本期股東投資	+ 收入	− 房租費用	− 薪資費用
期初餘額	$0	+ $0	+ $0	+ $0		=	$0	+	$0	+ $0	+ $0		+ $0	− $0	− $0
(1)	+800,000					=					+800,000				
(2)	−80,000			+80,000		=									
(3)	−50,000			+150,000		=	+100,000								
(4)	−15,000		+15,000			=									
(5)	−100,000					=	−100,000								
(6)	+150,000					=								+150,000		
(7)	+200,000					=					+200,000				
(8)		+50,000				=							+50,000		
(9)	−100,000					=									−100,000	
(10)	+120,000					=							+120,000		
(11)	−110,000					=									−110,000
期末餘額	$815,000	+ $50,000	+ $15,000	+ $230,000		=	$0	+	$0	+ $0	+ $1,000,000	+ $320,000	− $100,000	− $110,000

$1,110,000 = $0 + $1,110,000

(2)以表 2-4 的會計恆等式記錄交易：

	現金	+	應收帳款	+	辦公用品	+	KTV設備	+	房租費用	+	薪資費用	=	應付帳款	+	期初股本	+	期初保留盈餘	+	本期股東投資	+	收入
									資產								**負債**		**權益**		
1/1 餘額	$ 0	+	$ 0	+	$ 0	+	$ 0	+	$ 0	+	$ 0	=	$ 0	+	$0	+	$0	+	$ 0	+	$ 0
(1)	+800,000											=							+800,000		
(2)	−80,000						+80,000					=									
(3)	−50,000						+150,000					=	+100,000								
(4)	−15,000				+15,000							=									
(5)	−100,000											=	−100,000								
(6)	+150,000											=									+150,000
(7)			+50,000									=									+50,000
(8)	+200,000											=							+200,000		
(9)	−100,000								+100,000			=									
(10)	+120,000											=									+120,000
(11)	−110,000										+110,000	=									
期末餘額	$815,000	+	$50,000	+	$15,000	+	$230,000	+	$100,000	+	$110,000	=	$ 0	+	$0	+	$0	+	$1,000,000	+	$320,000

$$\underbrace{\$1,320,000}_{\text{資產}} = \underbrace{\$0}_{\text{負債}} + \underbrace{\$1,320,000}_{\text{權益}}$$

(3) 編製本月份之綜合損益表、權益變動表與資產負債表：

KTV 公司
綜合損益表
××年×月

收入	$320,000
減：房租費用	(100,000)
薪資費用	(110,000)
本期淨利	$110,000
其他綜合損益	0
綜合損益總額	$110,000

KTV 公司
權益變動表
××年×月

	股本	保留盈餘	權益合計
上期期末餘額	$ 0	$ 0	$ 0
本期股東投資	1,000,000	-	1,000,000
本期淨利	-	110,000	110,000
期末權益	$1,000,000	$110,000	$1,110,000

KTV 公司
資產負債表
××年×月××日

現金	$ 815,000	負債	$ 0
應收帳款	50,000	股本	1,000,000
辦公用品	15,000	保留盈餘	110,000
KTV 設備	230,000		
資產總額	$1,110,000	負債及權益總額	$1,110,000

摘要

「資產＝負債＋權益」的關係稱之為會計恆等式。

本章應用這個基本會計恆等式解釋財務報表的編製方式與包含要素。資產負債表即是呈現「期末資產＝期末負債＋期末權益」的關係。本章以股份有限公司的組織型態為例，說明會計恆等式，亦即：

$$期末資產 = 期末負債 + 期末權益$$

股東對企業的投資會使得股東的權益增加，以「股本」項目代表這種性質的權益；企業賺得的淨利應分配給股東享受，在未分配前仍留在企業，因此，為權益的一部分，用「保留盈餘」項目代表之。因此權益包括股本與保留盈餘。將上一恆等式拆解，可知：

$$期末資產 = 期末負債 + (期初股本 + 期初保留盈餘 + 本期股東投資 + 本期損益)$$

其中括弧內的加減運算代表企業的股東，其權益如何從期初餘額演變成期末餘額。權益變動表即是呈現這個變化的財務報表。進一步將括弧內的本期損益加以拆解，可知：

$$期末資產 = 期末負債 + [期初股本 + 期初保留盈餘 + 本期股東投資 + (收益 - 費損)]$$

其中小括弧內的減式代表企業在一段期間的經營績效，包括在該期間產生多少收入與利益，以及發生多少費用與損失。綜合損益表告知企業經營績效的訊息。再將上一式子作移項的動作，可知：

$$期末資產 + 費損 = 期末負債 + 期初股本 + 期初保留盈餘 + 本期股東投資 + 收益$$

上式中的左邊金額合計數等於右邊金額合計數。試算表的結構即是反映這種關係，它不是正式的財務報表，但是在企業平常記錄交易乃至期末編製財務報表的過程中，為了驗證帳務處理是否有誤，檢查試算表左邊的金額合計數是否等於右邊金額的合計數，若二者不相等，表示在這個過程中出了差錯。

企業的會計處理程序正好體現這些恆等式所代表的關係與意義。從平常記錄交易開始到試算表、綜合損益表、結算後試算表、權益變動表乃至資產負債表。我們在下一章將繼續討論整個循環是如何落實的。

本章習題

問答題

1. 資產、負債與權益等三個項目的基本會計恆等式有哪兩種表示方法？
2. 本章中本期損益是哪兩個項目相減？
3. 期初權益與期末權益中間之差異原因，是哪些項目造成的？（假設在本期內沒有發放股利給股東。）
4. 期末編製財務報表時的順序為何？（回答中無須包括現金流量表。）
5. 就會計處理程序而言，綜合損益表與資產負債表的關聯為何？
6. 哪些交易或事項影響保留盈餘的餘額？

選擇題

1. 統一食品企業以現金購買載貨車時，對該企業有何影響？
   (A) 現金減少
   (B) 運輸設備（載貨車）增加
   (C) 選項 (A) 與 (B) 皆正確
   (D) 選項 (A) 與 (B) 皆不正確

2. 承上題，若統一食品借款購買載貨車時，則對該企業有何影響？
   (A) 負債減少
   (B) 資產減少
   (C) 選項 (A) 與 (B) 皆正確
   (D) 選項 (A) 與 (B) 皆不正確

3. 承上題，當統一以現金償還買載貨車時的借款，此一交易對該公司有何影響？
   (A) 負債減少，資產減少
   (B) 負債減少，資產增加
   (C) 負債增加，資產增加
   (D) 負債增加，資產減少

4. 中油公司向沙烏地阿拉伯購買石油時，中油公司資產（石油存貨）增加，同時下列何者可能發生？
   (A) 另一項資產同時增加
   (B) 另一項負債同時增加
   (C) 另一項負債同時減少
   (D) 權益同時減少

5. 永慶先生投資現金於企業時，下列有關該企業之敘述何者正確？
   (A) 權益增加，現金減少
   (B) 權益增加，現金增加
   (C) 權益減少，現金增加
   (D) 權益減少，現金減少

6. 齊美企業員工本月薪水 $1,000 於下月 1 日公司才以現金支付，則本月底的財務報表上有關員工本月薪資的敘述何者正確？

(A) 使權益增加 $1,000，負債減少 $1,000
(B) 使權益減少 $1,000，負債增加 $1,000
(C) 使權益增加 $1,000，現金增加 $1,000
(D) 使權益減少 $1,000，現金減少 $1,000

7. 顧客至好樂笛唱歌，結帳時好樂笛收取現金 $1,000，對於好樂笛企業財務報表的影響而言，下述何者正確？
   (A) 現金減少 $1,000
   (B) 權益增加 $1,000
   (C) 權益減少 $1,000
   (D) 現金餘額不變

8. 前櫃公司的股東自個人帳戶轉帳 $10,000 以增加對公司之投資，對於前櫃公司財務報表的影響而言，下述何者正確？
   (A) 現金增加 $10,000
   (B) 本期收入增加 $10,000
   (C) 本期費用增加 $10,000
   (D) 現金餘額不變

9. 當中華電信為大同公司提供電信服務一個月後，寄出帳單時，下列有關中華電信的敘述何者正確？（提示：這個情形與企業提供服務，顧客沒有付現金，答應未來付現金一樣）
   (A) 應收帳款增加
   (B) 權益增加
   (C) 選項 A 與 B 皆正確
   (D) 選項 A 與 B 皆不正確

10. 承上題，大同公司以現金償還上 1 月份欠中華電信的應付帳款時，下列有關大同公司的敘述何者正確？
    (A) 負債減少
    (B) 權益減少
    (C) 資產增加
    (D) 收入減少

11. 谷歌公司提供雲端服務，同時收取現金。此一交易對谷歌公司的影響為何？
    (A) 資產增加
    (B) 資產與收入同時增加
    (C) 資產增加，收入減少
    (D) 資產增加，收入不變

12. 微軟公司發放現金股利給股東。此一交易對該公司影響為何？
    (A) 現金減少
    (B) 現金餘額不變
    (C) 現金減少，權益減少
    (D) 現金減少，權益增加

練習題

1. 【購買資產】阿嘉的動畫設計公司若以所擁有的現金購買價值 $100,000 電腦設備，何以此公司看似有付款之義務，卻於記錄交易時不用記錄負債增加？

2. 【購買資產】若阿嘉的動畫設計公司購入辦公用品 $20,000 時，並非以現金購入而係以賒帳方式（答應未來支付）購入，則對於公司之資產及負債有何影響？

3. 【清償負債】假如阿嘉的動畫設計公司原積欠電腦公司 $100,000，若償還 $70,000 對於動畫設計公司之資產及負債有何影響？

4. 【收入】假如阿嘉的動畫設計公司完成顧客要求之動畫設計後，阿嘉同意讓客戶當場先支付現金 $10,000，餘款 $40,000 待下月 5 日再支付，則在會計恆等式上應該如何記錄？

5. 【編製財務報表的步驟】請問本章介紹編製三個主要財務報表的過程，包含哪些步驟？

6. 【基本會計恆等式】

下表為五個不同企業之財務資訊：

	甲企業	乙企業	丙企業	丁企業	戊企業
×1/12/31					
資產	$ 98,000	$ 50,000	$ 72,000	$ 131,000	$ 109,000
負債	27,000	11,500	21,000	75,000	?
×2/12/31					
資產	101,000	65,000	?	145,000	120,000
負債	?	16,500	33,000	34,000	60,000
×2年發生之事件：					
本期股東投資	11,000	4,500	5,000	?	6,500
本期損益	9,500	?	11,750	17,000	20,000

試問：

(1) 請回答下列有關甲企業之問題：
　◆ ×1/12/31 之權益金額。
　◆ ×2/12/31 之權益金額。
　◆ ×2/12/31 之負債金額。

(2) 請回答下列有關乙企業之問題：
　◆ ×1/12/31 之權益金額。
　◆ ×2/12/31 之權益金額。
　◆ ×2 年度之淨利金額。

(3) 請計算丙企業於 ×2/12/31 之資產金額。

(4) 請計算丁企業於 ×2 年中之股東投資金額。

(5) 請計算戊企業於 ×1/12/31 之負債金額。

應用問題

1. 【會計恆等式觀念的應用】

(1) 長紅企業 ×1 年初的資產總額為 $64,000，權益為 $42,000。年底負債總額為

$30,000。在 ×1 年中資產總額增加了 $250,000，請問年初的負債總額與年底的權益各為多少？

(2) 壬寶企業 ×1 年底的負債總額 $42,000，權益總額 $38,000。×1 年中負債減少 $9,000，資產增加 $7,000。請問年底資產總額及年初的資產總額、權益各為多少？

(3) 開洋企業 ×1 年底有負債 $200,000、資產 $680,000。年初有負債 $70,000。×1 年中股東投入 $200,000；×1 年度總收入為 $720,000，總費用為 $640,000。請問 ×1 年初資產總額為多少？

2. 【交易對各帳戶之影響】分析下列各項交易對資產、負債、權益、收益與費用之影響。例如：資產增加，收益增加。

(1) 股東投入資金。
(2) 現金購入設備。
(3) 購買房屋，付現一部分，其餘簽發票據。
(4) 向銀行簽發票據借款。
(5) 為客戶服務，訂於 10 日後收款。
(6) 償還購買房屋欠款之一部分。
(7) 客戶償還所欠貨款。
(8) 以現金支付員工薪資。
(9) 股東提出現金作私人用途。
(10) 收到電費帳單，尚未支付。
(11) 支付上個月購買文具之欠款。
(12) 股東將所擁有之土地投入企業。

3. 【影響帳戶之各類交易】試按下列帳戶變動的狀況舉一交易實例：

(1) 資產增加，負債增加。
(2) 資產減少，負債減少。
(3) 負債增加，費用增加。
(4) 資產減少，費用增加。
(5) 資產增加，收益增加。
(6) 現金增加，非現金資產減少。
(7) 負債減少，權益增加。
(8) 資產增加，權益增加。

4. 【由會計恆等式（如表 2-1）之記錄說明交易內容】華達公司 ×1 年 3 月份的交易如下，請說明可能的交易內容為何：

	資產				=	負債	+	權益
	現金 +	應收帳款 +	土地 +	電腦設備	=	應付帳款	+	權益
3/1 餘額	$10,000	$12,000	$15,000	$8,000		$20,000		$25,000
(1)	+3,000	−3,000			=			
(2)	−2,000			+5,000	=	+3,000		
(3)	+500	+2,000						+2,500
(4)	−1,500				=	−1,500		
(5)	−6,000		+6,000		=			
(6)	+3,000	+2,000	−5,000					
(7)	+5,000				=			+5,000
(8)		+4,000			=			+4,000
3/31 餘額	$12,000	$17,000 +	$16,000 +	$13,000	=	$21,500	+	$36,500

5. 【權益之變動】愛華香水公司 ×1 年期初總資產為 $1,920,000，總負債為 $1,200,000；期末總資產為 $2,480,000，總負債為 $1,400,000。請計算下列各獨立假設情況下 ×1 年度之淨利或淨損：

   (1) 年度中股東未增資，也未分配現金股利給股東。
   (2) 曾分配現金股利 $100,000 給股東。
   (3) 年度中股東增資 $300,000。
   (4) 年度中股東增資 $240,000，並曾分配現金股利 $38,000 給股東。

6. 【試算表與編製財務報表】嬌生企業於 ×1 年 1 月 1 日至 ×1 年 3 月 31 日各帳戶餘額如下表所示，請依該表資料編製試算表，以及三個主要財務報表（綜合損益表、權益變動表與資產負債表）。

廠房及設備	$41,500
期初權益（股本 $30,000，保留盈餘 $3,800）	33,800
服務收入	9,650
現金	4,000
薪資費用	4,500
應收帳款	1,500
應付帳款	11,000
水電費用	1,250
辦公用品	1,700

7. 【綜合損益表、權益變動表】下表為地瓜藤 ×1 年 12 月 31 日之資產、負債、權益、收入、費用帳戶之餘額資訊，本年度股東再投資現金 $33,000。

辦公設備	$78,000	應付票據	$30,000
水電費用	88,000	房租費用	24,000
應付帳款	3,300	現金	36,000
期初權益	27,100	辦公用品	17,240
服務收入	274,040	薪資費用	94,000
應收帳款	49,000	應付薪資	30,000
雜項費用	7,600	土地稅費用	3,600

試作：

編製地瓜藤 ×1 年的綜合損益表。假設其他綜合損益之金額為零。（**提示**：應付薪資類似應付帳款，是一項負債，應付帳款是應該付給其他廠商的欠款，應付薪資是應該付給員工的薪資，此兩者都是未來應該支付現金的負債。應付票據則是過去向其他公司或銀行借錢，將來需要償還現金的負債）

8. 【上網練習】請進入中華電信網站（www.cht.com.tw/ir），查詢中華電信 108 年度的財務報表，可知該年度及 107 年度的財務概況。試問 107 與 108 年底的資產、負債及權益各為何？又，兩個年度的淨利與綜合損益各為何？

9. 【試算表、綜合損益表、結算損益後試算表、權益變動表、資產負債表】全家便利快捷企業在 ×1 年 12 月 31 日剛結束今年的營運，身為股東的你想知道企業今年的營運狀況如何，×1 年底會計資訊系統顯示下列資訊：

薪資費用	$32,000	保險費用	$ 3,500
應付帳款	8,000	服務收入	181,000
期初權益（×1/1/1）	13,000	應收帳款	30,000
辦公用品	12,000	水電費用	1,000
現金	93,500	租金費用	12,000
燃料費用	18,000		

假設期初權益中的股本 $10,000，保留盈餘 $3,000，×1 年並無其他綜合損益發生。

(1) 編製全家便利快捷企業 ×1 年試算表。
(2) 編製全家便利快捷企業 ×1 年的綜合損益表。
(3) 編製全家便利快捷企業 ×1 年的結算損益後試算表。
(4) 編製全家便利快捷企業 ×1 年的權益變動表。
(5) 編製全家便利快捷企業 ×1 年 12 月 31 日的資產負債表（即為結算權益後之試算表）。

03 借貸法則、分錄與過帳

objectives

研讀本章後，預期可以了解：

- 帳戶的基本結構
- 借貸法則
- 如何於日記簿記錄發生的交易
- 如何將日記簿分錄過帳至分類帳
- 如何以分類帳期末的餘額編製試算表，並編製三種主要財務報表
- 會計項目的編碼原則

「KANO」這部電影描述日治時期，台灣嘉義農林野球隊（即嘉農棒球隊）的成長與奮鬥故事。電影一開始的場景為 1944 年，當時日本軍官錠者博美在隨軍隊經過台灣前往南洋征戰途中，亟欲一償宿願，親睹嘉農棒球隊的訓練「基地」。透過倒敘手法，導演馬志翔將時間回溯到 1929 年這支球隊的起源。

嘉農「KANO」原本是一群喜愛棒球的少年自發組成的球隊，沒有隊長也無教練，更無獲勝的比賽記錄，甚至因從未上壘，而不知如何跑壘，直到近藤兵太郎決定帶領這群孩子，透過斯巴達式的訓練，以及心理建設（「球者魂也」）的激勵，以進軍甲子園為目標，這支結合漢人、原住民與日本人的球隊，宛如脫胎換骨，征戰全台，在 1931 年獲得冠軍，為來自台灣南部的棒球隊首度獲此佳績者，也得以參加日本甲子園的棒球比賽，並打入冠亞軍決賽。在打入決賽前，曾將強隊「札幌商業野球隊」打敗，當時的敗戰投手正是錠者博美。嘉農主力投手吳明捷的球技優秀，手指卻因在冠亞軍決賽中流血，仍忍痛出賽，還以球場的黑土止血，但頻投壞球保送對方球員，近藤教練本想更換投手，但吳明捷請求讓他投完，教練為他的決心感動，隊友也支持讓他投完，並用守備幫忙他，雖無緣奪冠，吳明捷及整支球隊奮戰不懈的表現，深深地感動觀眾，錠者更高喊：「英雄戰場，天下嘉農。」

嘉農的教練近藤在日本曾為棒球隊員，但他在台灣的專職工作恰巧為會計。棒球與會計有幾分相似，例如，即使揮出全壘打，仍需從一壘開始，跑完所有壘包，會計工作亦然，從分錄、過帳、試算、調整、結帳，至財務報表，均須循序進行。其次，棒球與會計均須決心與勤練。切實了解觀念與有系統地勤練習題，距離會計的甲子園不遠矣！

本章架構

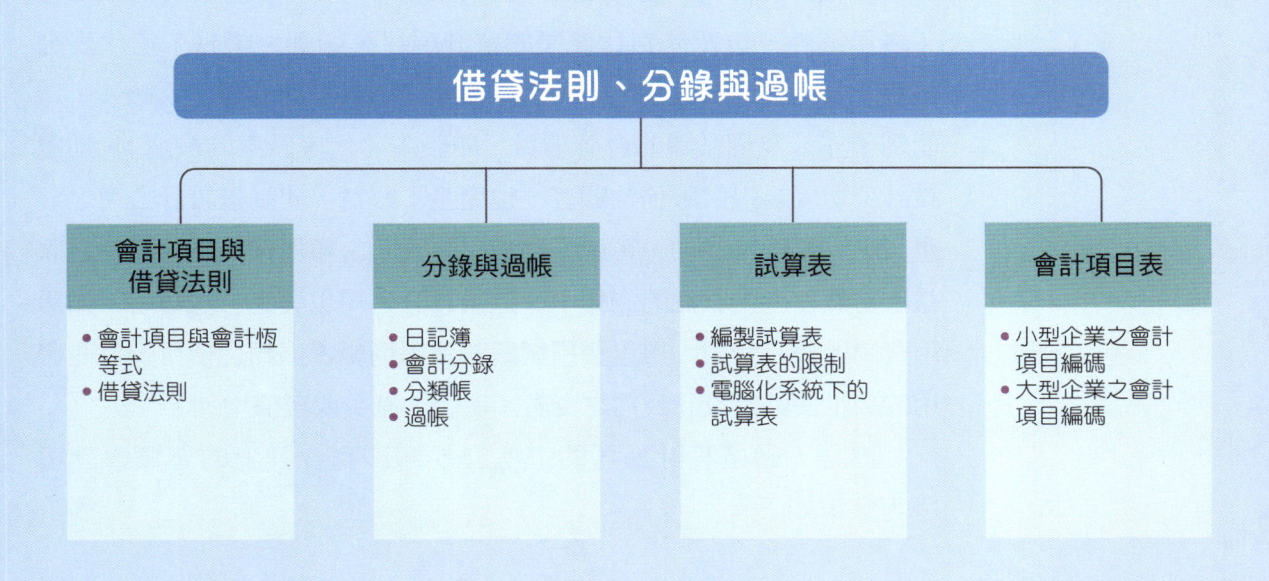

借貸法則、分錄與過帳

會計項目與借貸法則	分錄與過帳	試算表	會計項目表
• 會計項目與會計恆等式 • 借貸法則	• 日記簿 • 會計分錄 • 分類帳 • 過帳	• 編製試算表 • 試算表的限制 • 電腦化系統下的試算表	• 小型企業之會計項目編碼 • 大型企業之會計項目編碼

3.1　會計項目與借貸法則

學習目標 1
了解會計項目與熟悉借貸法則

在第 2 章中，我們應用會計恆等式討論資產負債表、綜合損益表與權益變動表的結構與邏輯，也將會計恆等式「資產 ＝ 負債 ＋ 權益」的基本關係演化為：

$$資產 + 費用 = 負債 + \underset{股本}{期初} + \underset{保留盈餘}{期初} + \underset{股東投資}{本期} + 收入$$

並解釋試算表的作用乃在於體現此一方程式之關係。如果我們將「期初股本」與「本期股東投資」加總在一起，即代表過去與本期所有股東之投資總和。所以上述恆等式也可以寫為：

$$資產 + 費用 = 負債 + \underset{本與本期股東投資）}{股本（包括期初股} + \underset{保留盈餘}{期初} + 收入$$

第 2 章中，我們並以動畫設計公司的例子，說明如何應用會計恆等式記錄交易事項。在例子中所牽涉到的資產有現金、應收帳款、辦公用品與電腦設備等，這些項目均為動畫設計公司可控制之經濟資源，且其未來經濟效益會流向動畫設計公司。從事會計記錄時也使用這些項目，因此它們都是**會計項目**（accounting item），為會計記錄的基本要素。會計項目俗稱「會計科目」，有時又稱為**帳戶**（account），甚至簡稱「科目」。除了資產類的會計項目（科目）外，也牽涉到負債類的會計項目，如應付帳款，它代表動畫設計公司的既有義務，未來須以資產或提供勞務清償之。此外，這個例子亦涉及權益類的會計項目，如股本（代表股東的投資）。動畫設計公司因為提供服務給顧客，也產生了收益，使動畫設計公司之資產（應收帳款）增加，可用「動畫設計收入」項目代表此一產生之收益。當然在產生收益的過程中，動畫設計公司也發生一些費用，如房租費用與薪資費用。房租費用與薪資費用均屬費損類之項目，這些費用的發生使動畫設計公司之資產（現金）減少或負債增加。

總之，動畫設計公司的這些交易牽涉到會計上的五類會計項目，彙總如下：

資產類：現金、應收帳款、辦公用品、電腦設備
負債類：應付帳款
權益類：股本、保留盈餘
收益類：動畫設計收入
費損類：房租費用、薪資費用

一個真實企業的交易所涉及的會計項目，當然不僅止於此，但不論多麼複雜的交易，不論再增加多少其他的會計項目，均不會超過這五類，而且

$$資產 = 負債 + 權益 \qquad (式\ 3\text{-}1)$$

以及

$$資產 + 費用 = 負債 + 股本 + 期初保留盈餘 + 收入 \qquad (式\ 3\text{-}2)$$

的關係永遠成立。

雖然上述關係可用以說明財務報表之結構與邏輯，但是在會計處理程序中，財務報表不是一蹴可幾的。企業平日將所發生之交易，以**會計分錄**（journal entry）的形式，記載於**日記簿**（journal），再**過帳**（posting）至**分類帳**（ledger），經**試算**以及期末的**調整**後，才能編製財務報表。究竟會計分錄是什麼？又是如何編製的？這就牽涉到剛才提到的會計項目，我們知道每個會計項目的金額均可能增加，也可能減少，但增加時應記在哪裡？減少時又應記在哪裡？這又涉及**借貸法則**（rules of debit and credit）。為了說明借貸法則，我們必須回到式 3-1 與式 3-2。

先將式 3-1 的等號兩邊分別稱為左方與右方，在式 3-1 中，資產在左方，負債與權益在右方。因此，當資產增加時，我們將所增加之金額記在左方，減少時記在右方。會計上以**借方**（debit）代表左方，以**貸方**（credit）代表右方（**左借右貸**）。由於負債與權益均在資產之相反方向，因此，增加負債或權益時，將所增加金額記在右方（即貸方），將所減少金額記在左方（即借方）。茲以動畫設計公司中的「現金」（資產類項目）為例，說明「現金」項目的增減及應記錄在哪一方位。

將第 2 章中動畫設計公司 1 月份的現金增減金額重複列在表 3-1 的左半邊，這些資料顯示共有七個交易使現金增減：其中有三項交易使現金增加，四項交易使現金減少，最後現金餘額為 $980,000。這種累積現金餘額的方法也可以用表 3-1 右半邊的帳戶方式記錄：其中現金的增加都記錄在現金帳戶的左方（借方），有三項交易使現金增加；現金的減少都記錄在現金帳戶的右方（貸方），有四項交易使現金減少。最後再計算左方總共 $1,200,000 扣除右方 $220,000，就知道現金在 1 月底時餘額 $980,000，這個餘額寫在現金帳戶的左方。這種帳戶式的記帳方法與恆等式方法的最後結果一樣，但是過程中有兩個好處；首先，帳戶方式避免加減混在一起計算，比較不容易算錯，其次，現金增加記在左方（借方），減少記在右方（貸方）；很容易就計算出動畫設計公司 1 月份總共收到多少現金（$1,200,000）與總共支付多少現金（$220,000）。

表 3-1　比較恆等式方式與帳戶方式記錄現金增減

帳戶左方：
　　帳戶借方

帳戶右方：
　　帳戶貸方

恆等式方式：

現金	
(3)	+1,000,000
(5)	−100,000
(7)	−20,000
(8)	−30,000
(9)	+100,000
(10)	+100,000
(12)	−70,000
期末餘額	980,000

帳戶方式：

現金			
(3)	1,000,000	(5)	100,000
(9)	100,000	(7)	20,000
(10)	100,000	(8)	30,000
		(12)	70,000
	980,000		
帳戶左方（借方）		帳戶右方（貸方）	

我們再以動畫設計公司 1 月份的應付帳款增減為例，說明負債類項目之增減及應記載在帳戶的哪一方位。由表 3-2 可知，該企業 1 月份有一個交易使應付帳款這項負債增加 $100,000，另有一筆交易使其減少 $30,000，最後餘額為 $70,000。參見表 3-2，細心的讀者可能發現這個負債增加時記入應付帳款的貸方（右方），減少則記錄在

借方（左方），最後餘額則寫在貸方（右方）；這與記錄現金（資產）增減的方位與餘額方位均相反。

表 3-2　比較恆等式方式與帳戶方式記錄應付帳款增減

恆等式方式：

應付帳款	
(6)	100,000
(8)	−30,000
期末餘額	70,000

帳戶方式：

應付帳款			
(8)	30,000	(6)	100,000
			70,000
帳戶左方（借方）		帳戶右方（貸方）	

　　所有資產的增加都與現金的增加一樣，記入資產帳戶的借方；所有負債的增加都與應付帳款這個負債一樣，記入該帳戶的貸方。繼續以動畫設計公司的「股本」項目為例，說明權益類的項目之變化及應記載在何方位。該企業 1 月份的股本這個權益項目因為二項交易均使其金額增加，而記載在該帳戶的貸方（右方）。在 1 月份若有交易使其餘額減少，則應記在該帳戶的借方（左方）。這與負債類項目之增加記在貸方、減少記在借方，完全一致。

　　以上所說明的乃是以式 3-1 說明資產、負債與權益項目之增減時，應將增減金額記載在各該項目之左方或右方。至於收益、費損類的項目，可能因企業的交易事項而使其餘額有所變化。由式 3-2 可以得知，費損類項目餘額增加時應將該金額記在借方，減少時記在貸方。收益類項目增加時，應將該金額記在貸方，減少時記在借方。我們另外也可以利用收益、費損與權益的關係，推論上述記帳方位。當收益增加時，則當期的淨利（純益）增加，由於淨利乃是企業用以回報股東的報酬，因此淨利增加，權益也增加。既然權益增加時，記在貸方，使得權益增加的收益增加，自然也記在貸方。同理，當收益減少時，應記在借方。當費損增加時時，則當期的淨利（純益）減少，企業回報股東的報酬也減少，既然權益減少，記在借方，使得權益減少的費損增加時，自然也記在借方。同理，當費損減少時，應記在貸方。

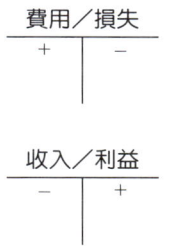

資產
+ | −

負債
− | +

權益
− | +

費用／損失
+ | −

收入／利益
− | +

至此，我們將五類會計項目在何時應記在會計分錄借方，何時應記在貸方，作了討論。為了加深印象，再以式 3-2 作一整理。

> 收益指收入與利益，費損指費用與損失。

資產　＋　費損　＝　負債＋股本＋(期初)保留盈餘＋收益

	借方帳戶			貸方帳戶	
	＋	－		－	＋
	＋	－		－	＋
	＋				＋
	餘額				餘額

總而言之，在恆等式左方（借方）的兩個項目——資產與費損，增加時記錄在借方；在恆等式右方（貸方）的四個項目——負債、股本、(期初)保留盈餘與收益，增加時則記錄在貸方。這樣的規則使我們在確定所有借方帳戶的加總（資產＋費損）等於所有貸方帳戶的加總〔負債＋股本＋(期初)保留盈餘＋收益〕時比較不會犯錯。表 3-3 將這個「借貸法則」彙總在一個表內。注意這個表事實上就是將式 3-2 這種恆等式的寫法，改為帳戶式的記錄方式。表中等號左方的項目「正常餘額」在借方，而等號右方的項目「正常餘額」在貸方。

我們現在以第 2 章表 2-4 中動畫設計公司 1 月份所有交易的「恆等式記錄」，改為以表 3-4 的帳戶式記錄。比較表 2-4 與表 3-4，其中的資訊是完全一樣的，最後結果當然也相同，所有表 3-4 中借方帳戶的餘額（寫在個別帳戶的借方）等於所有貸方帳戶的餘額（寫在個別帳戶的貸方）。在表 3-4 中，因為本期股東投資使得動畫設計公司的股本增加，因此，將期初股本及本期股東投資的金額，均記錄在「股本」項目中。公司如何在會計帳簿中，將所有交

> 1. 仔細比對表 3-4 與表 2-4 所有資產、費損、負債、本期期初權益、股東投資與收益項下的所有增減，就可以知道這兩個表事實上是一樣的。
> 2. 原來在恆等式左邊的帳戶增加時記入借方。
> 3. 原來在恆等式右邊的帳戶增加時記入貸方。

表 3-3　借貸法則

資產	＋	費損	＝	負債	＋	股本	＋	保留盈餘	＋	收益
借方 ＼ 貸方		借方 ＼ 貸方		借方 ＼ 貸方		借方 ＼ 貸方		借方 ＼ 貸方		借方 ＼ 貸方
＋　　－		＋　　－		－　　＋		－　　＋		－　　＋		－　　＋
正常餘額		正常餘額		正常餘額		正常餘額		正常餘額		正常餘額

表 3-4 以帳戶方式記錄動畫設計公司 1 月份所有交易

借方（左方） = 貸方（右方）

資產 + 費損 = 負債 + （期初）股本 +（期初）保留盈餘 + 本期股東投資 + 動畫設計-收入 − 收益

借方（左方）

現金

(3) 1,000,000	(5) 100,000		
(9) 100,000	(7) 20,000		
(10) 100,000	(8) 30,000		
	(12) 70,000		
980,000			

應收帳款

(11) 50,000	
50,000	

辦公用品

(7) 20,000	
20,000	

電腦設備

(5) 100,000	
(6) 100,000	
200,000	

薪資費用

(12) 30,000	
30,000	

房租費用

(12) 40,000	
40,000	

$1,250,000 + $70,000
$1,320,000

貸方（右方）

應付帳款

(8) 30,000	(6) 100,000	
	70,000	

股本

期初餘額	0	
	(3) 1,000,000	
	(10) 100,000	
	1,100,000	

保留盈餘

期初餘額	0

動畫設計-收入

	(9)	100,000
	(11)	50,000
		150,000

$70,000 + $1,100,000 + $150,000
$1,320,000

易作完整的記錄,而得以輕易彙總表 3-4 具試算功能的資訊呢?這個正式的記帳方式將在下一節討論。

3.2 會計分錄與過帳:日記簿與分類帳

學習目標 2
認識日記簿與分類帳,並學習編製會計分錄以及過帳的程序

在編製公司的財務報表前,所有的交易是以下列兩個步驟記錄:

1. 將交易事項記錄在日記簿上。
2. 將日記簿的會計資訊過帳到(抄到)分類帳中。

經過這兩個步驟後,即可利用分類帳中餘額編製類似表 3-4 的試算表,最後再以試算表編製財務報表。

我們以剛剛討論過的會計項目(帳戶)與借貸法則說明如何將企業發生的交易,記錄在日記簿上。企業的日記簿,就像私人的日記一樣,記載每天發生的事項,只不過私人的日記,可依個人偏好用不同形式記載,而企業的日記則需依一定的格式,記載在日記簿上。這些依一定格式記載的會計記錄,稱為「**會計分錄**」,日記簿乃是依交易發生之先後順序存放這些會計分錄的一種帳簿。通常一筆會計分錄包括**交易日期**、**借方項目**、**借方金額**、**貸方項目**、**貸方金額**以及**簡要說明**,至於哪些項目應記在借方,哪些項目應記在貸方,則應先行分析交易之本質,辨認所影響的會計項目為何,金額又有多少,再依借貸法則,記載於適當的方位(借方、貸方)。

表 3-5 為日記簿的格式,其格式與會計分錄之格式相同。在「日期欄」記錄交易日期,在「項目及摘要欄」記錄影響到的借方

表 3-5 日記簿的格式

日期		會計項目及摘要	索引	借方金額	貸方金額
月	日				
1	1	現金		1,000,000	
		股本			1,000,000
		股東出資成立動畫設計公司			

項目、貸方項目及簡要說明。請注意：借方項目寫在左上方，貸方項目寫在右下方（還記得嗎？借方即左方，貸方即右方；左借右貸）。在「借方金額」欄寫下所影響到的項目之金額變化，在「貸方金額」欄寫下所影響到的項目之金額變化。至於「索引」欄是為了與過帳作交叉索引用，容後解釋。茲以第 2 章動畫設計公司 1 月份的事件 3 事件（投入股本 $1,000,000）為例，說明如何將會計分錄記載於日記簿上。

　　這筆分錄反映動畫設計公司的現金增加 $1,000,000，其來源乃是股東的投資，因此股本增加 $1,000,000，符合會計恆等式「資產＝負債＋權益」的關係（此時動畫設計公司尚未舉債，因此負債金額為零）。由於現金乃一資產類項目，因此依借貸法則，當它增加時，記在借方（左方），股本為權益類項目，因此當它增加時，記在貸方（右方）。

資產＝負債＋權益
$1,000,000
= $0 + $1,000,000

　　上述分錄只反映某一天的某一項交易，企業每天的交易不只一筆，所牽涉到的會計項目不僅限於一、二個。依據長榮航空的網站資料，該公司民國 105 年有 78 架飛機服務顧客，這麼多的飛機每日載客或載貨，可以想像每天的交易當然是數以萬計。該公司不僅於日記簿，以分錄的形式序時記載交易，而且經營階層也想隨時獲知每個會計項目餘額為何，例如：總經理必須隨時知道現金、應收帳款以及應付帳款的餘額，此時，若想了解現金餘額，必須從日記簿中逐筆分錄搜尋「現金」之借方與貸方金額，再將借方金額合計減除貸方金額，兩者相減後才知道截至某日之現金餘額有多少。雖然會計人員可以用逐筆搜索方式提供這個資訊，但得到這個資訊時已太遲了。為了更能適時提供每個會計項目（帳戶）餘額的資訊，會計實務上，另外要求會計人員將會計分錄，依項目分門別類，針對每個項目（帳戶）所受到交易的影響，單獨記載。如果每一個項目（帳戶）為一個檔案，則分類帳就是彙集這些個別檔案的一

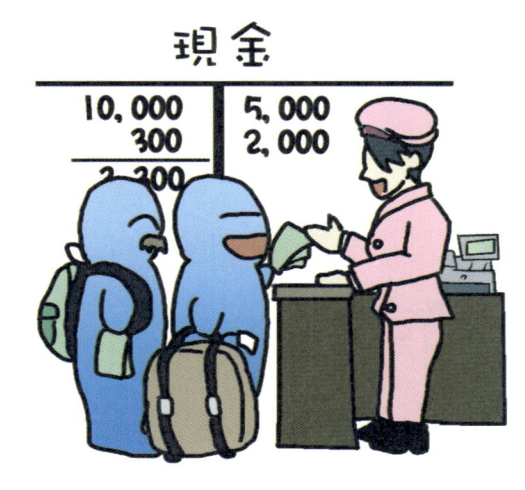

種帳簿，於彙集時尚須依資產、負債、權益、收益與費損類項目順序為之，每一項目預留若干頁，備供記錄，這好比去百貨公司購物時，分門別類得越清楚，越容易找到所要的商品一般。

表 3-6 分類帳的格式

會計項目					頁
日期	摘要	索引	借方	貸方	餘額

表 3-6 為分類帳的格式。分類帳中最重要的資訊是借方與貸方的數字，這兩欄及前一節中介紹的帳戶之借方與貸方是完全相同的記錄方式。只不過正式的分類帳增加了日期、摘要以及計算餘額的欄位。將日記簿上的會計分錄所牽涉到的會計項目及其金額，依項目別一一「抄到」分類帳的程序，稱為**過帳**。再以動畫設計公司第三個事件為例說明之。在日記簿中的會計分錄借方項目為現金，金額 100 萬元，貸方項目為股本，金額 100 萬元，將此一分錄過帳至（抄到）分類帳的「現金」與「股本」後如下：

現金

日期		摘要	索引	借方金額	貸方金額	餘額
月	日					
1	1			1,000,000		1,000,000

股本

日期		摘要	索引	借方金額	貸方金額	餘額
月	日					
1	1				1,000,000	1,000,000

這兩個分類帳的數字意義如下：

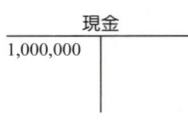

現金
1,000,000

股本
　　　1,000,000

日記簿 J1

日期		會計項目及摘要	索引	借方	貸方
1	1	現金	1	1,000,000	
		股本	51		1,000,000
		記錄股東阿嘉等人對動畫設計公司之原始投資			

現金　1

日期		摘要	索引	借方	貸方	餘額
1	1		J1	1,000,000		1,000,000

股本　51

日期		摘要	索引	借方	貸方	餘額
1	1		J1		1,000,000	1,000,000

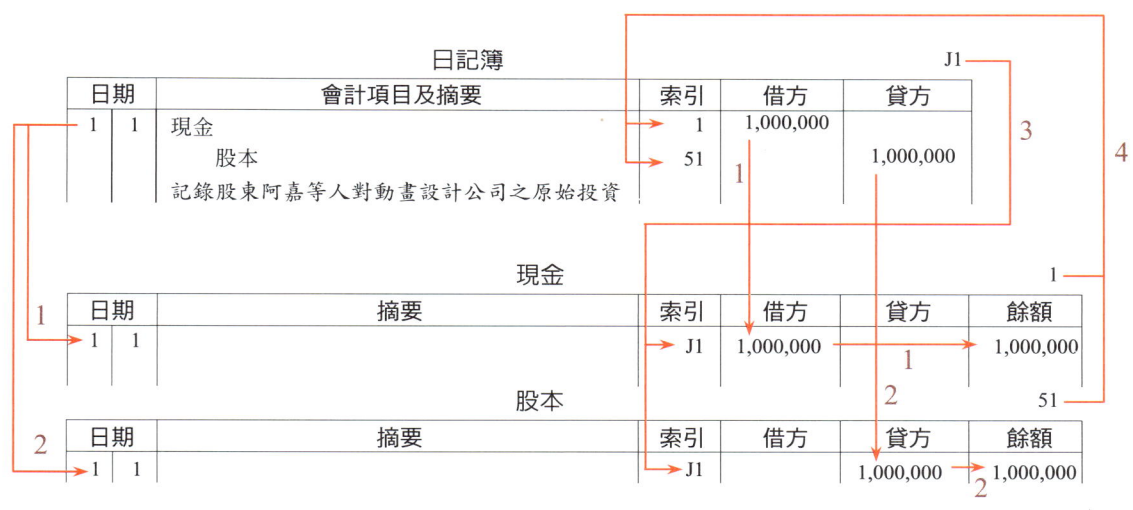

圖 3-1　過帳過程圖

茲再以圖 3-1 描述會計分錄（記於日記簿）與過帳（記於分類帳）之程序及彼此的關聯。

圖 3-1 中最上面部分是日記簿的記錄，在日記簿上作會計分錄，完整之分錄分為下列步驟：

a. 寫入日期。

b. 在會計項目及摘要欄項下，借方的會計項目（事件 3 中的「現金」）寫在第一列靠左；貸方的會計項目（事件 3 中的「股本」）寫在第二列略靠右兩格，藉以區別借方及貸方的會計項目（左「借」右「貸」），而後將借方金額寫入借方欄，貸方金額寫入貸方欄。

c. 會計項目及摘要欄項下，在貸方會計項目下寫入這個事件的簡要解釋。

d. 索引欄此時先空白（等過帳時再填入）。

這樣的一個日記簿分錄在恆等式中的意義為「現金增加 $1,000,000，股本增加 $1,000,000；所以恆等式仍然左方等於右方」。

圖 3-1 中下半部分兩個表是分類帳，圖中紅線與 1 至 4 的步驟為過帳程序，先在分類帳中，找出與事件 3 有關的會計項目，分類帳的右上角標明頁碼（例如：現金 1，股本 51），過帳程序如下：

1. 先將日記簿事件 3 的日期及借方金額寫入「現金」項目的日期欄

日記簿右上角的 J1 為普通日記簿的頁碼，表示這個分錄是記錄在第 J1 頁。

及借方金額欄，並且計算餘額欄的數字。

2. 再將日記簿事件 3 的日期及貸方金額寫入「股本」項目的日期欄及貸方金額欄，並且計算餘額欄的數字。

3. 最後在分類帳索引欄寫入日記簿的頁碼，例如事件 3 在日記簿的第 J1 頁，在索引欄就寫入 J1，表示這個數字是由日記簿第 J1 頁過帳來的。

4. 再回到日記簿的索引欄，將借方索引欄寫入頁碼 1，代表過到分類帳第 1 頁的「現金」帳戶，在貸方索引欄寫入頁碼 51，代表過到分類帳第 51 頁的「股本」帳戶。

　　過帳事實上就是將日記簿中的資產、負債與權益項目的增減變化由日記簿抄到分類帳中，過完帳就可以知道每一個會計項目（例如現金）餘額是多少。此外因為企業每天可能有數萬筆日記簿上的記錄需要過帳，如果有任何錯誤，如何查詢是哪一個交易記錄有誤？這個程序中留下的索引欄即是方便追蹤交易記錄的來源與去處。

　　T 字帳（T account）是分類帳格式的簡化，這種 T 字帳扼要地表示分類帳的資訊，在分析交易，編製分錄的過程中相當有用，同學在以後各章的練習時可多加嘗試。前述過帳的程序，可以用 T 字帳取代分類帳如下：

帳戶形狀為 T 字型，因此稱之為 T 字帳。

現金			1
(3) 1,000,000			

股本			51
		(3)	1,000,000

會計部落格

　　請同學進入**奇摩**股市（http://tw.stock.yahoo.com/），查詢**長榮航空**在民國 110 年 1 月及 2 月之每月營收。

解析

　　同學進入奇摩股市（http://tw.stock.yahoo.com/），在股票代號欄輸入

「長榮航」(股票代號：2618) 並按查詢。長榮航空股價資訊出現後，在個股資料中找到「基本」，進入基本資料後可以找到營收盈餘，網頁即顯示長榮航空在近兩年度每月之營收。例如：民國 110 年度 1 月之營收為 $6,698,039，與民國 109 年度 1 月相比之年增率為 –54.10%；民國 110 年度 2 月之營收為 $5,804,301，與民國 109 年度 2 月相比之年增率為 –34.44%。同時也可以觀察 1 至 2 月累積之營收為 $12,502,340，與民國 109 年度 1 至 2 月相比之年增率為 –46.68%。這些資料顯示，受疫情之影響，長榮航空的業績比民國 109 年度衰退許多。

上市公司正式的財務報告包括季報表，每一季公布一份報表。月營收的資訊並非正式之財務報告，但金融監督管理委員會要求上市、上櫃公司每月 10 日前必須公告上月營業收入資訊，因為收入是綜合損益表中非常重要的資訊，所以股市投資人也很重視比季報表還早公布的每月營收數字。如果公告的每月營收比去年同月大幅增加，則公司股價通常會有反應。

釋例 3-1

(1) 易 PC 科技在 3 月份發生下列交易，應如何記錄於日記簿？
    a. 4/3   股東投資 $1,500,000。
    b. 4/15   購買電腦設備，支付現金 $200,000。
    c. 4/21   購買電腦設備，欠款 $150,000，下個月支付。
(2) 將以上的三個分錄過帳至分類帳。

解析

(1)

日記簿　　　　　　　　　　　　　　　　J1

日期	會計項目及摘要	索引	借方	貸方
4/3	現金	1*	1,500,000	
	股本	51		1,500,000
	記錄股東對易 PC 之原始投資			
4/15	電腦設備	15	200,000	
	現金	1		200,000
	以現金購買電腦設備			

4/21	電腦設備	15	150,000	
	應付帳款	25		150,000
	賒購電腦設備			

*注意：索引欄的數字在過帳時才能填入。

(2) 現金、電腦設備、應付帳款與股本的項目頁碼假設為 1、15、25 與 51，這些項目頁碼過帳時必須記入日記簿的索引欄。

現金　　　　　　　　　　　　　　　　1

日期	摘要	索引	借方	貸方	餘額
4/3		J1	1,500,000		1,500,000
4/15		J1		200,000	1,300,000

電腦設備　　　　　　　　　　　　　　15

日期	摘要	索引	借方	貸方	餘額
4/15		J1	200,000		200,000
4/21		J1	150,000		350,000

應付帳款　　　　　　　　　　　　　　25

日期	摘要	索引	借方	貸方	餘額
4/21		J1		150,000	150,000

股本　　　　　　　　　　　　　　　　51

日期	摘要	索引	借方	貸方	餘額
4/3		J1		1,500,000	1,500,000

釋例 3-2

根據第 2 章動畫設計公司 1 月份所有交易，試作：(1) 在日記簿作成會計分錄；(2) 自日記簿過帳到分類帳；(3) 自日記簿過帳至 T 字帳。

解析

(1) 將 1 月份事件記在日記簿：

日記簿

J1

日期	會計項目及摘要	索引	借方	貸方
1/1	現金	1	1,000,000	
	股本	51		1,000,000
	股東阿嘉等人對動畫設計公司之原始投資			
1/4	電腦設備	15	100,000	
	現金	1		100,000
	以現金購入電腦設備			
1/5	電腦設備	15	100,000	
	應付帳款	25		100,000
	賒購電腦設備			
1/6	辦公用品	12	20,000	
	現金	1		20,000
	以現金購入辦公用品			
1/12	應付帳款	25	30,000	
	現金	1		30,000
	支付電腦公司貨款			
1/13	現金	1	100,000	
	動畫設計收入	61		100,000
	提供顧客動畫設計服務，收取現金			
1/15	現金	1	100,000	
	股本	51		100,000
	股東阿嘉對動畫設計公司之再投資			
1/20	應收帳款	10	50,000	
	動畫設計收入	61		50,000
	提供顧客動畫設計服務，於未來收取現金			

1/1 日記簿索引欄的 1 與 51 表示借方與貸方 $1,000,000 金額被過帳至分類帳第 1 頁的現金與第 51 頁的股本。

1/31	薪資費用	81	30,000	
	房租費用	82	40,000	
	現金	1		70,000
	支付1月份薪資及房租			

(2) 將1月份的日記簿記錄過入分類帳：

現金　　　　　　　　　　　　　　　　　　　　　　1

日期	摘要	索引	借方	貸方	餘額
1/1		J1	1,000,000		1,000,000
1/4		J1		100,000	900,000
1/6		J1		20,000	880,000
1/12		J1		30,000	850,000
1/13		J1	100,000		950,000
1/15		J1	100,000		1,050,000
1/31		J1		70,000	980,000

> 1/1 分類帳索引欄的 J1 表示借方 $1,000,000 金額是由日記簿第 J1 頁抄過來的數字。

應收帳款　　　　　　　　　　　　　　　　　　　10

日期	摘要	索引	借方	貸方	餘額
1/20		J1	50,000		50,000

辦公用品　　　　　　　　　　　　　　　　　　　12

日期	摘要	索引	借方	貸方	餘額
1/6		J1	20,000		20,000

電腦設備　　　　　　　　　　　　　　　　　　　15

日期	摘要	索引	借方	貸方	餘額
1/4		J1	100,000		100,000
1/5		J1	100,000		200,000

應付帳款　　　　　　　　　　　　　　　　　　　25

日期	摘要	索引	借方	貸方	餘額
1/5		J1		100,000	100,000
1/12		J1	30,000		70,000

股本　51

日期	摘要	索引	借方	貸方	餘額
1/1		J1		1,000,000	1,000,000
1/15		J1		100,000	1,100,000

動畫設計收入　61

日期	摘要	索引	借方	貸方	餘額
1/13		J1		100,000	100,000
1/20		J1		50,000	150,000

薪資費用　81

日期	摘要	索引	借方	貸方	餘額
1/31		J1	30,000		30,000

房租費用　82

日期	摘要	索引	借方	貸方	餘額
1/31		J1	40,000		40,000

(3) 自日記簿過帳至 T 字帳的結果：

```
         現金              1                    應付帳款         25
1/1    1,000,000 | 1/4    100,000      1/12   30,000 | 1/5   100,000
1/13     100,000 | 1/6     20,000                   |        ───────
1/15     100,000 | 1/12    30,000                   |         70,000
                 | 1/31    70,000
         ───────
          980,000                              股本              51
                                                    | 1/1    1,000,000
                                                    | 1/15     100,000
                                                    |        ─────────
                                                    |        1,100,000

         應收帳款         10                   動畫設計收入       61
1/20      50,000 |                                  | 1/13    100,000
         ──────                                     | 1/20     50,000
          50,000 |                                  |        ───────
                                                    |         150,000
```

辦公用品		12		薪資費用		81
1/6	20,000			1/31	30,000	
	20,000				30,000	

電腦設備		15		房租費用		82
1/4	100,000			1/31	40,000	
1/5	100,000				40,000	
	200,000					

學習目標 3
試算表的編製及其限制與電腦化系統下的試算表

3.3 試算表

過完帳後，為了驗證在會計分錄或過帳程序上是否發生錯誤，進一步將分類帳上每個項目（帳戶）的餘額分別加總，有借方餘額的帳戶與金額列入借方，貸方餘額的帳戶與金額列在貸方，即可編製成試算表。表 3-7 為沿用前例，為動畫設計公司所編製的試算表。讀者可以比較，這個試算表與第 2 章表 2-5 一模一樣。利用這個試算表編製 1 月份綜合損益表、1 月份權益變動表及 1 月 31 日資

表 3-7 動畫設計公司 ×× 年 1 月 31 日之試算表

1. 在日記簿記錄所有交易。
2. 將日記簿所有會計分錄過帳至分類帳。
3. 將過帳後的所有借方餘額帳戶數字寫在試算表借方，貸方餘額帳戶數字寫在試算表貸方，即可完成試算表。

動畫設計公司
試算表
×× 年 1 月 31 日

		借方	貸方
101	現金	$ 980,000	
105	應收帳款	50,000	
120	辦公用品	20,000	
150	電腦設備	200,000	
201	應付帳款		$ 70,000
301	股本		1,100,000
305	保留盈餘（期初）		0
401	動畫設計收入		150,000
501	薪資費用	30,000	
502	房租費用	40,000	
	合計	$1,320,000	$1,320,000

產負債表的過程與第 2 章介紹的過程完全重複，不再贅述。所以**於日記簿記錄會計分錄**、**過帳於分類帳**與利用所有過帳後的帳戶餘額**編製試算表**是編製財務報表的三項重要基礎工作。

在編製試算表時，試算表最終借方餘額的加總必須等於貸方餘額的加總。當借方餘額的加總不等於貸方餘額的加總時，一定有錯誤發生；但是當借方餘額的加總等於貸方餘額的加總時，並不能保證在會計記錄的過程沒有任何的錯誤發生。試算表的借方餘額的加總不等於貸方餘額加總時，有可能是單純的加總錯誤，也可能是金額寫錯，或是在寫入試算表時借方（貸方）寫成貸方（借方），或是在會計記錄的過程中（記錄或過帳）出錯，此時必須找出錯誤加以更正。試算表的借方餘額的加總等於貸方餘額加總時，仍然可能存在許多的錯誤，例如：有一個事件完全沒有被記錄、一個事件被記錄了兩次、一個日記簿分錄的會計項目記錄正確但金額寫錯（例如：365 寫成 356）、一個日記簿分錄的金額正確但寫入不對的會計項目（例如：借方應該是應收帳款卻寫成現金）、一個事件正確地記入日記簿分錄但忘了過帳或是同一筆日記簿分錄被過帳兩次。這些錯誤會造成財務報告不正確，但是試算表的借方合計數依然等於貸方合計數。

如果企業使用比較進步的電腦化系統處理會計程序，則所有過帳、編製試算表與財務報表都是電腦化作業，如果帳務出現錯誤則一定是一開始輸入日記簿的時候出現錯誤，因為後續的所有動作是全自動的電腦作業。

3.4 會計項目表

學習目標 4
企業設計會計項目表的一般原則

為了方便查詢，以及為了設計電腦化的會計資訊系統，在企業的會計制度裡，對每一個會計項目給一個數字代碼，例如：現金 101，101 就是「現金」會計項目的代碼，企業將所有可能會用到的會計項目都給一個代碼，而且將所有的會計項目都集合在一個表，就稱為「會計項目表」。當任何一個人想了解公司交易記錄可能用到

表 3-8　會計項目表

動畫設計公司
會計項目表

資產負債表會計項目

資產		負債	
101	現金	201	應付帳款
105	應收帳款		
120	辦公用品	**權益**	
150	電腦設備	301	股本
		305	保留盈餘

綜合損益表會計項目

收入
401　動畫設計收入

費用
501　薪資費用
502　房租費用
503　廣告費用

的會計項目時，就可查看會計項目表。表 3-8 是動畫設計公司的會計項目表，100-199 代表資產項目，200-299 代表負債項目，300-399 代表權益項目，400-499 代表收益（含收入與利益）項目，500-599 代表費損（含費用與損失）項目。兩會計項目間有一些空號，是為將來加入新的會計項目預留準備。

　　分類帳是依照會計項目出現在資產負債表（資產、負債及權益）及綜合損益表（收入及費用）的順序歸檔，而會計項目表也是依照資產負債表（資產、負債及權益）及綜合損益表（收入及費用）的順序編碼。公司會因為規模大小及交易的複雜程度決定所需要的會計項目的數量，像動畫設計公司這樣的小企業會計項目只需要數十個就足夠，但像**台積電**這樣的大公司所需要的會計項目可能就有好幾百個，才足以記錄公司日常所發生的交易。

　　關於會計項目的編碼可能是三位數或三位數以上，這也是依照公司內部控制的需求而決定，如果公司採用六位數編碼（例如：表 3-9 中的應收帳款），在對公司外部報導的財務報告中的應收帳款金額，

6. 6/25　向中國信託銀行借款，公司收到現金 $35,000，並開立一張支票給銀行（屬於公司之應付票據）。

7. 6/28　以現金支付本月之電話費用為 $4,500 及水電費用 $3,000。

建民王企業的會計項目表及各會計項目在分類帳中記錄之頁碼如下：

會計項目代碼	會計項目	頁碼	會計項目代碼	會計項目	頁碼
	資產			負債	
101	現金	1	201	應付票據	70
105	應收帳款	10	202	應付帳款	80
120	辦公用品	20		權益	
155	辦公設備	50	301	股本	100
			305	保留盈餘	101
				收入及費用	
401	服務收入	150			
501	薪資費用	180			
502	水電費用	190			
503	租金費用	200			
506	廣告費用	210			
509	電話費用	220			

此外，日記簿頁碼均假設為 J1。

試作：

(1) 請記錄建民王企業 6 月份的日記簿分錄。
(2) 將日記簿分錄過帳至分類帳（交叉索引需填妥）。
(3) 編製 6 月底的試算表。
(4) 編製 6/1 至 6/30 之綜合損益表及權益變動表及 6 月底之資產負債表。

解析

(1)

日記簿　　　　　　　　　　　　　　　　　　　　　　　　J1

日期	會計項目及摘要	索引	借方	貸方
6/1	現金	1	75,000	
	應收帳款	10	113,000	
	服務收入	150		188,000
	賺得服務收入，其中部分收取現金，部分於未來收現			

表 3-9　大型公司會計項目編碼說明──以應收帳款為例

	超級公司 應收帳款明細 ×1 年 12 月 31 日	
會計項目代碼	說明	金額
應收帳款－關係人		
105101	應收帳款－甲客戶	$ 200
105102	應收帳款－乙客戶	400
1051		$ 600
應收帳款－非關係人		
105203	應收帳款－丙客戶	$ 800
105204	應收帳款－丁客戶	900
1052		$1,700
105		$2,300

取前三位數編碼 105 即可；若想知道「應收帳款－關係人」的金額，則取會計項目代碼 1051 即可得（若想知道「應收帳款－非關係人」的金額，則取會計項目代碼 1052 即可）；若想了解哪一位客戶的應收帳款的餘額，則取應收帳款六位數字的代碼（例如：105101 代表「應收帳款－甲客戶」）。在今天 e 化的時代，透過電腦的輔助，資料處理成本大大的降低，企業可得到更詳細的資料協助分析與控制。

會計達人

　　建民王企業成立於 ×1 年 5 月 1 日。5 月 31 日資產負債表上顯示有現金 $260,000、應收帳款 $50,000、辦公用品 $9,500、辦公設備 $200,000、應付票據 $81,000、應付帳款 $88,000、股本 $350,500 與保留盈餘 $0。6 月份發生下列交易事項。

1. 6/1　　賺得服務收入 $188,000，其中 $75,000 收現，剩餘部分於 7 月份到期收帳。
2. 6/1　　付現償還應付帳款 $53,000。
3. 6/8　　以 $25,000 購入辦公設備，其中 $9,000 付現，剩餘部分為應付帳款。
4. 6/15　 支付員工薪資 $33,000、辦公室租金 $42,000，以及刊登廣告費用 $3,000。
5. 6/16　 應收帳款收現 $29,000。

6/1	應付帳款	80	53,000	
	現金	1		53,000
	記錄償還應付帳款			
6/8	辦公設備	50	25,000	
	現金	1		9,000
	應付帳款	80		16,000
	記錄購置辦公設備，其中部分付現，部分於未來付現			
6/15	薪資費用	180	33,000	
	租金費用	200	42,000	
	廣告費用	210	3,000	
	現金	1		78,000
	記錄支付員工薪資、租金支出及廣告支出			
6/16	現金	1	29,000	
	應收帳款	10		29,000
	記錄應收帳款收現			
6/25	現金	1	35,000	
	應付票據	70		35,000
	記錄向銀行借款並開立票據			
6/28	電話費用	220	4,500	
	水電費用	190	3,000	
	現金	1		7,500
	記錄現金支付本月電話費用及水電費用			

(2)

現金　　　　　　　　　　　　　　1

日期	摘要	索引	借方	貸方	餘額
5/31		J1			260,000
6/1		J1	75,000		335,000
6/1		J1		53,000	282,000
6/8		J1		9,000	273,000
6/15		J1		78,000	195,000
6/16		J1	29,000		224,000
6/25		J1	35,000		259,000
6/28		J1		7,500	251,500

應收帳款　　　　　　　　　　　　　　　　10

日期	摘要	索引	借方	貸方	餘額
5/31		J1			50,000
6/1		J1	113,000		163,000
6/16		J1		29,000	134,000

辦公用品　　　　　　　　　　　　　　　　20

日期	摘要	索引	借方	貸方	餘額
5/31		J1			9,500

辦公設備　　　　　　　　　　　　　　　　50

日期	摘要	索引	借方	貸方	餘額
5/31		J1			200,000
6/8		J1	25,000		225,000

應付票據　　　　　　　　　　　　　　　　70

日期	摘要	索引	借方	貸方	餘額
5/31		J1			81,000
6/25		J1		35,000	116,000

應付帳款　　　　　　　　　　　　　　　　80

日期	摘要	索引	借方	貸方	餘額
5/31		J1			88,000
6/1		J1	53,000		35,000
6/8		J1		16,000	51,000

股本　　　　　　　　　　　　　　　　　　100

日期	摘要	索引	借方	貸方	餘額
5/31		J1			350,500

服務收入　　　　　　　　　　　　　　　　150

日期	摘要	索引	借方	貸方	餘額
6/1		J1		188,000	188,000

薪資費用　　　　　　　　　　　　　　　　180

日期	摘要	索引	借方	貸方	餘額
6/15		J1	33,000		33,000

03 借貸法則、分錄與過帳

摘要

　　本章首先介紹會計項目，會計項目俗稱「會計科目」有時又稱「科目」或「帳戶」，在會計學上稱帳戶的左方為借方，右方為貸方（「左借右貸」）。前一章的會計恆等式也可以改為以帳戶形式記錄：資產與費用增加時記錄在帳戶的借方，減少時記錄於貸方；負債、權益與收入增加時記錄在帳戶的貸方，減少時記錄於借方。

　　會計處理的第一步驟為編製會計分錄，按交易發生之順序，於日記簿上記錄日期、借方項目與金額、貸方項目與金額以及交易的解釋，索引欄則在過帳時再記錄即可。會計記錄的第二個步驟則是過帳：將日記簿借貸兩方之金額分別過帳至相關分類帳的借方與貸方，並應在日記簿索引欄記錄該分錄過至哪些帳戶（項目在分類帳上的頁碼），且在分類帳索引欄記錄該筆金額是由日記簿第幾頁過帳的結果。

　　所有日記簿分錄過帳至分類帳後，即可編製試算表。編製試算表時將所有借方餘額之分類帳金額寫在試算表借方，貸方餘額之分類帳金額寫在試算表貸方，並確認借方總額等於貸方總額。如此編製的試算表與第2章的試算表一模一樣，後續編製主要財務報表之程序也完全一樣。

　　本章並說明會計項目編碼的原則，大致上係以資產、負債、權益、收益與費損的順序編號，例如資產1××××、負債2××××、權益3××××、收益4××××與費損5××××，企業需要幾個位數編碼端視其業務之複雜度而定。

本章習題

問答題

1. 什麼是會計項目（帳戶）的正常餘額？在借方還是在貸方？
2. 請說明日記簿中會計分錄有哪些重要內容需要記錄清楚？
3. 請說明何謂過帳？及過帳的程序為何？
4. 何以日記簿與分類帳需留有索引欄？
5. 會計項目編碼的原則通常為何？

選擇題

1. 大能公司期末資產 $650,000，期末負債 $380,000，本期收入 $213,000，費用 $153,000，

則期初權益為何？

(A) $270,000 (B) $330,000
(C) $398,000 (D) $210,000

2. 會計的借貸法則，下列何者正確？
   (A) 負債增加記入貸方
   (B) 資產增加記入貸方
   (C) 收入增加記入借方
   (D) 費用增加記入貸方

3. 下列何帳戶正常餘額在貸方？
   (A) 資產類帳戶
   (B) 電腦設備類帳戶
   (C) 負債類帳戶
   (D) 費用類帳戶

4. 貸方可用來記錄哪一類的會計項目之變動？
   (A) 權益之減少
   (B) 資產之增加
   (C) 負債之減少
   (D) 收入之增加

5. 企業支付已到期之應付帳款時，以下敘述何者正確？
   (A) 負債借方增加，資產貸方增加
   (B) 負債借方增加，資產借方增加
   (C) 負債借方增加，權益貸方增加
   (D) 負債借方增加，權益借方增加

6. 將日記簿的會計資訊轉載至分類帳的程序稱為什麼？
   (A) 編製財務報表
   (B) 過帳
   (C) 借貸法則
   (D) 編試算表

7. 分類帳的主要功用為何？
   (A) 表示各項收入的來源
   (B) 表示各項費用的去路
   (C) 明瞭各項目的內容
   (D) 明瞭各交易的整體情形

8. 協助公司組織及編排分類帳中所有會計帳戶之系統稱為什麼？
   (A) 會計項目表
   (B) 總分類帳
   (C) 日記簿
   (D) 試算表

9. 下列何者不是企業的正式財務報表？
   (A) 現金流量表
   (B) 資產負債表
   (C) 權益變動表
   (D) 試算表

10. 以下有關試算表的敘述,哪一項是錯誤的?
    (A) 試算表借方餘額的加總等於貸方餘額的加總時,就表示會計記錄的過程是正確的
    (B) 試算表借方餘額的加總必須等於貸方餘額的加總
    (C) 同一筆日記簿分錄被過帳兩次,會造成錯誤的試算表餘額
    (D) 試算表的主要目的是協助編製財務報表

11. 下列敘述何者正確?
    (A) 試算表的借方總額等於貸方總額,代表會計記錄正確
    (B) 試算表的借方總額等於貸方總額,不一定代表會計記錄正確
    (C) 試算表的借方總額不等於貸方總額,不代表代表會計記錄有誤
    (D) 以上皆非

練習題

1. 【會計項目的五大類別與正常餘額】針對下列 (1) 至 (10) 之會計帳戶,請依照下列 (一) 及 (二) 兩項說明作答:

    (一) 請於第一欄指明各帳戶所屬之分類,並以下述縮寫代號表示:

    資產 – A　　負債 – L　　權益 – E
    收入 – R　　費用 – E

    (二) 請於第二欄指明各帳戶正常之餘額屬於借方或貸方,並以 Dr. 代表借方,而以 Cr. 代表貸方。

		帳戶分類	正常餘額
(1)	辦公用品		
(2)	應付票據		
(3)	服務收入		
(4)	股本		
(5)	應付帳款		
(6)	薪資費用		
(7)	設備		
(8)	應收帳款		
(9)	預付保險費		
(10)	應收票據		

2. 【借貸法則】請依複式簿記,將下列敘述以借方或貸方來表示其帳戶之增加或減少。

	敘述	借方或貸方
(1)	薪資費用之增加	
(2)	應付帳款之減少	
(3)	本期股本之增加	
(4)	預付保險費之增加	
(5)	辦公用品之減少	
(6)	電腦設備之增加	
(7)	服務收入之增加	
(8)	應收帳款之減少	
(9)	租金費用之增加	
(10)	儲藏設備之減少	

3. 【借貸法則】將下述交易表示於下表之中,並以「借」代表借記,以「貸」代表貸記,以反映資產項目、負債項目以及權益項目之增減。某些情況可能同時出現「借」與「貸」於同一項目中。

交易事項:

(1)	股東投資現金於企業中。	(6)	向銀行借款。
(2)	預付 6 個月之保險金。	(7)	支付現金償還應付之帳款。
(3)	支付秘書薪資。	(8)	收到來自客戶到期帳款之現金。
(4)	賒帳購入辦公用品。	(9)	已完成服務,客戶賒帳。
(5)	支付電費。	(10)	已完成服務,客戶支付現金。

交易事項

	(1)	(2)	(3)	(4)	(5)	(6)	(7)	(8)	(9)	(10)
資產	借									
負債										
權益	貸									
收入										
費用										

4. 【會計分錄】請對下列交易事項作會計分錄。

11/1　投入現金 $390,000 成立管理顧問企業。
11/6　購買辦公用品,共支付 $67,200。
11/18　提供客戶服務,並自客戶收取現金 $63,750。
11/29　支付員工薪資 $18,000。

借貸法則、分錄與過帳　03　111

5. 【從日記簿至 T 字帳】將第 4 題中之會計分錄過帳至 T 字帳。

6. 【會計分錄】以下為九龍房地產經紀公司之 8 月份相關交易資訊：

   8/1　　投入現金 $1,000,000 成立九龍房地產經紀公司。
   8/2　　僱用二位業務員及二位總務人員。
   8/5　　賒帳購入辦公設備 $250,000。
   8/8　　成功仲介出售房屋一棟，客戶應該支付的經紀費為 $54,600（賒帳）。
   8/15　　支付現金 $100,000，償付部分 8 月 5 日購入辦公設備之應付帳款。
   8/27　　因幫某位股東仲介房屋出租，自該股東收到現金 $11,000。
   8/31　　支付 8 月份之薪資 $64,000 給行政助理。

   請對每一交易事項作會計分錄。

7. 【從日記簿至 T 字帳】將第 6 題中之會計分錄過帳至 T 字帳。

8. 【利用分類帳資訊寫出原先日記簿的會計分錄】下列 T 字帳為九龍房地產經紀公司於第一個月（×1 年 7 月）營運之分類帳彙總（省略日記簿之索引欄記錄）：

現金				應付帳款			
7/1	220,000	7/18	9,900	7/22	9,300	7/5	15,500
7/7	6,000	7/22	9,300				
7/29	16,800	7/31	12,000			應付票據	
7/31	5,500					7/31	5,500

應收帳款				股本			
7/14	32,000	7/29	16,800			7/1	220,000

辦公用品				服務收入			
7/5	15,500					7/7	6,000
						7/14	32,000

預付保險費				薪資費用			
7/31	12,000			7/18	9,900		

試利用分類帳資訊完整地表達出日記簿上的原始分錄。（提示：一般企業至銀行借錢，必須開立一張票據，證明企業欠銀行多少錢，將來如何償還。此時企業現金增加，同時負債增加，此類負債稱為「應付票據」。）

9. **【以分類帳餘額編製試算表】** 承第 8 題,編製 ×1 年 7 月之試算表。

10. **【編製財務報表】** 利用第 9 題之試算表編製九龍房地產經紀公司 ×1 年 7 月份的三個主要財務報表(現金流量表除外)。

應用問題

1. **【記錄日記簿分錄】** 林靚云自台大醫學院畢業後自行開業,而於 ×1 年 3 月 1 日成立美容醫療事業。以下為 3 月份林靚云美容醫療事業已完成的交易事項:

    1. 3/1 投資 $105,000,並將 $105,000 存入為此美容醫療中心新開立的銀行帳戶中。
    2. 3/3 花費 $75,000 購置美容醫療設備,其中 $15,000 支付現金,剩餘 $60,000 未來再支付。
    3. 3/5 花費 $13,500 購置美容醫療用品。
    4. 3/8 提供病患美容醫療服務,讓其賒帳 $54,000。
    5. 3/20 提供病患美容醫療服務而收到現金 $13,000(並非先前所開立帳單之部分)。
    6. 3/25 因先前對病患服務開立帳單,而收到現金 $9,000。

    試作:請記錄林靚云美容醫療事業 3 月份的日記簿分錄。

2. **【記錄日記簿分錄、過帳至分類帳及編製試算表】** 丹丹開設了一家寵物美容公司,他將此店命名為丹丹寵物美容公司。經過了 1 個月的營業已完成下列交易事項:

    1. 丹丹自個人儲蓄中領取 $13,000,並投入於丹丹寵物美容公司成立的帳戶之中。
    2. 花費 $4,500 購買美容設備,其中 $1,000 付現,另外 $3,500 賒帳。
    3. 支付本月店租 $1,100。
    4. 因提供寵物美容服務而收現 $1,300。
    5. 提供寵物美容服務,客戶賒帳 $2,000 而對客戶發出帳單。
    6. 購買美容用具而付現 $600。
    7. 支付本月水電費用 $750。
    8. 收到先前客戶賒帳部分 $1,000。
    9. 支付 $3,500 之美容設備賒帳。
    10. 支付 $500 之薪資費用。

    丹丹寵物美容公司的會計項目表如下(括號內數字為分類帳之頁碼):

資產				負債		
101	(1)	現金		201	(25)	應付帳款
105	(10)	應收帳款				
120	(12)	美容用具			權益	
150	(15)	美容設備		310	(51)	股本
				320	(55)	保留盈餘

		收入及費用			
501	(81)	薪資費用	401	(61)	美容服務收入
502	(82)	水電費用			
503	(83)	租金費用			

試作：

(1) 請記錄丹丹寵物美容公司這個月份的日記簿分錄。
(2) 將日記簿分錄過帳至分類帳。
(3) 編製月底的試算表。

3. 【記錄日記簿分錄、過帳至分類帳及編製試算表】金鋒創業成立一新企業，並於 ×1 年 8 月完成下列交易事項：

1. 8/1　　金鋒自個人儲蓄中領取 $715,000，並投入於金鋒電子企業的帳戶之中。
2. 8/2　　租用辦公室並支付 8 月份之租金 $13,000。
3. 8/4　　花費 $195,000 購買電子設備，其中 $72,000 付現而剩餘金額則承諾於 6 個月後付清。
4. 8/5　　完成電子工程並立即收現 $18,000。
5. 8/7　　花費 $12,500 現金購買辦公用品。
6. 8/8　　賒帳 $50,300 購買辦公設備。
7. 8/15　完成電子工程且客戶賒帳 $90,000。
8. 8/18　完成電子工程並對客戶開立 30 天期之帳單 $14,400。
9. 8/20　以現金付清 8/8 賒帳購買之辦公設備。
10. 8/24　賒帳 $4,500 購買辦公用品。
11. 8/28　收到 8/15 之帳款 $51,000。
12. 8/29　現金支付本月助理薪資 $19,000。
13. 8/31　現金支付本月水電費用 $6,600。

金鋒電子企業的會計項目表如下（括號內數字為分類帳之頁碼）：

		資產			負債
101	(1)	現金	201	(25)	應付帳款
105	(10)	應收帳款			
120	(12)	辦公用品			權益
150	(15)	電子設備	310	(51)	股本
155	(18)	辦公設備	320	(55)	保留盈餘
		收入及費用			
501	(81)	薪資費用	401	(61)	電子工程收入
502	(82)	水電費用			
503	(83)	租金費用			

試作：

(1) 請記錄金鋒電子企業 8 月份的日記簿分錄。
(2) 將日記簿分錄過帳至分類帳。
(3) 編製 8 月底的試算表。

4. 【記錄日記簿分錄、過帳至分類帳、編製試算表及編製財務報表】茂貴成立一工程企業於 10 月份開業，並於 10 月份完成下列交易：

1. 10/1　茂貴投資 $208,000 現金於此工程企業。
2. 10/2　租一辦公室並繳納現金 $2,300 之租金。
3. 10/4　花費 $1,200 現金購買辦公用品。
4. 10/6　花費 $30,000 購買工程設備，其中 $5,000 付現而剩餘金額則承諾於 6 個月後付清。
5. 10/10　完成工程並立即收現 $178,000。
6. 10/10　賒帳 $6,400 購買辦公設備。
7. 10/15　完成工程並被客戶賒帳 $19,800。
8. 10/20　以現金付清 10/10 賒帳購買之辦公設備。
9. 10/23　賒帳 $6,200 購買辦公用品。
10. 10/25　完成工程並對客戶開立 30 天期之帳單 $14,500。
11. 10/29　收到 10/15 之帳款 $19,800。
12. 10/31　現金支付本月份助理薪資 $9,500。
13. 10/31　現金支付本月份水電費用 $1,200。

茂貴工程企業的會計項目表如下（括號內數字為分類帳之頁碼）：

		資產			負債
101	(1)	現金	201	(25)	應付帳款
105	(10)	應收帳款			
120	(12)	辦公用品			權益
150	(15)	工程設備	305	(51)	股本
155	(18)	辦公設備	310	(55)	保留盈餘
		收入及費用			
501	(81)	薪資費用	401	(61)	工程收入
502	(82)	水電費用			
503	(83)	租金費用			

試作：

(1) 請記錄茂貴工程企業 10 月份的日記簿分錄。
(2) 將日記簿分錄過帳至分類帳。

(3) 編製 10 月底的試算表。
(4) 編製 10 月份之損益表及權益變動表及 10 月底之資產負債表。

5. 【記錄日記簿分錄、過帳至分類帳、編製試算表及編製財務報表】淑君企業成立於 ×1 年 3 月 1 日，3 月 31 日資產負債表上顯示有現金 $300,000，應收帳款 $75,000，辦公用品 $12,000，辦公設備 $350,000，應付票據 $100,000，應付帳款 $85,000，股本 $552,000。4 月份發生下列交易事項。

1. 4/1　賺得服務收入 $200,000，其中 $75,000 收現，剩餘部分於 5 月份到期。
2. 4/1　付現償還應付帳款 $60,000。
3. 4/8　以 $60,000 購入辦公設備，其中 $30,000 付現，剩餘部分為應付帳款。
4. 4/15　支付員工薪資 $25,000，辦公室租金 $45,000，以及刊登廣告費用 $5,000。
5. 4/16　應收帳款收現 $20,000。
6. 4/25　向國泰世華銀行借款，公司收到現金 $100,000，並開立一張支票給銀行（屬於公司之應付票據）。
7. 4/28　以現金支付本月之電話費用為 $7,000 及水電費用 $4,000。

淑君企業的會計項目表及各會計項目在分類帳中記錄之頁碼如下：

會計項目代碼		頁碼	會計項目代碼		頁碼
	資產			負債	
101	現金	1	201	應付票據	70
105	應收帳款	10	202	應付帳款	80
120	辦公用品	20		權益	
155	辦公設備	50	302	股本	100
			305	保留盈餘	101
	收入及費用				
501	薪資費用	180	401	服務收入	150
502	水電費用	190			
503	租金費用	200			
506	廣告費用	210			
509	電話費用	220			

此外，日記簿頁碼均假設為 J1。

試作：

(1) 請記錄淑君企業 4 月份的日記簿分錄。
(2) 將日記簿分錄過帳至分類帳（交叉索引需填妥）。
(3) 編製 4 月底的試算表。
(4) 編製 4/1 至 4/30 之綜合損益表及權益變動表及 4 月底之資產負債表。

6. 【記錄日記簿分錄、過帳至分類帳、編製試算表及編製財務報表】張嘉圓於 ×1 年 11 月 1 日成立國民經紀企業。下列為 11 月份之交易事項。

11/1　　張嘉圓投入現金 $225,000，設立國民經紀企業。
11/2　　支付廣告費用 $2,200。
11/4　　賒帳購入辦公用品 $15,000。
11/7　　支付本月辦公室租金 $9,000。
11/10　向紐約銀行借款 $155,000，並開立票據給銀行。
11/16　提供經紀服務而收現 $18,000。
11/17　賒帳購入辦公設備 $80,000。
11/22　為客戶建民王提供經紀服務，客戶賒帳 $120,000。
11/25　支付 11/4 賒帳購入辦公用品之部分帳款 $9,000。
11/26　由客戶處收到現金 $54,000，是來自 11/22 提供服務之客戶賒帳。
11/29　支付本月份之水電費用 $5,000。
11/30　提供客戶服務而收現 $12,000。
11/30　支付員工薪資 $35,000。

國民經紀企業的會計項目表如下（括號內數字為分類帳之頁碼）：

		資產			負債
101	(1)	現金	201	(25)	應付票據
105	(10)	應收帳款	202	(27)	應付帳款
120	(12)	辦公用品			
150	(15)	辦公設備			權益
			301	(51)	股本
			305	(55)	保留盈餘
		收入及費用			
501	(81)	薪資費用	401	(61)	服務收入
502	(82)	水電費用			
503	(83)	租金費用			
506	(84)	廣告費用			

試作：

(1) 請記錄國民經紀企業 11 月份的日記簿分錄。
(2) 將日記簿分錄過帳至分類帳。
(3) 編製 11 月底的試算表。
(4) 編製 11 月份之綜合損益表及權益變動表及 11 月底之資產負債表。

7. 【記錄日記簿分錄、過帳至分類帳、編製試算表及編製財務報表】亞妮企業 ×1 年 3 月 1 日成立，3 月 31 日資產負債表上顯示有現金 $200,000，應收帳款 $55,000，辦公用

品 $15,000，預付保險費 $10,000，辦公設備 $200,000，應付票據 $60,000，應付帳款 $68,000，股本 $352,000。4 月份發生下列交易事項。

1. 4/2　以 $90,000 購入辦公設備，其中 $20,000 付現，剩餘部分下個月支付。
2. 4/5　賺得服務收入 $234,000，其中 $100,000 收現，剩餘部分於 5 月份到期。
3. 4/12　應收帳款收現 $30,000。
4. 4/17　自台北銀行收到現金 $180,000，此為向銀行之借款，亞妮企業開立一張支票給銀行。
5. 4/22　現金支付本月發生之水電費用為 $5,000。
6. 4/26　付現償還應付帳款 $61,000。
7. 4/30　支付助理薪資 $16,000，4 月份辦公室租金 $14,000。

亞妮企業的會計項目表如下（括號內數字為分類帳之頁碼）：

		資產			負債
101	(1)	現金	201	(25)	應付票據
105	(10)	應收帳款	202	(27)	應付帳款
120	(12)	辦公用品			
130	(15)	預付保險費			權益
155	(18)	辦公設備	301	(51)	股本
			305	(55)	保留盈餘
		收入及費用			
501	(81)	薪資費用	401	(61)	服務收入
502	(82)	水電費用			
503	(83)	租金費用			

試作：

(1) 請記錄亞妮企業 4 月份的日記簿分錄。
(2) 將日記簿分錄過帳至分類帳。
(3) 編製 4 月底的試算表。
(4) 編製 4/1 至 4/30 之綜合損益表及權益變動表及 4 月底之資產負債表。

8. 【分錄、過帳及試算】麟洋公司 ×1 年 1 月 1 日各帳戶餘額如下：

現金	$18,000	應收帳款	$5,370	辦公用品	$600
預付租金	$660	土地	$24,000	建築物	$30,000
汽車	$0	應付帳款	$ 2,240	應付票據	$4,100
預收服務收入	$0	股本	$58,000	保留盈餘（貸餘）	$14,290
服務收入	$0	薪資費用	$0	水電費用	$0

×1 年全年之交易彙總如下：

1. 提供並完成服務，開出帳單 $18,200。
2. 現購辦公用品 $1,750。
3. 年初購入汽車一輛，成本 $25,000，付現 $5,000，餘開 3 個月期票支付。
4. 收回應收帳款 $4,000。
5. 支付應付帳款 $1,000。
6. 本期再預付租金 $2,080。
7. 提供並完成服務，收現 48,000。
8. 支付到期之應付票據 20,000。
9. 預收服務收入 $8,000。
10. 支付薪津 $5,000。
11. 支付水電費 $850。

試作：

(1) 分錄。
(2) 過入分類帳（以 T 字帳表示）。
(3) 編製試算表。

9. 【試算表錯誤更正】下列不平衡公司之試算表除借貸方不對外，借方與貸方的總額亦不相等：

不平衡公司
試算表
×1 年 5 月 31 日

	借方	貸方
現金	$162,000	
應收票據	20,000	
應收帳款		$ 64,000
預付保險費	14,000	
辦公用品		47,000
設備	208,500	
應付帳款		90,000
應付不動產稅	5,000	
股本		331,000
保留盈餘		0
服務收入	188,000	
薪資費用	60,825	
廣告費用		20,225
不動產稅費用	7,000	
	$665,325	$552,225

從分類帳中可發現每一個會計帳戶的餘額皆為正常餘額。除此之外，你尚發現有下列錯誤：

1. 應收帳款及服務收入過帳時數字發生錯誤，應收帳款應為 $66,200，服務收入應為 $177,500。
2. 借方薪資費用 $10,000 之分錄忘記過帳。
3. 賒帳購入 $12,000 價值之設備，其分錄被記為借記辦公用品 $12,000，貸記應收帳款 $12,000。
4. 現金支付廣告費用 $15,000，其分錄被記為借記廣告費用 $1,500，貸記現金 $1,500。
5. 支付水電費用 $10,500 之分錄被記錄為借記股本 $10,500，貸記現金 $10,500。
6. 自原賒銷之客戶處收現 $11,000，其分錄被記為借記現金 $11,000，貸記應付帳款 $11,000。
7. 除前述錯誤外，尚發現預付保險費高估 $3,000，應付帳款低估 $33,300 及不動產稅費用低估 $24,050。

試作：編製正確之試算表。

10. 【上網搜尋資料】台積電經常是台灣最會賺錢的公司之一。請進入台積電與 Intel 公司的網站，其網址分別為：www.tsmc.com.tw 與 www.intel.com，搜尋這兩家公司 2016 年的綜合損益表與資產負債表，並比較這兩家公司在 2016 年 1 月 1 日至 12 月 31 日的收入與淨利差距有多少。2016 年年底的資產與權益又有多大的差距呢？（2016 年 12 月 31 日美元與台幣間的匯率為 1 美元兌換新台幣 32 元，另請注意兩公司編製報表的貨幣單位。）

04 調整分錄、結帳分錄與會計循環

objectives

研讀本章後,預期可以了解:
- 收入認列條件
- 調整分錄的類型與記錄方式
- 結帳分錄的目的與記錄方式
- 會計循環包含的步驟
- 如何利用工作底稿編製財務報表

在美國加州洛杉磯城的兩條主要高速公路第 10 號與第 405 號公路的交叉口附近,有一個舉世聞名的蓋堤中心(Getty Center)。這座新的博物館建築花費超過新台幣 500 億元,於 1997 年落成使用。蓋堤中心創辦人是美國石油大亨保羅‧蓋堤,主要收藏的藝術作品為畫作、照片與雕像等與視覺表現有關的藝術品。

蓋堤先生在一次演講中,一位大學生向他提了一個問題:「蓋堤先生,你的薪水是多少錢?」美國人提到薪水時,通常意思是年薪,當時的美國大學生畢業時年薪大約 2 萬美元。這位 1957 年美國《商業週刊》報導的世界首富保羅‧蓋堤想了一下,說:「2 萬美元。」聽眾發出一陣陣懷疑的噪音。停了一下,他又說:「每一小時。」

每一小時賺 2 萬美元,每年大約賺 1.5 億美元。要說明賺多少錢,很重要的是必須說清楚在多久期間內賺得的。我們討論的綜合損益表,其目的在於將公司在某一段期間經營的成果,很精簡地以必要的數字完整表現,其中的「淨利」數字就是公司賺了多少錢,所以在這個表的表頭必須說明,這是 3 個月還是 1 年賺得的。一般的寫法是在綜合損益表表頭寫下這個表涵蓋的期間,例如「109 年 1 月 1 日至 109 年 12 月 31 日」的年度綜合損益表,或如「110 年 1 月 1 日至 110 年 6 月 30 日」的半年度綜合損益表。

財務報表是分期報告的,通常是以 1 季、半年或 1 年為一個報告期間。區分報告期間後,收入或費用是屬於這一期間或下一期間對報表的準確性非常重要,因為不論是收入或費用,若歸屬於錯誤的期間,則公司報告的損益就不正確了。本章的重點在說明如何編製期末的「調整分錄」,其目的主要就是將本期的收入與費用記錄正確。

本章架構

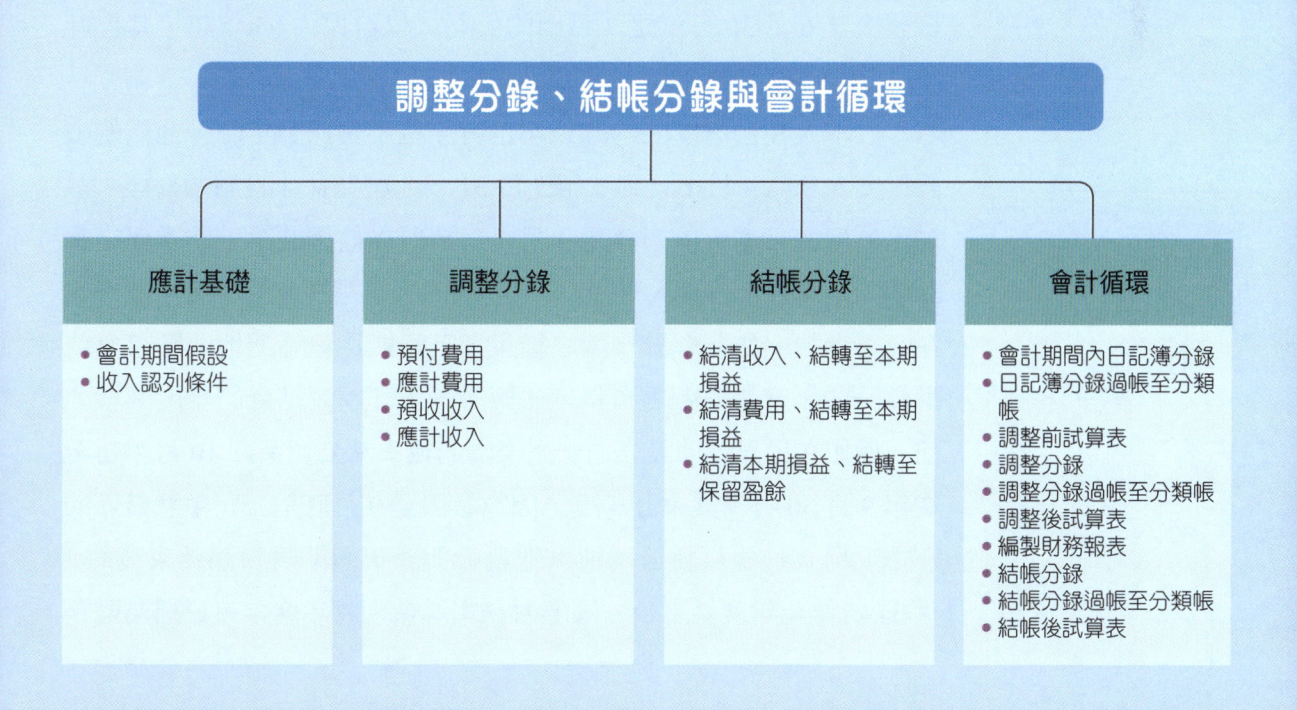

調整分錄、結帳分錄與會計循環

應計基礎
- 會計期間假設
- 收入認列條件

調整分錄
- 預付費用
- 應計費用
- 預收收入
- 應計收入

結帳分錄
- 結清收入、結轉至本期損益
- 結清費用、結轉至本期損益
- 結清本期損益、結轉至保留盈餘

會計循環
- 會計期間內日記簿分錄
- 日記簿分錄過帳至分類帳
- 調整前試算表
- 調整分錄
- 調整分錄過帳至分類帳
- 調整後試算表
- 編製財務報表
- 結帳分錄
- 結帳分錄過帳至分類帳
- 結帳後試算表

4.1 會計期間假設與收入認列條件

> **學習目標 1**
> 了解國內外公司會計期間的選擇以及收入認列條件

依據會計期間假設，公司要定期報告經營績效，但許多交易影響公司經營績效超過一個會計期間。例如，**中華航空**公司於民國 105 年 10 月起引進 AIRBUS A350-900 XWB 型新機，這架飛機將為中華航空服務乘客至少 20 年以上。這架飛機相關的購買成本、營運成本與營運收入必須合理的認列在每一個會計期間，才能使定期的財務報表有意義，這就牽涉到收入認列條件。本節將依次討論會計期間的選擇，以及收入認列條件的意義。

4.1.1 會計期間之選擇

會計期間通常為 1 個月、1 季或 1 年，會計期間小於 1 年的財務報表稱為期中財務報表，會計期間等於 1 年的財務報表稱為年度財務報表。台灣絕大部分的公司其會計年度是每年 1 月 1 日到 12 月 31 日，稱為曆年制。採曆年制的公司，其第 1 季季報係指 1 月 1 日至 3 月 31 日止的財務報表，半年報的報告期間則為 1 月 1 日至 6 月 30 日。因此半年報的損益表所報告的是上半年之損益；第 3 季季報以及年度財報則依此類推。在台灣證券交易所掛牌上市的公司中，**佳格食品**股份有限公司不是採曆年制，該公司的會計年度為 7 月 1 日至次年 6 月 30 日，是 7 月制的公司，但自民國 95 年起，其會計年度已改為曆年制。

日本人在台灣成立的分公司也有一些不是採曆年制，他們的會計年度大多為 4 月 1 日到次年 3 月 31 日，稱為採 4 月制的公司，這是因為傳統日本人的新年是 4 月 1 日。所以他們的第 1 季季報之會計期間是 4 月 1 日至 6 月 30 日。美國的公司選擇會計年度可能考慮在旺季過後，作為會計年度之結束，正好能比較悠閒地清點存貨或準備一些年度報表所需資料，並檢討一下旺季剛結束的年度業績如何。例如在世界各地設立迪士尼樂園的**迪士尼**公司選擇 10 月 1 日至次年 9 月 30 日為其會計年度，因為暑假至 9 月底是公司生意最好的旺季。另有一些百貨公司則以聖誕節與新年假期購物潮結束後的 1 月 31 日作為年度結束日。國際財務導準則將年度結束日稱為財務

會計部落格

上市櫃公司須定期公告經營績效

上市、上櫃公司必須要每季報告其經營績效,例如民國 109 年 4 月 28 日,**聯發科**(股票代號:2454)公告:該公司民國 109 年第 1 季營收 608 億元,較民國 108 年同期大幅成長 115%,第 1 季稅前淨利達 67.3 億元,稅後淨利 58 億元,每股稅後盈餘 3.64 元。相較於民國 108 年同期稅前淨利 40 億元,稅後淨利 34.2 億元,獲利增加約 70%。這些按季公告的資訊使股票投資人能更及時地掌握公司經營狀況,以決定是否購買或處置該公司股票。

報導期間結束日,因為國際財務報導準則(IFRS)允許企業選擇大約一個年度的期間為報導期間,例如以 52 個完整的週為財務報表之報導期間,這類企業的報表涵蓋期間即非一個年度,無法稱之為年度結束日,例如**蘋果**公司 2011 年會計期間涵蓋 52 週,但 2012 年則涵蓋 53 週。

4.1.2 收入認列條件

第 1 章中提及,在應計基礎下,企業應於交易發生時,而非僅於收到現金或支付現金時才作會計記錄。但是應計基礎僅告訴我們,收到現金或支付現金不是承認收入或費用的唯一標準,甚至有時企業收到現金或支付現金卻不應承認收入或費用,如預收貨款或預付租金。因此我們必須進一步了解**收入認列**(revenue recognition)的條件。像動畫設計公司這一類的服務業,什麼時候可以認列服務收入於帳上呢?以第 2 章與第 3 章動畫設計公司 1/20 的交易為例,動畫設計公司與其客戶之服務合約,已由雙方承諾各自應履行的義務,動畫設計公司可以辨認每一方對於將移轉的服務之權利,也可辨認付款條件,並且很有可能收取價款,也將帶來動畫設計公司未來的現金流量的改變。因此,一旦履約義務滿足時(而非收取價款時),動畫設計公司可以認列收入。動畫設計公司已在 1/20 滿足履約義務,而不再控制該項服務的產出(亦即:控制已移轉給客戶),因此這 $50,000 的對價必須認列為 1 月份的收入,而

會計部落格

　　由於交易種類與交易條件日益複雜，提供商品或勞務者（即賣方）何時可以認列收入，以及認列的金額為何，一直為美國財務準則理事會與國際財務報導準則理事會訂定準則時，相對棘手的問題。例如，3C 家電業者收取 $33,000，除了提供 3C 產品給客戶外，附上三年的保固期。這個合約保固期比慣例上賣方用以保證產品品質的保固期一年為長，且價格較高，究竟這筆交易僅包括 3C 產品呢？或者包括 3C 產品以及額外期間的保固服務呢？亦即，賣方的履約義務為一項或二項呢？再如，賣方與客戶的合約中載明，當客戶購買量達一定水準後，可依較低的單價採購。在這個客戶合約中，交易價格不是固定，而是變動的。該如何認列金額呢？又如，電信業者與客戶簽訂合約，將手機與電信服務搭配銷售，又該如何認列收入？

　　雖然企業經常發生的交易比上述例子簡單，但上述交易已發生在不同的產業，儘管 FASB 為不同產業訂定詳細的規範，但有時造成類似交易的會計處理卻不同之窘境，儘管在 IFRS 準則中已有 IAS 18（收入）與 IAS 11（工程合約）加以規範，但仍無法涵蓋重要的交易層面。因此 FASB 與 IASB 決定合作，發起聯合研究計畫（joint project），IFRS 15（客戶合約之收入）乃是這個合作案的產出。我國金管會決議自 2018 年開始上市、上櫃及興櫃公司應適用之。

會計好簡單

(1) 全國電子出售一項家電用品給客戶，並附上標準保固期一年，作為保證產品品質之用，收取合約價款 $10,000，請問此依合約包括多少項履約義務？

(2) 全國電子出售一項家電用品給客戶，並包含保固期二年，收取合約價款為 $12,000（較保固期僅為一年時高），請問此一合約包括多少項履約義務？

解析

(1) 此一合約包括一項履約義務，因提供之保固期為一年，屬於保證型之保固，係與家電用品無法分離。

(2) 此一合約包括二項履約義務，因提供之保固，非屬保證型之保固，所多出一年之保固期，係另行提供保固勞務，可與家電用品分離。

（此一練習題的目的僅在凸顯 IFRS 15 的特色之一：辨認合約中的履約責任。若初學者無法領略，待全書讀完後當更易理解。）

非收列現金的 2 月份。這種以合約（contract）為基礎的收入認列架構，以及以「控制的移轉」為認列要件的會計處理，乃是 IFRS 15 採取的方式，在第 5 章會再說明認列收入的五項步驟。

4.2 調整分錄

> **學習目標 2**
> 了解四類調整分錄並熟悉記錄方式

每個會計期間結束時，公司必須利用調整分錄，使所有收入在賺得的期間認列，而且使所有已發生的費用亦於當期認列，如此才能忠實報告每個會計期間的經營成果，以及期末的財務狀況。換句話說，經由編製**調整分錄**（adjusting entry）的程序，公司才能報告正確的綜合損益表、權益變動表與資產負債表。

公司日常的帳務利用日記簿記錄，並將其過帳至分類帳，日復一日，至會計期間終了時，利用各項目餘額即可產生試算表。但這個試算表仍然需要經過調整的程序，才能據以編製正確的財務報表。為何公司平常謹慎的帳務處理結果，試算表仍然不正確呢？通常由於下列四種狀況的發生，使試算表上的項目與餘額可能不夠及時或不夠完整，因此需要以調整分錄更正之。

> 通常在會計期間終了，因為下列四種狀況而須編製調整分錄：
> 1. 預付費用
> 2. 應計費用
> 3. 預收收入
> 4. 應計收入

1. **預付費用**（prepaid expenses）：公司預先支付房租或廣告費等均屬預付費用。預付費用為公司的資產，這些有價值的資產消耗掉的部分，就會轉變為公司的費用。這些費用通常在平時不詳細記錄，等到期末以調整的方式一次記錄清楚較為省事。這些費用是預先支付現金，所以稱為預付費用，其意義為預先支付現金所購買的資產，將來耗用掉時才會發生費用。由於已耗用一部分，但尚未記錄，因此需要於期末以調整分錄正確反映已發生之費用，同時反映所耗減的資產。

> 公司的費用可以預先付現金（預付費用），也可以在費用發生後才付現金（應計費用）。

2. **應計費用**（accrued expenses）：已經發生之費用，至會計期間終了仍然沒有支付。例如本月的員工薪資與電話費通常下個月才會支付，又如利息費用可能在會計期間終了時尚未支付。所以應計費用也需要藉由調整分錄，以正確反映應該認列之費用及負債。

3. **預收收入**（unearned revenue）：顧客或房客先支付現金給公司，

> 公司可能在提供商品或勞務前先收現金（預收收入），也可能在提供後才收現金（應計收入）。

公司先收現金，未來再為顧客或房客提供服務或商品。在會計期間終了時，某些商品或服務可能已經提供，因此需要以調整分錄，反映應該認列的收入，同時反映所減少的「預收收入」。

4. **應計收入**（accrued revenue）：某些服務已經提供，但尚未收到現金，也未記錄，因此，在會計期間終了時，應以調整分錄以正確反映已該認列之收入及所增加之資產。

平時之會計分錄、過帳、試算表與調整分錄

前一章說明如何以正式會計記錄，在會計期間結束時編製公司的試算表，然後再編製財務報表。但在每一次要編製財務報表時，企業必須做必要的調整分錄，使試算表的所有項目與金額都是正確的，公司才能編製正確的財務報表。以下的釋例說明公司在會計期間的帳務處理，同時並說明會計期間終了時，如何做調整分錄以獲得正確的財務報表。

假設威保電信公司提供寬頻上網的服務，該公司如果每 1 個月都必須提供財務報表，則每個月月底都要做調整分錄。該公司 10 月份的所有交易如下：

1. 10/1　威保電信公司正式成立，股東出資 $1,000,000 存入威保電信公司帳戶。
2. 10/1　開立威保電信公司的票據，向銀行借款 $1,000,000，借款期間 1 年，年利率 12%，翌年 9 月 30 日償還利息與本金。
3. 10/1　由公司銀行帳戶提出現金 $1,200,000，購置所需之網路設備。
4. 10/1　承租內湖路 168 號為營業場所，租金 1 年 $120,000，每 3 個月付現金 $30,000，今天支付第一筆 $30,000。
5. 10/1　購買營業場所意外災害保險，保險期間 1 年（至明年 9 月 30 日），以現金繳交一年份之保險費 $12,000。
6. 10/1　威保電信公司承租的營業場所有多餘之空間，在 10 月 1

日與 ABC 公司簽約將多餘空間分租出去，威保電信公司預收 10 月、11 月及 12 月等 3 個月房租收入 $6,000。

7. 10/2　與客戶簽約，由威保電信公司提供無限上網服務 3 個月，顧客立刻支付現金 $60,000。
8. 10/3　以現金購入辦公用品（紙筆等文具），金額 $30,000。
9. 10/6　與客戶簽約，由威保電信公司提供無限上網服務，客戶每月 5 日支付上 1 個月的上網費用。
10. 10/25　已提供客戶網路服務，收取現金 $200,000。
11. 10/31　以現金支付 10 月份臨時工薪資 $20,000 以及 10 月份的廣告費 $30,000。

將 10 月份事件記入日記簿：

日記簿　　　　　　　　　　　　　　　　　　J1

日期	會計項目及摘要	索引	借方	貸方
10/1	現金	101	1,000,000	
	股本	301		1,000,000
	威保電信公司之股東原始投資			
10/1	現金	101	1,000,000	
	應付票據	201		1,000,000
	向銀行貸借款項，並開立票據一紙給銀行，1 年到期。			
10/1	網路設備	150	1,200,000	
	現金	101		1,200,000
	以現金購入網路設備			
10/1	預付房租	115	30,000	
	現金	101		30,000
	預付 3 個月的房租			
10/1	預付保險費	117	12,000	
	現金	101		12,000
	預付 1 年的保險費			
10/1	現金	101	6,000	
	預收房租收入	223		6,000
	預收 ABC 公司 3 個月的房租			

10/2	現金		101	60,000	
	預收網路服務收入		221		60,000
	預收客戶 3 個月之上網服務費				
10/3	辦公用品		113	30,000	
	現金		101		30,000
	以現金購入辦公用品				
10/6	（無須分錄）				
10/25	現金		101	200,000	
	網路服務收入		401		200,000
	提供客戶網路服務並收取現金				
10/31	薪資費用		605	20,000	
	廣告費用		608	30,000	
	現金		101		50,000
	以現金支付薪資及廣告費用				

將 10 月份的日記簿分錄過帳至分類帳：

現金　　　　　　　　　　　　　　　　101

日期	摘要	索引	借方	貸方	餘額
10/1		J1	1,000,000		1,000,000
10/1		J1	1,000,000		2,000,000
10/1		J1		1,200,000	800,000
10/1		J1		30,000	770,000
10/1		J1		12,000	758,000
10/1		J1	6,000		764,000
10/2		J1	60,000		824,000
10/3		J1		30,000	794,000
10/25		J1	200,000		994,000
10/31		J1		50,000	944,000

辦公用品　　　　　　　　　　　　　　113

日期	摘要	索引	借方	貸方	餘額
10/3		J1	30,000		30,000

預付房租　　　　　　　　　　　　　　115

日期	摘要	索引	借方	貸方	餘額
10/1		J1	30,000		30,000

預付保險費 117

日期	摘要	索引	借方	貸方	餘額
10/1		J1	12,000		12,000

網路設備 150

日期	摘要	索引	借方	貸方	餘額
10/1		J1	1,200,000		1,200,000

應付票據 201

日期	摘要	索引	借方	貸方	餘額
10/1		J1		1,000,000	1,000,000

預收網路服務收入 221

日期	摘要	索引	借方	貸方	餘額
10/2		J1		60,000	60,000

預收房租收入 223

日期	摘要	索引	借方	貸方	餘額
10/1		J1		6,000	6,000

股本 301

日期	摘要	索引	借方	貸方	餘額
10/1		J1		1,000,000	1,000,000

保留盈餘 305

日期	摘要	索引	借方	貸方	餘額
10/1					0

網路服務收入 401

日期	摘要	索引	借方	貸方	餘額
10/25		J1		200,000	200,000

薪資費用 605

日期	摘要	索引	借方	貸方	餘額
10/31		J1	20,000		20,000

廣告費用 608

日期	摘要	索引	借方	貸方	餘額
10/31		J1	30,000		30,000

編製威保電信公司××年10月31日的（調整前）試算表：

表 4-1　威保電信公司調整前試算表

威保電信公司
調整前試算表
××年10月31日

	借方	貸方
現金	$ 944,000	
辦公用品	30,000	
預付房租	30,000	
預付保險費	12,000	
網路設備	1,200,000	
應付票據		$1,000,000
預收網路服務收入		60,000
預收房租收入		6,000
股本		1,000,000
保留盈餘		0
網路服務收入		200,000
薪資費用	20,000	
廣告費用	30,000	
合計	$2,266,000	$2,266,000

表 4-1 的試算表彙總××年10月初至10月底，威保電信公司會計部門記錄該公司在10月份之交易情形。但是如前所述，有些交易或事項不必每日記錄，只要在會計期間終了，編製財務報表時，才利用調整分錄加以調整，使每一個項目餘額都是正確的期末餘額。以下分別討論常見的調整分錄類別。

4.2.1　第一類調整分錄：預付費用

辦公用品　威保電信公司10月3日購入辦公用品 $30,000。期末試算表上顯示公司擁有價值 $30,000 的辦公用品不正確，因為公司在此會計期間已經用掉一部分。若已使用的部分為 $10,000，則只剩下價值 $20,000 的辦公用品。

10/31 調整分錄分析：

◆ 原有辦公用品資產應減少 $10,000，使其餘額變為 $20,000，同時應認列辦公用品費用 $10,000 以反映所消耗的資產。

以 T 字帳記錄調整分錄如下：

辦公用品				辦公用品費用	
10/3	30,000	10/31 調整	10,000	10/31 調整	10,000
10/31 餘額	20,000				

在日記簿記錄如下：

10/31	辦公用品費用	10,000	
	辦公用品		10,000
	記錄已經消耗掉的辦公用品		

　　由這個例子可以推論一般規則：這類的調整都是借記費用項目，貸記資產項目。由這個調整分錄也可以將 10 月份的費用正確認列為 $10,000，並且將 10 月底的辦公用品剩餘的價值正確記錄為 $20,000。

預付房租　威保電信公司 10 月 1 日支付現金，預付 3 個月租金 $30,000 租借辦公場所，當時的記錄顯示「預付房租」，代表使用房屋權利的資產價值為 $30,000。到了 10 月 31 日，公司使用房子的權利已經消耗了 1 個月，剩下 2 個月的使用價值只有 $20,000；而這個消耗掉的 1 個月之資產價值，應該認列為費用，因此房租費用增加 $10,000。

10/31 調整分錄分析：

◆ 原有預付房租資產減少 $10,000，使其餘額變為 $20,000。

◆「預付房租」之資產消耗部分應認列為費用，記錄為房租費用增加 $10,000。

以 T 字帳記錄調整分錄如下：

預付房租				房租費用		
10/1	30,000	10/31 調整	10,000	10/31 調整	10,000	
10/31 餘額	20,000					

在日記簿記錄如下：

10/31	房租費用		10,000	
	預付房租			10,000
	記錄已經消耗掉的預付房租			

　　讀者可以比較這兩個例子的會計處理事實上一模一樣，只是會計項目不同。透過這兩個例子更可以理解這類的調整都是借記費用，貸記資產。

會計好簡單

　　民國93年10月許多報紙刊載廣播界名人余美人在台北東區租賃房屋，預付房租2年，總房租240萬元。如果余美人想要以我們的會計原則記帳，當她支付現金的時候，她的日記簿應該如何記錄？如果余美人93年9月1日付出現金240萬元，9月至12月均未作會計記錄，則至年底應作何調整分錄，才能正確記錄當年度的房租費用以及預付房租？

解析

　　民國93年9月1日預付房租時，取得未來2年之房屋使用權利，一方面以增加「預付房租」代表資產（權利）之增加，另一方面以減少「現金」代表支付之資源。分錄如下：

93/9/1	預付房租	2,400,000	
	現金		2,400,000

　　到了年底，已使用房屋4個月，但一直未作任何記錄反映這些事實，因此應於12月31日作調整分錄，減少「預付租金」$400,000（即

余美人之調整分錄：

預付房租			
9/1	2,400,000	12/31 調整	400,000
12/31 餘額	2,000,000		

房租費用			
12/31 調整	400,000		

$2,400,000 ÷ 24 個月 × 4 個月），而且認列「房租費用」$400,000 以反映所消耗的資產。

年底調整分錄：

93/12/31	房租費用	400,000	
	預付房租		400,000

預付保險費　威保電信公司於 10 月 1 日，支付現金 $12,000 購買 1 年的意外險，做調整分錄前的記錄為「預付保險費」$12,000。這個資產也與「預付房租」一樣，經過了 1 個月，消耗了 1 個月的價值為 $1,000。

10/31 調整分錄分析：

◆ 原有「預付保險費」之資產價值減少 $1,000（即 $12,000 ÷ 12 月），使其餘額變為 $11,000。

◆ 「預付保險費」資產消耗的部分應以「保險費用」反映，記錄保險費用增加 $1,000。

> 預付保險費是一個資產項目。

以 T 字帳記錄調整分錄如下：

10 月 31 日的調整分錄 T 字帳記錄如下：

預付保險費				保險費用	
10/1	12,000	10/31 調整	1,000	10/31 調整	1,000
10/31 餘額	11,000				

在日記簿記錄如下：

10/31	保險費用	1,000	
	預付保險費		1,000
	記錄已經消耗掉的預付保險費		

> 預付費用之調整：
>
> ＊＊費用
> 　　××
> 　　　　預付＊＊
> 　　　　　××

由這個例子可以再次確認，預付費用的調整相當簡單，都是借記費用（如：保險費用），貸記資產（如：預付保險費）。

會計好簡單

好樂迪公司為了保障客戶安全與權益，顧客到好樂迪唱歌時，每人都有 1,000 萬元上限的意外險。當然好樂迪公司必須支付保險費用，而且通常保險費用必須預先支付。假設 10 月 1 日，好樂迪支付現金 $6,000,000 購買 1 年的意外險，若 1 年內有顧客在店內消費時發生意外，可獲得特定賠償。10 月 1 日支付保險費用時好樂迪之會計分錄為何？若 12 月底之前公司並未調整「預付保險費」，則 12 月 31 日之調整分錄為何？

解析

10 月 1 日與預付房租的情形一樣，好樂迪應記錄保險權利的增加（稱之為預付保險費）與現金之減少：

10/1	預付保險費	6,000,000	
	現金		6,000,000

在 12 月 31 日之調整分錄必須反映「預付保險費」這個資產消耗掉 3 個月的價值 ($6,000,000 ÷ 12) × 3 = $1,500,000，這個資產的消耗部分認列為費用：

12/31	保險費用	1,500,000	
	預付保險費		1,500,000

折舊 網路設備這個資產經過了 1 個月，消耗了 1 個月的價值。這個情形與前面三個預付費用的例子觀念類似，過了 1 個月，資產價值減少，費用增加。但是前三個例子中辦公用品消耗了多少價值很容易計算，只要請工作人員去盤點辦公用品剩下多少，就知道耗用掉多少。另外兩個預付房租與保險的權利期間是買賣雙方約定的，所以 1 個月價值多少，也是清清楚楚的。但是花了 $1,200,000 買入網路設備，可以用多久呢？如果你剛買電腦的時候，有人問你，這個電腦確定可以用幾年？恐怕很難回答。所以機器設備總共可以用幾年都必須**估計**，因此 1 個月消耗掉多少價值也是估計的金額。假設威保電信公司估計該網路設備可以使用 10 年（亦即 120 個月），用完後就沒有任何價值，那麼 1 個月估計消耗的價值應該是 $10,000（即 $1,200,000 ÷ 120 個月）。這狀況與價值 $12,000 的預付保險費

價值減少 $1,000 其實是一樣的,所以似乎只要借記費用,貸記資產就可以了。

10/31 折舊調整分錄**初步分析**:

◆ 原有網路設備資產價值減少 $10,000,使其餘額變為 $1,190,000。
◆ 網路設備資產消耗的部分乃是企業為了產生收入而發生之費用,記錄為**折舊費用**(Depreciation Expense)增加 $10,000。

所以根據初步分析,公司可能以 T 字帳記錄調整分錄如下:

10 月 31 日的調整分錄 T 字帳記錄如下:

網路設備		折舊費用	
10/1　1,200,000	10/31　10,000 調整	10/31　10,000 調整	
10/31　1,190,000 餘額			

折舊費用之調整:

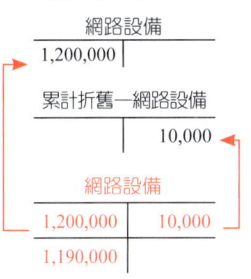

網路設備
1,200,000

累計折舊—網路設備
　　　　　10,000

網路設備
1,200,000　　10,000
1,190,000

將網路設備已折舊的部分另立一個項目記錄的優點:
1. 保留網路設備原始成本資料。
2. 將網路設備減除累計折舊仍然可以知道網路設備的帳面金額。

在日記簿記錄如下:

10/31	折舊費用	10,000	
	網路設備		10,000
	記錄已經消耗掉的網路設備		

公司隨著繼續經營,一定會增添許多設備,在此同時也一直提列折舊,時間久了,這個「網路設備」顯示出來的只是許多次添置設備的總成本減掉許多次提列折舊後的數字,到底公司總共花了多少原始成本與至今折舊了多少帳面金額,都無法得知。例如帳上設備顯示帳面金額 $60,000,但我們不知道這個資產是原購入成本 $1,000,000 扣掉已經折舊的部分 $940,000,或者是設備原始成本就是 $60,000,但尚未折舊。為了保留購入成本的資訊,上面這種作法必須修改一下:網路設備的價值減少,不要直接記錄在網路設備這個帳戶中,另外貸記**累計折舊**(Accumulated Depreciation)的項目,這樣原始成本資料就得以保存,而且機器消耗掉的價值也會在「累計折舊」中顯示出來。所以折舊之調整分錄應為:

```
           網路設備（原始成本）
10/1        1,200,000
```

```
        累計折舊－網路設備              折舊費用
                10/31    10,000    10/31    10,000
                調整                調整
```

這個 T 字帳記錄方法之下，網路設備真正的帳面金額為網路設備借方餘額 $1,200,000 減除累計折舊貸方餘額 $10,000，其**帳面金額**（carrying amount）為 $1,190,000。「累計折舊」將減少設備的帳面金額，所以「累計折舊－網路設備」被稱為「網路設備」之抵銷帳戶。

因此，應在日記簿記為：

```
10/31    折舊費用                        10,000
            累計折舊－網路設備                    10,000
         記錄已經消耗掉的網路設備
```

4.2.2 第二類調整分錄：應計費用

應計利息費用　威保電信公司 10/1 開立應付票據借入現金 $1,000,000，借款利率 12%，雙方約定明年 9 月 30 日才支付本金與利息共 $1,120,000〔即 $1,000,000 本金加利息 $120,000（＝ $1,000,000×12%×1 年）〕。利息的負擔對公司而言是借款的代價，這與租借辦公室需要支付代價是一樣的，支付辦公室的租金時，公司發生租金費用，借款則使公司發生利息費用。但利息的支付通常是定期支付，例如這個例子中在明年 9 月底才支付，所以今年 10 月 1 日至 10 月 31 日的 1 個月的利息費用 $10,000（即 $1,000,000×12%×$\frac{1}{12}$年）已經發生，可是 1 整年的利息費用 $120,000 支付的時點是明年 9 月 30 日。如果我們等到明年支付的時候再記錄費用（借記利息費用 $120,000，貸記現金 $120,000），則整個利息費用 $120,000 會出現在明年的綜合損益表中，而事實上 $120,000 的利息費用中有 $10,000 是屬於今年 10 月的費用。所以這

類調整分錄是對已經於本會計期間發生但於未來會計期間才須支付的費用，應在本會計期間認列之，稱之為**應計費用**。

10/31 調整分錄分析：

◆ 10/1 至 10/31 的 1 個月借款利息費用 $10,000，應於本會計期間認列。

◆ 這 $10,000 費用明年 9/30 必須支付現金，是公司未來應該付的義務（負債），稱之為**應付利息**（Interest Payable）。

10 月 31 日的調整分錄 T 字帳記錄如下：

應付利息	利息費用
10/31 調整　10,000	10/31 調整　10,000

在日記簿的記錄如下：

10/31	利息費用	10,000	
	應付利息		10,000
	記錄已經發生且應支付的利息費用		

應計薪資　假設威保電信公司另有一管理網路的技術人員，他每個月 5 日領取上個月薪水（月薪 $60,000）。如果不在 10 月 31 日記錄 10 月發生的薪資費用 $60,000，則下個月（11 月份）的費用中會有 $60,000 薪資費用是屬於這個月（10 月份）的部分，那麼這個月與下個月的綜合損益表就不正確了。

10/31 調整分錄分析：

◆ 10/1 至 10/31 的 1 個月薪資費用 $60,000，應於本會計期間認列。

◆ $60,000 薪資費用雖然在下個月支付，但就 10 月 31 日而言，是公司應該付的義務（負債），稱之為**應付薪資**（Salaries Payable）。

10 月 31 日的調整分錄 T 字帳記錄如下：

	應付薪資			薪資費用	
	10/31 調整	60,000	10/31 調整	60,000	

在日記簿記錄如下：

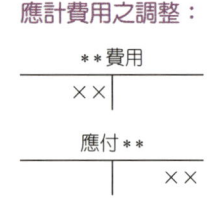

應計費用之調整：

```
＊＊費用
    ××
        應付＊＊
            ××
```

10/31	薪資費用	60,000	
	應付薪資		60,000
	記錄已經發生且應支付薪資費用		

由這兩個例子可以看出來，應計費用的調整相當簡單，都是借記費用（薪資費用、利息費用等），貸記負債（應付薪資、應付利息等）。

4.2.3 第三類調整分錄：預收收入

預收房租收入 第一類預付費用調整中，一家公司的預付費用就是另一家公司的預收收入。所以，某一公司的預付房租，就是另一家公司的預收房租收入。假設威保電信公司承租的營業場所有多餘的空間，在10月1日與ABC公司簽約將多餘空間分租出去，威保電信公司預收3個月房租$6,000（對ABC公司而言是預付房租）。收現金當日威保電信公司借記現金，表示現金資產增加$6,000，同時威保電信公司產生一項義務，應該於未來提供房屋供人使用，因此貸記負債$6,000，此一負債稱之為**預收房租收入**（Unearned Rent）。到了10月31日，威保電信公司已經提供1個月的房屋給ABC使用，因此威保電信公司僅剩兩個月的義務，所以威保電信公司應該記錄該負債已經減少$2,000（即$6,000÷3），剩下2個月的負債價值$4,000；另一方面，威保電信公司已經提供了1個月的住房服務，已經賺到$2,000的房租收入。

10/31 調整分錄分析：

♦ 原有「預收房租收入」負債減少$2,000，使其餘額變為$4,000，才能忠實記錄10/31剩餘的義務。

♦ 已經賺得 $2,000 房租收入，記錄為收入增加 $2,000。

以 T 字帳記錄調整分錄如下：

預收房租收入				房租收入	
10/31 調整	2,000	10/1	6,000		10/31 調整	2,000
		10/31 餘額	4,000		

在日記簿記錄如下：

10/31	預收房租收入	2,000	
	房租收入		2,000
	記錄已經賺得的房租收入		

預收網路服務收入　威保電信公司 10 月 2 日向客戶收取現金 $60,000，顧客可以無限上網 3 個月，記錄為預收網路服務收入。到了 10 月 31 日，公司已經提供 1 個月的網路服務，因此威保電信公司已經賺到 1 個月的網路服務收入 $20,000（即 $60,000÷3），僅剩提供 2 個月服務的義務。

10/31 調整分錄分析：

♦ 原有「預收網路服務收入」負債減少 $20,000，使其餘額變為 $40,000，才能反映威保電信公司只剩 2 個月義務。

♦ 已經賺得 1 個月份的收入 $20,000，記錄為網路服務收入增加 $20,000。

以 T 字帳記錄調整分錄如下：

預收網路服務收入				網路服務收入	
10/31 調整	20,000	10/2	60,000		10/25	200,000
		10/31 餘額	40,000		10/31 調整	20,000
					10/31 餘額	220,000

預收收入之調整：

預收＊＊收入
　××
　　＊＊收入
　　　　××

在日記簿記錄如下：

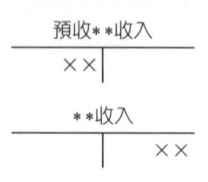

10/31	預收網路服務收入	20,000	
	網路服務收入		20,000
	記錄已經賺得的網路服務收入		

由這兩個例子可以看出來，預收收入的調整都是借記預收××收入，貸記××收入。

4.2.4　第四類調整分錄：應計收入

應計網路服務收入　威保電信公司 10 月 6 日另外也提供顧客先享受後付款的網路服務，每個月 5 日收取上個月的上網費用，假設至 10 月 31 日為止，該顧客 10 月之上網費用為 $30,000。那麼到了 10 月 31 日，公司已經提供價值 $30,000 的服務，如果不做調整分錄，則 11 月 5 日收到現金時，會記錄為下個月的收入，那麼這個月努力提供網路服務所賺得的收入就會認列為下個月的收入。所以這個月必須做調整分錄。

♦ 記錄 10 月已經賺得 $30,000 網路服務收入。

♦ 這價值 $30,000 的服務在 11 月 5 日才能拿到現金，但威保電信公司已經提供了服務，所以已經有權利收取 $30,000，只是雙方事先約定下個月收錢，為了記錄這個未來收錢的權利（資產）增加 $30,000，使用**應收帳款**（Accounts Receivable）項目記錄之。

以 T 字帳記錄調整分錄如下：

應計收入之調整：

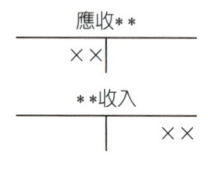

應收＊＊
　××
　　＊＊收入
　　　　××

應收帳款			
10/31 調整	30,000		
10/31 餘額	30,000		

網路服務收入			
		10/25	200,000
		10/31 調整	20,000
		10/31 調整	30,000
		10/31 餘額	250,000

在日記簿記錄如下：

10/31	應收帳款	30,000	
	網路服務收入		30,000
	記錄已經賺得但未收帳的網路服務收入		

應計利息收入　威保電信公司 10 月 1 日除了股東出資外，加上向銀行借款，擁有現金 $2,000,000。後續在 10 月中有許多交易使現金餘額不時增減。剩餘的資金放在銀行帳戶，銀行在 12 月 31 日會結算過去半年來，威保電信公司賺得的利息收入，但銀行支付給威保電信公司的時點是 12 月 31 日。與前面調整分錄類似，如果 12 月 31 日才記錄利息收入，則所有的利息收入都會記錄為 12 月的收入，這並不正確。假設在 10 月 1 日至 10 月 31 日期間應該賺得的利息是 $2,000，10 月 31 日調整分錄分析：

♦ 10/1 至 10/31 的利息收入 $2,000，應於本會計期間（10 月）認列。

♦ 這 $2,000 收入年底可以收取現金，是公司收現金的權利（資產），稱之為**應收利息**（Interest Receivable）。

以 T 字帳記錄調整分錄如下：

應收利息		利息收入	
10/31 調整　2,000			10/31 調整　2,000

在日記簿記錄如下：

10/31	應收利息	2,000	
	利息收入		2,000
	記錄已經賺得的利息收入		

注意期末調整分錄至調整後試算表的程序,與會計期間內的日常會計分錄至調整前試算表的程序類似。

4.2.5 威保電信公司的完整調整與編表程序

本小節將威保電信公司 10 月底的調整與編製財務報表程序完整列示。其主要步驟如下:

1. 在日記簿記錄所有調整分錄。
2. 將調整分錄過帳至分類帳。
3. 將分類帳餘額列入「調整後試算表」。
4. 利用「調整後試算表」編製 10 月份財務報表。

威保電信公司首先將調整分錄記入日記簿:

日記簿　　　　　　　　　　　　　　　　　　　　　　　J2

日期	會計項目及摘要	索引	借方	貸方
	調整分錄			
10/31	辦公用品費用	609	10,000	
	辦公用品	113		10,000
	記錄已經消耗掉的辦公用品			
10/31	房租費用	610	10,000	
	預付房租	115		10,000
	記錄已經消耗掉的預付房租			
10/31	保險費	615	1,000	
	預付保險費	117		1,000
	記錄已經消耗掉的預付保險費			
10/31	折舊費用	620	10,000	
	累計折舊－網路設備	151		10,000
	記錄已經消耗掉的網路設備			
10/31	利息費用	618	10,000	
	應付利息	215		10,000
	記錄已經發生且應支付的利息費用			
10/31	薪資費用	605	60,000	
	應付薪資	210		60,000
	記錄已經發生且應支付薪資費用			

日期	科目	索引	借方	貸方
10/31	預收房租收入	223	2,000	
	房租收入	410		2,000
	記錄已經賺得的房租收入			
10/31	預收網路服務收入	221	20,000	
	網路服務收入	401		20,000
	記錄已經賺得的網路服務收入			
10/31	應收帳款	103	30,000	
	網路服務收入	401		30,000
	記錄已經賺得的網路服務收入			
10/31	應收利息	105	2,000	
	利息收入	405		2,000
	記錄已經賺得的利息收入			

將調整分錄過帳至分類帳：

現金　　　　　　　　　　　　　　　　　101

日期	摘要	索引	借方	貸方	餘額
10/1		J1	1,000,000		1,000,000
10/1		J1	1,000,000		2,000,000
10/1		J1		1,200,000	800,000
10/1		J1		30,000	770,000
10/1		J1		12,000	758,000
10/1		J1	6,000		764,000
10/2		J1	60,000		824,000
10/3		J1		30,000	794,000
10/25		J1	200,000		994,000
10/31		J1		50,000	944,000

應收帳款　　　　　　　　　　　　　　103

日期	摘要	索引	借方	貸方	餘額
10/31	調整分錄	J2	30,000		30,000

應收利息　　　　　　　　　　　105

日期	摘要	索引	借方	貸方	餘額
10/31	調整分錄	J2	2,000		2,000

辦公用品　　　　　　　　　　　113

日期	摘要	索引	借方	貸方	餘額
10/03		J1	30,000		30,000
10/31	調整分錄	J2		10,000	20,000

預付房租　　　　　　　　　　　115

日期	摘要	索引	借方	貸方	餘額
10/1		J1	30,000		30,000
10/31	調整分錄	J2		10,000	20,000

預付保險費　　　　　　　　　　117

日期	摘要	索引	借方	貸方	餘額
10/1		J1	12,000		12,000
10/31	調整分錄	J2		1,000	11,000

網路設備　　　　　　　　　　　150

日期	摘要	索引	借方	貸方	餘額
10/1		J1	1,200,000		1,200,000

累計折舊－網路設備　　　　　　151

日期	摘要	索引	借方	貸方	餘額
10/31	調整分錄	J2		10,000	10,000

應付票據　　　　　　　　　　　201

日期	摘要	索引	借方	貸方	餘額
10/1		J1		1,000,000	1,000,000

應付薪資　　　　　　　　　　　210

日期	摘要	索引	借方	貸方	餘額
10/31	調整分錄	J2		60,000	60,000

應付利息　　　　　　　　　　　215

日期	摘要	索引	借方	貸方	餘額
10/31	調整分錄	J2		10,000	10,000

預收網路服務收入　　221

日期	摘要	索引	借方	貸方	餘額
10/2		J1		60,000	60,000
10/31	調整分錄	J2	20,000		40,000

預收房租收入　　223

日期	摘要	索引	借方	貸方	餘額
10/1		J1		6,000	6,000
10/31	調整分錄	J2	2,000		4,000

股本　　301

日期	摘要	索引	借方	貸方	餘額
10/1		J1		1,000,000	1,000,000

保留盈餘　　305

日期	摘要	索引	借方	貸方	餘額
10/1					0

網路服務收入　　401

日期	摘要	索引	借方	貸方	餘額
10/25		J1		200,000	200,000
10/31	調整分錄	J2		20,000	220,000
10/31	調整分錄	J2		30,000	250,000

利息收入　　405

日期	摘要	索引	借方	貸方	餘額
10/31	調整分錄	J2		2,000	2,000

房租收入　　410

日期	摘要	索引	借方	貸方	餘額
10/31	調整分錄	J2		2,000	2,000

薪資費用　　605

日期	摘要	索引	借方	貸方	餘額
10/31		J1	20,000		20,000
10/31	調整分錄	J2	60,000		80,000

廣告費用　608

日期	摘要	索引	借方	貸方	餘額
10/31		J1	30,000		30,000

辦公用品費用　609

日期	摘要	索引	借方	貸方	餘額
10/31	調整分錄	J2	10,000		10,000

房租費用　610

日期	摘要	索引	借方	貸方	餘額
10/31	調整分錄	J2	10,000		10,000

保險費用　615

日期	摘要	索引	借方	貸方	餘額
10/31	調整分錄	J2	1,000		1,000

利息費用　618

日期	摘要	索引	借方	貸方	餘額
10/31	調整分錄	J2	10,000		10,000

折舊費用　620

日期	摘要	索引	借方	貸方	餘額
10/31	調整分錄	J2	10,000		10,000

完成調整分錄的過帳程序後，威保電信公司編製調整後試算表：

表 4-2　威保電信公司調整後試算表

<table>
<tr><td colspan="3" align="center">威保電信公司
調整後試算表
××年10月31日</td></tr>
<tr><td></td><td align="center">借方</td><td align="center">貸方</td></tr>
<tr><td>現金</td><td>$ 944,000</td><td></td></tr>
<tr><td>應收帳款</td><td>30,000</td><td></td></tr>
<tr><td>應收利息</td><td>2,000</td><td></td></tr>
<tr><td>辦公用品</td><td>20,000</td><td></td></tr>
<tr><td>預付房租</td><td>20,000</td><td></td></tr>
<tr><td>預付保險費</td><td>11,000</td><td></td></tr>
<tr><td>網路設備</td><td>1,200,000</td><td></td></tr>
<tr><td>累計折舊－網路設備</td><td></td><td>$ 10,000</td></tr>
<tr><td>應付票據</td><td></td><td>1,000,000</td></tr>
<tr><td>應付薪資</td><td></td><td>60,000</td></tr>
<tr><td>應付利息</td><td></td><td>10,000</td></tr>
<tr><td>預收網路服務收入</td><td></td><td>40,000</td></tr>
<tr><td>預收房租收入</td><td></td><td>4,000</td></tr>
<tr><td>股本</td><td></td><td>1,000,000</td></tr>
<tr><td>保留盈餘</td><td></td><td>0</td></tr>
<tr><td>網路服務收入</td><td></td><td>250,000</td></tr>
<tr><td>利息收入</td><td></td><td>2,000</td></tr>
<tr><td>房租收入</td><td></td><td>2,000</td></tr>
<tr><td>薪資費用</td><td>80,000</td><td></td></tr>
<tr><td>廣告費用</td><td>30,000</td><td></td></tr>
<tr><td>辦公用品費用</td><td>10,000</td><td></td></tr>
<tr><td>房租費用</td><td>10,000</td><td></td></tr>
<tr><td>保險費用</td><td>1,000</td><td></td></tr>
<tr><td>利息費用</td><td>10,000</td><td></td></tr>
<tr><td>折舊費用</td><td>10,000</td><td></td></tr>
<tr><td>合計</td><td>$2,378,000</td><td>$2,378,000</td></tr>
</table>

表 4-2 的調整後試算表與表 4-1 的調整前試算表格式完全一樣，只是調整後試算表的項目餘額因為調整分錄的關係，現在是完全正確了，據以編製的財務報表才會正確。

最後，威保電信公司以調整後試算表編製財務報表：

表 4-3　威保電信公司 ×× 年 10 月份綜合損益表

威保電信公司
綜合損益表
×× 年 10 月 1 日至 10 月 31 日

收入		
網路服務收入	$250,000	
利息收入	2,000	
房租收入	2,000	
收入總額		$254,000
費用		
薪資費用	$ 80,000	
廣告費用	30,000	
辦公用品費用	10,000	
房租費用	10,000	
保險費用	1,000	
利息費用	10,000	
折舊費用	10,000	
費用總額		(151,000)
本期淨利		$103,000
其他綜合損益		0
綜合損益總數		$103,000

　　由綜合損益表可知，威保電信公司在 ×× 年 10 月份的盈餘（淨利）為 $103,000，盈餘本應由股東分享，作為股東投資的回報，但公司算得盈餘數字時，通常來不及決定分配多少給股東，即使分配，也不會全數分配，因此保留在公司，成為**保留盈餘**（Retained Earnings）。保留盈餘乃是權益（公司制組織下為股東的權益）類的一個項目。公司年度盈餘越多，保留盈餘也越多，股東的權益隨之愈多。既然綜合損益表告知股東這個「利多」，我們應該再編製一個財務報表專門表達他們的權益變化情形，這個財務報表乃是權益變動表。權益的內容通常包括股本（股東的投資）與保留盈餘（公司的盈餘但未分配給股東而保留於公司的部分）。當股東投

資額增加時，股本增加，權益隨之增加。當公司的盈餘增加時，保留盈餘增加，權益也隨之增加。當然，若公司分配盈餘給股東（即分配股利）時，保留盈餘減少，權益隨之減少。

編製了權益變動表（如表 4-4）後，自調整後之試算表，擷取資產、負債項目及其餘額，並擷取權益變動表中的期末股本與期末保留盈餘之餘額，即可編製 ×× 年 10 月底之資產負債表，如表 4-5。

表 4-4　威保電信公司 ×× 年 10 月份權益變動表

威保電信公司
權益變動表
×× 年 10 月 1 日至 10 月 31 日

	股本	保留盈餘	權益合計
期初餘額	$ 0	$ 0	$ 0
本期股東投資	1,000,000	-	1,000,000
本期損益	-	103,000	103,000
本期期末餘額	$1,000,000	$103,000	$1,103,000

表 4-5　威保電信公司 ×× 年 10 月 31 日資產負債表

威保電信公司
資產負債表
×× 年 10 月 31 日

資產			負債	
現金		$ 944,000	應付票據	$1,000,000
應收帳款		30,000	應付薪資	60,000
應收利息		2,000	應付利息	10,000
辦公用品		20,000	預收網路服務收入	40,000
預付房租		20,000	預收房租收入	4,000
預付保險費		11,000	負債合計	$1,114,000
網路設備	$1,200,000		權益	
減：累計折舊－網路設備	(10,000)	1,190,000	股本	$1,000,000
			保留盈餘	103,000
			權益合計	$1,103,000
資產合計		$2,217,000	負債及權益合計	$2,217,000

4.3 結帳分錄

學習目標 3 熟悉結帳的步驟

4.3.1 完成整個會計循環──結帳分錄

所有企業都希望能永續經營，威保電信公司10月份綜合損益表中顯示10月份總共賺了$103,000。公司11月份當然會持續經營，如果威保電信公司希望看到11月份當月賺了多少錢，則不能把10月份的收入及費用金額，與11月份的收入及費用金額混在一起，因此必須將10月底的所有收入與費用帳戶一一結束歸零，以便11月初從零開始重新累計11月份所產生的收入及所發生的費用。將收入帳戶與費用帳戶結束歸零的程序稱為「結帳」，為了結帳必須編製會計分錄，這些會計分錄與平日分錄及期末編製調整分錄的編製原理相同，只是為了凸顯作為結帳用，因此稱為**結帳分錄**（closing entry）。

一般公司是以1年為一個會計期間，所以公司在年度終了時結帳，為明年度的帳務預作準備。本章（威保電信公司）以1個月為一個會計期間為例，目的是使讀者能在最簡單的狀況下，熟悉結帳的程序；原理與年度的結帳是完全一樣的。

4.3.2 以簡單釋例說明結帳

在說明威保電信公司的結帳分錄前，先以另一簡單例子解釋結帳程序。冬森公司於×1年1月1日成立，×1年12月31日調整後試算表如下：

冬森公司
調整後試算表
×1年12月31日

	借方	貸方
現金	$100,000	
應收帳款	3,000	
應付薪資		$ 1,000
股本		95,000
服務收入		14,000
薪資費用	6,000	
租金費用	1,000	
合計	$110,000	$110,000

在 ×2 年度尚未開始營運前，必須將 ×1 年底的各個收入與費用項目結束歸零或結清，以免與 ×2 年度之收入及費用混淆一起。在冬森公司的例子中，應予以結清之帳戶有服務收入、薪資費用與租金費用。「服務收入」有貸方餘額 $14,000，「薪資費用」與「租金費用」均有借方餘額，分別為 $6,000 與 $1,000。因此，若要將「服務收入」項目結清，可編製一個分錄使其借方項目為「服務收入」，金額為 $14,000，如此一來，相同項目（服務收入）且相同金額（$14,000），在一借一貸之間便互相抵銷，使得「服務收入」之餘額為零。問題是貸方項目為何？同理，若要將薪資費用（借方餘額 $6,000）結清，亦可在另一個分錄上將「薪資費用」置於貸方，金額為 $6,000，即可將「薪資費用」項目結清。另外，再編製一個分錄，將「租金費用」置於貸方，金額為 $1,000，亦可將「租金費用」結清。問題是借方項目為何？

為了解決這個問題，我們新設一個項目「本期損益」，當需要結清收入項目時，「本期損益」置於貸方，當需結清費用項目時，「本期損益」置於借方，這樣就可使分錄的借貸平衡，且將各收入或費用項目結清。不僅如此，「本期損益」項目由於彙總了所有收入與費用之金額，這個項目之餘額實乃某一會計期間的「本期淨利」（或本期純損）。茲按上述原理，編製結帳分錄如下：

12/31	服務收入	14,000	
	本期損益		14,000
12/31	本期損益	6,000	
	薪資費用		6,000
12/31	本期損益	1,000	
	租金費用		1,000

將上述結帳分錄過帳至分類帳得知服務收入、薪資費用與租金費用三個項目之餘額變為零，亦即這三個項目被結清了；另外可知「本期損益」之貸方累積收入金額，借方累積費用金額，且餘額為貸方餘額 $7,000，代表收入總額大於費用總額，亦即冬森公司本期

營運產生盈餘（淨利）。

服務收入			
		調整後餘額	14,000
12/31 結帳	14,000		
		（帳戶結清）	0

薪資費用			
調整後餘額	6,000		
		12/31 結帳	6,000
（帳戶結清）	0		

租金費用			
調整後餘額	1,000		
		12/31 結帳	1,000
（帳戶結清）	0		

本期損益			
		12/31 結帳	14,000
12/31 結帳	6,000		
12/31 結帳	1,000		
		（淨利）	7,000

　　由此可知，所有收入與費用項目都被結清而轉列至本期損益項目。此時其餘額為貸方 $7,000（本期損益）。本期損益項目是結帳過程中的過渡性項目，在結帳過程中也必須被結清，故按照前述相同的原理，只要再編製一個結帳分錄，將「本期損益」置於借方，金額為 $7,000，即可將它結清；問題是貸方項目為何？

　　我們知道企業的盈餘（淨利）由股東享受，虧損（淨損）由股東承擔。冬森公司 ×1 年度的盈餘為 $7,000，且並未將任何盈餘分配給股東，而由公司保留，這些保留的盈餘是股東的權益之一部分，會計上以「保留盈餘」項目表示，因此，前述結清「本期損益」項目，即是將「本期損益」結清而轉列（結轉）至「保留盈餘」項目：

　　12/31　　本期損益　　　　　7,000
　　　　　　　　保留盈餘　　　　　　7,000

　　再過帳後可知「本期損益」餘額為零，亦即該一項目被結清了。而保留盈餘項目餘額由期初餘額為零（因 ×1 年 1 月 1 日才開業），增至期末餘額 $7,000，代表公司賺錢，權益增加（還記得嗎？

調整分錄、結帳分錄與會計循環　04　153

權益增加時，記在貸方；減少時，記在借方）。

本期損益		
	結帳	14,000
結帳 6,000		
結帳 1,000		
結帳 7,000		
（帳戶結清） 0		

保留盈餘		
	期初	0
	結帳	7,000
		7,000

綜上所述，公司結帳程序的三個步驟如下：

1. （結帳步驟一）將本會計期間公司的收入帳戶結清（餘額變為零），並將這個金額記入「本期損益」項目之貸方。
2. （結帳步驟二）將本會計期間公司的費用帳戶結清（餘額變為零），並將這個金額記入「本期損益」項目之借方。
3. （結帳步驟三）將本期損益結清，並將餘額結轉至保留盈餘。

茲以黑色字體代表結帳前餘額，紅色字體代表結帳分錄的金額，用圖 4-1 解說結帳程序。

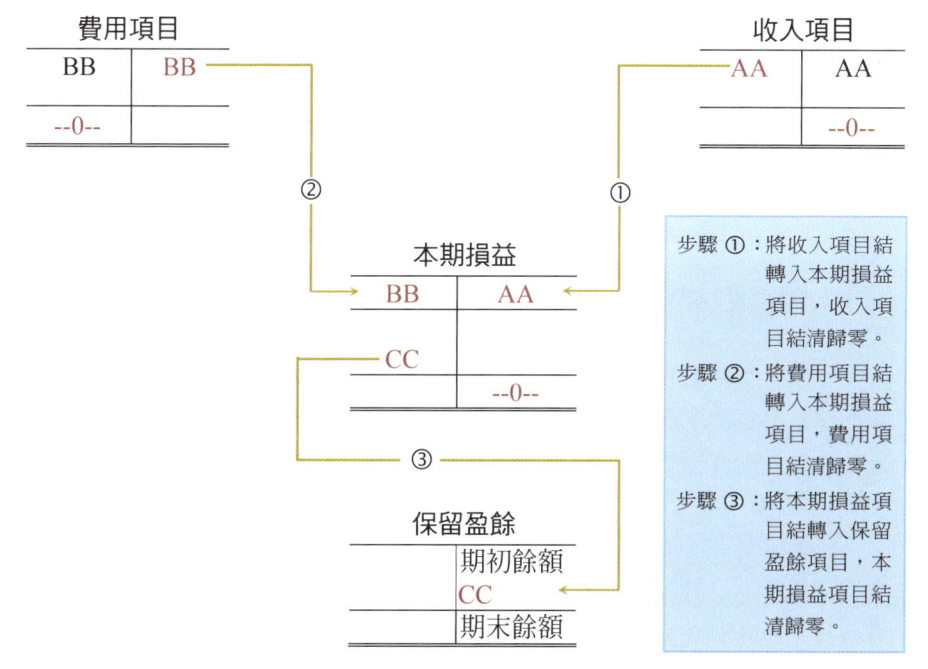

結帳步驟一：

收入	
××	××
	0（結清）

本期損益	
	××

收入總額記入本期損益貸方

結帳步驟二：

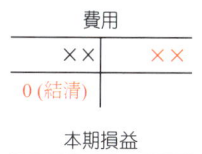

費用	
××	××
0（結清）	

本期損益	
××	

費用總額記入本期損益借方

結帳步驟三：
收入大於費用，當期損益大於零，則本期損益結清前為貸方餘額。

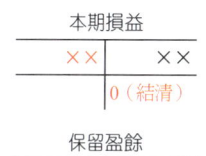

本期損益	
××	××
	0（結清）

保留盈餘	
	××

當期淨利記入保留盈餘貸方

費用大於收入，當期損益小於零，則本期損益結清前為借方餘額。

本期損益	
××	××
0（結清）	

保留盈餘	
××	

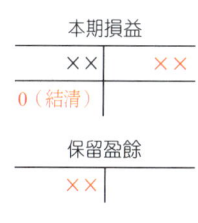

費用項目	
BB	BB
--0--	

收入項目	
AA	AA
	--0--

本期損益	
BB	AA
CC	
	--0--

保留盈餘	
	期初餘額
	CC
	期末餘額

步驟①：將收入項目結轉入本期損益項目，收入項目結清歸零。
步驟②：將費用項目結轉入本期損益項目，費用項目結清歸零。
步驟③：將本期損益項目結轉入保留盈餘項目，本期損益項目結清歸零。

圖 4-1　結帳程序圖

4.3.3 永久性帳戶及暫時性帳戶

在結帳後，收入（廣義言之，應為收益，包括收入與利益）與費用（廣義言之，應為費損，包括費用與損失）項目都被結清，因此這二類項目被稱為「暫時性項目」。這二類項目為何要結清呢？如果不結清就繼續記錄明年的收入與費用，則今年的收入與費用將會與明年度的金額一起累計，分不清楚各年度分別的經營績效。這與我們的會計期間假設有關，我們通常以 1 年為一個會計期間，稱為「會計年度」，所以我們想知道一個會計年度的收入、費用與盈餘。為了這個目的必須編製結帳分錄，將這些綜合損益表的會計項目結帳後餘額變為零，所以稱之為**暫時性帳戶**（temporary account）。

其他沒有結清的項目就被稱為**永久性帳戶**（permanent account），它們是資產負債表項目，即資產、負債與權益等三類項目。結帳後資產負債表項目餘額會留在帳上，成為下一年度之期初金額，並繼續累積下去。由於這些不會被結清歸零的會計項目繼續在未來會計年度中繼續使用，所以就稱為「永久性帳戶」。暫時性帳戶在會計上又稱**虛帳戶**（nominal account），永久性帳戶則又稱為**實帳戶**（real account）。

在實務上，公司只會在一個會計年度結束時才做結帳的程序，威保電信公司的例子中，在 10 月 31 日進行結帳程序，是為了說明的目的，實際上應該等到 12 月 31 日才進行結帳程序。

會計好簡單

「應收帳款」與「應付帳款」各屬於哪一類項目？為什麼它們在結帳後，餘額不會被結清且會存續累積下去？

解析

「應收帳款」為資產項目，「應付帳款」為負債項目。前者為對他人之收款權利，在對方未付款前這個權利持續存在，不因過個年而消失；後者為對他人之付款義務，在未支付予對方前，這個義務持續存在，不因過個年而取消，這二類項目均屬「永久性帳戶」或「實帳戶」。

4.3.4 威保電信公司結帳分錄

在第 4.2.5 節中，將威保電信公司 10 月 31 日調整後試算表列示於表 4-2，茲以該表的資訊為起點，以上一小節的結帳三步驟為威保電信公司 10 月份做結帳分錄。首先在日記簿記錄結帳分錄如下：

日記簿　　　　　　　　　　　　　　　　　　　　　　　　J3

日期	會計項目及摘要	索引	借方	貸方
	結帳分錄			
	結帳步驟一：將所有收入結清，並結轉至本期損益，過程中並計算出總收入金額			
10/31	網路服務收入	401	250,000	
	利息收入	405	2,000	
	房租收入	410	2,000	
	本期損益	310		254,000
	結清所有收入項目			
	結帳步驟二：將所有費用結清，並結轉至本期損益，過程中並計算出總費用金額			
10/31	本期損益	310	151,000	
	薪資費用	605		80,000
	廣告費用	608		30,000
	辦公用品費用	609		10,000
	房租費用	610		10,000
	保險費用	615		1,000
	利息費用	618		10,000
	折舊費用	620		10,000
	結清所有費用項目			
	第一與第二步驟之後，本期損益餘額即是當期損益；收入大於費用時，本期損益為貸方餘額，代表當期有淨利；費用大於收入時，本期損益為借方餘額，代表當期為淨損。			
	結帳步驟三：將本期損益結轉至保留盈餘，若為淨利，借記本期損益，貸記保留盈餘；若為淨損，則借記保留盈餘，貸記本期損益			

10/31	本期損益		310	103,000	
	保留盈餘		305		103,000
	將損益結轉至保留盈餘				

將這三個結帳分錄過帳至分類帳：

永久性帳戶（實帳戶）

現金　　　　　　　　　　　　101

日期	摘要	索引	借方	貸方	餘額
10/1		J1	1,000,000		1,000,000
10/1		J1	1,000,000		2,000,000
10/1		J1		1,200,000	800,000
10/1		J1		30,000	770,000
10/1		J1		12,000	758,000
10/1		J1	6,000		764,000
10/2		J1	60,000		824,000
10/3		J1		30,000	794,000
10/25		J1	200,000		994,000
10/31		J1		50,000	944,000

應收帳款　　　　　　　　　　　　103

日期	摘要	索引	借方	貸方	餘額
10/31	調整分錄	J2	30,000		30,000

應收利息　　　　　　　　　　　　105

日期	摘要	索引	借方	貸方	餘額
10/31	調整分錄	J2	2,000		2,000

辦公用品　　　　　　　　　　　　113

日期	摘要	索引	借方	貸方	餘額
10/3		J1	30,000		30,000
10/31	調整分錄	J2		10,000	20,000

預付房租　　　　　　　　　　　　115

日期	摘要	索引	借方	貸方	餘額
10/1		J1	30,000		30,000
10/31	調整分錄	J2		10,000	20,000

預付保險費　　117

日期	摘要	索引	借方	貸方	餘額
10/1		J1	12,000		12,000
10/31	調整分錄	J2		1,000	11,000

網路設備　　150

日期	摘要	索引	借方	貸方	餘額
10/1		J1	1,200,000		1,200,000

累計折舊－網路設備　　151

日期	摘要	索引	借方	貸方	餘額
10/31	調整分錄	J2		10,000	10,000

應付票據　　201

日期	摘要	索引	借方	貸方	餘額
10/1		J1		1,000,000	1,000,000

應付薪資　　210

日期	摘要	索引	借方	貸方	餘額
10/31	調整分錄	J2		60,000	60,000

應付利息　　215

日期	摘要	索引	借方	貸方	餘額
10/31	調整分錄	J2		10,000	10,000

預收網路服務收入　　221

日期	摘要	索引	借方	貸方	餘額
10/2		J1		60,000	60,000
10/31	調整分錄	J2	20,000		40,000

預收房租收入　　223

日期	摘要	索引	借方	貸方	餘額
10/1		J1		6,000	6,000
10/31	調整分錄	J2	2,000		4,000

股本　　301

日期	摘要	索引	借方	貸方	餘額
10/1		J1		1,000,000	1,000,000

保留盈餘　　305

日期	摘要	索引	借方	貸方	餘額
10/1					0
10/31	結帳分錄	J3		103,000	103,000

暫時性帳戶（虛帳戶）

本期損益　　310

日期	摘要	索引	借方	貸方	餘額
10/31	結帳分錄	J3		254,000	254,000
10/31	結帳分錄	J3	151,000		103,000
10/31	結帳分錄	J3	103,000		-0-

網路服務收入　　401

日期	摘要	索引	借方	貸方	餘額
10/25		J1		200,000	200,000
10/31	調整分錄	J2		20,000	220,000
10/31	調整分錄	J2		30,000	250,000
10/31	結帳分錄	J3	250,000		-0-

利息收入　　405

日期	摘要	索引	借方	貸方	餘額
10/31	調整分錄	J2		2,000	2,000
10/31	結帳分錄	J3	2,000		-0-

房租收入　　410

日期	摘要	索引	借方	貸方	餘額
10/31	調整分錄	J2		2,000	2,000
10/31	結帳分錄	J3	2,000		-0-

薪資費用　　605

日期	摘要	索引	借方	貸方	餘額
10/31		J1	20,000		20,000
10/31	調整分錄	J2	60,000		80,000
10/31	結帳分錄	J3		80,000	-0-

廣告費用　　608

日期	摘要	索引	借方	貸方	餘額
10/31		J1	30,000		30,000
10/31	結帳分錄	J3		30,000	-0-

辦公用品費用　　　　　　　　　　609

日期	摘要	索引	借方	貸方	餘額
10/31	調整分錄	J2	10,000		10,000
10/31	結帳分錄	J3		10,000	-0-

房租費用　　　　　　　　　　610

日期	摘要	索引	借方	貸方	餘額
10/31	調整分錄	J2	10,000		10,000
10/31	結帳分錄	J3		10,000	-0-

保險費用　　　　　　　　　　615

日期	摘要	索引	借方	貸方	餘額
10/31	調整分錄	J2	1,000		1,000
10/31	結帳分錄	J3		1,000	-0-

利息費用　　　　　　　　　　618

日期	摘要	索引	借方	貸方	餘額
10/31	調整分錄	J2	10,000		10,000
10/31	結帳分錄	J3		10,000	-0-

折舊費用　　　　　　　　　　620

日期	摘要	索引	借方	貸方	餘額
10/31	調整分錄	J2	10,000		10,000
10/31	結帳分錄	J3		10,000	-0-

　　結帳完成後，即可立刻知道10月份的經營績效（淨利或淨損），也可在這個時候才編製10月份的綜合損益表如表4-3。

　　結帳完成後，由分類帳中可看出暫時性帳戶的餘額都已結清歸零，在下一個會計年度開始這些暫時性帳戶將從零開始重新累積；只有永久性帳戶的餘額延續到下一個會計年度開始繼續累積。結帳步驟都完成後，即可編製結帳後試算表，結帳後的試算表應該只包含永久性帳戶的餘額，如表4-6所示。

　　編製完結帳後試算表即可輕易編製期末資產負債表。以威保電信公司為例，讀者可以嘗試比較表4-5資產負債表與表4-6結帳後試算表。二者之差異只在於：資產負債表中設備是以減除累計折舊後的帳面金額列示，而試算表中設備原始成本在借方，累計折舊在貸方。

> 結帳後所有收益與費損項目餘額均為零，表示帳戶結清。下一個期間可使用相同項目累積下一期間之收益與費損。

表 4-6　威保電信公司 ×× 年 10 月 31 日結帳後試算表

<table>
<tr><td colspan="3">威保電信公司
結帳後試算表
×× 年 10 月 31 日</td></tr>
<tr><td></td><td>借方</td><td>貸方</td></tr>
<tr><td>現金</td><td>$ 944,000</td><td></td></tr>
<tr><td>應收帳款</td><td>30,000</td><td></td></tr>
<tr><td>應收利息</td><td>2,000</td><td></td></tr>
<tr><td>辦公用品</td><td>20,000</td><td></td></tr>
<tr><td>預付房租</td><td>20,000</td><td></td></tr>
<tr><td>預付保險費</td><td>11,000</td><td></td></tr>
<tr><td>網路設備</td><td>1,200,000</td><td></td></tr>
<tr><td>累計折舊－網路設備</td><td></td><td>$ 10,000</td></tr>
<tr><td>應付票據</td><td></td><td>1,000,000</td></tr>
<tr><td>應付薪資</td><td></td><td>60,000</td></tr>
<tr><td>應付利息</td><td></td><td>10,000</td></tr>
<tr><td>預收網路服務收入</td><td></td><td>40,000</td></tr>
<tr><td>預收房租收入</td><td></td><td>4,000</td></tr>
<tr><td>股本</td><td></td><td>1,000,000</td></tr>
<tr><td>保留盈餘</td><td></td><td>103,000</td></tr>
<tr><td>合計</td><td>$2,227,000</td><td>$2,227,000</td></tr>
</table>

學習目標 4
學習將第 2 章與第 3 章的所有個別會計程序彙總為會計循環的步驟

4.4　會計循環

　　在一個會計期間中，一個公司的會計循環包含九步驟（如圖 4-2），依照發生的時間將九步驟區分為三類，說明如下：

第一類　會計期間開始：

　步驟一：各個會計項目在分類帳的期初餘額

第二類　會計期間中：

　步驟二：分析企業交易及將企業交易記入日記簿

　步驟三：將日記簿分錄過帳至分類帳

　步驟四：編製調整前試算表

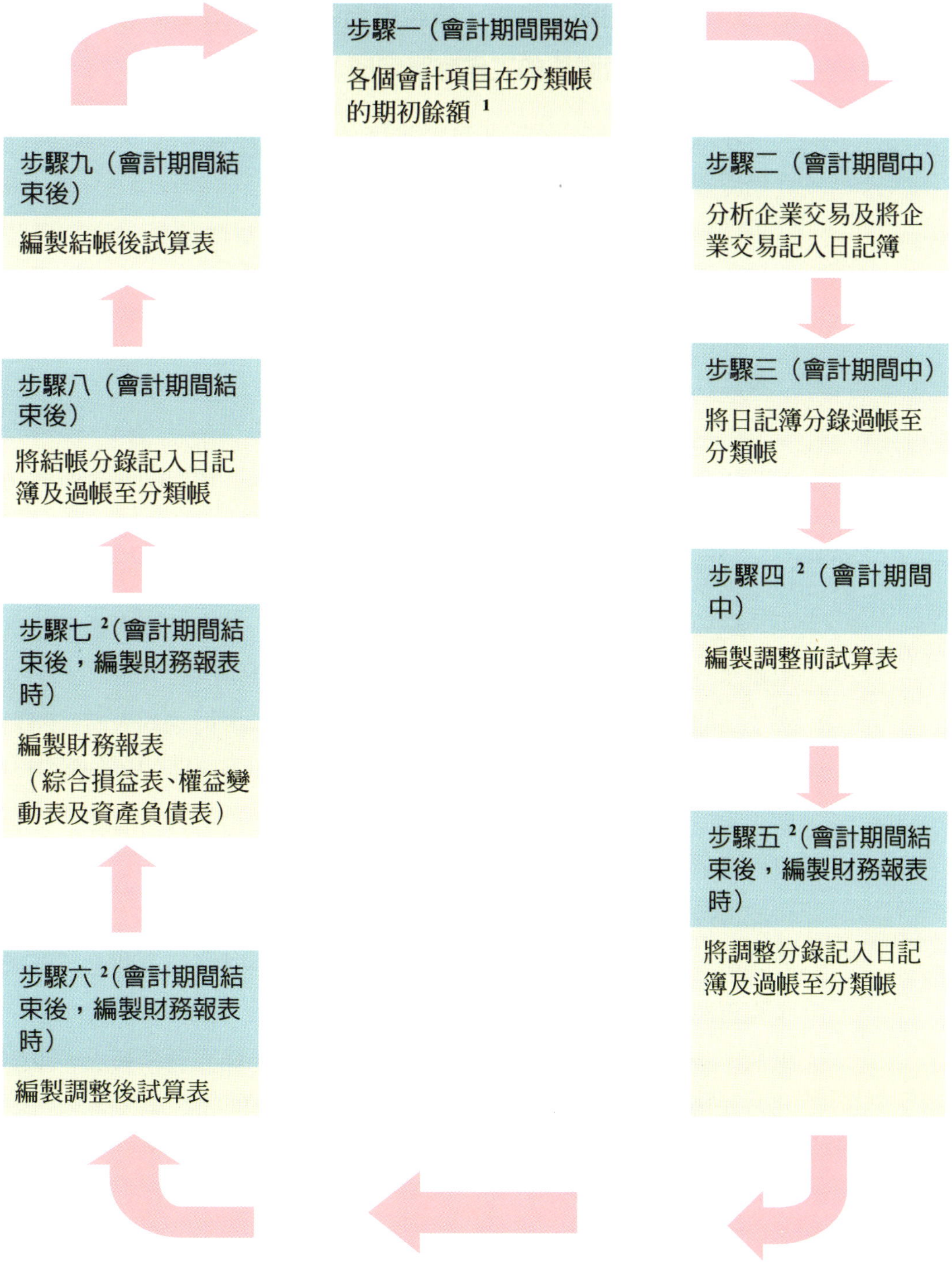

調整分錄、結帳分錄與會計循環

步驟一（會計期間開始）
各個會計項目在分類帳的期初餘額 [1]

步驟二（會計期間中）
分析企業交易及將企業交易記入日記簿

步驟三（會計期間中）
將日記簿分錄過帳至分類帳

步驟四 [2]（會計期間中）
編製調整前試算表

步驟五 [2]（會計期間結束後，編製財務報表時）
將調整分錄記入日記簿及過帳至分類帳

步驟六 [2]（會計期間結束後，編製財務報表時）
編製調整後試算表

步驟七 [2]（會計期間結束後，編製財務報表時）
編製財務報表（綜合損益表、權益變動表及資產負債表）

步驟八（會計期間結束後）
將結帳分錄記入日記簿及過帳至分類帳

步驟九（會計期間結束後）
編製結帳後試算表

---

[1] 新成立公司的期初餘額為零，非新成立的公司上一會計期間的實帳戶期末餘額就是本期的期初餘額；虛帳戶則因上期作結帳分錄將餘額歸零，所以本期期初餘額為零。

[2] 也可以透過工作底稿程序完成步驟四至七。

圖 4-2　會計循環的步驟

第三類　會計期間結束後，編製財務報表時（這個步驟可透過本章後面附錄的工作底稿完成）：

步驟五：將調整分錄記入日記簿及過帳至分類帳

步驟六：編製調整後試算表

步驟七：編製財務報表（綜合損益表、權益變動表及資產負債表）

步驟八：將結帳分錄記入日記簿及過帳至分類帳

步驟九：編製結帳後試算表

步驟一是會計期間的開始，對於新成立的公司期初餘額為零，不是新成立的公司，則上一期的期末餘額就是本期的期初餘額（虛帳戶除外）。步驟二至步驟四發生在會計期間中，當企業有交易發生，只要對會計恆等式的項目與金額有影響，就應該記入日記簿及過帳至分類帳，並編製調整前試算表。步驟五至步驟六是「調整程序」，調整程序發生在會計期間期末，特別是編製財務報表時，將調整前試算餘額經過調整程序轉換為編製財務報表需要的正確餘額，編製調整後試算表，確認無誤後，才能編製財務報表，這些步驟也可以透過工作底稿的程序完成。其中，步驟五是「將調整分錄記入日記簿及過帳至分類帳」，公司在編製財務報表前，各個會計項目的分類帳餘額必須是正確的，因此，公司在編製財務報表前必須透過步驟五將調整分錄記入日記簿及過帳至分類帳，並試算以確定借貸平衡。步驟六為編製調整後試算表。步驟七為編製財務報表。步驟八及步驟九是「結帳程序」，公司只會在會計期間結束才會執行結帳程序，結帳程序完成後，暫時性帳戶（虛帳戶）餘額為零，永久性帳戶（實帳戶）餘額結轉到下一會計期間為下一會計期間的期初餘額，下一個會計期間，又從步驟一到步驟九，完成下一個會計循環，如此不斷地周而復始。

會計達人

翰神企業成立於 ×× 年 7 月 1 日,下表為其 ×× 年 9 月底之調整前試算表:

翰神企業
調整前試算表
×× 年 9 月 30 日

	借方	貸方
現金	$ 400,000	
應收帳款	5,000	
辦公用品	33,000	
預付保險費	180,000	
房屋	1,440,000	
家具	300,000	
應付帳款		$ 118,000
預收租金		134,000
應付抵押借款		800,000
股本		1,000,000
保留盈餘		0
租金收入		1,020,000
維修費用	110,000	
薪資費用	510,000	
電信費用	94,000	
合計	$3,072,000	$3,072,000

調整分錄所需資料:

1. 辦公用品 9 月底盤存剩下 $10,000。
2. 保險費用每個月攤銷 $3,000。
3. 房屋之每年折舊為 $36,000,家具之每年折舊為 $20,000。
4. 應付抵押借款之利息為 12.5%(年利率),應付抵押借款於 9 月 1 日產生。
5. 薪資有 $7,500 於 9 月底尚未支付。
6. 於 9 月底房客租金 $9,000 已賺得,但尚未收取(請使用應收帳款帳戶)。
7. 預收租金 $51,000 於 9 月底前已經賺得。
8. 屬於 7 月至 9 月(3 個月)之水電費 $6,000 尚未收到帳單。
9. 並無任何交易事項產生「其他綜合損益」。

試作：

(1) 編製 9 月底之調整分錄，會計期間為 7 月 1 日至 9 月 30 日。
(2) 編製該企業 7 月 1 日至 9 月 30 日會計期間之綜合損益表、權益變動表與 9 月 30 日之資產負債表。
(3) 編製該企業 9 月 30 日之結帳分錄（假設該企業當日結清暫時性帳戶）。

解析

(1)

日期	會計項目及摘要	借方	貸方
	調整分錄		
9/30	辦公用品費用	23,000	
	辦公用品		23,000
9/30	保險費用	9,000	
	預付保險費		9,000
9/30	折舊費用	9,000	
	累計折舊－房屋		9,000
9/30	折舊費用	5,000	
	累計折舊－家具		5,000
9/30	利息費用	8,333	
	應付利息		8,333
	（$800,000×12.5%×1/12＝8,333）		
9/30	薪資費用	7,500	
	應付薪資		7,500
9/30	應收帳款	9,000	
	租金收入		9,000
9/30	預收租金	51,000	
	租金收入		51,000
9/30	水電費用	6,000	
	應付水電費		6,000

(2)

<table>
<tr><td colspan="3" align="center">翰神企業
綜合損益表
××年7月1日至9月30日</td></tr>
<tr><td>收入</td><td></td><td></td></tr>
<tr><td>　租金收入</td><td></td><td>$1,080,000</td></tr>
<tr><td>費用</td><td></td><td></td></tr>
<tr><td>　薪資費用</td><td>$517,500</td><td></td></tr>
<tr><td>　電信費用</td><td>94,000</td><td></td></tr>
<tr><td>　水電費用</td><td>6,000</td><td></td></tr>
<tr><td>　維修費用</td><td>110,000</td><td></td></tr>
<tr><td>　保險費用</td><td>9,000</td><td></td></tr>
<tr><td>　辦公用品費用</td><td>23,000</td><td></td></tr>
<tr><td>　折舊費用－房屋</td><td>9,000</td><td></td></tr>
<tr><td>　折舊費用－家具</td><td>5,000</td><td></td></tr>
<tr><td>　利息費用</td><td>8,333</td><td>(781,833)</td></tr>
<tr><td>本期損益</td><td></td><td>$ 298,167</td></tr>
<tr><td>其他綜合損益</td><td></td><td>0</td></tr>
<tr><td>綜合損益總額</td><td></td><td>$ 298,167</td></tr>
</table>

<table>
<tr><td colspan="4" align="center">翰神企業
權益變動表
××年7月1日至9月30日</td></tr>
<tr><td></td><td>股本</td><td>保留盈餘</td><td>權益合計</td></tr>
<tr><td>期初餘額</td><td>$　　　0</td><td>$　　　0</td><td>$　　　0</td></tr>
<tr><td>本期股東投資</td><td>1,000,000</td><td>-</td><td>1,000,000</td></tr>
<tr><td>本期損益</td><td>-</td><td>298,167</td><td>298,167</td></tr>
<tr><td>本期期末餘額</td><td>$1,000,000</td><td>$298,167</td><td>$1,298,167</td></tr>
</table>

翰神企業
資產負債表
××年9月30日

資產			負債	
現金		$ 400,000	應付帳款	$ 118,000
應收帳款		14,000	預收租金	83,000
辦公用品		10,000	應付薪資	7,500
預付保險費		171,000	應付利息	8,333
房屋	$1,440,000		應付水電費	6,000
累計折舊－房屋	(9,000)	1,431,000	應付抵押借款	800,000
家具	$ 300,000		負債合計	$1,022,833
累計折舊－家具	(5,000)	295,000	權益	
			股本	$1,000,000
			保留盈餘	298,167
			權益合計	$1,298,167
資產合計		$2,321,000	負債與權益合計	$2,321,000

(3)

日期	會計項目及摘要	借方	貸方
	結帳分錄		
9/30	租金收入	1,080,000	
	本期損益		1,080,000
	結清收入項目		
9/30	本期損益	781,833	
	薪資費用		517,500
	電信費用		94,000
	水電費用		6,000
	維修費用		110,000
	保險費用		9,000
	辦公用品費用		23,000
	折舊費用－房屋		9,000
	折舊費用－家具		5,000
	利息費用		8,333
	結清費用項目		
9/30	本期損益	298,167	
	保留盈餘		298,167
	將本期損益結轉至保留盈餘		

摘要

　　本章的兩個重點為調整分錄與結帳分錄。會計期間結束時，公司必須利用調整分錄，認列收入，且認列所有已發生費用，如此才能合乎一般公認會計原則；調整分錄同時也使公司能忠實表達綜合損益表、資產負債表與權益變動表。結帳分錄則將公司的收入、費用等暫時性帳戶的餘額結清，如此下一個會計期間的收入與費用才不會被繼續累加，與本期收入與費用混淆在一起。

　　調整分錄分為預付費用、應計費用、預收收入與應計收入等四大類型，其調整分錄列表如下：

預付費用
　　　借記　　ＸＸ費用
　　　　　貸記　　資產

應計費用
　　　借記　　ＸＸ費用
　　　　　貸記　　應付ＸＸ

預收收入
　　　借記　　預收ＸＸ收入
　　　　　貸記　　ＸＸ收入

應計收入
　　　借記　　應收ＸＸ
　　　　　貸記　　ＸＸ收入

　　至於機器設備之類的資產，其折舊費用調整分錄是屬於預付費用類，但這些使用期間較長的不動產、廠房及設備，為了在帳上保留原始購入之成本數字，記錄折舊費用時並不貸記原資產項目，而是貸記累計折舊：

　　　借記　　折舊費用
　　　　　貸記　　累計折舊

　　結帳的程序大致上公司先結清所有收入項目，其次再結清費用項目。這兩個步驟中，我們利用「本期損益」這個暫時性項目，將收入總額結清並結轉至本期損益的貸方，再將費用總額結清並結轉至本期損益的借方。這兩個步驟後，本期損益項目之餘額即是本期損益的金額。最後再將本期損益結轉至保留盈餘。

保留盈餘是權益的項目，它的意義是公司為股東賺得的利益，保留在公司內部並未提取的權益。期初保留盈餘加上本期損益減去已分配給股東的部分（即股利，以後章節再行討論），即是期末保留盈餘。

附錄　工作底稿

學習目標
練習以工作底稿做調整分錄，並在工作底稿上完成綜合損益表與資產負債表

公司平時依照每日發生的事件正確記錄會計記錄，在會計期間結束時編製試算表（調整前試算表），因為調整前試算表的金額不完整也不正確，所以，不可以依據調整前試算表直接編製財務報表。在編製財務報表前，必須記錄調整分錄，使試算表上的數字都是正確的（調整後試算表），公司才可以依照調整後試算表編製財務報表。也就是將調整前試算表加入調整分錄的金額後，得到調整後試算表，再依照調整後試算表編製公司的財務報表。這個程序也可以透過**工作底稿**（work sheet）的方式完成，尤其是當公司規模大，公司的會計項目眾多，需要的調整項目也非常多時，運用工作底稿的程序較方便也較有效率。工作底稿格式如表 4-7，工作底稿可以協助記錄調整分錄的過程，幫助編製公司財務報表。

表 4-7　工作底稿格式表

	×× 公司 工作底稿 ×× 年 ×× 月 ×× 日至 ×× 年 ×× 月 ×× 日									
	調整前試算餘額		調整分錄		調整後試算餘額		綜合損益表		資產負債表	
會計項目	借方	貸方	借方	貸方	借方	貸方	借方	貸方	借方	貸方

說明編製工作底稿的步驟：

步驟一：
將分類帳的餘額寫入工作底稿調整前的試算餘額欄

步驟二：
在工作底稿調整欄寫入調整分錄的金額

步驟三：
試算餘額欄的金額加減調整欄的餘額得調整後試算餘額

步驟四：
(1) 將調整後試算餘額寫入綜合損益表及資產負債表的適當欄位
(2) 寫入本期損益的金額，完成工作底稿

利用工作底稿完成調整程序的四步驟：

步驟一：將分類帳的餘額寫入工作底稿調整前的試算餘額欄
步驟二：在工作底稿調整分錄欄寫入調整分錄的金額
步驟三：試算餘額欄的金額加減調整欄的餘額得調整後試算餘額
步驟四：(1) 將調整後試算餘額寫入綜合損益表及資產負債表的適當欄位
(2) 寫入本期損益的金額，完成工作底稿

以下就以威保電信公司的例子說明編製工作底稿的步驟如表 4-8。請注意其中第一、二欄的調整前試算表，即是表 4-1 威保電信公司的試算表資料。至於調整欄的調整分錄即為威保電信公司 10 月份的調整分錄。

在工作底稿中每一欄（試算餘額欄、調整欄、調整後試算餘額欄、綜合損益表欄及資產負債表欄）項下的借方加總等於貸方加總。在綜合損益表欄項下的借方金額 $103,000 為本期淨利金額，這個金額也被寫入資產負債表欄項下的貸方，因此，綜合損益表欄及資產負債表欄項下的借方加總就等於貸方加總。依照這個完成後的試算表就可以編製威保電信公司的財務報表。

工作底稿的程序，並不是絕對必須的程序，它是選擇性的程序；也可以不採用工作底稿程序，直接將調整分錄寫入日記簿及過帳，得調整後試算表，再編製財務報表（如正文的調整程序）。工作底稿只是一個工具，它不是正式的會計記錄，也不能取代正式的財務報表。工作底稿不能取代調整分錄的日記簿記錄，所以也不可以依據工作底稿的調整欄直接過帳至分類帳。

既然工作底稿是一個選擇性的程序，那我們為什麼要學習它？運用工作底稿有什麼優點呢？公司總經理可能在一個會計年度中，隨時都想要知道公司的財務狀況，因此，當公司會計人員在需要編製財務報表時，運用工作底稿的程序，就可編製正式的財務報表。這個過程不必正式記錄調整分錄及過帳；這是工作底稿的最大用處及優點。例如我們需要報告 1 月 1 日至 3 月 31 日的第 1 季季報時，

表 4-8 威保電信公司工作底稿

威保電信公司
工作底稿
××年10月1日至××年10月31日

會計項目	調整前試算餘額欄 借方	調整前試算餘額欄 貸方	調整欄 借方	調整欄 貸方	調整後試算餘額欄 借方	調整後試算餘額欄 貸方	綜合損益表欄 借方	綜合損益表欄 貸方	資產負債表欄 借方	資產負債表欄 貸方
現金	944,000				944,000				944,000	
辦公用品	30,000			(A) 10,000	20,000				20,000	
預付房租	30,000			(B) 10,000	20,000				20,000	
預付保險費	12,000			(C) 1,000	11,000				11,000	
網路設備	1,200,000				1,200,000				1,200,000	
應付票據		1,000,000				1,000,000				1,000,000
預收網路服務收入		60,000	(H) 20,000			40,000				40,000
預收房租收入		6,000	(G) 2,000			4,000				4,000
股本		1,000,000				1,000,000				1,000,000
保留盈餘		0				0				0
網路服務收入		200,000		(H) 20,000		250,000		250,000		
				(I) 30,000						
薪資費用	20,000		(F) 60,000		80,000		80,000			
廣告費用	30,000				30,000		30,000			
合計	2,266,000	2,266,000								
辦公用品費用			(A) 10,000		10,000		10,000			
房租費用			(B) 10,000		10,000		10,000			
保險費用			(C) 1,000		1,000		1,000			
折舊費用			(D) 10,000		10,000		10,000			
累計折舊—網路設備				(D) 10,000		10,000				10,000
利息費用			(E) 10,000		10,000		10,000			
應付利息				(E) 10,000		10,000				10,000
應付薪資				(F) 60,000		60,000				60,000
應收帳款			(I) 30,000		30,000				30,000	
利息收入				(J) 2,000		2,000		2,000		
應收利息			(J) 2,000		2,000				2,000	
合計			155,000	155,000	2,378,000	2,378,000	151,000	254,000	2,227,000	2,124,000
本期淨利							103,000			103,000
餘額							254,000	254,000	2,227,000	2,227,000

(A) 已耗用辦公用品 　(B) 已耗用預付房租 　(C) 已消耗預付保險費用 　(D) 應計折舊費用 　(E) 應計利息費用
(F) 應計薪資費用 　(G) 認列房屋出租收入 　(H) 認列服務收入 　(I) 應計服務收入 　(J) 應計利息收入

請注意：本例沒有任何交易與「其他綜合損益」有關，因此「綜合損益表欄」未列示其他綜合損益及綜合損益總數。

就可以用工作底稿的方式編製財務報表；1 月 1 日至 6 月 30 日的半年報（第 2 季季報）與 1 月 1 日至 9 月 30 日第 3 季季報也可以相同的方法編製。最後只要在 1 月 1 日至 12 月 31 日的年度報告時正式記錄調整分錄與結帳分錄即可。

本章習題

問答題

1. 應計基礎（accrual-basis accounting）與現金基礎（cash-basis accounting）之差異為何？
2. 滿足哪些條件時，方可認列勞務收入？
3. 調整分錄有哪些類型？其調整分錄大致上借記與貸記何種類型項目？
4. 結帳分錄的目的何在？有哪些主要步驟？分錄大致上如何記錄？
5. 請概述「會計循環」。
6. 調整後試算表與結帳後試算表的差異為何？

選擇題

1. 下列有關調整分錄的敘述何者為真？
   (A) 編製財務報表前，必須先編製調整分錄
   (B) 編製調整分錄的目的乃是為了美化經營績效
   (C) 調整後試算表僅包含資產、負債與權益三大類的會計項目
   (D) 編製調整分錄與會計期間假設無關

2. 「無論現金已否收付，只要交易已存在，而有義務或權利發生，就必須記錄」，描述的是哪一種會計基礎？
   (A) 現金基礎   (B) 應計基礎
   (C) 混合基礎   (D) 修正現金基礎

3. 下列何者為滿足收入認列的要件？
   (A) 交易的金額無法可靠衡量
   (B) 收到現金且金額明確，但來自銀行貸款
   (C) 金額明確，雖未立即收現但很有可能於以後收到，且滿足履約義務
   (D) 以上皆是

4. 保時捷公司於 7 月 31 日為客戶車輛完成維修服務並於當天取車，客戶於 8 月 1 日郵寄支票與公司，公司於 8 月 5 日收到此支票，8 月 6 日支票兌現，請問公司應何時認列收入？

   (A) 7 月 31 日   (B) 8 月 1 日
   (C) 8 月 5 日   (D) 8 月 6 日

5. 一個調整分錄對於會計項目有何影響？
   (A) 會影響兩個資產負債表項目
   (B) 會影響兩個綜合損益表項目
   (C) 會影響一個資產負債表項目，與一個綜合損益表項目
   (D) 其格式與平日記錄交易的分錄格式不同

6. 預收收益中，已實現之部分屬於什麼性質的會計項目？
   (A) 費用性質   (B) 收益性質
   (C) 資產性質   (D) 負債性質

7. 工作底稿中調整前試算表欄的資訊可由何處取得？
   (A) 財務報表   (B) 總分類帳
   (C) 總日記帳   (D) 交易憑證

8. 結帳後費損帳戶的餘額為何？
   (A) 貸方餘額   (B) 借方餘額
   (C) 借方或貸方餘額   (D) 沒有餘額

9. 借記服務收入，貸記本期損益是屬於何種分錄？
   (A) 開帳分錄   (B) 混合分錄
   (C) 調整分錄   (D) 結帳分錄

10. 期末調整前預收收入為 $45,000，預付費用為 $8,000，經調整後，預收收入為 $30,000，預付費用為 $3,000，此兩個調整事項，對淨利的影響何？
    (A) 淨利增加 $10,000   (B) 淨利減少 $10,000
    (C) 淨利增加 $20,000   (D) 淨利減少 $20,000

11. 華航依正常票價出售一張機票給客戶，這個合約包括多少項履約義務？
    (A) 一項（因所有提供之運送、機上餐飲、機上電影節目均不可區分）
    (B) 二項（因運送與機上服務為兩項可區分之勞務）
    (C) 三項（因運送、機上餐飲及機上電影節目均可區分）
    (D) 以上皆非

練習題

1.【調整分錄的類型】Mini 公司於 20×1 年 12 月 31 日計有下列調整分錄：

(1) 尚未支付電信費 $13,000。
(2) 已使用先前購入之辦公用品 $30,000。
(3) 已提供客戶服務但尚未記帳之金額有 $174,000。
(4) 預收收入中有 $38,000 可認列為收入。
(5) 預付保險費中有 $24,000 已到期。
(6) 尚未支付薪資 $90,000。
(7) 辦公設備今年度折舊金額 $18,000。

試作：

請說明上述調整分錄所屬之類型（屬於預付費用、預收收入、應計收入或是應計費用）並做有關調整分錄。

2.【調整分錄】試依下列情況做 ×1 年底調整分錄：

(1) ×1 年 5 月 1 日預付一年房租 $36,000。
(2) ×1 年初辦公用品的餘額為 $1,000，同年又購入 $6,000（以辦公用品項目入帳），期末尚餘 $2,000。
(3) ×1 年 12 月 1 日收到客戶支付的 12 月份到 ×2 年 3 月份的管理費 $20,000，當時以預收管理費收入入帳。
(4) 應收未收的利息收入為 $1,000。
(5) ×1 年 12 月 1 日向銀行借款 $100,000，開給一張期間 3 個月，附息 6% 的票據。
(6) ×1 年年初購機器一部，成本 $100,000，估計可用 8 年，殘值 $10,000，依直線法提折舊。

3.【記錄調整分錄】試依下列情況做 ×1 年底調整分錄：

(1) ×1 年 8 月 1 日預付一年保險費用 $18,000，當時以預付保險費入帳。
(2) ×1 年初辦公用品的餘額為 $1,800，同年又購入 $4,000（以辦公用品項目入帳），期末尚餘 $3,000 未耗用。
(3) ×1 年 10 月 1 日預收 1 年的客戶電腦維護費用 $9,000（預收電腦維護收入）。
(4) 對張三的服務已完成，金額為 $6,000，但尚未收到錢也未入帳。
(5) ×1 年年底收到水電費用帳單 $800，但尚未入帳亦未支付。
(6) ×1 年年初購機器一部，成本 $150,000，估計可用 10 年，殘值 $12,000，依直線法提折舊。

4.【調整分錄、過帳及調整後試算表】大正公司 ×1 年 12 月 31 日的調整前試算表資料如下頁試算表。

×1 年底調整事項：

1. 辦公用品尚有 $300 未消耗。
2. 預付保險費尚有五分之三未過期。
3. 建築物估計可用 20 年，殘值 $2,000，以直線法提折舊。
4. 辦公設備可用 10 年，無殘值，以直線法提折舊。
5. 期末有應付未付薪資 $400。
6. 預收服務收入中有五分之二已完成服務（收入已實現之部分）
7. 服務已提供，但帳款尚未收到且未入帳之服務收入為 $1,000。

大正公司
試算表
×1 年 12 月 31 日

	借方	貸方
現金	$15,000	
應收帳款	8,000	
辦公用品	1,200	
預付保險費	2,500	
建築物	20,000	
累計折舊－建築物		8,000
辦公設備	18,000	
累計折舊－辦公設備		3,600
應付帳款		5,500
應付薪資		0
預收服務收入		2,000
普通股		32,000
保留盈餘 20×1/1/1		3,000
服務收入		13,000
廣告費用	1,300	
折舊費用	0	
薪資費用	1,100	
辦公用品費用	0	
保險費用	0	
總額	$67,100	$67,100

試作：

(1) 調整分錄。
(2) 調整分錄過帳。
(3) 編調整後試算表。

5. 【考慮調整分錄後，計算正確的淨利】記錄調整分錄前，從大安企業 2 月份之試算表可得收入餘額 $256,000 與費用餘額 $116,000，下列乃必要之調整分錄事項：

   1. 屬於 2 月份但尚未支付之水電費用 $6,600。
   2. 2 月份之折舊金額為 $26,000。
   3. 已經可以認列但尚未入帳之服務收入 $88,000。
   4. 應計利息費用 $16,667。
   5. 由顧客處預收收入金額為 $70,000，但尚未提供服務。
   6. 已到期之預付保險費為 $5,000。

   試作：請計算大安企業 2 月份正確之淨利金額。

6. 【編製結帳分錄】下表為結運工程事務所 ×1 年底之會計帳戶餘額，其中僅收入與費用類的帳戶列示完整。

應付帳款	$ 54,400	保險費用	$ 2,500
應收帳款	105,400	應付利息	600
累計折舊－辦公大樓	94,600	應收利息	1,800
累計折舊－設備	15,400	應付票據（長期）	6,400
廣告費用	5,300	應收票據（長期）	13,800
辦公大樓	111,800	預付保險費	1,200
設備	132,400	預付租金	9,400
現金	106,800	薪資費用	40,800
折舊費用	3,800	應付薪資	4,800
股本	230,400	服務收入	278,200
保留盈餘	40,000	辦公用品	7,600
其他資產	4,600	辦公用品費用	9,200
其他流動負債	2,200	預收服務收入	3,400

   試作：記錄 ×1 年底結運工程事務所之結帳分錄。

7. 【記錄調整分錄、結帳分錄以及計算年底權益的餘額】宜宜公司之會計人員已經於 ×1 年底將下列調整分錄過帳，如下 T 字帳所示（以下為公司之部分會計項目之 T 字帳）。

應收帳款				累計折舊－設備			
	392,000						10,000
調整	16,800					調整	2,200

辦公用品				累計折舊－辦公大樓			
	8,000	調整	3,900				66,000
						調整	12,000

應付薪資				股本			
		調整	1,400				244,800

服務收入				折舊費用－設備			
			568,200	調整	2,200		
		調整	16,800				

薪資費用				折舊費用－辦公大樓			
	48,000			調整	12,000		
調整	1,400						

保留盈餘				辦公用品費用			
			33,000	調整	3,900		

試作：

(1) 記錄宜宜公司 ×1 年底之調整分錄。

(2) 記錄宜宜公司 ×1 年底之結帳分錄。

(3) 計算宜宜公司 ×1 年底之權益的餘額。

8. 【完成工作底稿】歐盟公司 ×1 年 12 月 31 日之工作底稿如下：

歐盟公司
工作底稿（部分）
×1 年 12 月 31 日

會計項目	調整後試算表 借方	調整後試算表 貸方	綜合損益表 借方	綜合損益表 貸方	資產負債表 借方	資產負債表 貸方
現金	641,040					
應收帳款	414,800					
預付租金	68,600					
設備	461,000					
累計折舊		98,420				
應付票據		364,000				
應付帳款		319,440				
應付薪資		12,000				
股本		600,000				
保留盈餘		82,200				
服務收入		338,800				
薪資費用	117,800					
租金費用	98,200					
折舊費用	13,420					
利息費用	51,140					
應付利息		51,140				
總額	1,866,000	1,866,000				
淨利						
總額						

試作：試完成上述工作底稿。

9. 【由工作底稿資訊編製財務報表】請根據第 8 題歐盟公司之工作底稿編製其綜合損益表、權益變動表以及資產負債表。歐盟公司於 ×1 年並未發行普通股。

10. 【結帳分錄、過帳及編製過帳後試算表】請根據第 8 題歐盟公司之工作底稿回答以下問題：

(1) 請作 ×1 年 12 月 31 日之結帳分錄。
(2) 請將上述結帳分錄過帳至本期損益與保留盈餘項目中（請使用 T 字帳）。
(3) 請編製 ×1 年 12 月 31 日之結帳後試算表。

應用問題

1.【記錄調整分錄】 信義房屋仲介公司於 5 月底有下列部分會計帳戶之餘額，這些帳戶餘額為記錄調整分錄前之餘額。分別如下：

	借方	貸方
預付保險費	$72,000	
辦公用品	38,000	
設備	250,000	
累計折舊－設備		$75,000
應付票據		400,000
預收租金收入		99,000
租金收入		780,000
利息費用	0	
薪資費用	227,000	

對會計帳戶進行分析：

1. 已成功仲介客戶出租房屋，應收取之房屋仲介收入 $90,000，尚未對客戶開帳單。
2. 設備每月提列折舊 $2,500。
3. 保險費用每月應攤提 $7,200。
4. 應付票據應有應計利息 $3,333。
5. 盤點辦公用品發現還剩餘 $13,880。
6. 帳上預收租金收入餘額之六分之一，已提供客戶相關之服務。

試作：

請為信義房屋仲介公司作 5 月底之調整分錄。

2.【完成部分之會計循環──記錄交易與過帳、編製調整分錄與過帳以及編製調整後試算表】 成太公司於 ×× 年 8 月 1 日有下列帳戶餘額。

會計項目代碼		借方	會計項目代碼		貸方
101	現金	$ 78,600	154	累計折舊	$ 5,000
111	應收票據	40,000	201	應付帳款	71,000
112	應收帳款	67,660	209	預收服務收入	25,260
126	辦公用品	68,000	212	應付薪資	5,000
153	設備	100,000	311	股本	220,000
			320	保留盈餘	28,000
		$354,260			$354,260

成太公司 8 月中完成下列交易事項：

8/5　支付薪資 $21,000 給員工，其中 $5,000 屬於 7 月份薪資。
8/7　來自客戶之應收帳款收現 $40,500。
8/9　於 8 月提供服務且收現 $95,000。
8/12　賒帳購入設備 $90,000。
8/17　賒帳購入辦公用品 $19,000。
8/19　支付應付帳款 $25,000。
8/22　支付 8 月份租金 $6,500。
8/26　支付薪資 $10,000。
8/27　於 8 月提供服務而尚未收現，寄發帳單 $14,000 給客戶。
8/30　預收客戶現金 $3,500，且將於未來提供服務。

調整事項：

a. 8 月份之水電費用 $1,800 尚未支付。
b. 8 月底辦公用品盤存剩下 $22,000。
c. 應計薪資金額為 $6,600。
d. 每月折舊 $1,200。
e. 預收服務收入中，有 $14,500 已經可以認列，卻仍未入帳。

試作：

(1) 記錄成太公司 ×× 年 8 月份之交易分錄。
(2) 過帳成太公司 ×× 年 8 月份之交易分錄（省略日記簿與分類帳間之交叉索引）（先建立各分類帳，並寫入 8 月 1 日總分類帳之帳戶餘額），新增之會計項目如下：

220	應付費用	726	薪資費用
407	服務收入	729	租金費用
615	折舊費用	735	水電費用
631	辦公用品費用		

(3) 記錄成太公司 ×× 年 8 月底之調整分錄。
(4) 將成太公司 ×× 年 8 月底之調整分錄過帳至分類帳。
(5) 編製成太公司 ×× 年 8 月底之調整後試算表。

3. 【完成部分之會計循環──編製財務報表、結帳分錄、過帳以及編製結帳後試算表】請根據第 2 題的資料，回答下列問題：

(1) 編製 ×× 年 8 月底之財務報表。
(2) 記錄成太公司 ×× 年 8 月底之結帳分錄。
(3) 將成太公司 ×× 年 8 月底之結帳分錄過帳（省略日記帳與分類帳間的交叉索引）。

(4) 編製成太公司××年8月底之結帳後試算表。

4. **【結帳分錄、過帳以及編製過帳後試算表】** 下表為全家服務公司於×1年6月底之調整後試算表（全家服務公司之會計期間結束於6月底）。

全家服務公司
調整後試算表
×1年6月30日

	借方	貸方
現金	$ 286,300	
應收帳款	820,000	
辦公用品	106,900	
預付保險費	22,900	
設備	958,950	
累計折舊－設備		$ 372,450
辦公大樓	1,486,600	
累計折舊－辦公大樓		365,200
土地	1,100,000	
應付帳款		195,500
應付利息		22,800
應付薪資		12,300
預收服務收入		36,600
應付票據（長期）		699,000
股本		2,272,000
保留盈餘		0
服務收入		1,585,500
折舊費用－設備	69,000	
折舊費用－辦公大樓	37,100	
薪資費用	355,000	
保險費用	99,100	
利息費用	81,700	
水電費用	69,000	
辦公用品費用	68,800	
總額	$5,561,350	$5,561,350

試作：

(1) 記錄全家服務公司×1年6月底之結帳分錄。
(2) 將全家服務公司×1年6月底之結帳分錄過帳（以T字帳的方式過帳）。
(3) 編製全家服務公司×1年6月底之結帳後試算表。

5. 【考慮調整事項及計算正確的淨利】橋登保險公司每月編製財務報表。下表為公司 ×× 年 8 月份之綜合損益表。

橋登保險公司
綜合損益表
×× 年 8 月份

收入		
保險金收入		$988,000
費用		
薪資費用	$130,000	
廣告費用	30,000	
租金費用	94,000	
折舊費用	36,000	
利息費用	10,000	
總費用		(300,000)
本期淨利		$688,000
其他綜合損益		0
綜合損益		$688,000

額外資訊：

當編製上述綜合損益表時，公司並未考量下列資訊：

1. 於月底收到電信費帳單 $35,000。
2. 上個月預收之保險金於本月已可認列收入 $100,000 但迄未認列。
3. 辦公用品月初之金額為 $90,000，公司於月中購入 $20,000 之辦公用品，而辦公用品月底之金額為 $15,000。
4. 公司於月初以現金購入一部新車價值 $584,000，此新車每年折舊 $116,800。
5. 公司於月底有應付薪資 $138,000，而這些薪資將於 9 月 10 日支付給員工。

試作：

請編製橋登保險公司 ×× 年 8 月正確之綜合損益表。

6. 【由工作底稿資料編製財務報表、結帳分錄、過帳以及編製結帳後試算表】碼雅公司 ×× 年 12 月 31 日有如下之部分工作底稿。

<table>
<tr><td colspan="6" align="center">碼雅公司
工作底稿（部分）
××年12月31日</td></tr>
<tr><td rowspan="2">會計項
目編碼</td><td rowspan="2">會計項目</td><td colspan="2">綜合損益表</td><td colspan="2">資產負債表</td></tr>
<tr><td>借方</td><td>貸方</td><td>借方</td><td>貸方</td></tr>
<tr><td>101</td><td>現金</td><td></td><td></td><td>$ 25,110</td><td></td></tr>
<tr><td>112</td><td>應收帳款</td><td></td><td></td><td>21,000</td><td></td></tr>
<tr><td>130</td><td>預付保險金</td><td></td><td></td><td>3,600</td><td></td></tr>
<tr><td>157</td><td>設備</td><td></td><td></td><td>56,800</td><td></td></tr>
<tr><td>167</td><td>累計折舊</td><td></td><td></td><td></td><td>$ 17,800</td></tr>
<tr><td>201</td><td>應付帳款</td><td></td><td></td><td></td><td>17,600</td></tr>
<tr><td>212</td><td>應付薪資</td><td></td><td></td><td></td><td>9,000</td></tr>
<tr><td>311</td><td>股本</td><td></td><td></td><td></td><td>60,000</td></tr>
<tr><td>320</td><td>保留盈餘</td><td></td><td></td><td></td><td>30,000</td></tr>
<tr><td>400</td><td>服務收入</td><td></td><td>$ 78,800</td><td></td><td></td></tr>
<tr><td>622</td><td>維修費用</td><td>$ 6,000</td><td></td><td></td><td></td></tr>
<tr><td>711</td><td>折舊費用</td><td>5,600</td><td></td><td></td><td></td></tr>
<tr><td>722</td><td>保險費用</td><td>3,100</td><td></td><td></td><td></td></tr>
<tr><td>726</td><td>薪資費用</td><td>72,000</td><td></td><td></td><td></td></tr>
<tr><td>732</td><td>水電費用</td><td>9,990</td><td></td><td></td><td></td></tr>
<tr><td>750</td><td>利息費用</td><td>10,000</td><td></td><td></td><td></td></tr>
<tr><td></td><td>合計</td><td>$106,690</td><td>$ 78,800</td><td>$106,510</td><td>$134,400</td></tr>
<tr><td></td><td>淨損</td><td></td><td>27,890</td><td>27,890</td><td></td></tr>
<tr><td></td><td>餘額</td><td>$106,690</td><td>$106,690</td><td>$134,400</td><td>$134,400</td></tr>
</table>

試作：

(1) 試編製××年公司之綜合損益表、權益變動表與資產負債表。

(2) 試記錄××年12月31日公司之結帳分錄。

(3) 過帳結帳分錄（以T字帳方式過帳，本期損益項目代碼為350）。

(4) 請編製××年12月31日結帳後試算表。

7. 【調整分錄、過帳、編製調整後試算表以及財務報表】典晶品企業成立於×1年10月1日，而下表為典晶品企業12月底之試算表。

典晶品企業
試算表
×1 年 12 月 31 日

		借方	貸方
101	現金	$ 946,000	
126	辦公用品	63,000	
130	預付保險費	60,000	
143	房屋	1,270,000	
149	家具	380,800	
201	應付帳款		$ 133,000
208	預收租金收入		74,000
275	應付抵押款		1,000,000
311	股本		1,500,000
320	保留盈餘		0
429	租金收入		681,800
622	維修費用	44,000	
726	薪資費用	510,000	
732	水電費用	115,000	
	餘額	$3,388,800	$3,388,800

除了上述會計項目外，典晶品企業還有如下之會計帳戶與編碼：

112	應收帳款	620	折舊費用－房屋
144	累計折舊－房屋	621	折舊費用－家具
150	累計折舊－家具	631	辦公用品費用
212	應付薪資	718	利息費用
230	應付利息	722	保險費用

其他資料：

a. 房屋之每年折舊為 $48,000，家具之每年折舊為 $38,400。
b. 辦公用品 12 月底盤存剩下 $20,000。
c. 保險費用每個月攤銷 $5,500。
d. 預收租金 $48,000 於 12 月底前已經可認列但迄未認列。
e. 於 12 月底房客租金 $2,800 已經到期（請使用應收帳款帳戶）。
f. 薪資有 $7,000 於 12 月底尚未支付。
g. 應付抵押款之利息為 10%（年利率），應付抵押款於 12 月 1 日產生。

試作：

(1) 記錄自 10 月 1 日至 12 月 31 日之調整分錄。
(2) 將調整分錄過帳（請列出各項目之分類帳，將試算表餘額寫入分類帳）。
(3) 請編製 12 月底之調整後試算表。
(4) 請編製此 3 個月之綜合損益表、資產負債表與權益變動表。假設無其他綜合損益。

8. 【結帳分錄、過帳以及編製結帳後試算表】請根據第 7 題典晶品企業的資料，回答以下問題：

(1) 記錄 12 月底之結帳分錄；(2) 將結帳分錄過帳；(3) 請編製 12 月底之結帳後試算表。

9. 【工作底稿——編製調整分錄、結帳分錄、過帳及編製過帳後試算表】下列為科男公司於 ×1 年底之試算表與調整後試算表。

科男公司
試算表
×1 年 12 月 31 日

會計項目	調整前 借方	調整前 貸方	調整後 借方	調整後 貸方
現金	$72,000		$72,000	
應收帳款	39,000		49,000	
預付租金	21,000		12,000	
辦公用品	12,000		8,000	
設備	270,000		270,000	
累計折舊－設備		$19,500		$27,000
應付帳款		27,000		32,000
應付票據		150,000		150,000
應付利息				2,100
應付薪資				7,000
預收服務收入		44,600		43,600
股本		132,000		132,000
保留盈餘		0		0
服務收入		83,500		94,500
薪資費用	18,600		25,600	
水電費用	18,000		23,000	
租金費用	6,000		15,000	
辦公用品費用			4,000	
折舊費用			7,500	
利息費用			2,100	
合計	$456,600	$456,600	$488,200	$488,200

試作：

(1) 請記錄必須的調整分錄，以表示上述調整前試算表如何調整為調整後試算表。
(2) 試做 ×1 年 12 月 31 日之結帳分錄。
(3) 將 ×1 年 12 月 31 日之結帳分錄過帳至 T 字帳。
(4) 編製 ×1 年 12 月 31 日結帳後試算表。

05 買賣業會計與存貨會計處理 – 永續盤存制

objectives

研讀本章後，預期可以了解：

- 收入認列條件
- 服務業與買賣業營業循環的差異
- 買賣業進貨與銷貨之會計處理
- 買賣業之會計循環與工作底稿
- 分類式資產負債表
- 單站式與多站式綜合損益表

「**務**完物」、「無息幣」及「知豐缺、料貴賤、及時買賣」這三項是中國商人始祖陶朱公范蠡能夠「商以致富、成名天下」最重要的三原則。其意義為商品品質要好，不存腐貨、不囤積；資金貨物周轉要快；知商品的豐缺，就能料物價的漲跌貴賤，在商品價高時迅速拋出，商品價跌時則儘快收購，就能賺大利。陶朱公的好友子貢也是經商而富甲一方，《史記》記載：「子貢好廢舉，與時轉貨貲（資）⋯⋯家累千金」。「廢舉」的意思是賤買貴賣，「轉貨」是指「隨時轉貨以殖其資」。看起來，兩位中國最早期、最成功的商人即使活在兩千多年後的今天，也應該是買賣業的高手。

1998 年潤泰集團在上海開設大陸大潤發的第一家量販店；2009 年，大潤發已經是大陸最大的量販通路。2014 年，為拉大與競爭者的距離，保持龍頭地位，該公司擴增了 40 多家門市，店數衝到近 500 家，並將戰線延長到五級城市。潤泰集團旗下的兩家上市公司潤泰全與潤泰新及尹衍樑先生家族基金是透過香港上市公司高鑫零售公司間接投資大陸的大潤發。

大潤發成功的因素非常多，舉例而言，其蘇州物流中心收到的貨物，除了三成要留做存貨，其餘七成是廠商一送到，馬上就配送到全國各地，幾乎沒有停留，這就是做到范蠡與子貢說的「及時買賣」以及「與時轉貨資」；又如大潤發架上的綠色蔬菜，每隔幾分鐘灑水一次，保持鮮度，這又做到後人整理陶朱公商訓中的「能整頓：貨物整齊，奪人心目」。當然，最重要的因素可能是，尹衍樑先生當年對創立中國大潤發關鍵人物黃明端先生的知人善用與充分授權，這又做到陶朱公商訓中的「能用人：因才施用，任事有賴」。

在網路電商崛起下，潤泰集團決定退出實體商場的經營，2017 年阿里巴巴以港幣 280 億（台幣 1,058 億）的代價，取得中國的「大潤發」及「歐尚」兩個品牌的控制權。這筆股權交易使阿里巴巴迅速整合虛擬線上與實體零售兩大龍頭體系，對阿里巴巴是一筆成功的交易，而對潤泰集團而言，也得以在與網路電商愈來愈激烈的競爭中順利獲利了結。

阿里巴巴與亞馬遜兩大世界龍頭各採取何種生意模式呢？阿里巴巴主要是所謂的 business-to-business (B2B)，公司盡量吸引零售商到公司平台銷售，消費者透過阿里巴巴的平台交易，公司可以抽取佣金；而亞馬遜主要是所謂的 business-to-custom (B2C)，公司盡量吸引消費者來公司網站購買公司的商品。當然，阿里巴巴亦有 B2C，而亞馬遜亦有 B2B。進入電商戰國時代，未來是持續百家爭鳴或少數商業模式存活，這是未來 30 年零售市場的大戲！

本章架構

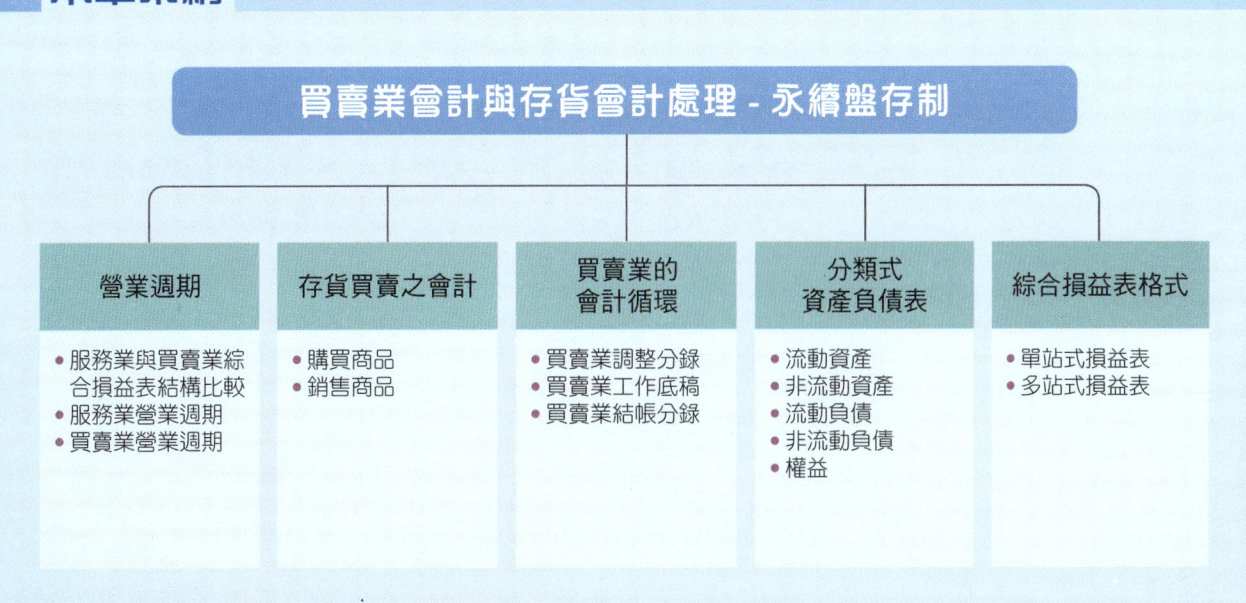

買賣業會計與存貨會計處理 - 永續盤存制

營業週期	存貨買賣之會計	買賣業的會計循環	分類式資產負債表	綜合損益表格式
• 服務業與買賣業綜合損益表結構比較 • 服務業營業週期 • 買賣業營業週期	• 購買商品 • 銷售商品	• 買賣業調整分錄 • 買賣業工作底稿 • 買賣業結帳分錄	• 流動資產 • 非流動資產 • 流動負債 • 非流動負債 • 權益	• 單站式損益表 • 多站式損益表

5.1 服務業與買賣業之營業週期

學習目標 1
了解服務業與買賣業綜合損益表結構之差異

本章的買賣業會計比第 2 與第 3 章的服務業會計稍微複雜一些（請參考表 5-1）：服務業顧名思義是為客戶服務賺取收入，將服務收入減去各項營業費用即可得出本期損益；買賣業賣貨品給客戶，買賣業本身需要購買這些貨品，這是一項重大的成本，另外公司也需要購買或租用辦公大樓、辦公設備等與服務業一樣的資產才能營業。因此買賣業的本期損益是分為兩階段計算：先將銷貨收入（亦可簡稱銷貨）減去銷貨成本得出銷貨毛利，再減去與服務業類似的各類營業費用，即為本期損益。銷貨成本指的是那些被賣出去的商品，當初購進時的成本。所以買賣業會計中，我們必須額外處理銷貨成本的部分，其他部分則與服務業非常類似。

服務業與買賣業的基本營業步驟如圖 5-1 所示，因為這些步驟在公司經營的過程中一再重複，我們將這些步驟循環一次所需的時間稱為**營業週期**（operating cycle）。服務業的營業週期只有兩個步驟，首先支出現金購買各種資源，以便提供服務給顧客並獲得收入，其次是向顧客收帳獲得現金。買賣業則多了一個步驟，首先必須以現金支付商品存貨的購買，其次將存貨賣給顧客並獲得銷貨收入，最後則向顧客收得現金。每完成一組的步驟，即構成一個週期，日復一日，年復一年，希望在付現金與收現金的重複循環中，業務逐漸成長，獲利逐年上升。

營業週期 企業在正常營業活動中，自取得商品至其賣出商品並收取現金所需之平均時間。

表 5-1　服務業與買賣業之綜合損益表的結構比較

服務業	買賣業
服務收入	銷貨收入
－營業費用	－銷貨成本
本期損益	銷貨毛利
±其他綜合損益	－營業費用
綜合損益	本期損益
	±其他綜合損益
	綜合損益

買賣業會計與存貨會計處理-永續盤存制　05

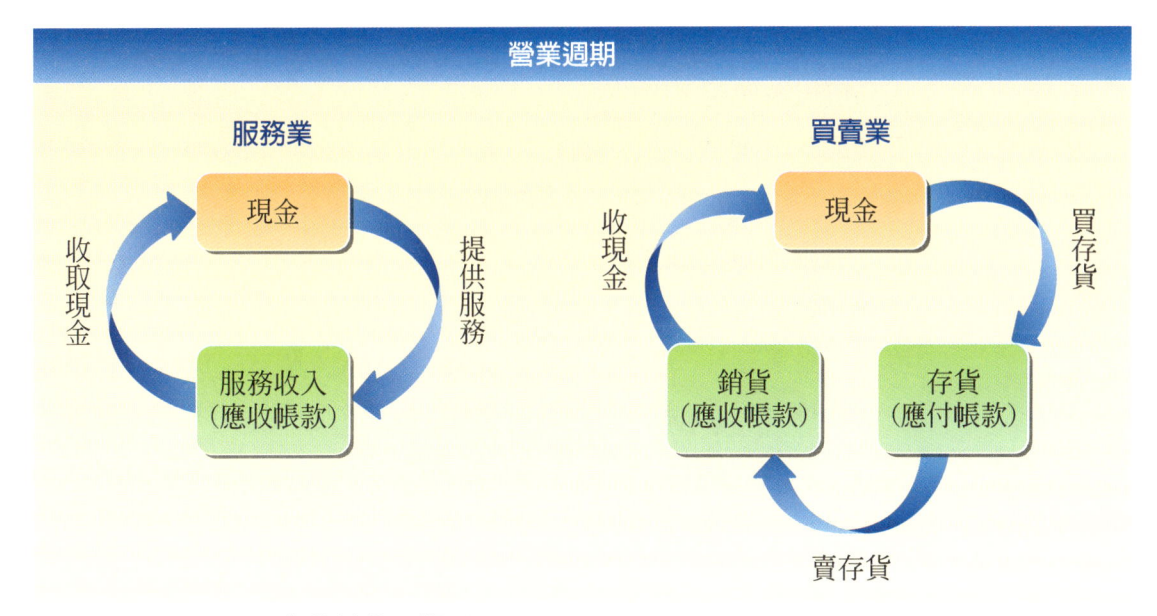

圖 5-1　服務業與買賣業營業週期圖

　　買賣業的存貨管理及帳務處理包含兩大系統：本章下一節主要介紹**永續盤存制**（perpetual inventory system），於第 6 章再介紹另一種盤存制度：**定期盤存制**（periodic inventory system）。在永續盤存制下，公司購買商品時記錄存貨的增加；銷售商品時記錄存貨的減少。這種制度使得存貨的金額，隨時可自帳上追蹤盤點，雖然帳務成本較高，但同時亦提供較及時完整的資訊。

5.2　買賣業商品的買賣程序

> 學習目標 2
> 了解商品買賣程序

　　公司購買商品存貨，即所謂進貨或購貨，其程序包含：訂購程序、驗收程序及付款程序等；而供應商（賣方）銷售商品存貨，即所謂銷貨，其程序則包含：客戶下訂單的程序、運送程序、請款程序及收款程序等。公司購買商品時，採購部門填製訂購單向供應商下訂單，賣方（供應商）收到訂單後，將商品運送到公司。公司驗收部門進行驗收，如果發現商品與訂單不符，會通知供應商將商品退回，這種情況稱為**進貨退回**（Purchase Return）；另外一種情況是驗收時發現商品有瑕疵，這種情況下一般有兩種處理方式：(1) 如果

瑕疵品無法繼續使用，公司將商品退回（即**進貨退回**）；(2) 如果瑕疵品可繼續使用，且供應商願意給予降價折讓作為補償，公司就收下商品，這種情況稱為**進貨折讓**（Purchase Allowance）。公司的進貨退回與進貨折讓，就是供應商的**銷貨退回與銷貨折讓**。

　　供應商在運送商品時，會將訂購商品及購貨憑證〔即**發票**（Invoice）〕交給公司。發票是一種有序號的交易憑證，由供應商填寫，發票包含二聯式（給個人消費者）或三聯式：供應商利用其中一聯申報營業稅，另一聯由供應商自存（即供應商的「銷貨憑證」），最後一聯給訂購公司（即買方的「購貨憑證」）。在發票上一般會寫明訂購商品的種類、數量、金額、支付條件以及運費是由買方或賣方負擔等等條款。訂購公司在收到商品後，依約定的期間付現。一般而言，買方購買商品存貨可能馬上付現金（現購）或未來才需要付款（賒購），故在收到商品時記錄購買商品的會計分錄為：借記存貨；貸記現金（現購）或應付帳款（賒購）。相對地，對賣方而言，銷貨亦可能以一手交錢、一手交貨方式（現銷）或先交貨、再於未來期間收現（賒銷）方式進行，賣方在送出商品後已賺得收益時，就須記錄銷貨有關的會計分錄。

會計好簡單

商業實務中，是否針對銷貨及進貨分別開立不同的憑證？

解析

否。發票由賣方公司開立，其中一聯送交買方公司作為其進貨憑證；另一聯賣方公司自存作為銷貨憑證。

學習目標 3
熟悉購買與銷售商品之會計處理

5.3　商品買賣的會計處理——永續盤存制

　　本節分為兩個部分，第一部分敘述公司購買商品存貨時相關的會計分錄；第二部分則是有關銷售商品存貨的會計處理。這兩部分事實上是同一項交易，因為對交易兩方公司而言，一方為銷貨，另一方為進貨。

5.3.1 購買商品的會計處理（買方公司會計記錄）

愛買賣公司是一家大型的買賣業公司，銷售的商品包含日常用品、食物及家電用品等。該公司向供應商購貨，再將商品賣出至消費者。以下即以愛買賣公司的例子，說明進貨公司的會計處理。

1. 進　貨

4月1日愛買賣公司向山瑞歐公司購買 Hello Kitty 鬧鐘 11個，發票金額 $11,000，雙方言明下個月 5 日前付現金即可（賒購）。公司買入的商品是一項有價值的資產，將來賣出給顧客，賺取收入，這類「以正常營業中賣出為目的之商品」稱為**商品存貨**（Merchandise Inventory）或簡稱**存貨**（Inventory）。愛買賣公司賒帳購買商品，故在帳上應該記錄該公司的存貨（資產）增加，應付帳款（負債）也同時增加：

4/1	存貨	11,000	
	應付帳款		11,000
	記錄向山瑞歐公司進貨		

2. 進貨退回與折讓

當發生產品規格不符或產品有瑕疵而退回給供應商時，通常是以進貨退回處理，即公司填製「退貨單」並將貨品退回給賣方。但在進貨折讓的情況下，公司並不退貨而是買賣雙方會先敲定降價折讓的價格後，賣方按雙方敲定的價格重開發票，此一發票價格即為買方的進貨成本。

會計部落格

借項通知單

美國的公司發生進貨退回與折讓的情況時，買方一般會填寫**借項通知單**（debit memorandum），正本給賣方公司，副本由買方自存。借項通知單告知賣方將有商品退貨或折讓的情況發生，因為買方將在其會計記錄中減少對賣方的應付帳款，應付帳款的減少記錄在借方，因此稱為借項通知單。

(1) 商品與訂單規格不符或有瑕疵導致進貨退回的情況

愛買賣公司在 4 月 1 日所購商品存貨，因為山瑞歐公司運送的商品中有一個鬧鐘與訂單規格不符或有瑕疵情形，4 月 8 日愛買賣公司填寫退貨單並連同 Hello Kitty 鬧鐘一個退回給山瑞歐公司，因此在 4 月 8 日之會計分錄應該記錄存貨的減少，以及應付帳款減少：

4/8	應付帳款	1,000	
	存貨		1,000
	記錄向山瑞歐公司購買的商品因與		
	訂單規格不符或有瑕疵而退回		

(2) 商品與訂單規格不符或有瑕疵導致進貨折讓的情況

若愛買賣公司其他所購商品雖與訂單規格不符或有瑕疵但同意並不退回，而是山瑞歐公司給予折讓 $200，表示該商品降價 $200。此時愛買賣公司的資產（存貨）之數量雖未減少，但取得成本減少 $200，所以存貨金額減少同時應付帳款減少。愛買賣公司在 4 月 8 日之分錄如下：

4/8	應付帳款	200	
	存貨		200
	記錄向山瑞歐公司購買的商品與訂		
	單規格不符而發生折讓		

截至 4/8，相關資料如下：

存貨

4/1	11,000	4/8	1,000
		4/8	200
4/8	9,800		

應付帳款

4/8	1,000	4/1	11,000
4/8	200		
		4/8	9,800

3. 進貨運費

運費可能內含於商品成本中或外加於商品成本之外，銷售合約中通常會說明運費是由買方或由賣方支付。在商業實務中，有關運費的條件有兩種情況：一是**起運點交貨**（FOB shipping point），另一個是**目的地交貨**（FOB destination）[1]。起運點交貨是指在起運地就算賣方將貨品交給買方，此時商品的所有權已由賣方移轉至買方，因此起運點之後的運費（或其他費用，如運送途中的保險費用）由買方負擔；相反地，目的地交貨是指到達目的地後，賣方才算將貨

---

[1] FOB 是 free on board 的簡稱。

品交給買方，此後的商品所有權才由賣方移轉至買方，因此到達目的地之前的運費由賣方負擔。

(1) 起運點交貨的情況

在起運點交貨的情況，由買方支付必要的運費，由於運費是取得商品存貨，使它達到可銷售狀態的必要直接成本，因此應計入存貨成本。愛買賣公司有關 4 月 1 日向山瑞歐公司進貨的運費條件是**起運點交貨**，因此，愛買賣公司在 4 月 8 日支付貨運公司運費現金 $500，有關的會計分錄如下：

| 4/8 | 存貨 | 500 | |
| | 　現金 | | 500 |

記錄支付購買商品存貨之相關運費

起運點交貨之存貨餘額：

存貨			
4/1	11,000	4/8	1,000
4/8	500	4/8	200
4/8	10,300		

(2) 目的地交貨的情況

若愛買賣公司有關 4 月 1 日向山瑞歐公司進貨的運費條件是**目的地交貨**，表示將由山瑞歐公司支付 $500 的銷貨運費，愛買賣公司在 4 月 8 日並不需要有任何的會計記錄。

目的地交貨之存貨餘額：

存貨			
4/1	11,000	4/8	1,000
		4/8	200
4/8	9,800		

會計好簡單

公司賒購存貨時約定於起運點交貨，進貨價格 $100，並以現金支付運費 $10，則存貨的帳面金額（成本）為多少？相關分錄為何？

解析

進貨運費也是購買存貨的必要成本，所以存貨帳面金額是 $110，分錄

如下：

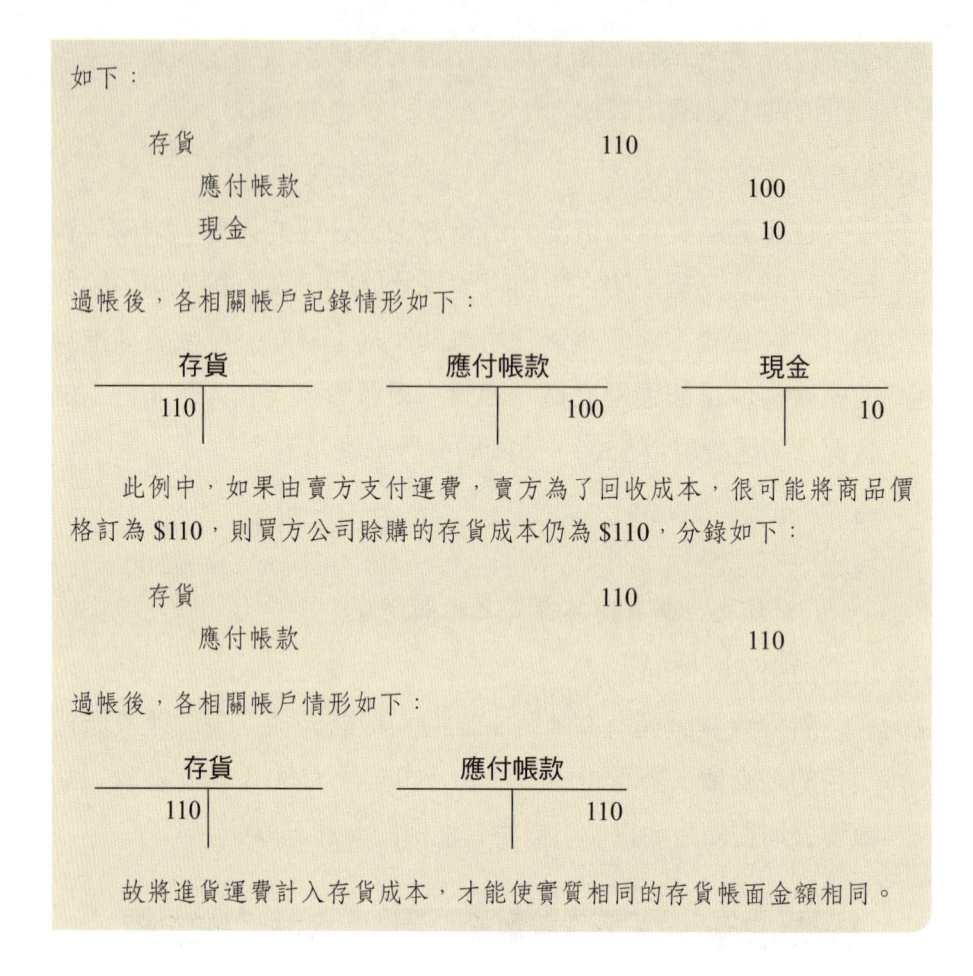

存貨	110	
應付帳款		100
現金		10

過帳後，各相關帳戶記錄情形如下：

存貨	應付帳款	現金
110	100	10

此例中，如果由賣方支付運費，賣方為了回收成本，很可能將商品價格訂為 $110，則買方公司賒購的存貨成本仍為 $110，分錄如下：

| 存貨 | 110 | |
| 應付帳款 | | 110 |

過帳後，各相關帳戶情形如下：

存貨	應付帳款
110	110

故將進貨運費計入存貨成本，才能使實質相同的存貨帳面金額相同。

4. 進貨折扣

當交易是以非現金交易形式買賣時（也就是賒購與賒銷交易），銷售合約中須約定的除了運費由誰負擔外，也可能會談妥「現金折扣」的條件。賣方為了鼓勵買方早一點付清帳款，雙方同意：如果買方在折扣期間內付款，賣方會給予買方「現金折扣」，亦即買方僅須支付低於原欠帳款之現金，即可結清所有欠款債務。現金折扣對買方而言稱為**進貨折扣**（Purchase Discount）；相對地，就是賣方公司的**銷貨折扣**（Sales Discount）。如果買方付款的日期超過折扣期間，則不能享受現金折扣，但最遲仍須在約定的最後期限內付款。

現金折扣條件的表達舉例如下：**2/10, n/30**，這表示折扣期間是發票開立後的 10 日，在 10 日內付款，買方將可享有 2% 的進貨折

> 2/10, n/30 表示在 10 日內付款，買方將可享有 2% 的進貨折扣，超過 10 日付款則無任何進貨折扣，且買方最遲須於發票開立後的 30 日內付款。

扣（進貨折扣的計算基礎是以發票價格扣除進貨退回與折讓後的金額乘以 2%），超過 10 日付款則無任何進貨折扣，且買方最遲須於發票開立後的 30 日內付款。另一種現金折扣條件的表達方式例如 **2/10, EOM**（end of month，月底），**n/60**，則代表發票日次月 10 日以前付款者，可享有 2% 的進貨折扣，發票日後 60 天內必須付清全部貨款。

(1) 於折扣期間付款，取得現金折扣

　　獨立於前述愛買賣公司之情況，若愛買賣公司在 4 月 1 日向山瑞歐公司購貨，金額 $11,000，授信條件是 2/10, n/30，運費條件是起運點交貨。愛買賣公司於 4 月 8 日退貨一批，金額 $1,000。並於 4 月 11 日支付山瑞歐公司貨款。發票金額 $11,000 扣除 4 月 8 日進貨退回 $1,000 後，取得的進貨折扣金額為 $200（即 $10,000×2%），愛買賣公司實際需支付的金額為 $9,800（即 $10,000 － $200）。交易分析如下：

a. 此次付現金是為了結清尚欠的應付帳款 $10,000，所以應借記應付帳款 $10,000。

b. 現金僅支付 $9,800，因此貸記現金 $9,800。

c. 借方與貸方差額 $200，表示存貨之購買成本是 $9,800，並非 $10,000，應該減少存貨 $200。

4/11	應付帳款	10,000	
	現金		9,800
	存貨		200

　　　記錄在折扣期間內支付貨款

截至目前為止，愛買賣公司存貨與應付帳款分類帳資料如下：

存貨
4/1	11,000	4/8	1,000
		4/11	200
4/11	9,800		

應付帳款
4/8	1,000	4/1	11,000
4/11	10,000		
		4/11	0

現金
		4/11	9,800

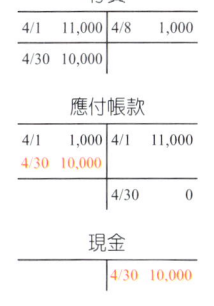

(2) 未於折扣期間付款，未取得現金折扣

　　若愛買賣公司在 4 月 30 日才付款，則並未取得進貨折扣，必須支付全額貨款 $10,000，有關的會計分錄如下：

4/30	應付帳款	10,000	
	現金		10,000

　　　記錄貨款支付且未在折扣期間內付款

存貨
4/1	11,000	4/8	1,000
4/30	10,000		

應付帳款
4/1	1,000	4/1	11,000
4/30	10,000		
		4/30	0

現金
		4/30	10,000

進貨折扣其實是利息的概念，未取得的進貨折扣，實際上是折扣期間後至最終支付日間的利息負擔。若以愛買賣公司 2/10, n/30 為例說明：表示 20 天的利息負擔為 $200，化為年利率達 37.24%（參見第 197 頁會計好簡單），一般銀行借款利率通常遠低於此數，即使公司向銀行借款來支付貨款，在扣除借款成本後仍是有利的。所以在正常情況下，買方都會取得進貨折扣。

釋例 5-1

PChouse 公司以永續盤存制記錄存貨之買賣交易，該公司 12 月份向 Asas 之進貨交易如下：

12/6　賒購存貨 $25,000，運費條件為起運點交貨，付款條件為 2/10, n/30。
12/10　發現 12/6 賒購的部分存貨有瑕疵，將 $5,000 存貨退回。
12/12　支付 12/6 賒購存貨之運費 $100。
12/15　支付 12/6 賒購存貨之貨款。

試作 PChouse 12 月份之分錄。

解析

12/6	存貨	25,000	
	應付帳款		25,000
12/10	應付帳款	5,000	
	存貨		5,000
12/12	存貨	100	
	現金		100
12/15	應付帳款	20,000	
	存貨		400
	現金		19,600

說明：因為 12 月 10 日退回一批貨，金額 $5,000，因此在 12 月 15 日帳款只餘 $20,000（即 $25,000 - $5,000），又因在折扣期間付款，少付 $400（即 $20,000×2%），使存貨購買成本減少 $400，再加上運費 $100，使此批存貨總成本為 $19,700。

會計好簡單

續釋例 5-1，PChouse 的進貨交易，相對於 Asas 而言，是何種交易？2/10, n/30 的授信條件，為何其有效利率為 37.24%？

解析

(1) 是交易對手 Asas 的銷貨交易。
(2) 以 $100 的總發票金額為例，第 30 天才付款等於第 10 天時沒有 $98 可以付款，向賣方借 $98，20 天後加計利息 $2，所以付款 $100。利用利息公式如下：

假設借款年利率為 r%，一年以 365 天計
本金 × (1 + 年利率 × 計息期間) = 本利和

$$\$98 \times (1 + r\% \times \frac{20}{365}) = \$100$$

r % = 37.24%

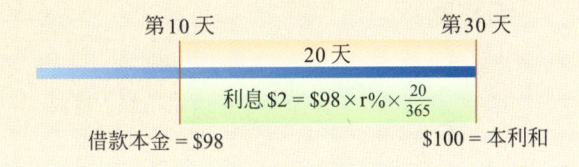

```
           第10天                    第30天
            |———————— 20 天 ————————|
            |    利息 $2 = $98×r%× 20/365    |
         借款本金 = $98              $100 = 本利和
```

5.3.2 銷售商品的會計處理（賣方公司會計記錄）

一家公司的進貨就是對方公司的銷貨。以下就愛買賣公司購買 Hello Kitty 鬧鐘的例子，說明山瑞歐公司（賣方）相關的會計記錄。在說明這些交易的會計處理前，有必要提醒讀者，自 2018 年開始，我國的上市、上櫃與興櫃公司適用 IFRS 15 之收入認列規定。雖然在初級會計所討論的買賣例子相對簡單，會計處理方式不受影響，但除了已於第五章稍作說明外，於本節之末的「IFRS 一點就亮」與「給我報報」專欄，扼要解釋 IFRS 15 之原則及其與以前的認列條件相異之處。

1. 銷　貨

4 月 1 日山瑞歐公司賒銷 Hello Kitty 鬧鐘 11 個給愛買賣公司，發票金額 $11,000，假設每一個鬧鐘的成本是 $600。交易分析如下：

(1) 銷售價格代表公司將來對客戶（愛買賣公司）可以收取現金的金額，因為已提供商品予顧客，由顧客管理使用，即商品的控制已移轉給客戶，因此認列**銷貨收入**（Sales Revenue），金額為 $11,000。

(2) 為了獲取這項收入，公司的存貨資產減少，即存貨已依其使用目的被使用──賣出，所以由資產轉列成費用，以**銷貨成本**（Cost of Goods Sold）這個費損項目記錄。存貨減少的金額（成本）為 $6,600，應借記銷貨成本，貸記存貨。

> 服務業中，為賺取服務收入所發生的各項費用，記入各類營業費用項目。
>
> 買賣業中，為賺取銷貨收入所發生的各項費用，其中有關商品存貨的費用記入銷貨成本項目，其他各項費用記入各類營業費用項目。

有關的會計分錄：

4/1	應收帳款	11,000	
	銷貨收入		11,000
	記錄出售商品給愛買賣公司		

4/1	銷貨成本	6,600	
	存貨		6,600
	記錄出售給愛買賣公司商品的存貨成本		

到目前為止，我們所介紹的商品買賣業會計處理，當購買商品時存貨增加，因此借記存貨；在銷貨時也立刻記錄存貨的減少，即貸記存貨。這種作法是隨時在帳上追蹤記錄存貨剩下多少，稱為存貨的「永續盤存制」。

2. 銷貨退回與折讓

當賣方收到買方的借項通知單時，表示買方發生進貨退回或進貨折讓的情況。此時對賣方而言，是賣方的**銷貨退回與銷貨折讓**（Sales Return and Allowance）。賣方在收到買方的借項通知單後，會填寫**貸項通知單**（credit memorandum），正本給買方，副本由賣方自存。賣方使用貸項通知單與買方確認發生商品退貨或折讓的情況，因此時賣方將在其會計記錄中減少（貸記）對買方的應收帳款，而應收帳款的減少在貸方，所以稱為貸項通知單。在台灣的商業實務中，發生退回或折讓時，是由買方填製「退貨折讓單」，賣方

使用折讓單的正本入帳,並不另外再開立其他單據(例如:貸項通知單)。銷貨退回與折讓發生時應如何記錄呢?初步分析如下:

(1) 若對方退貨或雙方同意降價折讓,則向對方收取帳款的權利減少,應貸記「應收帳款」;同時公司的銷貨收入應該減少(借記銷貨收入)。

(2) 對方退貨,賣方收回貨品,使其商品存貨增加,應借記存貨,同時銷貨成本也減少,應貸記銷貨成本。但若為銷貨折讓時無收回的貨品,則無此部分記錄。

以 T 字帳表現這個記錄方式如下:

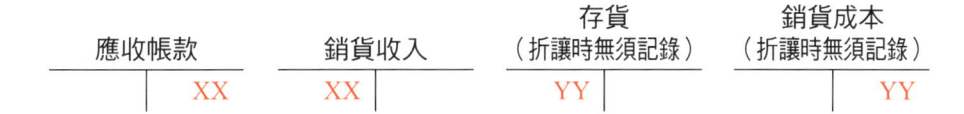

應收帳款	銷貨收入	存貨 (折讓時無須記錄)	銷貨成本 (折讓時無須記錄)
| XX	XX |	YY |	| YY

這種會計處理將銷貨收入與銷貨成本同時減少的記錄方式,可以得到正確的銷貨收入與存貨的資訊。但是公司為了管理上的目的,如評估不同工作員工的績效,可能總經理想分別知道公司當期原始銷貨金額、被顧客退回多少金額及最後淨銷貨收入(真正的銷貨收入)金額各是多少。因此我們的會計記錄要修正一下:銷貨收入減少時,不要直接借記銷貨收入,我們另借記銷貨退回與折讓,其 T 字帳記錄如下:

應收帳款	銷貨退回與折讓	存貨 (折讓時無須記錄)	銷貨成本 (折讓時無須記錄)
| XX	XX |	YY |	| YY

讀者可以對照兩組 T 字帳,就可以明瞭銷貨退回與折讓是代表銷貨收入的減項,所以我們稱它為銷貨收入的**抵銷帳戶**(contra account)。公司將銷貨收入減去銷貨退回與折讓,就可得出淨銷貨收入(真正的銷貨收入)。

(1) 商品與訂單規格不符導致銷貨退回的情況

以山瑞歐公司 4 月 8 日收到愛買賣公司的借項通知單(折讓單)並退回與訂單規格不符的 Hello Kitty 鬧鐘 1 個為例,山

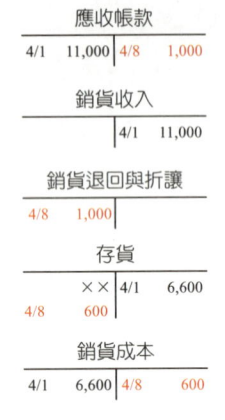

瑞歐公司記錄有關銷貨退回的會計分錄如下（退回貨品的售價即銷貨金額為 $1,000，該商品原本係以 $600 購入，即該商品存貨成本為 $600）：

4/8	銷貨退回與折讓	1,000	
	應收帳款		1,000
	記錄出售給愛買賣公司商品之退回		

4/8	存貨	600	
	銷貨成本		600
	記錄出售給愛買賣公司商品退回的成本		

應收帳款
| 4/1 | 11,000 | 4/8 | 1,000 |

銷貨收入
| | | 4/1 | 11,000 |

銷貨退回與折讓
| 4/8 | 1,000 | | |

存貨
| | ×× | 4/1 | 6,600 |
| 4/8 | 600 | | |

銷貨成本
| 4/1 | 6,600 | 4/8 | 600 |

(2) 瑕疵商品導致銷貨退回的情況

　　獨立於前述 (1) 之情況，若山瑞歐公司收到愛買賣公司借項通知單及瑕疵商品，估計該退回瑕疵品 Hello Kitty 鬧鐘 1 個的淨變現價值是 $400（而不是原始存貨成本 $600）。所謂淨變現價值，是指企業預期在正常營業狀況下，出售存貨能取得的淨金額（參見本書第 6 章第 4 節），則山瑞歐公司的會計分錄如下：（與前述因運送商品和訂單規格不符而發生銷貨退回狀況的會計項目相同，但記錄退回商品的成本不是原始成本，而是瑕疵品的淨變現價值）

發現瑕疵後被退回存貨價值 $400，與原始成本 $600 之差額 $200，其性質類似存貨跌價損失，根據國際財務報導準則之規定，應列入銷貨成本。

4/8	銷貨退回與折讓	1,000	
	應收帳款		1,000
	記錄出售給愛買賣公司商品之退回		

4/8	存貨	400	
	銷貨成本		400
	記錄出售給愛買賣公司商品退回的成本淨變現價值		

(3) 與訂單規格不符或有瑕疵導致銷貨折讓的情況

　　延續前述 (1) 之情況，若山瑞歐公司出售給愛買賣公司之其他商品係因規格不符或有瑕疵而折讓 $200（愛買賣公司不退回

該商品），因此這些鬧鐘的銷貨價格實際為 $9,800（即 $10,000 – $200）而不是 $10,000，此時有關的會計分錄如下：

4/8	銷貨退回與折讓	200	
	應收帳款		200
	記錄愛買賣公司商品折讓		

應收帳款	
4/1 11,000	4/8 1,000
	4/8 200

銷貨收入	
	4/1 11,000

銷貨退回與折讓	
4/8 1,000	
4/8 200	

銷貨成本	
4/1 6,600	4/8 600

3. 銷貨運費

(1) 起運點交貨的情況

　　有關 4 月 1 日山瑞歐公司銷售商品給愛買賣公司的運費條件是**起運點交貨**，因此，愛買賣公司必須負擔運費，山瑞歐公司的會計帳上不需要記錄任何分錄。

(2) 目的地交貨的情況

　　若 4 月 1 日山瑞歐公司銷售商品給愛買賣公司的運費條件是**目的地交貨**，則山瑞歐公司將支付 $500 的銷貨運費，因此，山瑞歐公司的會計記錄如下：

4/6	銷貨運費（屬銷售費用）	500	
	現金		500
	記錄支付銷售商品之相關運費		

　　賣方所承擔的銷貨運費是因為銷售所發生的直接成本，因此運費項目金額將出現於其綜合損益表的營業費用中的銷售費用項下。

4. 銷貨折扣

　　賣方給顧客的銷貨折扣將使銷貨收入減少，但是和銷貨退回與折讓相同，這種因為折扣而減少的銷貨收入，並不直接記入銷貨收入借方，而是另立一個抵銷帳戶：**銷貨折扣**。公司計算淨銷貨收入時，除將原始銷貨收入減去銷貨退回與折讓外，也必須減去這個銷貨折扣金額。

(1) 於折扣期間內收到顧客付款，發生銷貨折扣的情況

　　延續前述討論愛買賣公司之銷貨退回與折讓之 (1) 情況，

若山瑞歐公司在 4 月 1 日銷貨給愛買賣公司的授信條件是 2/10, n/30，4 月 8 日發生銷貨退回 $1,000，愛買賣公司在折扣期間內 4 月 11 日支付山瑞歐公司貨款，則山瑞歐公司的會計分錄如下：

4/11	現金	9,800	
	銷貨折扣	200	
	應收帳款		10,000

記錄收取愛買賣公司在折扣期間內所支付貨款

應收帳款

4/1	11,000	4/8	1,000
		4/11	10,000

現金

| 4/11 | 9,800 | | |

銷貨收入

| | | 4/1 | 11,000 |

銷貨退回與折讓

| 4/8 | 1,000 | | |

銷貨折扣

| 4/11 | 200 | | |

則銷貨淨額為：
銷貨收入 － 銷貨退回與折讓 － 銷貨折扣 = $11,000 － $1,000 － $200 = $9,800

(2) 顧客未在折扣期間付款，未發生銷貨折扣的情況

若愛買賣公司未在折扣期間內付款，而在 4 月 30 日支付全額貨款給山瑞歐公司，山瑞歐公司的會計分錄如下：

4/30	現金	10,000	
	應收帳款		10,000

記錄收取愛買賣公司未在折扣期間支付之貨款

IFRS

IFRS 15 下收入認列之核心原則——控制移轉

有別於先前 IAS 18 以「商品風險及報酬已移轉給客戶」作為收入的認列條件，2018 年開始適用的 IFRS 15「客戶合約之收入」係以「客戶取得對商品之控制」作為收入的認列條件。

為何做此改變呢？舉例而言，電視機製造商之電視機銷售交易中，客戶抬走電視機時，電視機之控制權已經完全移轉給客戶，此一時點認列收入應該是適當的。但電視機持有之風險及報酬是否已完全移轉就有很大的爭議，因為電器商品通常附有 1 年標準保固，若該電視機在 1 年內壞掉了，很可能製造商必須負責保修，則持有風險是否已經大部分移轉是個高度爭議的問題。此外，根據 IFRS 觀念架構，資產之認列或除列是以控制是否移轉判斷，因此新的 IFRS 15 改採控制移轉作為收入認列的核心原則，也和其他資產的除列原則一致。

會計部落格

IFRS 15 收入認列的五個步驟

商業交易日趨複雜，例如手機搭配門號銷售的合約越來越多樣化，電信公司與客戶間合約顯然包括至少兩項組成部分：手機和電信服務，有時亦會有未來新手機或服務的選擇權。

在 IFRS 15 下，企業對一個包含多項組成部分（即多項履約義務）合約，應以下列五個步驟認列收入：

步驟 1：辨認客戶合約。
步驟 2：辨認合約中之履約義務。
步驟 3：決定交易價格。
步驟 4：分攤交易價格 —— 將交易價格分攤至合約中之履約義務（如將電信合約總對價分攤至手機及電信服務）。
步驟 5：決定收入認列時點 —— (1) 於企業滿足履約義務時（如手機控制移轉時）認列收入；或 (2) 隨企業滿足履約義務時（如提供電信服務時）認列收入。

若對客戶合約僅有一項履約義務，則企業直接進入步驟 5，判斷企業應該在一個時點認列收入，或隨著履約義務的進度認列收入（如完工比例法）。

釋例 5-2

釋例 5-1 中 Asas 公司也是採永續盤存制，其 12 月份對 PChouse 之銷貨交易如下：

12/6　賒銷貨品 $25,000，運費條件為起運點交貨，付款條件為 2/10, n/30。該批貨品成本 $10,000。

12/10　12/6 對 PChouse 賒銷貨品中，部分瑕疵品 $5,000 遭退貨。被退回瑕疵品之銷售價格為 $5,000，原始成本為 $1,000，估計淨變現價值為 $200。

12/15　收到 12/6 賒銷貨品之貨款。

試作 Asas 12 月份之分錄。並請讀者比較釋例 5-1 與釋例 5-2，注意雙方對同一個交易所作分錄的差異。

解析

	Asas（賣方）		PChouse（買方）	
12/6	應收帳款　　25,000		存貨　　　　25,000	
	銷貨收入　　　　25,000		應付帳款　　　　25,000	
	銷貨成本　　10,000			
	存貨　　　　　　10,000			
12/10	銷貨退回與折讓　5,000		應付帳款　　　5,000	
	應收帳款　　　　5,000		存貨　　　　　　5,000	
	存貨　　　　　200			
	銷貨成本　　　　200			
12/12	無分錄		存貨　　　　　100	
			現金　　　　　　100	
12/15	現金　　　　19,600		應付帳款　　20,000	
	銷貨折扣　　　400		存貨　　　　　　400	
	應收帳款　　　　20,000		現金　　　　　　19,600	

說明：
12/6　因為 Asas 採永續盤存制，因此銷貨時，除借記應收帳款，貸記銷貨收入，金額 $25,000 外；另須依成本金額借記銷貨成本，貸記存貨，金額 $10,000。
12/10　PChouse 12 月 10 日退回一批貨，銷售金額 $5,000，因此 Asas 借記銷貨退回與折讓，貸記應收帳款，金額 $5,000；另外 Asas 也收回該批貨，但因有瑕疵品，估計淨變現價值僅為 $200，因此借記存貨，貸記銷貨成本，金額 $200。
12/15　PChouse 12 月 10 日退回一批貨，銷售金額 $5,000，因此在 12 月 15 日 PChouse 只須付 $20,000（即 $25,000 – $5,000），又因在折扣期間付款，PChouse 有權少付 $400（即 $20,000 × 2%），使 Asas 只能收取現金 $19,600，並記錄銷貨折扣 $400。

學習目標 4
了解完成買賣業會計循環中特殊之議題

5.4　買賣業之會計循環

第 4 章中以服務業的例子說明會計循環的九個步驟，買賣業的會計循環之步驟完全相同。以下僅就有關調整分錄及結帳分錄中買賣業與服務業有差異的部分說明。

5.4.1　調整分錄

第 4 章中針對服務業公司在編製財務報表前所做的調整分錄，買賣業的公司在編製財務報表前依然要做這些調整分錄。但在買賣業公司中，必須增加一類調整分錄：調整存貨實際庫存的餘額與會

計記錄餘額間的差異。在永續盤存制度之下，當公司購買商品時增加存貨的金額，在銷售商品時減少存貨的金額，因此可由公司的分類帳中隨時知道存貨及銷貨成本的餘額。但可能因為會計記錄錯誤、庫存商品被偷，或是某些商品會隨時間經過自然蒸發損耗等原因，使得會計記錄的存貨餘額與倉庫實際盤點的餘額很可能不相同。所以即使是採用永續盤存制度的公司，在會計期間結束或要編製報表前，依然要執行存貨的實地盤點。當存貨實際庫存金額與會計記錄金額不符時，公司必須做一項與存貨有關的調整分錄，即以實際盤點庫存金額為主，將會計記錄的帳面金額調至庫存金額。如果實際盤點的金額大於（小於）會計記錄帳面金額，則發生**存貨盤盈（存貨盤損）**，此時將調整存貨帳面金額至實際盤點金額：若有盤盈，則貸記「銷貨成本」，銷貨成本因而減少，若有盤損，則借記「銷貨成本」，銷貨成本因而增加。

存貨盤損的情況

假設山瑞歐公司在 12 月 31 日執行實際存貨盤點，實際盤點的商品金額是 $45,000，而存貨的帳面金額為 $45,500，則發生存貨盤損的情況，此時山瑞歐公司的會計分錄如下：

12/31	銷貨成本	500	
	存貨		500
	記錄存貨盤損		

存貨盤盈的情況

假設山瑞歐公司在 12 月 31 日執行實際存貨盤點，實際盤點的商品金額是 $45,500，而存貨的帳面金額為 $45,000，發生存貨盤盈的情況，此時山瑞歐公司的會計分錄如下：

12/31	存貨	500	
	銷貨成本		500
	記錄存貨盤盈		

IFRS

民國 97 年以前我國原有之財務會計準則,將「存貨盤損」或「存貨盤盈」列為營業外的費損(收益)項目,但國際會計準則理事會規定將存貨盤盈或盤虧以及後續第 6.4 節介紹的存貨跌價損失均列入銷貨成本,使得處理存貨的所有相關成本均在同一綜合損益表項目表達。我國於民國 98 年以後至 102 年開始採用 IFRS 後,均將存貨盤損與盤盈列入銷貨成本。

會計部落格

沃爾瑪(Walmart)

網路電商崛起的時代裡,2020 年傳統零售商沃爾瑪仍然是全球銷貨收入最多的買賣業者,銷貨收入達 5,592 億美元,亞馬遜收入為 3,891 億美元,而阿里巴巴則為 1,080 億美元。沃爾瑪這麼大的銷貨額,可以想見如果沒有很好的電腦化存貨管理系統,恐怕公司剩下多少存貨都無法統計。曾列名 *Fortune* 雜誌年度全世界最有影響力 50 個女人的琳達・笛爾曼在 2000 年初期負責建立的「感應式存貨盤點系統(RFID)」,工作人員只要在百貨公司走道上走動,透過無線感應的系統,電腦就可以自動計算清楚剩下多少存貨,不需要動手數存貨!

2017 年沃爾瑪在 AI 和機器人的助攻下,正面迎戰網路電商。該公司設計的機器人 Bossa Nova 機器人大軍,身上配備 14 個鏡頭和 RFID 及一個強大的機器腦。這批人工智慧機器人能盤點存貨、檢查商品是否放錯地方、標價錯誤、即將售完,甚至會和顧客打招呼。看起來虛擬電商與傳統零售商間的大戰要進入第二回合了!

5.4.2 結帳分錄

買賣業公司的結帳程序與服務業公司相同。在會計年度結束時,所有的暫時性帳戶必須結清歸零,所有與綜合損益表(除了其

他綜合損益項目）有關的會計項目先結轉至本期損益項目，再將本期損益項目結轉至保留盈餘項目，完成結帳程序。在結帳程序完成後，所有的暫時性帳戶歸零，等到下一個會計期間開始重新累積，結帳程序完成後，整個會計循環亦完成。

釋例 5-3

博朗先生咖啡專賣公司 ×× 年底調整後試算表如下：

博朗先生咖啡專賣公司
調整後試算表
×× 年 12 月 31 日

	借方	貸方
現金	$ 20,000	
應收帳款	20,000	
存貨	30,000	
辦公用品	20,000	
設備	400,000	
累計折舊-設備		$100,000
應付帳款		20,000
應付票據		200,000
股本		100,000
保留盈餘		30,000
銷貨收入		300,000
銷貨成本	100,000	
薪資費用	60,000	
租金費用	40,000	
水電費用	10,000	
折舊費用	30,000	
辦公用品費用	10,000	
利息費用	10,000	
合計	$750,000	$750,000

試作該公司 ×× 年底的結帳分錄。

解析

12/31	銷貨收入	300,000	
	本期損益		300,000

12/31	本期損益	260,000	
	銷貨成本		100,000
	薪資費用		60,000
	租金費用		40,000
	水電費用		10,000
	折舊費用		30,000
	辦公用品費用		10,000
	利息費用		10,000
12/31	本期損益	40,000	
	保留盈餘		40,000

說明：(1) 分別將收入與費用類項目結清，彙總於本期損益。
　　　(2) 將本期損益結清，轉至保留盈餘。

　　以下是以山瑞歐公司 ×× 年度的例子說明買賣業的結帳分錄（分錄中的項目與餘額為假設全年度的資料）：

12/31	銷貨收入	725,000	
	本期損益		725,000
	結清所有收入項目		
12/31	本期損益	534,000	
	銷貨退回與折讓		18,000
	銷貨折扣		7,000
	銷貨成本		385,000
	銷貨運費		70,000
	辦公用品費用		10,000
	薪資費用		10,000
	房租費用		10,000
	保險費用		12,000
	折舊費用		12,000
	結清所有費用項目		
12/31	本期損益	191,000	
	保留盈餘		191,000
	將本期損益結轉至保留盈餘		

5.5 分類式資產負債表以及單站式與多站式綜合損益表

> **學習目標 5**
> 如何編製分類式資產負債表以及單站式與多站式綜合損益表

實務上資產負債表與綜合損益表的項目都非常多，如果能將這兩個報表的主要項目做適當歸類，對於報表使用者而言，能使資訊更為有用。所以本節說明如何將資產負債表與綜合損益表的主要項目歸類。

5.5.1 分類式資產負債表

分類式資產負債表（classified balance sheet）將資產負債表中有關的會計項目分類，對於公司的管理階層、債權人及投資人可以得到更有用的資訊。一般的分類方式如下表：

資產	負債及權益
流動資產	流動負債
非流動資產	非流動負債
	權益

企業將資產與負債分類為流動資產及非流動資產前，應先將資產與負債區分為因營業產生者，以及其他非因營業產生之資產與負債。流動資產或負債主要區分原則如下：

1. 因主要營業而產生之資產與負債如預期在營業週期內變現或清償者，應歸類為流動資產或負債。
2. 非主要營業產生之資產與負債如預期於報導期間結束日（即資產負債表日）後 12 個月內將變現或清償者，亦應歸類為流動資產或負債。

> 流動資產（負債）須符合以下任一條件：
> 1. 在營業週期內變現（清償）。
> 2. 在報導期間結束日後 12 個月內變現（清償）。

營業週期是公司在正常營業活動中，從取得商品至將其賣出並取得現金所需要的平均時間。買賣業的營業活動是指公司取得商品、支付貨款、再出售商品給客戶，而後收取貨款等活動。應收帳款、存貨、辦公用品、預付房租、預付保險費等資產均係主要營業活動使用之資產，所以這些資產只要能在營業週期或報導期間結束

日後12個月內銷售、消耗及變現者，均應歸類為流動資產。大部分的公司營業週期都短於1年；但某些行業（例如：營建業）營業週期可能超過1年以上，所以營建業的存貨（房地產）可能要超過1年以上才能完工並出售，但因為它是「因主要營業所產生之資產」，若可在營業週期中變現，就可以歸類為流動資產。非主要營業使用的資產，例如透過其他綜合損益按公允價值衡量之債務工具投資（參見第12章），如預期於報導期間結束日後12個月內變現者，應列為流動資產。非主要營業相關之資產主要為金融資產，例如股票與債券之投資，這些資產並無「營業週期」之觀念，因此其流動與非流動分類之標準為12個月。此外，現金以及交易目的之金融資產也應歸類為流動資產（本章部分會計項目將在後續的章節中介紹）。

表5-2是一般公司的分類式資產負債表，流動資產項下包含：現金、應收帳款、應收利息、辦公用品、預付房租及預付保險費。注意買賣業特有的項目是以紅字標示的項目：存貨。

流動資產在資產負債表上出現的順序是以「流動性」來劃分，流動性就是指資產預期被轉換為現金的速度。現金不需要轉換就是現金，所以現金放第一位，現金是流動性最強的資產，在現金之後有應收票據、應收帳款、存貨及預付費用等。

> 國際財務報導準則並未強制規定須將流動資產以「流動性」排序，但我國證券主管機關提供之財務報表參考格式採此方式。

會計部落格

流動資產

符合下列條件之一的資產，應列為流動資產：

(1) 企業因營業所產生之資產，預期將於企業之正常營業週期中變現、消耗或意圖出售者。
(2) 主要為交易目的而持有者。
(3) 預期於資產負債表日後12個月內將變現者。
(4) 現金或約當現金，但於資產負債表日後逾12個月用以交換、清償負債或受有其他限制者除外。

不屬於流動資產之資產為非流動資產。

表 5-2　分類式資產負債表（帳戶式）

××公司
資產負債表
××年12月31日

資產			負債		
流動資產			流動負債		
現金	$ 30,000		應付票據	$ 500,000	
應收帳款	400,000		應付薪資	70,000	
應收利息	10,000		應付利息	10,000	
存貨	470,000		預收收入	40,000	
辦公用品	40,000		預收房租收入	1,000	
預付房租	20,000		流動負債合計		$ 621,000
預付保險費	11,000		非流動負債		
流動資產合計		$ 981,000	應付票據	$ 500,000	
不動產、廠房及設備			非流動負債合計		500,000
設備	$ 400,000		負債合計		$1,121,000
減：累計折舊-設備	(1,000)		權益		
建築物	1,000,000		股本	$1,000,000	
減：累計折舊-建築物	(200,000)		保留盈餘	59,000	
不動產、廠房及設備淨額		1,199,000	權益合計		1,059,000
資產總額		$2,180,000	負債及權益總額		$2,180,000

　　非流動資產是不包含在流動資產中的有價值經濟資源。非流動資產包含長期投資、不動產、廠房及設備及無形資產等。長期投資包含股票與債券之投資、採用權益法之投資、投資性不動產等。不動產、廠房及設備通常包括土地、土地改良物、房屋及建築、機器設備與運輸設備等供營業上長期使用之資產。無形資產一般包含專利權、版權及商標等，這些非流動資產將在後續章節陸續討論。

　　流動負債一般包含兩類：一類為因主要營業而發生（例如：應付票據、應付帳款、應付薪資及預收收入等），這類負債如預期將於企業之營業週期中或報導期間結束日後 12 個月內清償者，應分類為流動負債；另一類則是其他短期性融資負債（例如：應付銀行借款、應付利息及長期負債 1 年內到期的部分）。一般而言，流動負債

在資產負債表上出現的順序沒有特定的規則。例如：表 5-2 分類式資產負債表流動負債項下包含應付票據、應付薪資、應付利息及預收收入。該表中係假設公司應付票據總計 $1,000,000，其中 1 年內到期需償還的為 $500,000（流動負債），另外 $500,000 為 1 年後才需償還（非流動負債）。

流動負債以外的負債為非流動負債，非流動負債一般包含長期應付票據、應付公司債等；其他負債則包括負債準備及應計退休金負債等。

權益項下的組成部分因企業的組織結構不同而有差別，在獨資及合夥時，為獨資業主或每位合夥人單獨設立個別的資本帳戶；在公司組織下，由於股東人數眾多，為每位股東設立個別的資本帳戶並不可行，因此使用彙總式的項目代表所有股東的權益，包含股本及保留盈餘等，此時業主權益即為股東權益，但均以「權益」稱之。

> 帳戶式的資產負債表是將資產列示在左邊，負債及權益列示在右邊。報告式的資產負債表是將資產列在上方，而後依序為負債及權益。

分類式資產負債表依照報導的方式分兩類：一是帳戶式；另一類是報告式。帳戶式的資產負債表是將資產列示在左邊，負債及權益列示在右邊，報表陳列的方式像會計恆等式，等式左邊為資產，等式右邊為負債及權益，所以稱為帳戶式，表 5-2 即為帳戶式的表達。報告式的資產負債表（請參見表 5-3）是將資產列在上方，而後依序為負債及權益，但資產總數仍然等於負債與權益之合計數。

5.5.2　單站式與多站式綜合損益表

綜合損益表的內容包括某一會計期間的收益、費損、淨利與其他綜合損益。淨利與其他綜合損益合計為綜合損益。淨利則為收益與費損之差。我國證券發行人財務報告準則採取這種格式；但 IFRS 允許將綜合損益表的上半單獨出來（包含收益、費損與淨利），為損益表，而下半部分亦稱綜合損益表，但內容僅包含淨利與其他綜合損益，可稱為簡要之綜合損益表，因為不包括收益與費損的內容，僅由淨利彙總二者之差。不論哪種格式，淨利（而非綜合損益）仍為最常用的企業營運績效指標。綜合損益表的表達方式有兩種：一是單站式綜合損益表；另一類是多站式綜合損益表。

表 5-3　分類式資產負債表（報告式）

×× 公司
資產負債表
×× 年 12 月 31 日

資產
流動資產
　現金　　　　　　　　　　　　　　$　　30,000
　應收帳款　　　　　　　　　　　　　 400,000
　存貨　　　　　　　　　　　　　　　 470,000
　應收利息　　　　　　　　　　　　　　10,000
　辦公用品　　　　　　　　　　　　　　40,000
　預付房租　　　　　　　　　　　　　　20,000
　預付保險費　　　　　　　　　　　　　11,000
　流動資產合計　　　　　　　　　　　　　　　　　$　981,000
不動產、廠房及設備
　設備　　　　　　　　　　　　　　$　400,000
　減：累計折舊-設備　　　　　　　　　 (1,000)
　建築物　　　　　　　　　　　　　 1,000,000
　減：累計折舊-建築物　　　　　　　 (200,000)
　不動產、廠房及設備淨額　　　　　　　　　　　 1,199,000
資產總計　　　　　　　　　　　　　　　　　　$2,180,000

負債及權益
負債
流動負債
　應付票據　　　　　　　　　　　　$　500,000
　應付薪資　　　　　　　　　　　　　　70,000
　應付利息　　　　　　　　　　　　　　10,000
　預收收入　　　　　　　　　　　　　　40,000
　預收房租收入　　　　　　　　　　　　 1,000
　流動負債合計　　　　　　　　　　　　　　　　$　621,000
非流動負債
　應付票據　　　　　　　　　　　　$　500,000
　非流動負債合計　　　　　　　　　　　　　　　　 500,000
　負債合計　　　　　　　　　　　　　　　　　　　$1,121,000
權益
　股本　　　　　　　　　　　　　　$1,000,000
　保留盈餘　　　　　　　　　　　　　　59,000
　權益合計　　　　　　　　　　　　　　　　　　　 1,059,000
負債及權益總計　　　　　　　　　　　　　　　　$2,180,000

單站式綜合損益表

單站式綜合損益表是將損益表中所有的項目簡單分為兩類：收益項目與費損項目。

單站式綜合損益表（single-step statement of comprehensive income）是將綜合損益表中所有的項目簡單分為兩類：收益項目與費損項目，將所有增加淨利的項目都列入收益項下，所有減少淨利的項目都列入費損項目。因此，對買賣業而言，收益項目包含：銷貨收入及其他非因銷貨產生的收入或利益（例如：利息收入、房租收入、股利收入及處分設備利益等），費損項目包含：銷貨成本、營業費用及其他的費用或損失（例如：利息費用及處分設備損失等），表5-4是山瑞歐公司××年度的單站式綜合損益表，其中銷貨收入以淨額（淨銷貨）表達（即銷貨收入減去銷貨退回與折讓、銷貨折扣後之餘額）。

表 5-4　單站式綜合損益表

<table>
<tr><td colspan="3" align="center">山瑞歐公司
綜合損益表
××年度</td></tr>
<tr><td colspan="3">收益</td></tr>
<tr><td>　銷貨收入淨額</td><td>$700,000</td><td></td></tr>
<tr><td>　收益總額</td><td></td><td>$700,000</td></tr>
<tr><td colspan="3">費損</td></tr>
<tr><td>　銷貨成本</td><td>$385,000</td><td></td></tr>
<tr><td>　運費</td><td>70,000</td><td></td></tr>
<tr><td>　薪資費用</td><td>10,000</td><td></td></tr>
<tr><td>　辦公用品費用</td><td>10,000</td><td></td></tr>
<tr><td>　房租費用</td><td>10,000</td><td></td></tr>
<tr><td>　保險費用</td><td>12,000</td><td></td></tr>
<tr><td>　折舊費用</td><td>12,000</td><td></td></tr>
<tr><td>　費損總額</td><td></td><td>(509,000)</td></tr>
<tr><td>本期淨利</td><td></td><td>$191,000</td></tr>
<tr><td>　其他綜合損益</td><td></td><td>0</td></tr>
<tr><td>本期綜合損益</td><td></td><td>$191,000</td></tr>
</table>

多站式綜合損益表

多站式綜合損益表（multiple-step statement of comprehensive income）區分損益組成部分為：主要營業活動有關之損益及非主要營業活動有關之損益。而主要營業活動有關之損益再區分兩階段：

1. 銷貨毛利：銷貨收入扣除銷貨成本；
2. 營業利益：銷貨毛利扣除營業費用。

多站式綜合損益表將損益表中的項目加以區分，相較於單站式綜合損益表，多站式綜合損益表的表達方式可提供報表使用者更多有用的資訊。

營業費用再細分為銷售費用與管理費用（但依照我國財務報表編製準則提供之附表格式，公司應將研究發展費用單獨列示，因此，營業費用被區分為三項：銷售費用、管理費用與研究發展費用），銷售費用是與銷售商品直接有關的費用，例如：運費、廣告費、行銷部門的薪資費用、水電費用及折舊費用等，管理費用是與公司整體經營有關的費用，例如：人事部門或會計部門的薪資費用、水電費用及折舊費用等。一些共同費用（例如：水電費用及折舊費用等）會依照一些分攤基礎（例如：部門人員數及坪數等）分攤於銷售費用與管理費用項下，表 5-5 是山瑞歐公司 ×× 年度的多站式綜合損益表，其中營業費用顯示假設分攤後的數字。

非主要營業活動有關的損益，也就是非公司所經營的本業範圍所賺得的收益（例如：利息收入、房租收入、股利收入及處分設備的利益等）或發生的損失（例如：利息費用及處分設備損失等），將分別列入**營業外收益**或**營業外費損**，有關**營業外收益**及**營業外費損**在綜合損益表中的表達，是介於營業利益與本期淨利（本期損益）之間，為了避免釋例過於複雜，山瑞歐公司的例子，並沒有包含這兩類項目。另外，山瑞歐公司的例子，亦未包含本期其他綜合損益。

> 多站式綜合損益表區分損益組成部分為：主要營業活動有關之損益及非主要營業活動有關之損益。而主要營業活動有關之損益再區分兩階段：(1) 銷貨毛利；(2) 營業利益。多站式綜合損益表的表達方式可提供報表使用者更多有用的資訊。

> 國際財務報導準則並未要求將本期損益區分為營業內與營業外，但我國證券主管機關仍要求此一區分。

表 5-5　多站式綜合損益表

山瑞歐公司
綜合損益表
××年度

銷貨收入		
銷貨收入總額		$725,000
銷貨退回與折讓	$18,000	
銷貨折扣	7,000	(25,000)
銷貨收入淨額		$700,000
銷貨成本		(385,000)
銷貨毛利		$315,000
營業費用		
銷售費用		
運費	$70,000	
薪資費用	3,000	
房租費用	3,000	
折舊費用	3,600	
銷售費用總額	$79,600	
管理費用		
薪資費用	$ 7,000	
辦公用品費用	10,000	
房租費用	7,000	
保險費用	12,000	
折舊費用	8,400	
管理費用總額	$44,400	
營業費用總額		(124,000)
本期淨利		$191,000
其他綜合損益		0
本期綜合損益		$191,000

會計部落格

百貨公司與便利商店銷貨收入的認定

　　本節討論的綜合損益表中第一個數字──銷貨收入可能不是很容易認定的。百貨公司出售商品給消費者大概分為兩種經營模式：百貨公司先買入貨品，再將貨品賣給消費者；或是百貨公司將營業場所一部分，租給供應商經營專櫃，百貨公司在商品出售時抽取某一成數的利潤，百貨公司不直接買賣。

05 買賣業會計與存貨會計處理-永續盤存制

我們去百貨公司的專櫃買東西時，拿到的發票是百貨公司開的發票，但是這筆交易是百貨公司的銷貨收入嗎？還是屬於供應商的銷貨收入？百貨公司只抽利潤，並未「先買再賣」，所以似乎不是它的銷貨，但是發票是以百貨公司的名義開出，所以似乎是它的銷貨？

7-11 便利商店在銷售各項商品時，常常附贈一些點券，顧客累積一定點數後，可兌換商品。所以 7-11 賣出一杯咖啡收入現金 $45 時，銷貨收入是 $45？還是更少呢？收入其實少於 $45，因部分收入必須在未來顧客兌換免費咖啡才能認列呢？

在進階的會計課程中，將會討論到這些實務上發生的有趣又複雜的交易應該如何處理。

會計達人

加樂福公司於 ×9 年底會計年度結束時之試算表（見第 218 頁）。

公司並有其他調整事項：

1. 辦公大樓以及設備之折舊費用分別為 $40,000、$20,000（皆屬於管理費用）。
2. 由應付票據產生之應付利息為 $20,000。
3. 期末存貨實際盤存金額為 $460,000。
4. 今年的保險費用總計 $40,500。

其他資訊：

1. 薪資費用 60% 屬於行銷費用，而另外 40% 屬於管理費用。
2. 水電費用、維修費用、保險費用皆屬管理費用。
3. 應付票據中 $100,000 為 1 年內到期之金額。
4. 廣告費用屬於行銷費用。
5. 利息費用屬於營業外費損。

試作：

(1) 編製年底調整分錄。
(2) 編製年底結帳分錄。
(3) 編製結帳後試算表。
(4) 編製加樂福公司 ×9 年度之多站式綜合損益表、權益變動表以及 ×9 年底之資產負債表。

加樂福公司
試算表
×9 年 12 月 31 日

	借方	貸方
現金	$ 177,000	
應收帳款	188,000	
存貨	450,000	
預付保險費	78,000	
土地	382,000	
辦公大樓	985,000	
累計折舊-辦公大樓		$ 270,000
設備	417,500	
累計折舊-設備		212,000
應付票據		250,000
應付帳款		187,500
股本		1,000,000
保留盈餘		339,000
銷貨收入		5,370,500
銷貨退回與折讓	88,000	
銷貨折扣	23,000	
銷貨成本	3,999,500	
薪資費用	349,000	
水電費用	227,000	
維修費用	29,500	
廣告費用	218,000	
保險費用	17,500	
總額	$7,629,000	$7,629,000

解析

(1) 調整分錄

12/31	折舊費用	40,000	
	累計折舊 - 辦公大樓		40,000
	折舊費用	20,000	
	累計折舊 - 設備		20,000
	利息費用	20,000	
	應付利息		20,000
	存貨	10,000	
	銷貨成本		10,000
	保險費用	23,000	
	預付保險費		23,000

(2) 結帳分錄

			借	貸
12/31	銷貨收入		5,370,500	
	本期損益			5,370,500
	本期損益		5,044,500	
	銷貨退回與折讓			88,000
	銷貨折扣			23,000
	銷貨成本			3,989,500
	薪資費用			349,000
	水電費用			227,000
	維修費用			29,500
	廣告費用			218,000
	保險費用			40,500
	折舊費用			60,000
	利息費用			20,000
	本期損益		326,000	
	保留盈餘			326,000

(3) 結帳後試算表

加樂福公司
結帳後試算表
×9 年 12 月 31 日

	借方	貸方
現金	$ 177,000	
應收帳款	188,000	
存貨	460,000	
預付保險費	55,000	
土地	382,000	
辦公大樓	985,000	
累計折舊-辦公大樓		$ 310,000
設備	417,500	
累計折舊-設備		232,000
應付票據		250,000
應付帳款		187,500
應付利息		20,000
股本		1,000,000
保留盈餘		665,000
合計	$2,664,500	$2,664,500

(4) 多站式綜合損益表、權益變動表及資產負債表

加樂福公司
多站式綜合損益表
×9 年度

銷貨收入			
銷貨收入總額		$5,370,500	
銷貨退回與折讓	$ 88,000		
銷貨折扣	23,000	(111,000)	
銷貨收入淨額			$5,259,500
銷貨成本			(3,989,500)
銷貨毛利			$1,270,000
營業費用			
銷售費用			
薪資費用	$209,400		
廣告費用	218,000		
總銷售費用		$427,400	
管理費用			
薪資費用	$139,600		
水電費用	227,000		
維修費用	29,500		
保險費用	40,500		
折舊費用-辦公大樓	40,000		
折舊費用-設備	20,000		
總管理費用		496,600	
總營業費用			(924,000)
營業淨利			$ 346,000
營業外費損			
利息費用			(20,000)
本期淨利			$ 326,000
其他綜合損益			0
本期綜合損益			$ 326,000

加樂福公司
權益變動表
×9 年度

	股本	保留盈餘	權益合計
期初餘額	$1,000,000	$339,000	$1,339,000
本期損益	-	326,000	326,000
本期期末餘額	$1,000,000	$665,000	$1,665,000

加樂福公司
資產負債表
×9 年 12 月 31 日

資產			負債		
流動資產			流動負債		
現金		$ 177,000	應付帳款		$ 187,500
應收帳款		188,000	應付票據，1年到期		100,000
存貨		460,000	應付利息		20,000
預付保險費		55,000	流動負債總額		$ 307,500
流動資產總額		$ 880,000			
不動產、廠房及設備			非流動負債		
土地		$ 382,000	應付票據		150,000
辦公大樓	$985,000		負債總額		$ 457,500
累計折舊-辦公大樓	(310,000)		權益		
辦公大樓淨額		675,000	股本		1,000,000
設備	$417,500		保留盈餘		665,000
累計折舊-設備	(232,000)		權益總額		$1,665,000
設備淨額		185,500			
不動產、廠房及設備總額		$1,242,500			
資產總額		$2,122,500	負債及權益總額		$2,122,500

摘要

　　買賣業的營業週期比服務業多了一項商品存貨的購買與銷售，因此買賣業的綜合損益表也多了「銷貨成本」項目，及銷貨收入減去銷貨成本之差額「銷貨毛利」。其餘項目與服務業相同。

　　公司買入商品時，存貨增加；進貨退回時，則存貨減少。商品銷售時，一方面要記錄銷貨收入的增加，同時在永續盤存制之下，也要記錄銷貨成本的增加，以及存貨的減少。銷貨退回或折讓時，並不直接減少銷貨收入，而是以抵銷帳戶的方式處理：借記銷貨退回與折讓，貸記應收帳款。另外，公司購買商品存貨時，若必須負擔交易中的運費，公司將這進貨運費加入存貨的成本；但是若賣方必須負擔銷貨運費則賣方將之計入營業費用項下的銷售費用。

　　買賣業的會計循環所需步驟與服務業完全相同，但做調整分錄時須對存貨盤盈或盤損做處理：盤損時，借記銷貨成本，貸記存貨；盤盈時，借記存貨，貸記銷貨成本。

分類式資產負債表的分類原則如下：

(1) 因主要營業產生之資產或負債，預期將於營業週期或報導期間結束日後 12 個月內變現或清償者，應分類為流動資產與負債。

(2) 非主要營業產生之資產或負債，預期於報導期間結束日後 12 個月內變現或清償者，應分類為流動資產與負債。不屬於流動者均為非流動資產或負債。

流動資產包含現金、應收帳款、應收票據、存貨及預付費用等。非流動資產通常包含長期性投資、不動產、廠房及設備及無形資產等。流動負債通常包括應付帳款、應付票據（在一個營業週期內清償）、應付薪資、預收收入等等項目。非流動負債則通常包括應付票據（在 1 年或一個營業週期後清償）、應付公司債及其他負債如租賃負債及應計退休金負債等。

多站式綜合損益表區分損益組成部分為：銷貨收入、銷貨成本、銷貨毛利、營業費用、本期損益與本期其他綜合損益。單站式綜合損益表只將當期收入與利益項目相加，再扣除當期費用與損失的項目總金額，其餘額即是本期綜合損益，但這種呈現方式比較不容易讓報表使用者了解公司營運成果。

本章習題

問答題

1. 服務業與買賣業的綜合損益表重大差異何在？
2. 何謂存貨的永續盤存制？
3. 何謂起運點交貨與目的地交貨？
4. 銷貨的抵銷帳戶有哪些？為何會出現這些項目？
5. 買賣業會計循環與服務業有何不同之處？

選擇題

1. 在永續盤存制下，銷貨成本決定的基礎為下列何者：
   (A) 每日之基礎　　　　　　　　(B) 每月之基礎
   (C) 每年之基礎　　　　　　　　(D) 每一筆銷貨時

2. 永續盤存制中，記錄賒帳購入商品之退回將貸記：
   (A) 應付帳款 (B) 進貨退回與折讓
   (C) 存貨 (D) 銷貨

3. 銷貨收入減去銷貨成本稱為：
   (A) 毛利 (B) 純益
   (C) 淨利 (D) 邊際貢獻

4. 銷貨退回與折讓帳戶被歸類為：
   (A) 資產帳戶 (B) 資產抵銷帳戶
   (C) 費用帳戶 (D) 收入抵銷帳戶

5. 下列哪一個會計項目正常餘額在貸方？
   (A) 銷貨退回與折讓 (B) 銷貨折扣
   (C) 銷貨 (D) 銷售費用

6. 貸項通知單一般在下列何種情況發出：
   (A) 員工表現良好 (B) 賒銷貨物
   (C) 賒銷之貨物被退回 (D) 客戶拒絕付款

7. 中興百貨公司（買方）向太陽公司（賣方）訂購貨品，並簽訂起運點交貨條款，則此運費將由哪一方負擔？
   (A) 賣方 (B) 買方
   (C) 貨運公司 (D) 賣方或買方均可

8. 路特單公司以發票價 $600,000 購入貨物，付款條件為 1/10, n/30。假定超過 10 天後方付現金，則此交易應支付金額為多少？
   (A) $594,000 (B) $600,000
   (C) $606,000 (D) $6,000

9. 在分類式資產負債表中，存貨被歸類為：
   (A) 無形資產 (B) 不動產、廠房及設備
   (C) 流動資產 (D) 長期性投資

10. 賒銷商品 $100,000，銷貨退回 $8,000，給予銷貨折扣 $1,840，則銷貨折扣率為：
    (A) 1% (B) 2%
    (C) 3% (D) 1.84%

11. 下列是甲公司的財務報表資訊：

銷貨收入	?	銷貨成本	$470,000
銷貨退貨與折讓	$20,000	銷貨毛利	?
銷貨淨額	$750,000		

以上的缺失值為：

	銷貨收入	銷貨毛利
(A)	$770,000	$330,000
(B)	$760,000	$300,000
(C)	$770,000	$280,000
(B)	$730,000	$280,000

12. 如果甲公司的銷貨淨額為 $720,000、銷貨成本為 $460,800，請問甲公司銷貨毛利率為多少？

(A) 24%   (B) 36%
(C) 40%   (D) 64%

13. 以下為乙公司的財務報表資訊：

營業費用	$ 30,000
銷貨淨額	240,000
銷貨成本	192,000

請問乙公司毛利率為多少？
(A) 7.5%   (B) 15%
(C) 20%   (D) 30%

14. 以下為丙公司財務報表資訊：

營業費用	$ 240,000
銷貨退回與折讓	56,000
銷貨折扣	37,000
銷貨收入	840,000
銷貨成本	430,000

丙公司的銷貨毛利為何？

(A) $410,000   (B) $317,000

(C) $177,000　　　　　　　　　　　(D) $70,000

練習題

1.【買賣業會計觀念】以下三小題的每一敘述，正確者請填入「○」，錯誤者請填入「×」：

(1) a. 日記簿－總帳－試算表－財務報表皆屬於會計循環的一部分
　　b. 分類式資產負債表將資產帳戶分類為流動資產、非流動資產
　　c. 營業週期乃指償還流動負債所需之時間
　　d. 流動資產是以資產之流動性分類
　　e. 流動負債乃指未來超過 1 年才需償還之義務

(2) a. 服務業之綜合損益表有三大項目：銷貨、銷貨成本、營業費用
　　b. 營業費用分為兩大類：銷售與管理費用
　　c. 銷貨退回與折讓通常有貸方餘額
　　d. 銷貨退回與折讓為一資產抵銷帳戶
　　e. 銷貨折扣為一收入抵銷帳戶，通常有借方餘額

(3) a. 付款條件 3/10, n/30 指買方有 3 天之優惠期可以 10% 之折扣付款，否則帳款必須於 30 天內付清
　　b. 起運點交貨是指賣方必須承擔運費
　　c. 目的地交貨是指賣方必須承擔運費
　　d. 目的地交貨是指買方必須借記「運費」之會計項目
　　e. 銷貨毛利＝銷貨淨額－銷貨成本

2.【永續盤存制──記錄日記簿分錄】大津公司採永續盤存制，下列是大津公司 ×1 年 10 月份的交易事項：

10/1　向中平公司賒購商品 $20,000，交易條件為起運點交貨，付款條件為 2/10, n/30。
10/3　賒銷商品給小金公司，售價 $15,000，成本為 $8,000，交貨條件是目的地，付款條件為 1/10, n/30。
10/5　支付 10/3 之銷貨運費 $500。
10/7　退貨 $1,000 給中平公司，抵銷欠帳。
10/9　支付中平公司的所有欠款。
10/11　小金公司退回顏色不符需求之貨品一批，依售價計為 $2,000，依成本計為 $1,200。
10/13　收清小金公司的所有貨款。
10/17　向中天公司賒購商品 $30,000，交貨條件是 FOB 起運點，付款條件為 3/10, n/60。
10/20　支付 10/17 之購貨運費 $800。
10/25　賒銷商品給小銅公司 $25,000，成本 $13,000（3/10, n/30）。

10/28 小銅公司退回商品，售價 $3,000，成本 $1,600。

10/31 付清欠中天公司之貨款。

試作：

大津公司之有關分錄。

3. 【永續盤存制——記錄日記簿分錄】三商禮品店 6 月份發生的交易如下：

6/2　賒購存貨 $43,000，購買條款為起運點交貨條款（FOB shipping point），付款條件為 1/10, n/eom（eom：end of month：月底）。

6/7　退還 6/2 賒購之存貨瑕疵品 $5,000。

6/8　現金支付 6/2 賒購存貨之運費 $600。

6/9　賒銷商品 $78,000，付款條件為 2/15, n/30，有關之商品成本為 $44,000。

6/11　支付 6/2 賒購存貨之所有貨款。

6/16　針對 6/9 賒銷商品給予銷貨折讓 $16,000。

6/23　收到 6/9 賒銷商品之所有貨款。

試作：

記錄三商禮品店 6 月份之交易分錄。

4. 【永續盤存制——買賣業的會計處理程序】大穎公司 ×1 年 1 月 1 日期初餘額如下：

現金	$200	股本	$510
應收帳款	$150	保留盈餘（貸餘）	$82
存貨（共 60 件）	$72	本期損益	$0
用品	$10	銷貨	$0
預付租金	$60	銷貨退回與折讓	$0
土地	$400	銷貨折扣	$0
設備	$250	銷貨成本	$0
累計折舊-設備	$100	租金費用	$0
應付帳款	$140	薪資費用	$0
應付票據	$110	用品費用	$0
長期抵押應付款	$200	折舊費用	$0

×1 年中之交易彙總如下：

1. 購買商品 150 件，成本 $150，付現 $10 並開一張一個月期票 $30，餘欠。
2. 進貨退出 15 件，抵銷欠帳 $15。
3. 支付進貨運費 $29.7。
4. 支付本年中購貨產生的應付帳款 $135，取得 2% 現金折扣。
5. 銷貨 150 件，共 $900，收現 $200，餘欠。該批貨品的成本為 $180。
6. 銷貨退回 5 件，抵銷欠帳 $30。該批退回商品之成本為 $6。
7. 現購用品 $15。
8. 收回賒銷產生的應收帳款 $400，給予 3% 現金折扣。
9. 賒購商品 100 件，共 $120，交易條件為目的地交貨。
10. 支付薪資 $40。
11. 現銷商品 100 件售價 $600，該批商品的成本為 $120。
12. 支付期初的應付帳款 $150。

年終調整事項：

1. 用品尚有 $10 未消耗。
2. 預付租金尚有三分之一未過期。
3. 辦公設備可用 10 年，無殘值，以直線法提折舊。
4. 期末實地盤點，商品存貨之成本為 $54。

試作：

(1) 做分錄並記入日記簿。
(2) 過入分類帳。
(3) 調整分錄及過帳。
(4) 編調整後試算表。
(5) 作結帳分錄並過帳。
(6) 綜合損益表。
(7) 權益變動表。
(8) 資產負債表。

5. 【結帳及編表】大彥公司 ×1 年 12 月 31 日編製調整後試算表如下：

大彥公司
調整後試算表
×1年12月31日

	借方	貸方
流動資產	$ 45,400	
不動產、廠房及設備	80,000	
流動負債		$ 48,000
非流動負債		20,000
普通股		43,000
保留盈餘		10,000
股利	2,000	
銷貨收入		55,000
銷貨退回與折讓	1,800	
銷貨折扣	400	
銷貨成本	36,000	
折舊費用	2,000	
辦公用品費用	400	
薪資費用	5,000	
租金費用	3,000	
總額	$176,000	$176,000

試作：

(1) 結帳分錄。
(2) 綜合損益表。
(3) 權益變動表。
(4) 資產負債表。

6. 【買賣業之調整分錄及結帳分錄】蒂分尼公司 ×1 年 12 月 31 日損益項目及部分資產負債表項目餘額如下：

存貨	$ 118,800
銷貨	1,925,000
銷貨折扣	44,000
銷貨退回與折讓	71,500
銷貨成本	1,144,000
運費	38,500
保險費用	66,000
租金費用	110,000
薪資費用	335,500

蒂分尼公司存貨以永續盤存制記錄，×1年12月31日實地盤點存貨金額為 $115,000。

試作：

(1) 記錄×1年12月31日有關存貨之調整分錄。
(2) 記錄×1年12月31日之結帳分錄。

7.【計算綜合損益表中部分金額】下表為中聖公司及藍中公司×2年綜合損益表有關之財務資訊。

	中聖公司	藍中公司
銷貨	$2,970,000	(4)
銷貨退回	(1)	$ 165,000
淨銷貨	2,739,000	3,135,000
銷貨成本	1,848,000	(5)
銷貨毛利	(2)	1,254,000
營業費用	495,000	(6)
淨利	(3)	495,000

試作：計算空格中之金額。

應用問題

1.【永續盤存制──記錄日記簿分錄】伊易購物流公司於8月份完成如下之商品交易。

8/3　自來西公司賒購商品 $21,240，目的地交貨付款條件為 2/10, n/30。

8/4　賒銷商品 $10,400，目的地交貨，付款條件為 1/10, n/30，賒銷商品之成本為 $8,200。

8/5　針對 8/4 賒銷之商品支付運費 $720。
8/6　因退貨 $1,000 而收到來西公司之貸項通知單。
8/12　支付來西公司所有貨款。
8/13　收到 8/4 賒銷商品之所有貨款。
8/15　以現金購買商品 $8,800。
8/18　向大東公司賒購商品 $22,680，起運點交貨，付款條件為 3/10, n/30。
8/20　針對 8/18 賒購之商品支付運費 $350。
8/23　現金銷售商品 $12,800，且商品之成本為 $10,240。
8/25　以現金購買商品 $11,900。
8/27　支付大東公司所有貨款。
8/29　因商品瑕疵而退回貨款 $180 給現金購買之客戶，而瑕疵商品剩餘殘值 $60。
8/30　賒銷商品 $7,400，付款條件為 n/30，且賒銷商品之成本為 $6,500。

試作：

記錄伊易購物流公司於 8 月份所有商品交易之分錄（伊易購物流公司之存貨會計記錄採用永續盤存制）。

2.【存貨之調整及結帳分錄】大觀公司 ×1 年 12 月 31 日有關資料如下：

銷貨收入	$80,000
銷貨退回與折讓	$3,000
銷貨折扣	$1,000
利息收入	$3,000
期末存貨	$25,000
銷貨成本	$55,000
銷貨運費	$900
薪資費用	$12,500
折舊費用	$3,000
水電費用	$1,500
用品費用	$800

大觀公司年底實地盤點存貨金額為 $25,500。

試作：

(1) 永續盤存制之存貨的調整分錄。
(2) 結帳分錄。

3. 【編製財務報表及結帳分錄】大愛公司 ×1 年 12 月 31 日編製調整後試算表如下：

<table>
<tr><td colspan="3" align="center">大愛公司
調整後試算表
×1年12月31日</td></tr>
<tr><td></td><td align="right">借方</td><td align="right">貸方</td></tr>
<tr><td>現金</td><td align="right">$ 11,700</td><td></td></tr>
<tr><td>應收帳款</td><td align="right">14,500</td><td></td></tr>
<tr><td>辦公用品</td><td align="right">500</td><td></td></tr>
<tr><td>存貨</td><td align="right">11,000</td><td></td></tr>
<tr><td>預付租金</td><td align="right">5,000</td><td></td></tr>
<tr><td>辦公設備</td><td align="right">28,000</td><td></td></tr>
<tr><td>累計折舊-辦公設備</td><td></td><td align="right">$ 3,000</td></tr>
<tr><td>運輸設備</td><td align="right">38,500</td><td></td></tr>
<tr><td>累計折舊-運輸設備</td><td></td><td align="right">10,000</td></tr>
<tr><td>應付帳款</td><td></td><td align="right">5,000</td></tr>
<tr><td>應付薪資</td><td></td><td align="right">1,000</td></tr>
<tr><td>預收收入</td><td></td><td align="right">3,000</td></tr>
<tr><td>長期應付票據</td><td></td><td align="right">20,000</td></tr>
<tr><td>應付公司債</td><td></td><td align="right">28,000</td></tr>
<tr><td>股本</td><td></td><td align="right">23,000</td></tr>
<tr><td>保留盈餘</td><td></td><td align="right">5,000</td></tr>
<tr><td>銷貨收入</td><td></td><td align="right">60,000</td></tr>
<tr><td>銷貨退回與折讓</td><td align="right">800</td><td></td></tr>
<tr><td>銷貨折扣</td><td align="right">500</td><td></td></tr>
<tr><td>銷貨成本</td><td align="right">38,000</td><td></td></tr>
<tr><td>折舊費用</td><td align="right">1,000</td><td></td></tr>
<tr><td>辦公用品費用</td><td align="right">1,000</td><td></td></tr>
<tr><td>薪資費用</td><td align="right">4,000</td><td></td></tr>
<tr><td>租金費用</td><td align="right">2,000</td><td></td></tr>
<tr><td>利息費用</td><td align="right">1,500</td><td></td></tr>
<tr><td>合計</td><td align="right">$158,000</td><td align="right">$158,000</td></tr>
</table>

試作：

(1) 綜合損益表；(2) 權益變動表；(3) 資產負債表；(4) 編結帳分錄。

4. 【完成買賣業工作底稿、記錄所有分錄及編表】大偉公司 ×1 年 1 月 1 日各帳戶餘額如下：

現金	$830	應收帳款	$240	存貨	$235（47 件）
辦公用品	$30	預付租金	$50	土地	$900
設備	$600	累計折舊-設備	$180	應付帳款	$420
應付票據	$350	應付水電費	$0	長期負債	$880
股本	$950	保留盈餘（貸餘）	$105	銷貨	$0
銷貨退回與折讓	$0	銷貨折扣	$0	銷貨成本	$0
租金費用	$0	薪資費用	$0	用品費用	$0
折舊費用	$0	水電費用	$0		

×1 年第一季之交易彙總如下：

1/5　賒購商品 100 件，成本 $500（2/10, n/30）。
1/8　進貨退出 10 件。抵銷欠帳 $50。
1/15　支付 1/5 日進貨產生的欠帳 $450，並取得 2% 折扣。
1/25　償還到期的欠帳 $200，此欠帳已超過折扣期限。
2/1　支付 1/5 日進貨運費 $9。
2/15　銷貨 60 件，售價 $900，收現 $300，餘欠。該批商品的成本為 $300。
2/18　銷貨退回 15 件，抵銷欠帳 $225，該批退回商品之成本為 $75。
2/23　收回應收帳款 $375 給予 2% 現金折扣。
3/15　現購辦公用品 $36。
3/16　賒購商品 30 件，成本 $150。
3/20　支付薪津 $120。
3/25　銷貨 48 件，售價 $768，收現 $168，餘欠。該批商品的成本為 $240。
3/30　支付水電費 $30。
3/31　第一季終調整事項：

　　1. 辦公用品尚有 $20 未耗用。
　　2. 預付租金尚有五分之一未過期。
　　3. 設備可用 20 年，無殘值，提 3 個月折舊。
　　4. 應付未付水電費帳單 $10。
　　5. 期末實地盤點，商品存貨之成本為 $380。

試作：(1) 分錄記入日記簿；(2) 過入分類帳；(3) 調整前試算表；(4) 調整分錄並過帳；
　　　(5) 編綜合損益表；(6) 編權益變動表；(7) 編資產負債表；(8) 結帳分錄並過帳。

06 存 貨

objectives

研讀本章後,預期可以了解:

- 存貨的意義、內容及在財務報表上之表達
- 存貨盤存的會計制度
- 各種存貨成本流程的假設,以及對財務報表的影響
- 存貨成本與市價孰低基礎,以及淨變現價值法
- 存貨評價錯誤的影響
- 如何以毛利率法估計期末存貨
- 存貨週轉率的意義

全世界的汽車產業在 2021 年因為車用晶片短缺，使得生產線停滯延燒，國際各大車廠相繼向台灣請求車用晶片的產能。全球半導體供應鏈危機最早起因於美中貿易戰，以及新型冠狀病毒疫情。早先全球晶片市場原本就因為手機、平板與筆記型電腦之需求旺盛，導致呈現供不應求，而貿易戰更加打亂了市場的供需與布局。

特別是 2020 年起，越來越多民眾因應疫情而在家辦公或遠距上課，消費性電子產品，如智慧型手機、筆電、遊戲主機等需求大增，晶片製造廠的產能吃緊，全球晶片短缺，使得漲價效應帶動半導體產業整體營收強勁的成長。

車用晶片大缺貨，肇因於先前車廠因 COVID-19 衝擊而縮減產能、大砍晶片訂單；然而在各國央行拚命撒錢救市，經濟朝向復甦之際，正當國際車廠準備恢復產能時，才發現晶片庫存告急，於是衍生出晶片的缺貨風暴。主要問題在於國際汽車大廠為了閃過一時的低潮而砍訂單、削庫存，卻沒料到缺貨竟引發如此大的衝擊。由於汽車銷量意外反彈，再加上高科技產品銷量激增，導致車用晶片出現大缺貨，雖然汽車公司在 2020 年秋季就看到需求反彈，但晶片供應的速度卻跟不上需求回升的腳步，加以電子產品在疫情期間大增，例如 PS5 遊戲主機、筆記型電腦及 5G 智慧型手機，也壓縮了車用晶片的產能。由於半導體產業是「軍備競賽」般的產業，舉凡研發、製程、設備等資本支出居高不下，一旦製程成功升級，當然投注於生產高階且較高毛利之產品，才能盡速回收重大的資本投資，價格較為低廉的車用晶片產品，當然就沒有產能優先的排序。

當前汽車與非汽車晶片的需求強勁，導致供應大缺貨的情形，是典型的長鞭效應（Bullwhip effect），而其他領域晶片的高需求，則導致長鞭效應加劇。所謂的長鞭效應是指企業在營運過程中，常會保留一些額外的庫存作為安全存量。在供應鏈的系統廠商裡，從下游到上游，從終端客戶到原始供應商，每一個組成部分所需求的安全庫存將會越來越多，因此在需求升高的時期，下游的企業將會增加從上游訂貨的數量，而這種需求量的變化會隨著供應鏈上溯而被放大。反之，當需求減少時，上游車用晶片被取消的數量也會產生信息扭曲的放大作用，此即為長鞭效應。

本章將介紹存貨管理的相關議題及存貨的會計處理。

本章架構

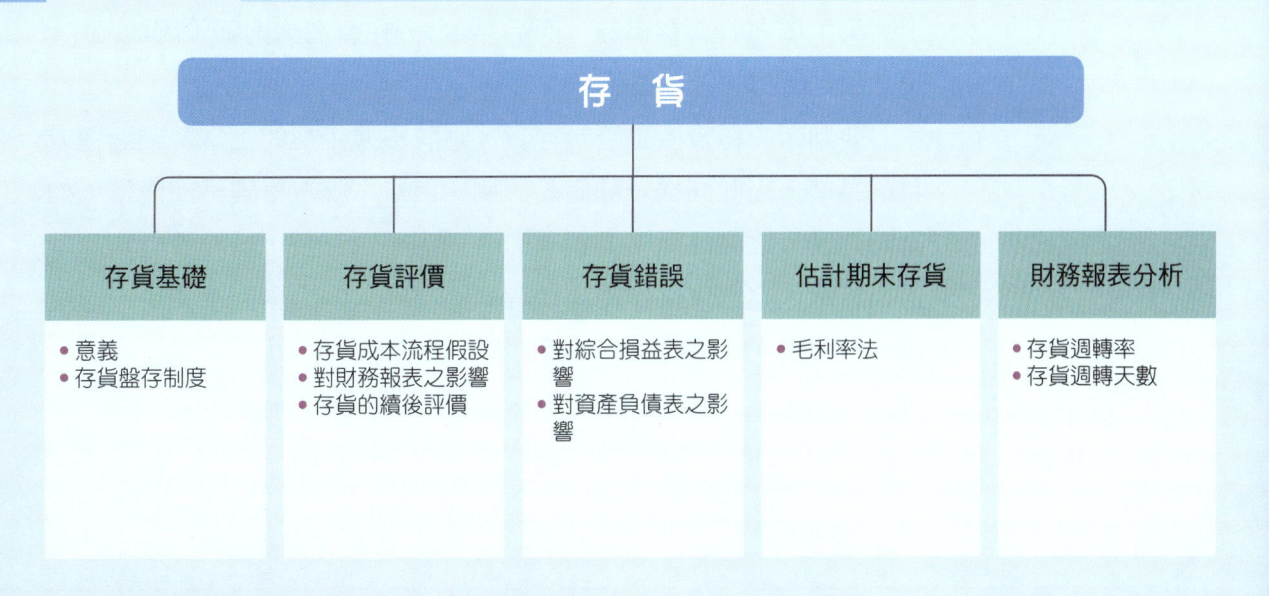

存貨

- **存貨基礎**
  - 意義
  - 存貨盤存制度

- **存貨評價**
  - 存貨成本流程假設
  - 對財務報表之影響
  - 存貨的續後評價

- **存貨錯誤**
  - 對綜合損益表之影響
  - 對資產負債表之影響

- **估計期末存貨**
  - 毛利率法

- **財務報表分析**
  - 存貨週轉率
  - 存貨週轉天數

學習目標 1
說明存貨的意義、內容及在財務報表上的表達

6.1 存貨之意義

存貨通常就是指貨品的庫存或儲存，不同的公司有不同的存貨類別與內容，範圍可以從小的螺帽、圖釘、原子筆、膠帶，到大的物項如家電用品、機器設備、車輛，甚至飛機都有可能。就買賣業而言，最主要的營收來源即為商品的銷售，因此為了在正常營業過程中銷售而保有的商品存貨，就構成了買賣業最大的資產之一，例如百貨公司保有服飾用品、家具、日用品、玩具、禮物、卡片等；超級市場的庫存生鮮食品、罐頭、冷凍冷藏食品、雜誌及日常用品等均是。就製造業而言，存貨的內容則包括不同的類別，例如原料與零件、部分完成的製品項目以及已經完成的製成品。

庫存項目過多或不足，都是不適當的存貨管理，庫存過多造成存貨堆積的資金成本和持有成本很高，而且容易暴露於價格失控的風險，特別是產品生命週期較短的電子產品。相對地，庫存不足的結果則容易造成銷售損失、較低的顧客滿意度以及可能的生產瓶頸。依據國際會計準則第 2 號「存貨」之定義，存貨係指符合下列任一條件之資產：

1. 持有供正常營業過程出售者。
2. 正在製造過程中以供正常營業過程出售者。
3. 將於製造過程或勞務提供過程中消耗之原料或物料。

上述第 1 項在買賣業稱為「商品存貨」，在製造業則稱「製成品」，第 2 項是所謂的「在製品」。

要判斷一種資產是否為存貨，應該根據企業的正常營業過程或目的為準，因此同樣一種商品，例如汽車，就汽車經銷商而言，如為向外購入之商品而準備銷售者，則應視為存貨，屬於流動資產；但如將購入之汽車供作總經理等高階經理人的公務配車使用，則應視為不動產、廠房及設備，屬於非流動資產。

會計部落格

營造廠商或建設公司的存貨內容與一般的製造業或零售業有顯著的不同，存貨占總資產的比例非常高。以**興富發**建設股份有限公司為例，其民國 109 年 12 月 31 日資產負債表之存貨金額為 $1,326.14 億，約占總資產 $1,808.07 億之 73%。由財務報表附註得知，其存貨的內容為：

待售房地（即成屋）	$ 140.33 億
營建用地	253.68 億
在建房地	929.03 億
預付土地款	3.10 億
合計	$1,326.14 億

6.2 存貨制度的會計處理

> **學習目標 2**
> 如何區別定期盤存制和永續盤存制

會計上的存貨制度有定期盤存制和永續盤存制兩種。在第 5 章已討論永續盤存制，本章再介紹定期盤存制，並進一步比較這兩種盤存制度。

6.2.1 定期盤存制

採**定期盤存制**（periodic inventory system）時，企業平日並不維持隨時反映存貨數量增減的流水記錄。在此制度下，企業會按固定間隔期間（如每月、每季），進行實際盤點存貨的項目，依據實際盤點而得知存貨數量，因此又稱為「實地盤存制」。超級市場、百貨公司或小型零售業者最常採取定期盤存制，相關之會計處理說明如下。

> **定期盤存制** 平時商品之購入以進貨項目記帳，而銷貨時不記錄存貨的減少，至年終結帳時，以實地盤點庫存商品決定期末存貨。

1. 進　貨

在定期盤存制下，購入商品時，由於不立刻反映存貨數量的增加，因此進貨的金額並不記入商品存貨帳戶，而是記入一個暫時的虛帳戶，稱為**進貨**（Purchase），所以會計分錄為：借記進貨，貸記現金或應付帳款。若有因商品之規格或品質不符而將商品退回，或因商品有瑕疵而賣方同意減價的情形，則我們會借記現金或應付

帳款，並貸記另一會計項目**進貨退回與折讓**（Purchase Return and Allowance），進貨退回與折讓在綜合損益表上作為進貨的減項。至於應由買方負擔的進貨**運費**（Freight-In），則屬於進貨成本的一部分，應作為進貨的加項。

2. 銷　貨

在定期盤存制下，出售商品時，僅記載收入面的銷貨增加，存貨減少轉入銷貨成本的部分並不作記錄，即僅借記現金（或應收帳款），貸記銷貨收入。

3. 期末盤點與調整

在定期盤存制下，由於平日商品的進貨與銷貨均未記入存貨帳戶以顯示存貨增減的情形，因此存貨帳戶的金額自期初以來一直保留在帳上不動，直到年底再作適當的調整分錄以反映實際的期末存貨金額。調整的方法分析如下：本期期初存貨加上本期進貨成本，得出**可供銷售商品成本**（cost of goods available for sale），再以可供銷售商品成本扣除本期期末存貨，得出銷貨成本。

應注意的是，上述銷貨成本的推算過程中，本期期初存貨為上期會計期間結束時尚未出售商品之期末存貨結轉而來，至於本期期末存貨則是經由實際盤點而得知存貨之數量與金額。在盤點出期末存貨及計算出銷貨成本後，應作下列存貨之調整分錄：

存貨 (期末)	×××	
銷貨成本	×××	
存貨 (期初)		×××
進貨		×××

上述的調整分錄，不僅有沖銷期初存貨，轉而在資產負債表上認列期末存貨金額之功能外，亦同時有推算銷貨成本，作為綜合損益表應認列費損的功能。

6.2.2　永續盤存制

企業採**永續盤存制**（perpetual inventory system）時，平日即以

期初存貨＋本期進貨
可供銷售商品成本
－期末存貨
＝銷貨成本

永續盤存制　商品之購入與出售均立即反映於存貨帳戶記錄增減，至年終時，存貨帳戶的餘額即代表應有之期末存貨。

「存貨」項目隨時記錄存貨的增減變化情形，因此帳上可以隨時得知應有之存貨數量與金額，故又稱為「帳面盤存制」。永續盤存制通常是以連續的基礎，隨時記錄存貨之購入以及領用的情形，在日常生活中，銀行的存款與提領情形就是一種連續記錄存量變動的例子。雖然永續盤存制的作業較為複雜，但由於資訊科技與相關軟體的發展迅速，許多製造業存貨的項目種類與金額雖然十分驚人，但透過連線的永續系統，可隨時保持並追蹤存貨的領用情形及是否已至再訂購點，如規模龐大的上市公司鴻海即採用永續盤存制。有關永續盤存制下商品買賣之會計處理，我們再次扼要說明如下：

1. 進　貨

在永續盤存制下，購入商品時立即反映存貨的增加，即借記存貨，貸記現金或應付帳款。進貨的退回與折讓，則直接記錄為存貨成本的減少（即貸記存貨）。至於進貨運費，則直接記錄為存貨成本的增加（即借記存貨）。

2. 銷　貨

在永續盤存制下，出售商品時，須作兩個分錄：一為記錄銷貨收入，即借記現金（或應收帳款），貸記銷貨收入；二為同時記錄存貨的減少並反映銷貨成本，即借記銷貨成本，貸記存貨。值得注意的是，第一個分錄為永續盤存制及定期盤存制下均須作的分錄；但第二個分錄則是永續盤存制下才須作的分錄，因為在永續盤存制下，銷貨成本及期末存貨均直接由期末其帳上之結餘金額求得。另外，在第一個分錄中，貸方項目為銷貨收入，而第二個分錄中，借方項目為銷貨成本；前者的金額通常大於後者，因為「銷貨收入」的金額代表向顧客收取的金額，而「銷貨成本」的金額則為付給供應商的金額。「銷貨收入」與「銷貨成本」的差額即為銷貨毛利。

3. 期末盤點與調整

在永續盤存制下，就作成財務報表目的而言，由於平日商品之購入與出售均立即於存貨帳上作增減記錄，無須作期末存貨之調整；但就管理上目的而言，仍應每年至少實地盤點存貨一次，

以確定帳上存貨數量與實際存貨數量是否相符，而作盤盈或盤損之調整。盤盈是指實際盤存數量大於帳列數量，依成本金額，以「銷貨成本」項目列示於貸方，作為銷貨成本的減少。調整分錄為借記存貨，貸記銷貨成本。盤損則是指實際盤存數量小於帳列數量，短缺的部分依成本金額，列示於「銷貨成本」項目的借方，作為銷貨成本的增加。調整分錄為借記銷貨成本，貸記存貨。

會計好簡單

在定期盤存制和永續盤存制下，如何得知銷貨成本和期末存貨的金額？

解析

在定期盤存制下，須先決定期末存貨，再求算出銷貨成本。期末存貨係由實際盤點得來，而銷貨成本則從期初存貨加上本期進貨成本減去期末存貨算出。

在永續盤存制下，銷貨成本及期末存貨均直接由期末其各自分類帳帳上之結餘金額求得。

6.2.3 兩種盤存制度之比較

定期盤存制 帳務處理較為簡單，適合單價低且進出頻繁的商品。

永續盤存制 因為有存貨進銷的連續記錄，帳務處理較為複雜，適合於量少價高的商品。

定期盤存制之優點在於帳務處理相對較為簡單，適合於單價較低且進出頻繁的商品。然缺點為平日並無庫存存貨的資料，無法有效控制及管理存貨數量，藉由年終實際盤存的期末存貨，無法反映商品可能的損壞失竊。換句話說，因損壞失竊而減少的商品數量將與售出商品數量混合，存貨短少較不易發現。永續盤存制則帳務處理較為複雜，常設有各種商品存貨之明細分類帳，對於購入、出售及結存餘額均作詳細而連續之記載，適合於數量少而價值較高的商品。由於可以隨時反映存貨的數量，有助於存貨的管理控制，甚至於方便期中財務報表之編製。

釋例 6-1

康又美公司 ×8 年度有關除痘凝膠之進貨、銷貨及存貨之相關資料如下：

進貨：賒購除痘凝膠 600 件 @$110 計 $66,000

銷貨：賒銷除痘凝膠 800 件 @$130 計 $104,000

存貨：期初存貨（1 月 1 日）400 件 @$110 計 $44,000

期末存貨（12 月 31 日）實際盤點結果 190 件

試作：

(1) 比較定期盤存制與永續盤存制應作之相關分錄。
(2) 比較兩種制度下，相關會計項目在綜合損益表與資產負債表之表達。

解析

(1)

交易事項	定期盤存制		永續盤存制	
a. 賒購	進貨　　　　　66,000		存貨　　　　　66,000	
	應付帳款	66,000	應付帳款	66,000
b. 賒銷	應收帳款　　　104,000		應收帳款　　　104,000	
	銷貨收入	104,000	銷貨收入	104,000
			銷貨成本　　　88,000	
			存貨	88,000
			（$110×800 = $88,000）	
c. 期末調整	存貨（12/31）　20,900		①類似左邊之調整分錄不必作	
	銷貨成本　　　89,100		②存貨盤損須作記錄	
	進貨	66,000	銷貨成本　　　1,100	
	存貨（1/1）	44,000	存貨	1,100
	（期末存貨：$110×190 = $20,900）		〔帳面存貨量：400＋600－800＝200 件 實地盤存量：190 件 存貨盤損：$110×(200－190)＝$1,100〕	

注意：定期盤存制是以實際存量推算銷貨成本，因此沒有存貨盤損或盤盈的問題。

(2) a. 在定期盤存制下，存貨與銷貨成本之增減變動分析如下：

存貨		銷貨成本	
44,000*	44,000	89,100	
20,900			
20,900		89,100	

*期初存貨為 $44,000

部分綜合損益表		部分資產負債表	
銷貨收入	$104,000	流動資產：	
銷貨成本		現金	$×××
期初存貨	$44,000	應收帳款	×××
本期進貨	66,000	存貨	20,900
減：期末存貨	(20,900)		
銷貨成本	(89,100)		
銷貨毛利	$14,900		

b. 在永續盤存制下，存貨與銷貨成本之增減變動分析如下：

存貨		銷貨成本	
44,000*	88,000	88,000	
66,000	1,100	1,100	
20,900		89,100	

*期初存貨為 $44,000

部分綜合損益表		部分資產負債表	
銷貨收入	$104,000	流動資產：	
銷貨成本	(89,100)	現金	$×××
銷貨毛利	$14,900	應收帳款	×××
⋮		存貨	20,900

學習目標 3
了解存貨的成本公式以及對於財務報表的影響

6.3　存貨之成本公式

　　在買賣業的正常營業中，每批進貨之商品單位成本不同為常見的情形。這使買賣業公司在進行存貨相關之會計處理時，需決定其適用的**成本公式**（cost formula），來認定應使用哪批進貨之商品單位成本計算存貨成本。

　　就採永續盤存制的買賣業公司而言，每一筆銷貨時除記錄銷貨收入外，還須記錄存貨售出減少故轉列為銷貨成本。所以當每批進貨之商品單位成本不同時，公司就需決定此次售出的存貨，應使用哪次的進貨價格計算其成本，也就是決定作「借記銷貨成本，貸記存貨」的分錄中之金額。

　　就採定期盤存制的買賣業公司而言，銷貨時無須決定售出存貨

的成本，但在期末調整時，須以「期初存貨成本＋本期進貨成本－期末存貨成本」推算銷貨成本。所以當每批進貨之商品單位成本不同時，公司就需決定盤點得到的期末存貨，應使用哪次的進貨價格計算其成本，也就是決定作「借記存貨（期末），借記銷貨成本，貸記存貨（期初），貸記進貨」的分錄中，借記存貨（期末）之金額。

根據國際會計準則第 2 號（IAS 2）「存貨」明定，若公司之存貨為專案生產故能明確區隔而不能隨意替代者，亦即實務上多為外觀易於區分辨認且價值較高者，公司應採**個別認定法**（specific identification method）為其存貨成本公式；而若公司之存貨為可隨意替代且數量龐大者，公司應採用**先進先出法**（first-in, first-out method, FIFO）或**加權平均法**（weighted average method）為其存貨成本公式。值得特別注意的是，國際財務報導準則不允許公司採用**後進先出法**（last-in, first-out method, LIFO）作為存貨成本公式。

IAS 2 同時規定，公司對於性質或用途相近的存貨，應採用相同的成本公式。因此性質或用途不同的存貨，可以使用不同的成本公式；但是存放地點的不同或適用稅法不同的存貨，不得使用不同的存貨成本公式。以下即分別說明各種存貨成本公式。

6.3.1　個別認定法

在個別認定法下，企業逐項認定存貨係於哪批次購入，實際的單位成本為何，以計算出售商品（永續盤存制下）或期末存貨（定期盤存制下）的成本。個別認定法是會計成本流程與實際商品物流一致的成本公式，亦即在決定財務報表中應認列之存貨成本金額時，是以商品實際的出售順序為準。個別認定法看似「最符合實際、最精確」，但若存貨為可隨意替代時使用此法，則經理人可以任意認定出售商品或期末存貨屬較高或較低單位成本的批次，而有操控損益金額的機會。所以個別認定法僅能適用於能明確區隔且不能隨意替代的存貨。

個別認定法　逐項認定存貨係於哪批次購入，以實際的單位成本計算存貨成本。僅適用專案生產故能明確區隔而不能隨意替代的存貨或勞務。

6.3.2　先進先出法

先進先出法是會計成本流程與實際商品物流不必然一致的

先進先出法 假設先買進的商品先出售，因此期末存貨成本從本期所有批次進貨中最後批次進貨的單位成本開始計算；銷貨成本則從期初存貨的單位成本開始計算。

成本公式。不論商品出售的實際順序為何，先進先出法係以「先買進的商品先出售」的假設順序決定出售商品（永續盤存制下）或期末存貨（定期盤存制下）的成本。所以在先進先出法下，定期盤存制在期末決定期末存貨成本時，係從本期所有批次進貨中最後批次進貨的單位成本開始計算；永續盤存制則是在銷貨決定出售商品成本時，係從期初存貨的單位成本開始計算。此兩種情形下所採用的順序完全一樣，所以無論在永續盤存制或定期盤存制下，先進先出法所決定之銷貨成本與期末存貨的金額均相同。

6.3.3 加權平均法

加權平均法 以可供銷售商品總成本除以可供銷售商品總數量，得出加權平均單位成本。

加權平均法是不論商品出售的實際順序為何，以所有可供銷售商品計算商品的加權平均單位成本，再以此單位成本決定出售商品（永續盤存制下）或期末存貨（定期盤存制下）的成本。值得注意的是，加權平均法在永續盤存制與定期盤存制中求得之加權平均單位成本可能並不相同，所以決定的銷貨成本與期末存貨金額可能也不一樣。這是因為定期盤存制是在期末時決定期末存貨的成本，所以是以包括「期初存貨」和「本期所有批次進貨」的「可供銷售商品」計算加權平均單位成本；永續盤存制則是在銷貨時即需決定出售商品的成本，所以是以包括「期初存貨」和「本次銷貨前所有批次進貨」的「可供銷售商品」計算加權平均單位成本。在永續盤存制下，每次進貨即產生一個新的加權平均單位成本，是以永續盤存制下的加權平均法又稱**移動平均法**（moving average method）。

IFRS

在國際財務報導準則下，公司不得自由選擇個別認定法、先進先出法、加權平均法等決定存貨成本的成本公式，而是須視其存貨特性決定應使用的成本公式。這是與我國原有財務會計準則不同之處，應特別注意。

6.3.4 後進先出法──國際財務報導準則排除使用

後進先出法也是會計成本流程與實際商品物流不必然一致的成本公式。不論商品出售的實際順序為何，後進先出法係以「後買進的商品先出售」的假設順序決定出售商品（永續盤存制下）或期末存貨（定期盤存制下）的成本。在後進先出法下，永續盤存制與定期盤存制下決定之銷貨成本與期末存貨的金額可能並不一樣。這是因為在定期盤存制下於期末決定期末存貨成本時，係從期初存貨的單位成本開始計算，亦即銷貨成本是由本期所有批次進貨中最後批次進貨的單位成本開始計算；但在永續盤存制下銷貨決定出售商品成本時，係從「本次銷貨前所有批次進貨中最後批次進貨」的單位成本開始計算，亦即期末存貨成本係從「本次銷貨前尚餘存貨中最早批次進貨」的單位成本開始計算。此兩種情形下所採用的順序並不一定一樣，所以無論在永續盤存制或定期盤存制下，後進先出法所決定之銷貨成本與期末存貨的金額可能並不相同。

後進先出法 假設後買進的商品先出售，因此期末存貨成本從「記錄時」最早批次進貨的單位成本開始計算；銷貨成本則從「記錄時」最後批次進貨的單位成本開始計算。

IFRS

國際財務報導準則排除後進先出法，原因是在後進先出法下，期末存貨成本係以偏離期末市價的較早批次進貨單位成本計算，以資產評價角度而言明顯不適當。而國際財務報導準則之基本精神為「資產負債法」，即認為資產負債表上資產與負債的評價應該優先於綜合損益表的收益與費損的認列，所以排除了後進先出法的使用。本書後續章節介紹的金融資產等項目，其會計處理亦可見「資產負債法」精神的表現。

6.3.5 成本公式對財務報表的影響

由前述討論可知，即使公司實際營運狀況完全相同，但其財務報表上認列的銷貨成本與期末存貨金額，卻可能因為適用不同成本公式而不相同。以下就用簡例顯示不同成本公式對財務報表的影響：假設區區氏公司 ×1 年存貨相關資料如下：

日期	項目	數量	單位成本	金額
1/1	期初存貨	10	$10	$100
3/8	本期進貨	20	$11	$220
7/4	本期進貨	30	$12	$360
11/21	本期進貨	40	$13	$520

即該公司 ×1 年共有可供銷售商品 100 單位，成本 $1,200。另該公司 ×1 年僅有 10 月 15 日銷貨一筆，售出 40 單位存貨。

該公司若採定期盤存制，則其將於 ×1 年底經過實際盤點發現期末存貨數量為 60 單位，而在各成本公式下，此 ×1 年底 60 單位存貨之成本計算如下：

定期盤存制下之期末存貨成本
先進先出法：(40×$13)+(20×$12)=$760
加權平均法：60×($1,200÷100)=$720
後進先出法：(10×$10)+(20×$11)+(30×$12)=$680

再將期末存貨之成本由可供銷售商品成本 $1,200 中減除，便可求得 ×1 年銷貨成本如下：

定期盤存制下之銷貨成本
先進先出法：$1,200－$760=$440
加權平均法：$1,200－$720=$480
後進先出法：$1,200－$680=$520

該公司若採永續盤存制，則其將於 ×1 年 10 月 15 日售出 40 單位存貨時，決定此 40 單位存貨之成本並轉列為銷貨成本。在各成本公式下，此 40 單位應轉列為銷貨成本之存貨的成本計算如下：

永續盤存制下之銷貨成本
先進先出法：(10×$10)+(20×$11)+(10×$12)=$440
加權平均法：40×($680÷60)=$453
後進先出法：(30×$12)+(10×$11)=$470

請注意此時加權平均法之加權平均單位成本，是以 10 月 15 日銷貨

發生時的可供銷售商品 60 單位，成本 $680 計算。而在永續盤存制下，進貨時即記錄存貨增加，銷貨時即記錄存貨減少，所以 ×1 年底存貨成本可由存貨帳戶的餘額得知。各成本公式下 ×1 年底存貨帳戶的餘額如下（算式中加入者為進貨金額，減除者為銷貨成本金額）：

永續盤存制下之期末存貨成本
先進先出法：$100＋$220＋$360－$440＋$520＝$760
加權平均法：$100＋$220＋$360－$453＋$520＝$747
後進先出法：$100＋$220＋$360－$470＋$520＝$730

為便於分析成本公式對財務報表的影響，我們將簡例中區區氏公司於不同成本公式下之銷貨成本與期末存貨的金額彙總成表如下：

	永續盤存制		定期盤存制	
	銷貨成本	期末存貨	銷貨成本	期末存貨
先進先出法	$440	$760	$440	$760
加權平均法	$453	$747	$480	$720
後進先出法	$470	$730	$520	$680

由上表可見，如第 6.3.2 節至第 6.3.4 節說明成本公式時所述：先進先出法下，無論公司採永續盤存制或定期盤存制，其銷貨成本與期末存貨成本的金額並無不同；但在加權平均法與後進先出法下，採永續盤存制或定期盤存制會使銷貨成本與期末存貨成本的金額不同。

而讀者是否發現，不論在永續盤存制或定期盤存制下，銷貨成本金額均為「先進先出法＜加權平均法＜後進先出法」的型態；期末存貨金額則為「先進先出法＞加權平均法＞後進先出法」的型態。這是因為簡例中進貨的單位成本呈上漲走勢，所以使用較早批次進貨的單位成本計算銷貨成本的先進先出法，銷貨成本金額自然小於使用較後批次進貨的單位成本計算銷貨成本的後進先出法，加權平均法則介於其中。同樣地，使用較後批次進貨的單位成本計算

採永續盤存制或定期盤存制，先進先出法下的財報數字並無不同；但加權平均法與後進先出法下的財報數字可能不同。

期末存貨成本的先進先出法，期末存貨成本金額自然大於使用較早批次進貨的單位成本計算期末存貨成本的後進先出法。

反之，如果進貨單位成本逐漸下跌，前述銷貨成本與期末存貨成本金額大小之排序會完全相反。不過因實務上物價多為上漲走勢，所以較常見銷貨成本金額大小排序為「先進先出法＜加權平均法＜後進先出法」。這就是所謂「公司採後進先出法報稅較省稅」的緣由：因後進先出法下銷貨成本金額最大，本期淨利最低，所以所得稅費用較低。但切記此說法需在「進貨單位成本持續上漲」的前提下才能成立。

> 進貨單位成本持續上漲時，後進先出法下的本期淨利最低，先進先出法的本期淨利最高，加權平均法則介於其中。

釋例 6-2

真好吃食品公司採定期盤存制，×8年10月1日有大腸臭臭鍋料理包存貨100包，每包成本為 $20，10月份之進貨及銷貨資料如下：

		單位	單位成本
10/5	進貨	600	$22
10/8	銷貨	500	
10/14	進貨	700	$24
10/22	銷貨	800	
10/30	進貨	500	$25

試依下列各方法求算真好吃食品公司 ×8 年 10 月底之存貨及 ×8 年 10 月份銷貨成本金額：(1) 個別認定法（10 月 8 日之銷貨全部為 10 月 5 日之進貨，10 月 22 日之銷貨有 100 包為 10 月 5 日之進貨，700 包為 10 月 14 日之進貨）；(2) 加權平均法；(3) 先進先出法。

解析

本期可售商品共 1,900 包，售出 1,300 包，故盤點期末存貨為 600 包，其中包括期初存貨 100 包，10/30 進貨 500 包。

(1) 個別認定法：

可售商品總成本 = ($20×100) + ($22×600) + ($24×700) + ($25×500)
　　　　　　　 = $44,500

期末存貨 = ($25×500) + ($20×100) = $14,500

銷貨成本 = $44,500 − $14,500 = $30,000

(2) 加權平均法：
定期盤存制下之加權平均法，係以本期可供銷售商品總成本除以可供銷售商品總數量得出平均單位成本。

平均單位成本＝$44,500÷(100＋600＋700＋500)＝$23.42
期末存貨＝$23.42×600＝$14,052
銷貨成本＝$44,500－$14,052＝$30,448

(3) 先進先出法：
期末存貨數量為 600 包，其成本計算如下：

	單位		成本
10/30 進貨	500 × $25 ＝	$12,500
10/14 進貨	100 × $24 ＝	2,400
	600		$14,900

銷貨成本＝$44,500－$14,900＝$29,600

釋例 6-3

同釋例 6-2，假設真好吃食品公司採永續盤存制。

解析

(1) 個別認定法：
由於個別認定法是以商品實際流動情形作為銷售成本與期末存貨成本之計算依據，採此法永續盤存制與定期盤存制結果相同，故銷貨成本為 $30,000，而期末存貨為 $14,500。

(2) 加權平均法：
永續盤存制下之加權平均法又稱為移動平均法，每有進貨發生，則將本次進貨成本與上次存貨結存混合，重新計算加權平均成本，作為下次銷貨時銷貨成本之計算基礎。本例之計算結果如下表所示：

日期		進貨			銷貨			結存		
月	日	數量	單價	金額	數量	單價	金額	數量	單價	金額
10	1							100	$20	$ 2,000
	5	600	$22	$13,200				700	$21.72	$15,200
	8				500	$21.72	$10,860	200	$21.72	$ 4,340
	14	700	$24	$16,800				900	$23.49	$21,140
	22				800	$23.49	$18,792	100	$23.49	$ 2,348
	30	500	$25	$12,500				600	$24.75	$14,848

銷貨成本＝$10,860＋$18,792＝$29,652

期末存貨＝$14,848

(3) 先進先出法：

日期		進貨			銷貨			結存		
月	日	數量	單價	金額	數量	單價	金額	數量	單價	金額
10	1							100	$20	$ 2,000
	5	600	$22	$13,200				100 600	$20 $22	$ 2,000 $13,200
	8				100 400	$20 $22	$ 2,000 $ 8,800	200	$22	$ 4,400
	14	700	$24	$16,800				200 700	$22 $24	$ 4,400 $16,800
	22				200 600	$22 $24	$ 4,400 $14,400	100	$24	$ 2,400
	30	500	$25	$12,500				100 500	$24 $25	$ 2,400 $12,500

銷貨成本＝($2,000＋$8,800)＋($4,400＋$14,400)＝$29,600

期末存貨＝$2,400＋$12,500＝$14,900

會計好簡單

隨緣餐廳年初有蔬食料理包存貨 3,000 個單位，每單位成本 $25。3 月進貨 5,000 個單位，每單位成本 $35。5 月份銷貨 4,000 單位，每單位售價 $50。7 月份進貨 3,000 個單位，每單位成本 $30。11 月銷貨 5,000 單位，每單位售價 $45。若隨緣餐廳採用永續盤存制，並以先進先出法決定期末存貨成本，請問隨緣餐廳本年度的銷貨成本為多少？

解析

先進先出法計價方式是假設先買入的商品先售出，亦即轉列為銷貨成本。

本期銷售單位數總計：4,000＋5,000＝9,000 單位

本期銷貨成本＝$25×3,000＋$35×5,000＋$30×1,000

　　　　　　＝$280,000

本題若隨緣餐廳採定期盤存制，則本年度之銷貨成本亦是 $280,000。

6.4 存貨之後續評價——成本與淨變現價值孰低

學習目標 4
說明存貨之後續評價及淨變現價值的觀念

所謂存貨之後續評價，是指購入而尚未賣出商品所形成的期末存貨應該以何種金額表達在資產負債表中。讀者或許奇怪，前面第 6.3 節的成本公式，不是已能計算出期末存貨成本的金額嗎？不是就以期末存貨成本存貨作為資產負債表中存貨的金額嗎？

在正常營業狀況中，存貨應能以高於成本的價格出售，此時存貨未出售前以成本金額記錄，等出售後將存貨成本轉列為銷貨成本，而銷貨成本與出售價格（即銷貨收入）的差額就是銷貨毛利。但若存貨因過時或損壞使得未來出售價格低於成本，則出售時不但沒有利益反而帶來損失？這樣存貨還能是「具有未來經濟效益」的資產嗎？

所以關於存貨之後續評價，國際財務報導準則規定應以**成本與淨變現價值孰低**（lower of cost or net realizable value）的金額作為存貨表達於資產負債表中的金額。「成本」就是第 6.3 節成本公式下決定的成本，「淨變現價值」是指在正常營業狀況下，估計售價減除至完工尚需投入之成本及相關銷售費用後之餘額，亦即公司出售存貨所能實現之淨金額。以兩者孰低的金額作為存貨表達於資產負債表中的金額，所以當成本低於淨變現價值時，存貨仍以成本金額記錄，等未來出售時再認列利益；當成本高於淨變現價值時，存貨記錄金額應由原來的成本減少至淨變現價值，這樣未來出售才不會有損失發生。

淨變現價值 為估計售價減除至完工尚需投入之成本及出售成本後之餘額，亦即公司出售存貨所能實現之淨金額。

根據國際財務報導準則，存貨由成本沖減至淨變現價值的差額應作為銷貨成本的增加。亦即當成本高於淨變現價值時，公司對差額應作的會計處理為：**借記銷貨成本，貸記備抵存貨跌價**。備抵存貨跌價列在資產負債表上，作為存貨的減項，使得存貨以淨變現價值表達於資產負債表中。

當存貨成本高於淨變現價值時，存貨記錄金額應由成本沖減至淨變現價值，沖減差額應作為銷貨成本的增加。

釋例 6-4

桂花廚具公司因颱風淹水造成部分廚具泡水的情形,該泡水廚具之成本為 $90,000,定價為 $120,000,今估計須花費約 $8,000 之處理成本後,尚可依定價之半價出售。假設該廚具在資產負債表日時尚待出售中,試作適當之分錄。

解析

泡水廚具之淨變現價值 = ($120,000 × 0.5) − $8,000
$\qquad\qquad\qquad\qquad$ = $52,000

故應將存貨之帳面金額由 $90,000 之成本調降至 $52,000,而承認損失 $38,000,直接列為銷貨成本,分錄如下:

銷貨成本	38,000	
$\quad$備抵存貨跌價		38,000

上述提及存貨應以成本與淨變現價值孰低衡量,淨變現價值之決定應以報導期間結束日為準。原則上存貨之成本應與淨變現價值**逐項比較**,亦即每個存貨項目均採個別比較,由於個別存貨之漲價或跌價無法相互抵銷,且跌價時認列損失,但漲價時不認列利益,故衡量上最為保守。但類似或相關之存貨項目,亦得分類為同一類別作**分類比較**,惟方法一經選定即須各期一致使用。

釋例 6-5

微星科技公司有關主機板與顯示卡兩項主力產品之期末存貨資料如下:

	主機板			顯示卡	
	P4N 鑽石版	K8N 鑽石版	K8N 白金版	ATI 系列	NVIDIA 系列
成本	$60,000	$40,000	$50,000	$100,000	$120,000
淨變現價值	75,000	37,000	55,000	90,000	125,000

試按逐項比較法及分類比較法,計算成本與淨變現價值孰低下期末存貨之金額。

解析

	成本與淨變現價值孰低法			
	成本	淨變現價值	逐項比較	分類比較
主機板				
P4N 鑽石版	$ 60,000	$ 75,000	$ 60,000	
K8N 鑽石版	40,000	37,000	37,000	
K8N 白金版	50,000	55,000	50,000	
	$150,000	$167,000		$150,000
顯示卡				
ATI 系列	$100,000	$ 90,000	90,000	
NVIDIA 系列	120,000	125,000	120,000	
	$220,000	$215,000		$215,000
合計	$370,000	$382,000	$357,000	$365,000

所以，在逐項比較法下，期末存貨之金額為 $357,000，而在分類比較法下，期末存貨之金額為 $365,000。

6.5 存貨評價錯誤的影響

學習目標 5
指出存貨錯誤對於財務報表的影響

定期盤存制下，公司經由決定期末存貨的成本，再推算出銷貨成本，故存貨認定若不正確會同時造成當期資產負債表與綜合損益表之表達錯誤。茲就期末存貨的錯誤對財務報表之本期與次期之影響，以釋例說明如下。

釋例 6-6

紅豆公司 ×8 年度及 ×9 年度之相關財務資料正確金額如下：

	×8 年度	×9 年度
銷貨收入	$200,000	$240,000
期初存貨	70,000	90,000
期末存貨	90,000	100,000
進貨	180,000	200,000
營業費用	25,000	30,000

假設紅豆公司 ×8 年之期末存貨在帳上誤記為 $80,000，試評論該項錯誤對 ×8 年及 ×9 年財務報表之影響。

解析

紅豆公司
簡明綜合損益表（×8 年度）

	期末存貨正確		期末存貨錯誤	
銷貨收入		$200,000		$200,000
銷貨成本：				
期初存貨	$ 70,000		$ 70,000	
進貨	180,000		180,000	
減：期末存貨	(90,000)	(160,000)	(80,000)	(170,000)
銷貨毛利		$ 40,000		$ 30,000
營業費用		(25,000)		(25,000)
本期淨利		$ 15,000		$ 5,000

紅豆公司
簡明綜合損益表（×9 年度）

	期初存貨正確		期初存貨錯誤	
銷貨收入		$240,000		$240,000
銷貨成本：				
期初存貨	$ 90,000		$ 80,000	
進貨	200,000		200,000	
減：期末存貨	(100,000)	(190,000)	(100,000)	(180,000)
銷貨毛利		$ 50,000		$ 60,000
營業費用		(30,000)		(30,000)
本期淨利		$ 20,000		$ 30,000

由以上 ×8 年及 ×9 年正確及錯誤簡明綜合損益表之編製，當期末存貨低估時（本釋例 ×8 年之期末存貨低估 $10,000），影響如下：

(1) ×8 年度之銷貨成本高估 $10,000，導致本期淨利低估 $10,000（由正確之 $15,000 變成錯誤之 $5,000）。即期末存貨之高（低）估，將造成本期淨利之高（低）估。

(2) ×8 年底之期末存貨為 ×9 年度之期初存貨，在錯誤的情況下，×9 年之期初存貨低估 $10,000，導致 ×9 年度之銷貨成本低估 $10,000，以及本期淨利高估 $10,000（由正確之 $20,000 變成錯誤之 $30,000）。即期初存貨之高（低）估，將造成本期淨利之低（高）估。

(3) ×8 年度和 ×9 年度之本期淨利誤差，一低一高，經過 2 個年度後，錯誤已自動相抵，故不影響 ×9 年底保留盈餘的正確性。

(4) 綜上所述，×8 年底期末存貨的錯誤，使得 ×8 年及 ×9 年的本期淨利

均不正確,且×8年底資產負債表上期末存貨評價亦是錯誤。然2年綜合損益表合計之本期淨利及×9年底資產負債表之相關項目(即期末存貨與保留盈餘)均為正確。

會計好簡單

(1) 第1年期末存貨若高估,則對第3年淨利之影響為何?
(2) 若本期期初存貨高估 $10,000,期末存貨亦高估 $12,000,且兩項錯誤均未更正,則對本期銷貨成本與淨利之影響為何?

解析

(1) 第1年期末存貨高估,會產生第2年期初存貨高估,因此第1年會高估淨利,第2年會低估淨利,二者效果可互相抵銷,所以對第3年淨利已無影響。

(2) 期初存貨多計 $10,000→銷貨成本多計 $10,000→本期淨利少計 $10,000;期末存貨多計 $12,000→銷貨成本少計 $12,000→本期淨利多計 $12,000;所以本期存貨之錯誤,造成銷貨成本少計 $2,000,淨利多計 $2,000。

6.6 以毛利率法估計期末存貨

學習目標 6
如何使用毛利率法估計期末存貨的成本

定期盤存制下,須經由實地盤點得知期末存貨的數量,繼而才能推算銷貨成本的金額並編製財務報表。但有時期末存貨無法盤點,或是實際盤點並不符合經濟原則時,則必須使用估計的方法推算存貨的金額。常見的例子包括意外水、火災導致存貨流失或燒毀等。另一例子為編製期中報表或會計人員在查帳時,可能採估計方法作為編製報表的基礎或檢驗估計金額與帳面存貨金額差異之合理性。「毛利率法」便是常用的存貨估計方法之一。

所謂**毛利率法**(gross profit method)係利用以前各年度之正常毛利率,推算本期期末存貨及銷貨成本的存貨估計方法。其主要的基本假設為本年度的實際銷貨毛利率與以前各年度的正常毛利率相同,如果不同,則應視本年度實際情況作適當毛利率之修正。毛利

毛利率法 依據前後年度毛利率不變的假設,由當年度的銷貨金額估計銷貨成本,再由本期可供銷售商品成本減去估計的銷貨成本得到估計的期末存貨成本。

率之計算方法為銷貨毛利除以淨銷貨收入。

以毛利率法推估期末存貨之步驟如下：

1. 求出正常銷貨毛利率

依過去記載資料計算過去年度之平均毛利率，過去年度之銷貨毛利率若有不正常的情況，則應排除在計算之外。

2. 估計本期之銷貨毛利

$$本期銷貨毛利之估計數 = 本期銷貨淨額 \times 毛利率$$

3. 估計本期之銷貨成本

$$本期銷貨成本之估計數 = 本期銷貨淨額 - 本期銷貨毛利估計數$$

4. 估計本期之期末存貨

$$本期期末存貨之估計數 = \underbrace{期初存貨 + 本期進貨淨額}_{可供銷售商品成本} - 本期銷貨成本估計數$$

由上可知，以毛利率法估計期末存貨時，乃基於「期初存貨＋本期進貨－期末存貨＝銷貨成本」之關係。若能獲知期初存貨、本期進貨、本期銷貨之金額與毛利率，即可估計期末存貨金額。

釋例 6-7

瑞士生技公司 ×8 年度有關魚子美顏緊膚霜之資料如下：期初存貨為 $90,000，進貨為 $350,000，進貨運費為 $5,000，銷貨淨額為 $650,000，正常毛利率為 45%，以毛利率法估算之期末存貨應為多少？

解析

期初存貨		$ 90,000
進貨淨額		
進貨	$350,000	
加：進貨運費	5,000	355,000
可供銷售商品成本		$445,000
減：估計銷貨成本		
銷貨	$650,000	
減：銷貨毛利		
（$650,000×45%）	(292,500)	(357,500)
期末存貨		$ 87,500

6.7　存貨與財務報表分析

學習目標 7
計算並解釋存貨週轉率、存貨週轉天數

在評估企業短期償債能力時，存貨是一非常重要的會計項目，因為存貨能快速出售變現，是企業獲取償還流動負債資金的重要來源。整體而言，**存貨週轉率**（inventory turnover in times）是一種評估企業存貨管理極具意義的財務指標。

存貨週轉率　存貨全年週轉的次數，計算方式為銷貨成本除以平均存貨。

其計算公式為：

$$存貨週轉率 = \frac{銷貨成本}{平均存貨}$$

存貨週轉率是指存貨全年週轉的次數，亦即就平均庫存的存貨量而言，可在一年中出售的次數，用以顯示銷售能力之高低及判斷存貨量是否適當。如果毛利率不變，存貨週轉次數越多，利潤就越大。

衡量存貨流動性的另一指標則為**存貨週轉平均天數**（inventory turnover in days），或稱存貨銷售平均天數，為計算存貨每週轉（或銷售）一次平均所需的天數，其計算公式為：

$$存貨週轉平均天數 = \frac{365}{存貨週轉率}$$

存貨週轉天數越少，代表存貨銷售越順暢。由上述公式可以得知，存貨週轉率與存貨週轉平均天數是一種反向關係，即存貨週轉率越高，則存貨週轉平均天數越少。

企業一旦計算出存貨週轉率與存貨週轉平均天數，如何評估存貨政策與管理，仍有賴與公司歷年趨勢和同業平均水準變化作比較。若是存貨週轉率較以往年度低，或在同業正常比率之下，首先宜檢討存貨評價方式（如先進先出法、加權平均法等成本公式）是否相同，因不同的評價方式會造成銷貨成本與期末存貨金額的不同。如果初步確認有存貨銷售遲緩或存貨堆積的現象，則必須深入探討可能之原因，包括存貨是否過時陳廢、因契約承諾而大量購買、預期供應商價格之調漲，或經濟景氣導致產銷方針之變化等，積極探究形成存貨過多之原因，以免不必要的資金積壓於存貨。

釋例 6-8

Baby Car 童裝公司 ×8 年度之相關財務資料如下：

銷貨	$2,000,000	進貨	$1,800,000
銷貨退回	4,000	進貨折扣	50,000
存貨（1/1）	100,000	進貨運費	30,000
存貨（12/31）	200,000		

試作：依據平均存貨觀念，計算 Baby Car 童裝公司之存貨週轉率與存貨週轉平均天數。

解析

存貨週轉率與銷貨成本及存貨數字有關，故上列銷貨及銷貨退回金額不必用於計算中。

銷貨成本 ＝ 期初存貨＋進貨成本－期末存貨
　　　　 ＝ 期初存貨＋（進貨－進貨折扣＋進貨運費）－期末存貨
　　　　 ＝ $100,000 ＋ ($1,800,000 － $50,000 ＋ $30,000) － $200,000
　　　　 ＝ $1,680,000

平均存貨 ＝ ($100,000 ＋ $200,000) ÷ 2
　　　　 ＝ $150,000

$$存貨週轉率 = \frac{銷貨成本}{平均存貨} = \frac{\$1,680,000}{\$150,000}$$

$$= 11.2（次）$$

$$存貨週轉平均天數 = \frac{365}{存貨週轉率} = \frac{365}{11.2}$$

$$= 32.6（天）$$

　　表 6-1 以台灣汽車產業為例，**合泰**汽車之存貨週轉率是三家公司中最高者，平均約為 14.48，存貨週轉天數或平均銷貨天數僅為 25 天。**裕隆**的存貨週轉率有逐年遞減的趨勢，換言之，在汽車的銷售速度平均所需的銷售天數而言，呈現遞增的現象，從 106 年度的 53.91 天提升至 109 年度的 85.08 天。顯然地，裕隆在汽車銷售之存貨控管有改善的必要，這與裕隆集團汽車整體總銷售量，包括裕隆日產、**中華三菱**，以及**納智捷**的銷量衰退有關，特別是納智捷的嚴重滯銷，也迫使裕隆必須進行集團整頓與策略轉型，並退出中國市場。

表 6-1　台灣汽車產業上市公司存貨週轉率之比較

年度	和泰汽車（2207）存貨週轉率	和泰汽車（2207）存貨週轉天數	中華汽車（2204）存貨週轉率	中華汽車（2204）存貨週轉天數	裕隆汽車（2201）存貨週轉率	裕隆汽車（2201）存貨週轉天數
106	15.55	23.47	6.59	55.38	6.77	53.91
107	15.45	23.62	6.51	56.06	4.52	80.75
108	13.46	27.11	6.00	60.83	4.57	79.86
109	13.44	27.15	6.16	59.25	4.29	85.08

會計達人

蒙特公司於 ×2 年 12 月底因火災損失了 70% 的存貨。會計記錄顯示 ×1 年及 ×2 年之相關進貨、銷貨與存貨的資料如下：

	×1 年	×2 年
銷貨淨額	$396,000	$460,000
進貨	260,000	345,000
進貨運費	7,200	8,000
進貨折讓	10,000	15,000
期初存貨	25,000	26,200
期末存貨	26,200	?

蒙特公司已有投保存貨的火險，但必須向保險公司提出存貨的毀損金額報告。

試作：

(1) 請計算蒙特公司 ×1 年之毛利率。
(2) 請利用蒙特公司 ×1 年的毛利率估計 ×2 年底的期末存貨損失金額。
(3) 蒙特公司 ×1 年的存貨週轉率以及存貨週轉平均天數。

解析

(1)

×1 年		
銷貨淨額		$396,000
銷貨成本		
期初存貨	$ 25,000	
進貨	260,000	
加：進貨運費	7,200	
減：進貨折讓	(10,000)	
可供銷售商品成本	$282,200	
減：期末存貨	(26,200)	
銷貨成本		(256,000)
銷貨毛利		$140,000

毛利率 $= \dfrac{\$140,000}{\$396,000} = 35\%$

(2)

×2 年	
銷貨淨額	$460,000
減：估計毛利（35% × $460,000）	(161,000)
估計銷貨成本	$299,000
期初存貨	$ 26,200
進貨	345,000
加：進貨運費	8,000
減：進貨折讓	(15,000)
可供銷售商品成本	$364,200
減：估計銷貨成本	(299,000)
估計期末存貨總成本	$ 65,200
減：未損失存貨（30% × $65,200）	(19,560)
估計存貨火災損失	$ 45,640

(3) 蒙特公司 ×1 年的存貨週轉率：

$$\frac{銷貨成本}{平均存貨} = \frac{\$256,000}{(\$25,000 + \$26,200) \div 2} = \frac{\$256,000}{\$25,600} = 10（次）$$

$$存貨週轉平均天數 = \frac{365}{存貨週轉率} = \frac{365}{10} = 36.5（天）$$

摘要

存貨制度有定期盤存制和永續盤存制。採定期盤存制，購入商品時，應借記進貨，貸記現金或應付帳款；出售商品時，僅借記現金（或應收帳款），貸記銷貨收入。至於銷貨成本，則是本期期初存貨加上本期進貨，得出可供銷售商品成本，再以可供銷售商品成本扣除本期經由實際盤點的期末存貨而得出。採永續盤存制購入商品時，為立即反映存貨的增加，應借記存貨，貸記現金或應付帳款。出售商品時，須作兩個分錄：一為記錄銷貨收入，借記現金（或應收帳款），貸記銷貨收入；二為同時記錄銷貨成本並反映存貨的減少，借記銷貨成本，貸記存貨。

存貨公式包括：(1) 個別認定法；(2) 先進先出法；(3) 後進先出法；及 (4) 加權平均法。個別認定法較符合商品實際流動情形。先進先出法係假設先買進的商品先行出售，轉入銷貨成本，因此期末存貨成本來自於可供銷售商品中最近所購入者。後進先出法係假設

將後期買進的商品先行出售。轉入銷貨成本，因此期末存貨成本來自於早期的進貨成本。國際財務報導準則已廢除後進先出法，故不宜採用。加權平均法係假設期初存貨與本期買進的商品均勻混合，因此可以求算平均單位成本。在永續盤存制之下的加權平均法又稱為移動平均法。

在存貨之後續評價中，應以成本與淨變現價值孰低衡量。淨變現價值是指在正常情況下之估計售價減除至完工尚須投入之成本與銷售費用後之餘額。企業比較存貨之成本與淨變現價值時，宜逐項比較，惟類似或相關之項目得分類為同一類別作比較。

存貨週轉率是指存貨全年週轉的次數，其計算公式為銷貨成本除以平均存貨成本；存貨週轉平均天數為計算存貨每週轉一次平均所需的天數，其計算公式為 365 天除以存貨週轉率。

本章習題

問答題

1. 如何藉由存貨週轉率及存貨週轉平均天數，評估企業的存貨政策與管理？
2. 存貨之後續評價應以何者為基礎？何謂淨變現價值？
3. ×2 年的期末存貨若高估 $10,000，則此存貨錯誤對 ×2 年及 ×3 年的銷貨成本、淨利的影響數為若干？
4. 大雄知道毛利率法推算期末存貨金額的步驟，但是他很納悶，毛利率法可以在哪些情況下派上用場，請你列舉兩種情況告訴他。

選擇題

1. 小丸子文具店的期初存貨為 $50,000，期末存貨為 $45,000，銷貨成本為 $66,000，試問：其進貨為若干？

   (A) $64,000 　　　　　　　　　　(B) $68,000
   (C) $61,000 　　　　　　　　　　(D) $63,000

2. DIY 愛美公司之存貨採定期盤存制，指甲油是它的一項存貨，該項存貨於 ×6 年度之期初存貨及進貨資料彙總如下：

存　貨

	數量	單位成本
期初存貨	25 件	@$6
第一次進貨	35 件	@$7
第二次進貨	15 件	@$8
第三次進貨	20 件	@$9

期末經實地盤點存貨為 30 件，如果 DIY 愛美公司採用平均法，那麼該項存貨 ×6 年度之銷貨成本為何？

(A) $525　　　　　　　　　　(B) $510
(C) $500　　　　　　　　　　(D) $476

3. 承上題，如果 DIY 愛美公司採先進先出法，那麼該項存貨 ×6 年度之銷貨成本為何？

(A) $435　　　　　　　　　　(B) $450
(C) $475　　　　　　　　　　(D) $500

4. 資產負債表上之存貨，採用何種評價方法，其價值最接近當時成本？

(A) 先進先出法　　　　　　　(B) 加權平均法
(C) 後進先出法　　　　　　　(D) 個別認定法

5. 以下有關存貨盤存制的敘述，何者為正確？

(A) 在定期盤存制下，存貨數量可以隨時由帳上獲知
(B) 在定期盤存制下，購入商品時，借記存貨
(C) 在永續盤存制下，銷貨成本是直接由期末帳上結餘而得
(D) 在永續盤存制下，帳務處理較定期盤存制簡單

6. 閃亮雙姊妹經營的美容用品店 ×2 年度原列報之淨利為 $95,000，×3 年初發現 ×1 年及 ×2 年底的美容用品分別低估 $12,500 及 $20,500，則 ×2 年度正確的淨利應為何？

(A) $75,000　　　　　　　　　(B) $103,000
(C) $63,000　　　　　　　　　(D) $87,000

7. 佼佼經營的日本風書店，×6 年期初存貨為 $120,000，×6 年之前 3 個月進貨 $300,000，同期銷貨 $465,000，其平均毛利率為銷貨的 30%，則以毛利率法估計 ×6 年 3 月 31 日之存貨應為何？

(A) $94,500　　　　　　　　　(B) $92,500
(C) $102,000　　　　　　　　(D) $115,000

8. 台灣前二大筆記型電腦廠商華碩與宏碁，經由公開資訊觀測站查閱 99 年度財務報表，計算其存貨週轉率分別為華碩的 18.19 次，以及宏碁的 26.97 次，以下敘述何者為錯誤？

(A) 存貨週轉率為衡量 1 年內存貨出售的平均次數
(B) 就存貨的平均銷售天數而言，宏碁要低於華碩
(C) 就存貨的流動性而言，華碩的整體表現較佳
(D) 華碩與宏碁若在相同的銷貨成本下，華碩的平均存貨水準較高

9. 小丸子公司 ×6 年度之進貨 $800,000，進貨退回 $20,000，進貨折讓 $5,000，進貨運費 $30,000，銷貨退回 $20,000，銷貨折讓 $8,000，試問：可供銷貨商品成本為何？
   (A) $805,000
   (B) $777,000
   (C) $815,000
   (D) $787,000

10. 有關存貨的盤存制度，請問下列敘述何者正確？
    (A) 在定期盤存制下，可隨時掌握存貨數量，期末盤點僅是為了校正之用
    (B) 在永續盤存制下，帳務處理簡單，適合單價低且進出頻繁的商品
    (C) 在定期盤存制下，又稱實地盤存制，銷貨成本於期末方能決定
    (D) 在永續盤存制下，帳務處理較為繁複，但不需進行實地盤點 【102 年財稅特考】

11. 多啦 A 夢公司 ×5 年度之銷貨淨額 $200,000，可供銷售商品成本 $500,000，若平均毛利率為銷貨成本之 25%，以毛利率法估計期末存貨，試問：×5 年度之期末存貨為何？
    (A) $300,000
    (B) $340,000
    (C) $380,000
    (D) $400,000

12. 假設物價呈上漲趨勢，比較各種存貨成本流程假設對財務報表之影響，下列各項目分別在哪種成本流程假設下最有可能產生？
    甲、期末存貨評價，較為接近目前的市價。
    乙、較能公允衡量當期損益。
    丙、所得稅負擔較輕。
    丁、較容易有操控損益金額的機會。
    (A) 先進先出法、先進先出法、後進先出法、先進先出法
    (B) 後進先出法、先進先出法、先進先出法、個別認定法
    (C) 先進先出法、後進先出法、後進先出法、個別認定法
    (D) 後進先出法、後進先出法、先進先出法、先進先出法

13. 甲公司進口貨物 5,000 單位，單價 $10，目的地交貨，於第 1 年 12 月 28 日該批貨物到港口，甲公司辦理報關作業並支付進口報關相關費用 $1,000、國內運輸費 $500。該批貨物須採破壞性驗收，第 1 年 12 月 31 日取 5 單位貨物檢驗後，於第 2 年 1 月 1 日正式驗收其餘 4,995 單位貨物。甲公司第 1 年 12 月 31 日資產負債表之存貨，應包括該批進口貨物之金額若干？
    (A) 0
    (B) $51,479.40
    (C) $51,480
    (D) $51,500 【改編自 100 年公務人員特考】

14. 沿上例，請問該批進口貨物之單位成本若干？
    (A) $10
    (B) $10.31
    (C) $10.3
    (D) $10.01

15. 甲公司存貨會計記錄採用永續盤存制及先進先出法，以下為甲公司 ×1 年度相關資訊（依據時間發生順序）：

	單位數	單位成本
期初存貨	10	$20
進貨	40	22
進貨	20	21
銷貨（每單位售價 $5）	50	
進貨	60	25
銷貨（每單位售價 $5）	30	

    甲公司期末存貨之淨變現價值為 $1,200，請問甲公司 ×1 年銷貨成本之金額為何？
    (A) $1,750
    (B) $1,800
    (C) $1,830
    (D) $1,860 　　　　　　　　　　　　　【99 年公務人員高考】

16. 甲公司存貨採定期盤存制，其 ×2 年 1 月 1 日之存貨成本為 $650,000，當年度進貨總額為 $3,250,000，進貨運費為 $250,000，進貨退回與折讓為 $325,000，當年度銷貨收入為 $4,000,000。依甲公司過去經驗與同業情形，估計甲公司之正常毛利率為 20%。甲公司於 ×2 年 12 月 31 日存貨實地盤點後確認存貨成本為 $600,000，惟甲公司管理階層懷疑倉庫管理員監守自盜，試估計存貨可能遭竊之金額為何？
    (A) $25,000
    (B) $50,000
    (C) $75,000
    (D) $100,000 　　　　　　　　　　　【99 年公務人員高考】

練習題

1. 【存貨的盤存制度】櫻桃之家是櫻桃爺爺經營的一家卡通精品連鎖店，「哆啦 A 夢抱枕」是店裡的暢銷產品，該產品 ×6 年度的進銷貨會計事項彙總如下：
   (1) 期初存貨：180 件，@$150。
   (2) 賒購商品：3,000 件，@$150。
   (3) 賒銷商品：2,500 件，售價為成本之 170%。
   (4) 期末實地盤得存貨為 677 件。

   櫻桃爺爺要小丸子根據上述的資料，分別採用永續盤存制及實地盤存制，作相關之分錄。

2. 【成本基礎之評價方法】東方出版社採定期盤存制，活頁紙係其存貨之一，×6 年 6 月活頁紙共計出售 620 單位，每單位售價 $55。以下是 6 月份活頁紙期初存貨及採購的資料：

		單位數	單位成本
6/1	期初存貨	100	$41
6/5	進貨	300	$42
6/15	進貨	250	$42.5
6/25	進貨	125	$42

請依下列存貨計價方法分別計算東方出版社 6 月活頁紙之期末存貨與銷貨成本：

(1) 先進先出法。
(2) 加權平均法（四捨五入到整數位）。

3. 【成本與淨變現價值孰低法】興業汽車精品百貨 ×6 年期末之部分存貨資料列示如下：

存貨項目	機油		輪胎	
品牌	嘉實多	亞拉	固特異	倍耐力
成本	$250,000	$300,000	$700,000	$835,000
淨變現價值	285,000	280,000	705,000	800,000

試依：(1) 逐項比較法；(2) 分類比較法，按成本與淨變現價值孰低法，計算 ×6 年上述存貨項目之期末金額，並作適當之調整分錄。

4. 【毛利率法】哈林所經營的 Super New Balance 運動鞋店，平均毛利率為 30%，本年度之存貨資料列示如下：

期初存貨	$ 80,000	進貨	$153,000
銷貨	250,000	進貨退回	2,000
銷貨折讓	5,000	進貨運費	3,000
銷貨運費	6,000	進貨折扣	3,000
銷貨佣金	7,000		

根據上述資料，採用毛利率法估算下列項目：

(1) 本期銷貨成本。
(2) 期末存貨成本。

5. 【存貨評價錯誤之影響】臺北公司 ×1 年間發生之錯誤有：

(1) 購入一批價值 $30,000 之存貨，在分類帳上重複記錄；

(2) 12月30日購入 $25,000 商品，起運點交貨，由於此批商品在 ×2 年 1 月 2 日才送達，因此盤點人員並未將之計入期末存貨，臺北公司在收到商品時才予以入帳；

(3) 另外，臺北公司將成本 $28,000 的商品寄存在 A 地的高雄公司，盤點人員在進行期末盤點時並未將之計入存貨。

假設臺北公司採定期盤存制，試問這些錯誤將對臺北公司 ×1 年度之損益產生何種影響（不考慮所得稅）？ 【改編自 102 年普考】

6. 【淨變現價值】接連幾天的豪大雨，致使憲憲所經營的家具店淹水，憲憲很心疼，這些泡過水的家具，成本總計為 $1,000,000，定價為 $1,350,000，憲憲打算花 $100,000 將這些泡過水的家具處理一下，然後打 3 折出售。假設在資產負債表日時，這批泡過水的家具尚待出售，試作適當之調整分錄。

7. 【成本基礎之評價方法】曼尼手機店使用永續盤存制，其手機在 1 月 1 日存貨有 3 台，每台 $600，1 月 12 日買進 6 台，每台 $660，在 1 月 10 日賣出 2 台，及 1 月 16 日賣出 5 台。

試作：在 (1) 先進先出法；(2) 移動平均法下（單價四捨五入取到小數點後二位），計算期末存貨（四捨五入到整數）。

應用問題

1. 【存貨盤存制度】胖虎經營一家專業風格的 CD 專賣店，其中爵士樂 CD 在 ×5 年 3 月之期初存貨計有 250 件，@$220，且 3 月間發生下列交易：

(1) 賒購商品 2,500 件，@$220。
(2) 購貨退出 500 件。
(3) 銷貨 1,600 件，每件 $350。
(4) 銷貨退回 100 件。
(5) 3 月底期末盤點存貨有 748 件。

試根據上述資料，分別採永續盤存制及定期盤存制，作相關之分錄。

2. 【存貨評估錯誤之影響】櫻桃公司的銷貨成本資料如下：

	×1 年	×2 年
期初存貨	$ 20,000	$ 30,000
進貨成本	150,000	175,000
可供銷售商品成本	170,000	205,000
期末存貨	30,000	35,000
銷貨成本	$140,000	$170,000

櫻桃公司有兩項錯誤：(1) ×1 年期末存貨高估 $2,000；及 (2) ×2 年期末存貨低估 $6,000。

試作：計算每年正確的銷貨成本。

3. 【毛利率法】老爺公司的存貨在 3 月 1 日遭火災損毀，由僅存的會計記錄得知前兩個月的資料如下：

銷貨	$51,000	銷貨退回與折讓	$1,000
進貨	$31,200	進貨運費	$1,200
進貨退回與讓價	$1,400		

假設：期初存貨 $20,000，銷貨淨額之毛利率為 30%。

試作：計算因火災而損失的商品成本。

4. 【存貨評價方法之改變】鼓鼓公司成立於 ×3 年初，採先進先出法作為存貨之計價方法，×3 年至 ×5 年期末存貨分別為 $600,000、$670,000 及 $730,000，如該公司採加權平均法計算期末存貨，則將使 ×3 年銷貨毛利增加 $20,000，×4 年銷貨毛利減少 $15,000，×5 年銷貨毛利增加 $10,000，試求改用加權平均法下，×3 年至 ×5 年之期末存貨金額各為若干？

5. 【存貨週轉率與存貨週轉天數】下列是瘦子精品店 ×3 年、×4 年及 ×5 年之資料：

	×3 年	×4 年	×5 年
銷貨收入	$1,750,000	$2,350,000	$2,800,000
銷貨成本	1,275,000	1,680,000	1,800,000
期初存貨	150,000	450,000	600,000
期末存貨	450,000	600,000	720,000

試計算瘦子精品店 ×3 年、×4 年及 ×5 年之存貨週轉率、存貨週轉天數，並評論其趨勢。

存货 06

07 現金與應收款項

objectives

研讀本章後，預期可以了解：

- 現金管理與內部控制措施
- 零用金制度
- 銀行存款調節表之編製
- 應收款項之意義與產生
- 應收帳款應如何評價
- 應收票據之會計處理
- 應收帳款如何運用於財務報表分析

貪腐、盜用與詐騙無所不在。不管我們喜不喜歡，人性就是這麼運作的。成功的經濟體會將它們的影響降到最低，但沒有人可以完全消除它們。

——艾倫·葛林斯潘（Alan Greenspan），美國前聯邦準備理事會主席

企業之內部控制係由企業董事會、管理階層與其他成員共同負責設計及執行，其目的在於促進公司之健全經營，以合理確保下列目標之達成：
(1) 營運目標：營運之效果及效率，包括達成營運與財務績效目標及維護資產安全。
(2) 報導目標：企業內部與外部財務報導及非財務報導具可靠性、及時性、透明性並符合相關規範。
(3) 遵循目標：相關法令規章之遵循。

美國的 COSO（Committee of Sponsoring Organizations of the Treadway Commission）委員會，於 2013 年 5 月發布新版「內部控制整體架構報告」，將內部控制定義為一個持續的任務及行動，且包括五大組成要素：(1) 控制環境：控制環境係企業設計及執行內部控制制度之基礎，包括企業之誠信與道德價值、董事會治理監督責任、組織結構、權責分派、人力資源政策、績效衡量及獎懲等。(2) 風險評估：管理階層應考量企業外部環境與商業模式改變之影響，以及可能發生之舞弊情事。(3) 控制作業：係指企業依據風險評估結果，採用適當政策與程序之行動，將風險控制在可承受範圍之內。(4) 資訊與溝通：係指企業蒐集、產生及使用來自內部與外部之攸關、具品質之資訊，以支持內部控制其他組成要素之持續運作，並確保資訊在企業內部以及企業與外部之間皆能進行有效溝通。(5) 監督作業：係指企業依據法律規定及企業相關規範，進行持續性評估，以確定內部控制制度之各組成要素是否已經存在及持續運作；對於所發現之內部控制制度缺失，應向適當層級之管理階層與董事會溝通，並及時改善。

舞弊稽核師協會（Association of Certified Fraud Examiners, ACFE）2016 年之調查報告指出，當企業發生舞弊時，通常內控缺失主要來自於缺乏有效的內部控制制度（29.3%）、既有內部控制制度遭到逾越（20.3%）及欠缺管理階層覆核（19.4%）。依據 ACFE 之調查報告，發現舞弊的來源，內部稽核發現只占 16.5%，而最大宗來源來自檢舉占 39.1%，而其中 51.1% 的舉報來自員工。企業應該要思考，對於自己所面臨之市場、產業、政治、經濟、法規、資訊科技等相關的風險，並針對各種可能風險進行評估，以利於規劃關鍵資源與控制活動應該配置在哪些最需要的流程。

整體而言，公司應重視經營環境、產業特性及營運活動，建立有效之內部控制制度，並隨時檢討。唯有董事會、經營者或高階管理階層擁有誠信正直的價值觀，才是防範舞弊案件之王道，也才能達到最佳的公司治理。

本章架構

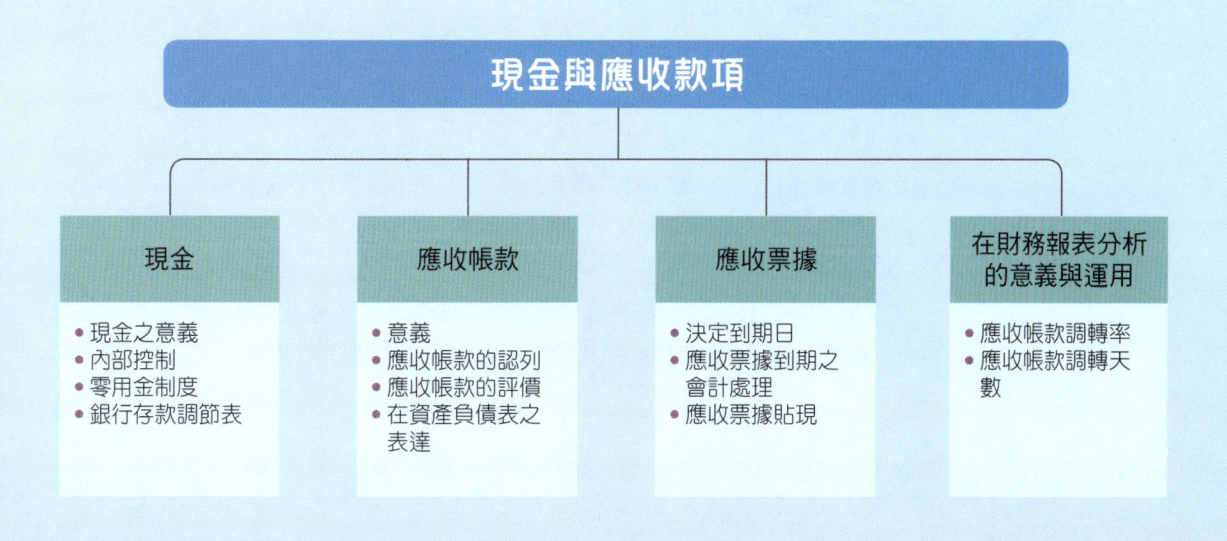

現金與應收款項

- **現金**
  - 現金之意義
  - 內部控制
  - 零用金制度
  - 銀行存款調節表

- **應收帳款**
  - 意義
  - 應收帳款的認列
  - 應收帳款的評價
  - 在資產負債表之表達

- **應收票據**
  - 決定到期日
  - 應收票據到期之會計處理
  - 應收票據貼現

- **在財務報表分析的意義與運用**
  - 應收帳款週轉率
  - 應收帳款週轉天數

學習目標 1
說明現金在會計上的意義,以及現金部位多寡對企業營運的重要性

7.1 現金之內容與重要性

會計學上所謂的**現金**（Cash），是指企業作為交易的媒介與支付的工具，且必須是企業可以隨時支配運用，未指定用途，亦沒有受到法令或其他約定之限制。例如為員工退休而提撥之基金，雖然具有現金之其他要件，但只能作為員工退休時之給付，並不得挪為他用，因此不符合會計上現金的定義。

未具貨幣型態（即紙幣及硬幣）而被視為現金之項目，包括旅行支票、銀行活期存款、支票存款、3個月內到期的定期存款、即期支票、即期票據（本票及匯票）、銀行本票（可隨時向銀行要求兌現）及郵政匯票等。就這點而言，會計上所謂的現金，範圍比一般所認知的現金為廣。另外，遠期支票在國內為信用工具，到期前不能向銀行兌現，故應歸類在應收票據項目；員工借款條係借款給員工而取得的收據，無法成為支付的工具，應歸類為其他應收款；郵票與印花稅票則應歸屬於預付費用；存放於他處之保證金或押金則應列為存出保證金之會計項目。

會計好簡單

下列項目中何者屬於現金的範圍？

(A) 銀行存款　　(B) 旅行支票　　(C) 郵政匯票
(D) 遠期支票　　(E) 員工借款條　(F) 擴充廠房及設備基金

解析

(A)、(B)、(C) 均屬於現金。(D) 遠期支票為應收票據。(E) 員工借款條屬其他應收款。(F) 擴充廠房及設備基金屬於專款專用的基金。

在實務上，我國上市公司大部分都將約當現金併入現金項目，而在資產負債表上以「現金及約當現金」項目呈現，再以附註方式揭露明細。所謂**約當現金**（cash equivalent）是指隨時可轉換成定額現金且即將到期而其利率變動對其價值影響甚少之投資，包括自投資日起 3 個月內到期之短期票券及附賣回條件之票券等。

約當現金 是指隨時可轉換成定額現金，且通常不超過 3 個月的短期投資，具有高度的變現性。

7.1.1 現金之管理與內部控制

企業的許多交易常會涉及現金收付，而且現金是流動性最高的資產，由於現金人人喜愛，遭竊的風險亦最高，因此企業必須建立良好的現金管理與**內部控制**（internal control）制度。美國於 2002 年通過**沙賓法案**（Sarbanes-Oxley Act），該法案乃是規範上市公司財務報導以及會計師之重要法案，依據沙賓法案，內部控制包括：(1) 維持正確會計記錄，以便能詳實並允當反映發行公司之交易與資產處分；(2) 提供合理確信使所有交易事項均有記載，財務報表之編製符合一般公認會計原則，且發行公司之收支皆已獲得管理當局及董事會之授權；(3) 提供合理確信以防止或即時偵測對於公司資產有未經授權之取得、使用與處分等行為。

內部控制 主要在提高會計記錄的正確性與可靠性，並保護資產的安全。

各企業之現金管理與內部控制制度，視其行業特性及組織規模之不同而異，以下針對現金管理控制通則、現金收入的內部控制，以及現金支付的內部控制等三部分，分別說明。

一、現金管理控制通則

企業所擁有的資產中，以現金的流動性最高，因此現金的內部控制亦顯得格外重要。現金管理控制的關鍵點在於，確定職能分工及交易程序書面化等內部控制原則的執行，以確保現金管理的有效性。相關現金管理通則，彙總如下：

1. 現金保管與會計記錄工作應由不同人負責擔任。
2. 任何交易應適當職能分工，避免由一人或一部門負責完成，以利相互核對勾稽。例如核准付款與開立支票的工作，勿由同一人處理。

3. 盡可能地集中現金作業的收取或支付,且收付現金立即適當地記入帳冊。
4. 銀行存款調節表(在本章稍後將會介紹)應定期由獨立於出納與處理現金帳務以外之人員編製或覆核。

二、現金收入的內部控制

現金收入內部控制的關鍵點在於確保收取現金的同時,已將現金正確入帳,並且受到妥善的保管。相關現金收入控制要點,彙總如下:

1. 收現交易應使用收銀機記錄銷貨交易。
2. 當日現金收入應於當日送存銀行,最遲應於次日全數送存銀行。
3. 賒銷交易盡量請客戶直接將帳款匯入公司之銀行帳戶,賒銷貨款收現時應立即記錄,並按月或定期與客戶對帳。
4. 現金收入之帳務處理人員,不得同時負責總分類帳與應收款項明細帳之帳務處理。

三、現金支付的內部控制

現金支付的內部控制重點在於,除了小額的零用金支出外,一切支出均以支票付款,以確保所有現金付款均遵守公司內部流程,以減少現金的錯誤或舞弊。相關現金支出控制要點,彙總如下:

1. 除小額支出由零用金撥付外,所有支出應根據已核准的付款傳票,連同賣方的統一發票、訂購單、驗收報告等憑證,一律以支票或匯款支付。
2. 支票應由二人(或以上)會同簽章,並作成載明受款人及禁止背書轉讓之劃線支票。
3. 付款前其相關憑證應經審核;已付款之憑證應加蓋「付訖」章及日期,以避免日後重複付款。
4. 使用支票機開立支票;若有誤開的支票,應標明「作廢」字樣,並予以留存以供備查。

7.2 零用金制度

公司設置現金支出之內部控制制度後，所有支出都應該要按照規定程序審核，並以支票或匯款方式支付。由於其程序較為繁複，對於金額微小的支出，甚為不便；且一切支出均以支票或匯款方式，亦有相當困難，如至便利商店購物或至車站購買車票等，對於此類小額支出，有設置**零用金**（petty cash fund）制度之必要。定額零用金之金額應如何決定及若干金額以下之支出方可以零用金支付，應視公司規模大小及各行業別之特性而定，一般而言，以維持1星期至1個月間支出所需為零用金之適當數額。

> **學習目標 2**
> 說明零用金制度的管理與相關之會計處理

> **零用金** 主要為支付日常零星開支，而交由專人保管支付之固定現金數額。

在零用金制度下，相關之會計處理，說明如下：

1. 設置零用金

當公司決定設置零用金的基金以方便小額支出申請時，會決定適當的零用金額度，所以在設置時，公司會簽發該預定金額的支票給零用金保管人，其會計分錄如下：

　　　零用金　　　　　×××
　　　　　銀行存款（現金）　　　　×××

2. 使用零用金

由零用金保管人支付給領用人，並自領用人處取得憑證，此時保管人僅作備忘錄即可，會計部門暫時不必作任何分錄。

3. 撥補零用金

零用金保管人將零用金支出的收據或憑證彙整後，申請核准撥款，以便將零用金補足至所設置的金額。此時所有的憑證均應蓋上「付訖」章，以防止被重複請款。撥補時，會計分錄如下：

　　　各項費用　　　　×××
　　　　　銀行存款（現金）　　　　×××

值得注意的是，在上述分錄中，直接貸記銀行存款（現金），而非零用金，換句話說，撥補現金後，零用金仍舊維持原有金額，並未減

少。

4. 現金短溢

零用金由於零星支出頻繁，難免會有找零錯誤，而發生零用金多出或短少的情形，因此可以「現金短溢」項目作為調整。期末該項目如有借方餘額，則列為其他費用，貸方餘額則列為其他收入。

5. 期末處理

期末結帳時，通常均會對已支用之零用金予以補足，補充分錄與上述相同。但如果在期末結帳時公司並未補充零用金，則已支出部分仍應入帳，以免綜合損益表上少計費用，然而此時應直接貸記零用金。

6. 零用金增減

有時公司會視實際支用情況，予以增加或減少零用金額度。零用金設置額度若增加時的會計分錄為：

零用金　　　　　×××
　　銀行存款(現金)　　　　×××

零用金設置的額度若減少時，則會計分錄為：

銀行存款(現金)　　×××
　　零用金　　　　　　　　×××

茲以釋例說明上述交易之會計處理。

釋例 7-1

飛鳥旅遊網 ×3 年 12 月 1 日設置定額零用金 $4,000，其零用金使用及撥補情形如下：

×3 年 12 月 4 日：支付郵資 $1,050。
　　　12 月 7 日：以宅急便寄文件給長榮航空花費 $250。
　　　12 月 9 日：購買文具用品 $2,650。

12 月 10 日：申請撥補零用金。

12 月 22 日：支付水費 $1,200，及計程車資 $320。

×4 年 1 月 3 日：支付電費 $1,400 及清潔公司費用 $1,000。

1 月 5 日：申請撥補零用金。

試作適當之會計分錄。

解析

(1) ×3 年 12 月 1 日設置零用金。

12/1	零用金	4,000	
	銀行存款		4,000

(2) 12 月 4 日至 12 月 9 日間，零用金保管人支付給領用人供各項零星支出時，僅作備忘記錄。

(3) 12 月 10 日撥補零用金。

12/10	郵電費用	1,300	
	文具用品	2,650	
	銀行存款		3,950

(4) 12 月 22 日，零用金保管人僅作備忘記錄。

(5) 12 月 31 日期末處理，雖未撥補零用金，仍應將已使用部分入帳，以免費用漏列。值得注意的是，貸方此時應貸記零用金，而非銀行存款，因為尚未作零用金撥補的動作。

12/31	水電費用	1,200	
	交通費用	320	
	零用金		1,520

(6) ×4 年 1 月 3 日，零用金保管人僅作備忘記錄。

(7) ×4 年 1 月 5 日撥補零用金。

1/5	零用金	1,520	
	水電費用	1,400	
	其他費用	1,000	
	銀行存款		3,920

7.3　銀行存款調節表

學習目標 3
說明銀行存款調節表的功用，以及如何編製

前面我們已經提到，銀行存款是公司資產中流動性最高，保管風險也是最大的項目，所以應該要確保「銀行存款」此一資產的安全，並確認帳載銀行存款金額係屬正確，而最簡單的方法就是與銀行所保存的記錄相核對。公司帳載銀行存款金額如果與銀行所保存的記錄不一致，是不是就代表公司帳載銀行存款記錄有誤？其實並不一定，我們應該要先去分析「公司帳載」與「銀行記錄」差異的原因及金額為何，因為有可能是時間性差異或任何一方錯誤等原因所造成的，這種分析公司帳載記錄與銀行記錄間差異金額與原因的工具，即是**銀行存款調節表**（bank reconciliation）的功能。

7.3.1　差異的原因

編製銀行存款調節表時，是以銀行按月寄來的對帳單和公司帳載銀行存款記錄作為調節依據，而造成兩者餘額不相等的原因有兩種情形：一是銀行與公司對於存款的收入與支出在記錄上有時間性的差異，導致一方已記帳而另一方尚未記帳；另一則是有錯誤的發生。分述如下：

1. 公司已記帳，而銀行尚未記帳

(1) 公司已記存款增加，而銀行尚未記載

　　例如將即期支票存入銀行，但因票據交換導致銀行未能及時入帳，或企業收到現金，因趕不及於當日銀行之營業時間內存入，而導致銀行未記帳者，這種情形俗稱為**在途存款**（deposit on transit），應調整銀行對帳單餘額，列為加項，才能求出正確餘額。

在途存款　是指公司已將款項匯出，但銀行尚未收到，因而銀行尚未記帳。

(2) 公司已記存款減少，而銀行尚未記載

　　例如公司於本月份簽發即期支票，以支付積欠之貨款，公司帳上已記載銀行存款減少，然而，因支票尚未交付予廠商，或雖已交付支票給廠商，但廠商尚未存入銀行請求支付等原因，致使銀行未能在同一日記錄存款減少，這類項目即

是所謂的**未兌現支票**（outstanding check），應調整銀行對帳單餘額，列為減項，才能求出正確存款餘額。

> **未兌現支票** 是指公司已開出支票，但持票人尚未到銀行兌現，因此銀行尚未作公司存款減少的記錄。

2. 銀行已記帳，而公司尚未記帳

(1) 銀行已記存款增加，而公司尚未記載

例如銀行代公司收取票據等款項，會直接記入公司在該銀行的存款帳戶，但公司在接獲銀行通知前，一直列為「應收票據」，而非「銀行存款」。另外，公司的客戶可能以電匯方式匯寄款項，存入公司的銀行戶頭，但公司尚未接到銀行通知這筆入帳的金額；或銀行結算出存款利息而直接記入公司的銀行存款帳戶等，這些情形均應調整公司帳上存款餘額，列為加項，才能求出正確的存款餘額。

(2) 銀行已記存款減少，而公司尚未記載

例如銀行代公司支付電話費用、水電費用和稅款等直接自公司的銀行存款帳戶扣款，以及銀行為公司提供某些服務而逕自在公司的存款帳戶內扣收手續費或服務費等，此類情形應調整公司帳上存款餘額，列為減項，以求出正確的存款餘額。值得注意的是，客戶**存款不足退票**（not sufficient funds, NSF）亦屬此類應調節的項目。「存款不足退票」發生在下列情況，公司收到別人開立的即期支票，在存入銀行時，公司記錄為銀行存款的增加，可是經票據交換結果發現，開立支票的人存款不足，無足夠現金支付該支票的金額。公司在獲銀行通知前並不知情，一直將該金額列為銀行存款，而銀行則已知道，將該金額列由公司之銀行存款中減除，因此造成兩者的差異。

3. 公司或銀行發生記帳錯誤

例如公司將收支金額記錄錯誤或銀行將公司或其他公司的存款或開立的支票，誤植到錯誤的帳戶，自然造成餘額不等，而須在發生錯誤的一方，予以調節更正。

會計部落格

銀行存款種類

銀行存款主要可以分為**支票存款**（又稱**甲存**）、**活期存款**（又稱**乙存**）和**定期存款**（又稱**定存**）三類。因為甲存和乙存可能因跨行或跨縣市等票據交換作業時間，而造成銀行未能在同一日記錄公司存款的增加或減少，此即所謂時間性差異，也是這節我們要為同學介紹如何編製銀行調節表的重點。至於定存，因為金額和期間是雙方已約定好的，所以沒有所謂的時間性差異之情形。以下再介紹有關支票存款常見的一些名詞：

劃線支票 通常在支票的左上角會印上或劃上兩條平行線，即為劃線支票。劃線支票一定要先送存銀行，經銀行收妥入帳後，才能領取款項。如果支票沒有劃線，即可向銀行要求付現，對於日後查核現金支出的流程可能較不容易，所以一般公司行號所開立的支票都是劃線支票。

禁止背書轉讓 現在公司行號常會在其支票正面印上或加蓋「禁止背書轉讓」字樣，代表支票限由載明的受款人才能兌現，原受款人不得將支票轉讓給第三人。

遠期支票 支票在本質上應屬於「見票即付」，按道理講，應該沒有所謂的遠期支票。但由於我國的商業習慣，會將開票日期填寫為將來的某一日期，對開票人而言，亦是一種短期的資金週轉。當收到遠期支票時，會計上應作為應收票據處理。

7.3.2 銀行存款調節表之格式

銀行存款調節表之格式可分成三種：

1. 調節至正確餘額

將公司帳載餘額調節至正確餘額；亦將銀行記錄調節至正確餘額。

2. 以公司帳載餘額為準

將銀行記錄餘額調節至公司帳載餘額，而非調節至正確餘額。

3. 以銀行記錄餘額為準

將公司帳載餘額調節至銀行記錄餘額，而非調節至正確餘額。

通常銀行存款調節表是以調節至正確餘額為主，因此將其格式內容列示如下：

×× 企業　銀行存款調節表　×× 年 ×× 月 ×× 日	
銀行對帳單餘額	×××
加：在途存款	×××
減：未兌現支票	(×××)
加（減）：錯誤	××× 或 (×××)
正確餘額	×××
公司帳載餘額	×××
加：銀行代收款	×××
利息收入	×××
減：銀行手續費	(×××)
銀行代付款	(×××)
客戶存款不足退票	(×××)
加（減）：錯誤	××× 或 (×××)
正確餘額	×××

7.3.3　公司應作之調整分錄

正確餘額之銀行存款調節表編製完成後，公司就可以根據調節表中須調節公司帳載餘額的部分，作成公司該月份自己應作的調整分錄；至於從銀行對帳單餘額調至正確餘額的項目如在途存款及未兌現支票等，則當由銀行作適當的調整分錄，與公司應作的調整分錄無關。

釋例 7-2

金牛角麵包坊 ×8 年 9 月 30 日帳列之銀行存款餘額為 $9,200，銀行對帳單之餘額為 $17,000，經核對後發現下列情形：

1. 存款利息 $500，公司尚未入帳。
2. 未兌現支票 $5,000。
3. 在途存款 $5,850。
4. 委託銀行代收並已收現之票據 $6,500，銀行扣除 $150 之手續費後逕予入帳，但公司尚未處理。
5. 開給安佳奶粉公司的支票金額 $7,900，帳上分錄誤記為 $9,700。

試作：

(1) 金牛角麵包坊 9 月份正確餘額之銀行存款調節表。
(2) 適當之調整分錄。

解析

(1)

金牛角麵包坊
銀行存款調節表
×8 年 9 月 30 日

銀行對帳單餘額	$17,000
加：在途存款	5,850
減：未兌現支票	(5,000)
正確餘額	$17,850
公司現金帳戶餘額	$9,200
加：存款利息	500
銀行代收票據	6,500
帳上誤記（$9,700－$7,900）	1,800
減：手續費	(150)
正確餘額	$17,850

(2) 屬於公司帳上餘額之調整項目（如公司錯誤、未入帳等），公司應作適當之調整分錄，至於銀行對帳單之調整項目，公司不必作分錄。

9/30	現金（或銀行存款）	8,650	
	銀行服務費	150	
	利息收入		500
	應收票據		6,500
	應付帳款		1,800

7.4 應收款項之意義及產生

學習目標 4
說明何謂應收款項及其如何產生

應收款項在會計上的定義是指對企業或個人之貨幣、商品或勞務之請求權。就資產負債表之表達方式而言，應收款項可列為流動（短期）或非流動（長期）資產。若預期應收款項能在正常營業週期內收現，則應列為流動資產項下，否則應列為非流動資產。

應收款項就其內容而言，可分類為營業性或非營業性之應收款項。**營業性應收款項**係指企業在主要營業活動中，由於賒銷商品或提供勞務而產生，包括**應收帳款**（Accounts Receivable; Trade Receivable）和**應收票據**（Notes Receivable）。**非營業性應收款項**為主要營業活動以外原因所產生之債權，可能源自於不同交易性質，如應收租金、應收股利及利息、應收訴訟賠償款、應收退稅款、應收子公司之墊款等。非營業性應收款項，常以其合併金額在資產負債表上列為其他應收款表達，然金額重大或性質較具意義者，應單獨設立項目加以列示。

營業性應收款項
由企業之主要營業活動而產生之應收帳款與應收票據。

非營業性應收款項
非由企業主要營業活動而產生之其他應收帳款，如應收租金、應收利息等。

7.5 應收帳款之認列

學習目標 5
賒銷交易與信用卡交易之認列與會計記錄

在前面討論買賣業之會計處理時，曾對賒銷及後續收款等折扣條件之會計記錄加以說明。由於本章專門探討應收款項，本節進一步討論與應收帳款有關之交易及其認列。

7.5.1 賒銷交易

在賒銷交易中，應收帳款之認列問題包括：(1) 應收帳款的入帳時間；以及 (2) 應收帳款的金額應如何決定。

1. 應收帳款之入帳時間

應收帳款通常是在銷貨完成時認列，至於銷貨何時完成，則需評估銷貨條件而定。例如，交貨條件若為**起運點交貨**（F.O.B. shipping point），則商品所有權在起運之時，即屬買方所有，賣方於商品交付予指定之運送人後，即可承認銷貨收入並認列應收帳款。如為**目的地交貨**（F.O.B. destination），則需等到商品運抵買方之目

起運點交貨 賣方於商品交付給指定之運送人時，即可認列銷貨收入與應收帳款。

目的地交貨 賣方於商品運抵買方之目的地時，才能認列銷貨收入與應收帳款。

的地,才算完成銷貨。至於將商品委託他人代為出售的**寄銷**（consignment），必須等待商品已由承銷人出售,才可以認列銷貨及應收帳款。而允許顧客定期分次支付賒購之貨款,如 裕融公司（股票代號：9941）所從事的汽車分期業務,即**分期應收帳款**（Installment Accounts Receivable），除非帳款之收現有高度不確定性,通常仍於貨品交付時,認列銷貨及分期應收帳款。

2. 應收帳款金額之決定

企業因賒銷而產生應收帳款。商品通常係依製造商或批發商印製的價目表打折後出售,此即所謂的**商業折扣**（trade discount），例如,30% 的商業折扣即是我們俗稱的打七折。商業折扣使實際售價減少,在會計處理上因為係以實際售價入帳,所以商業折扣不需入帳。至於應收帳款收現以前,可能會因銷貨折扣、銷貨退回與折讓等因素,而使應收帳款的金額發生變動,這些因素我們在買賣業會計中曾討論過。

> **商業折扣** 使實際售價減少,會計上不需入帳。

釋例 7-3

麗嬰房於 ×8 年 9 月 12 日賒銷小熊維尼童裝給上海的新天地百貨,該商品定價為 $1,000,000，麗嬰房同意予以 10% 的商業折扣,付款條件為 2/10, n/30，運送條件為起運點交貨,運費 $50,000 由麗嬰房先行墊付。新天地百貨於 9 月 22 日償付貨款之一半。10 月 5 日新天地百貨協調麗嬰房同意部分商品減價 $20,000。10 月 12 日新天地百貨償付運費並還清欠款。試為麗嬰房作上述交易之分錄。

解析

(1) 9 月 12 日賒銷商品並代墊運費：

商業折扣 10% 不必入帳,因此以實際成交價格作銷貨收入與應收帳款之入帳基礎,即 $1,000,000×90% = $900,000，另代為買方支付運費 $50,000，亦應向買方請求。

9/12	應收帳款	900,000	
	其他應收款（代墊運費）	50,000	
	銷貨收入		900,000
	現金		50,000

(2) 9 月 22 日收取半數貨款，因為在折扣期間內，給予買方 2% 折扣。銷貨折扣 = $450,000 × 2% = $9,000。

9/22	現金	441,000	
	銷貨折扣	9,000	
	應收帳款		450,000

(3) 10 月 5 日銷貨折讓 $20,000：

10/5	銷貨折讓	20,000	
	應收帳款		20,000

(4) 10 月 12 日收回剩餘之帳款及代墊之運費：

10/12	現金	480,000	
	應收帳款		430,000
	其他應收款		50,000

7.6　應收帳款之評價——預期損失模式

> **學習目標 6**
> 介紹如何估計無法收回之帳款金額及如何編製相關的調整分錄

　　應收帳款是一個非常重要的會計項目，它應該如何在資產負債表上表達呢？這個就牽涉到應收帳款的評價問題。就應收帳款而言，並不可能百分之百的金額將來會全數收回，商場上難免有些收不回來的信用減損損失（或呆帳），會計準則要求公司須估算可能收不回來的帳款金額（即應收帳款的備抵損失），此即為應收帳款的減損。應收帳款的減損評估，自 107 年度起適用國際財務報導準則第 9 號（IFRS 9）「金融工具」之規定，採用「預期損失模式」。國內上市公司備抵損失金額的提列，從財務報表附註之重大會計政策說明可知，通常是依據收款經驗、客戶信用評等，並納入前瞻性資訊作成決定，會計上藉此對應收帳款予以評價。另外，以**預期信用減損損失**（Expected Credit Impairment Loss）項目代表帳款收不回來的估計損失。預期信用減損損失是綜合損益表營業費用的一部分，備抵損失則是資產負債表應收帳款的減項，即應收帳款總額減去備抵損失後，即為應收帳款之淨額，或稱應收帳款之帳面金額，代表應收帳款的可變現價值。

> **預期信用減損損失**
> 預期信用減損損失為綜合損益表之營業費用，備抵損失則是資產負債表內應收帳款的減項。

7.6.1 應收帳款減損損失的會計處理

關於認列應收帳款減損損失之時間、金額及其會計處理，通常有下列兩種方法：(1) **直接沖銷法**（Direct Write-off Method）；(2) **備抵法**（Allowance Method）。

1. 直接沖銷法

> **直接沖銷法** 預期信用減損損失僅在某些特定帳款確定無法收回時，才予以認列。會計分錄為借記預期信用減損損失，貸記應收帳款。在直接沖銷法下，預期信用減損損失為實際發生被倒帳之數字。

此方法是在特定應收帳款確定無法收回時，才認列應收帳款之減損損失，記錄時其會計分錄為：借記預期信用減損損失，貸記應收帳款。例如，純美公司的一名客戶欠款 $100 萬，幾經催收無效，在 ×2 年 4 月 1 日確定無法收回，純美公司使用直接沖銷法在該日之分錄為：

4/1	預期信用減損損失	1,000,000	
	應收帳款		1,000,000

釋例 7-4

蠶寶寶批發公司之應收帳款均集中在幾家長期往來的棉被行。假設蠶寶寶批發公司 ×8 年度之賒銷淨額為 $7,000,000，年底認列預期信用減損損失前應收帳款帳面金額為 $1,500,000。×9 年 3 月 1 日蠶寶寶的一名客戶欠款 $500,000 確定無法收回，請根據直接沖銷法試作有關分錄。

解析

(1) ×8 年底不必作分錄，因為信用損失尚未實際發生。
(2) ×9 年 3 月 1 日預期信用減損損失實際發生時：

3/1	預期信用減損損失	500,000	
	應收帳款		500,000

2. 備抵法

> **備抵法** 在備抵法之下，企業於期末評估應收帳款之減損時，其會計分錄為：借記預期信用減損損失，貸記備抵損失；當確定某筆應收帳款無法收回，亦即信用損失實際發生時，則沖銷該筆應收帳款，其沖銷分錄為：借記備抵損失，貸記應收帳款。

依國際財務報導準則第 9 號「金融工具」之規定，企業必須採用「預期信用損失模式」，且對於應收款項減損損失之認列，採用備抵法。在備抵法之下，企業於期末評估應收帳款之減損時，其會計分錄為：借記預期信用減損損失，貸記備抵損失；當確定某筆應收

帳款無法收回，亦即信用損失實際發生時，則沖銷該筆應收帳款，其沖銷分錄為：借記備抵損失，貸記應收帳款。至於如何預估信用損失之作法與釋例，將在下文說明。

3. 直接沖銷法與備抵法之比較

直接沖銷法乃是等到企業之信用損失已經確定發生，才實際認列預期信用減損損失。由於國際財務報導準則第 9 號「金融工具」係採「預期信用損失模式」，若企業未於期末估列預期信用之減損損失，而是等到實際無法收回時，才認列減損損失，這樣並不符合國際財務報導準則之規定。備抵法則是一般公認會計原則的作法，因應收帳款之帳面金額較能反映其可回收金額，其資產之評價較能達成財務報表之允當表達；亦即，備抵法與 IASB 採取的資產負債表法的精神是一致的。

直接沖銷法 並不符合一般公認會計原則。備抵法則為一般公認會計原則，因其較有利於財務報表之允當表達。

7.6.2 預期信用損失的估計方法

在備抵法下，企業應在每一報導期間結束日評估是否有客觀的證據顯示帳上所列的應收帳款無法收回，亦即企業須估計預期信用減損損失。所謂客觀的證據包括：債務人經歷重大財務困難、利息或本金發生違約或拖欠，因而債務人可能進入破產或其他財務重整程序等。這種於認列應收帳款後發生帳款無法收回的預期信用損失，即為應收帳款之減損。在辨認出個別應收帳款所可能發生之預期信用損失後，企業可能根據歷史經驗，並考慮當前與未來的經濟情況和客戶的債信等因素，對應收帳款進行前瞻性的估計並予以調整。

在預期信用損失模式下，國際財務報導準則第 9 號提出一種實務權宜的作法，即**準備矩陣**（provision matrix）的方式，用以估計應收帳款的備抵損失。準備矩陣的方式可以依據個別客戶的信用等級高低，採用不同的百分比率，評估應有之備抵損失餘額。另外，準備矩陣的方式也可以採用類似傳統提列呆帳時所使用的應收帳款帳齡分析法，此法係以應收帳款存續期間所觀察之歷史違約率為基礎，並就前瞻性估計予以調整，訂出應收帳款過期天數之不同的準

備率或違約率。惟企業估計應收帳款之備抵損失時，非僅限於準備矩陣，實務上仍可有其他方式提列備抵損失，例如單一損失率法，即針對應收帳款總額依照歷史經驗，並將前瞻性觀點納入考慮，提列一定比率，作為企業應提列之備抵損失。

依上所述，在預期信用損失模式下，若欲計算或估計應收帳款的減損損失，亦即期末備抵損失之應有之餘額，實務權宜的作法可以有下列兩種，茲分述如下：

1. 單一損失率法──應收帳款餘額百分比法

此法是根據資產負債表中，應收帳款與備抵損失兩者之關係，作相關減損損失之估計。此**應收帳款餘額百分比法**（percentage of accounts receivable method）原則上是依歷史經驗提列一定應收帳款比率，估計期末應收帳款的帳面金額中，有多少是屬於可能無法收回的部分，此即期末備抵損失應有之帳面金額；再就原帳上未作調整分錄前之備抵損失的帳面金額與應有之帳面金額相比較，差額即為期末調整分錄應提列之預期信用減損損失。

釋例 7-5

力麗家具採用預期信用減損損失模式，評估應收帳款之預期損失。其 ×8 年底應收帳款餘額為 $1,025,000，且調整之前備抵損失有貸方餘額 $30,000。假設公司在考慮前瞻性的客觀資訊，包括債務人的財務狀況和整體銷售環境等因素後，決定以應收帳款餘額為基礎的估計損失率為 6%。試作力麗家具於 ×8 年底提列預期信用減損損失之分錄。

解析

(1) 公司以歷史經驗，並考慮其他前瞻性觀點評估應收帳款之減損損失，其單一損失率為 6%。
(2) ×8 年底備抵損失應有之餘額為 $1,025,000 × 6% = $61,500。
(3) 因調整前備抵損失項目有貸餘 $30,000，故本期應提列之預期信用損失為

$$\$61,500 - \$30,000 = \$31,500$$

應作之分錄如下：

×8/12/31	預期信用減損損失	31,500	
	備抵損失		31,500

2. 準備矩陣法——應收帳款之帳齡分析

上述以應收帳款餘額提列單一損失率的作法，隱含地認為應收帳款之每一元的金額，其發生預期信用減損的比率均是相同的，忽略了應收帳款的帳齡結構。人有年齡，帳有帳齡，同樣被欠 $100 萬，但欠 30 天與欠 90 天之倒帳風險不同。理論上帳齡越久，發生信用減損的風險越高，因此公司可依據以往經驗設定各組帳齡發生之估計損失率（即實務上所稱之違約率），將各組應收帳款金額乘上各組的估計損失率後之乘積總和，即為期末備抵損失應有之餘額，再與原有備抵損失餘額相比較，差額即為期末調整分錄應提列之預期信用減損損失之金額。此即所謂準備矩陣方法下之**帳齡分析法**（aging of accounts receivable method），茲以釋例 7-6 說明之。

帳齡分析法 依分析各組應收帳款帳齡與信用減損風險，決定期末備抵損失應有之餘額，再作調整分錄決定本年度之預期信用減損損失。

釋例 7-6

沿釋例 7-5，假設力麗家具使用準備矩陣估計不同帳齡應收帳款組合在存續期間之不同信用風險，且估計之違約率已有納入前瞻性資訊之調整。力麗家具 ×8 年底應收帳款帳齡分析表及相關違約率之估計如下。請按帳齡分析法，試作力麗家具 ×8 年底提列預期信用減損損失之分錄。

帳齡（天）	金額	估計之違約率
未過期	$475,000	1%
1～30	360,000	5%
31～60	100,000	10%
61～90	50,000	20%
90 天以上	40,000	50%

解析

(1) 公司估計之違約率即為應收帳款在存續期間之預期信用損失率
(2) 應收帳款組合依逾期時間長短，可計算出 ×8 年底應有的備抵損失金額為：

($475,000×1%) + ($360,000×5%) + ($100,000×10%)
+ ($50,000×20%) + ($40,000×50%) = $62,750

(3) ×8年度應補提之備抵損失為 $62,750 − $30,000 = $32,750

×8/12/31	預期信用減損損失	32,750	
	備抵損失		32,750

須注意的是，在應收帳款減損評估的相關分錄中，預期信用減損損失是屬於綜合損益表中的營業費用，而備抵損失則是在資產負債表中作為應收帳款的減項。

7.6.3 沖銷應收帳款後再收回

若先前已沖銷的應收帳款，由於債務人經濟狀況改善或其他原因而願意償還其欠款，此時需先將原沖銷分錄轉回，即將原來的沖銷分錄之借貸項目對調，借記應收帳款，貸記備抵損失。其次再作收款分錄，即借記現金，貸記應收帳款。茲以釋例說明如下。

釋例 7-7

承釋例 7-6，力麗家具 ×8 年底依帳齡分析法已預先提列預期信用減損損失，×9 年 4 月 6 日有某家具行欠款 $12,000 無法收回，而將其沖銷。該家具行卻於 ×9 年 10 月 20 日又償還部分欠款 $10,000。

試作：

×9 年 4 月 6 日與 10 月 20 日有關之分錄。

解析

(1) ×9 年 4 月 6 日沖銷無法收回之 $12,000，由於 ×8 年底已預先估計並提列預期信用減損損失，不宜再重複認列減損損失，而應借記「備抵損失」，代表備抵數之減少。

4/6	備抵損失	12,000	
	應收帳款		12,000

(2) ×9 年 10 月 20 日收回一部分已沖銷之帳款。會計上應先迴轉原有之「沖銷應收帳款」分錄,代表信用之復活,再記錄收現。

10/20	應收帳款	10,000	
	備抵損失		10,000
	現金	10,000	
	應收帳款		10,000

7.7　應收帳款之評價──變動對價

> **學習目標 7**
> 應收帳款的認列及後續評價

應收帳款係企業因出售商品或勞務而根據與客戶合約中交易價格為基礎,預期可自客戶收取之對價來認列。由於合約交易價格可能包括**變動對價**(Variable Consideration),例如折扣、讓價、履約紅利、罰款及客戶退貨權等,而造成交易價格的變動。以下將以變動對價之銷貨退回與折讓,說明變動對價對於企業預期可收取對價之影響。

企業之應收帳款應於期末針對帳款收回之可能性進行評價調整,評價項目可能包含銷貨退回與折讓。在國際財務報導準則第 15 號(IFRS 15)「客戶合約收入」中,所提到之銷貨折扣、讓價與退回均屬變動對價,企業應於合約成立或銷貨時,估計這些變動對價對於預期有權自客戶收取對價金額之影響,據以認列銷貨收入。換言之,企業可以不必另外設置「銷貨退回與折讓」之銷貨抵銷項目,以及「備抵銷貨退回與折讓」作為應收帳款的抵銷項目,可簡化帳務處理。

釋例 7-8

台北公司於 ×1 年 12 月 20 日賒銷商品 $10,000,給予客戶之付款條件為 2/30,n/60。依公司之銷售經驗,客戶接受商品瑕疵可能產生之價格讓價為 $800,且公司預期客戶會在規定期限內付款而享有現金折扣。假設該應收帳款於 ×2 年 1 月 15 日收回,且實際發生之讓價為 $600。

試作:請依國際財務報導準則第 15 號「客戶合約收入」,作 ×1 年與 ×2

年之相關分錄。

解析

(1) 台北公司預估此賒銷商品可收取之對價金額為（$10,000 − $800）×98% = $9,020。

應作之分錄如下：

×1/12/20	應收帳款	9,020	
	銷貨收入		9,020

(2) 由於實際發生之讓價為 $600，且客戶亦在現金折扣期限內付款（給予客戶之付款條件為 30 天內付款可以享 2% 折扣；超過 30 天沒有折扣，最遲 60 天付清）。因此台北公司所收到之實際對價金額為（$10,000 − $600）×98% = $9,212，與原先估計之對價金額 $9,020，差異為 $192，應作為銷貨收入之調整。

×2/1/15	現金	9,212	
	應收帳款		9,020
	銷貨收入		192

學習目標 8
應收票據利息及到期日應如何計算，以及到期日之會計處理

7.8　應收票據之會計處理

應收票據為一種正式的債權憑證，乃是由發票人承諾在某一特定日無條件支付一定金額的一種書面承諾。公司在允許顧客賒帳時，有時為了取得將來收現更大的保障，會要求顧客簽發票據，有時則在應收帳款到期而顧客無法付現時，也會要求顧客簽發票據。

7.8.1　票據持有期間與利息之計算

附息票據有關利息之計算，若票據期間以月份表示，則除以 12 即換算為年；若以天數表示，則通常除以 360 或 365 作為換算為年之基礎。有關**票據到期日之計算**，如果以月份表示，到期日就是另 1 個月份之同一日。例如，發票日為 9 月 10 日，票據期間為 4 個月，則到期日為隔年 1 月 10 日。如果以日表示者，則以開立票據之次日起算足天數。例如發票日為 9 月 10 日，票據期間為 90 天，則

票據到期日之計算
以月表示者，則是發票日之月份加上該月數，以日表示者，則採計尾不計首方式算足天數。

到期日為 12 月 9 日（即 9 月之剩餘天數 20 天，加上 10 月份有 31 天，11 月份有 30 天，以及 12 月之 9 天）。至於**期末利息的調整**，則當期末帳上仍有應收票據未到期時，須依應計基礎認列已賺得的利息收入。

釋例 7-9

燦坤 3C 於 ×7 年 12 月 16 日自光華商場的顧客收到年息 6%，60 天期，面額為 $100,000 之票據，用以給付原本到期之帳款。（一年以 360 天計）

試作：

(1) 推算該票據之到期日為何？
(2) 燦坤 3C ×7 年該票據有關之分錄。

解析

(1) 到期日之推算如下：

12 月剩餘天數（31 − 16 = 15）	15 日
1 月（×8 年）	31 日
2 月（到期日為 2 月 14 日）	14 日
票據存續期間	60 日

所以，到期日為 ×8 年 2 月 14 日。

(2) ×7 年 12 月 16 日收到顧客之票據以抵償所欠款項：

12/16	應收票據	100,000	
	應收帳款		100,000

另期末帳上仍留有應收票據，須按應計基礎認列從 12 月 16 日至 12 月 31 日期間已賺得之利息收入，所以 ×7 年 12 月 31 日調整分錄如下：

12/31	應收利息	250	
	利息收入		250
	（$100,000 × 6% × 15/360 = $250）		

> **會計好簡單**
>
> (1) 發票日為 7 月 31 日，4 個月後到期，則到期日為何？
> (2) 發票日為 5 月 15 日，90 天後到期，則到期日為何？
>
> **解析**
>
> (1) 11 月 30 日（11 月無 31 日，故改以月底為到期日）。
> (2) 8 月 13 日（5 月剩餘天數 16，加 6 月有 30 天，加 7 月有 31 天，再加 8 月的 13 天，總和為 90 天）。

7.8.2 票據到期之會計處理

公司收到票據時，如果因資金需求無法等到票據到期時再收取現金，可於票據到期前，持往銀行請求**貼現**（discount），提前取得現金。有關貼現的會計處理，將在下節應收款項之融資說明。若公司將票據持有至到期日，則可能之情況為兩種，即票據的到期收現，以及票據到期但發票人拒絕兌現付款。相關之會計處理說明如下。

票據到期時，通常發票人會支付票據之本金及利息，因此公司對於票據的到期收現，原則上應該沖銷應收票據，並認列利息收入；借方項目為現金。對於票據期間跨越兩個會計年度者，則由於上期期末作了「借記應收利息，貸記利息收入」調整分錄，因此本期收到本金及所有利息時，除了借記「現金」外，必須將上期之應收利息沖銷，並貸記屬於本期之利息收入。

另一種情況則為**票據到期發票人拒付**（Dishonored Notes Receivable）。當發票人沒有能力或是拒絕在票據到期日依約償還原先約定的本金及利息時，公司仍然可循法律途徑追討收現之權利。一般而言，公司會將此一求償權之相關項目（即應收票據與應收利息）轉至應收帳款帳戶。此種作法除了方便公司作續後追索的記錄之外，尚有助於以後公司對於授信政策之檢討。

釋例 7-10

承釋例 7-9，試依下列情況分別為燦坤 3C 作票據到期日（即 ×8 年 2 月 14 日）應作之分錄：

(1) 發票人到期兌現；(2) 發票人拒絕承兌。

解析

(1) 發票人到期兌現，則燦坤 3C 將收到本金 $100,000 及 60 天期之利息 $1,000（即 $100,000×6%×60/360），但利息收入有 $250 已於 ×7 年 12 月 31 日認列，所以須將應收利息 $250 沖銷。至於剩餘之利息 $750 部分，則為 ×8 年持有票據天數應認列之利息收入。用圖說明如下：

```
                  $1,000
        $250        $750
 ×7年           12/31          ×8年
 12/16                         2/14
```

應作分錄如下：

×8/2/14	現金	101,000	
	應收票據		100,000
	應收利息		250
	利息收入		750

(2) 發票人拒絕承兌，則仍應依應計基礎認列 ×8 年持有票據天數之利息收入，並將應收票據之本息轉為應收帳款。

×8/2/14	應收帳款	101,000	
	應收票據		100,000
	應收利息		250
	利息收入		750

注意：若轉為應收帳款之金額確實無法收回，則應將其沖銷。如 ×8 年 4 月 30 日，經催收後僅收回 $50,000，其餘確定無法收回，則應沖銷 $51,000 之「應收帳款」，其分錄為：

×8/4/30	現金	50,000	
	備抵損失	51,000	
	應收帳款		101,000

應收票據貼現
係指公司於票據到期日前，於票據上背書，將票據轉移給銀行以提早取得現金。

7.8.3 應收票據貼現

應收票據貼現係指公司於票據到期日前，於票據上背書，將票據轉移給銀行以提早取得現金。票據貼現若無追索權，則銀行要負擔帳款無法收回的風險，即應收票據已移轉與銀行，所以公司會將會計記錄上的應收票據消除。但如果票據貼現時附追索權，則一旦開票人無法支付本息時，公司須負責償還，此時應收票據仍為公司之資產不得消除，而是就所得現金認列負債。

當公司將票據持向銀行貼現時，能取得之現金（即貼現值），計算過程如下：

1. 票據到期值＝票據面額＋票據利息
2. 貼現息＝到期值 × 貼現利率 × 貼現期間
3. 貼現值＝票據到期值－貼現息

值得注意的是，貼現息之計算應以應收票據之到期值而非面額為基礎。貼現期間為貼現日至到期日之期間，亦即票據離到期日尚剩餘之天數。茲以釋例 7-11 說明上述觀念。

釋例 7-11

電視台委託周遊（阿姑）製作八點檔大戲「阿姑的一生」，阿姑的公司於 10 月 20 日收到面額 $3,000,000，利率 3%，90 天到期的本票作為簽約金，並於 12 月 19 日前往銀行請求無追索權之貼現，利率為 5%，試作貼現時的會計分錄。

解析

(1) 票據到期值＝票據面額＋票據利息
　　　　　　　＝ $3,000,000 + ($3,000,000 × 3% × 90/360)
　　　　　　　＝ $3,022,500

(2) 票據之貼現期間＝ 90 天－(11 天＋30 天＋19 天) ＝ 30 天

```
                                    貼現期間
        ├─────────── 90 天 ───────────┤
        10/20                  12/19        1/18
                               貼現日       到期日
```

(3) 貼現息 = $3,022,500 × 5% × 30/360 = $12,594
(4) 貼現值（能取得之金額）= $3,022,500 − $12,594
　　　　　　　　　　　　　 = $3,009,906

會計分錄如下：

12/19	現金	3,009,906	
	應收票據		3,000,000
	利息收入		9,906

注意：若票據持有期間不長，公司便向銀行請求貼現，則有可能收到的金額會小於票據的本金面額，此時貼現公司應將此差額借記為利息費用。承上例，假如阿姑的公司於11月19日即向銀行貼現，則貼現期間為 90 天 −（11 天 + 19 天）= 60 天，而貼現息為 $3,022,500 × 5% × 60/360 = $25,188，貼現值為 $3,022,500 − $25,188 = $2,997,312，此時之會計分錄如下：

12/19	現金	2,997,312	
	利息費用	2,688	
	應收票據		3,000,000

7.9 應收帳款與財務報表分析

整體而言，**應收帳款週轉率**（accounts receivable turnover in times）是一種評估企業應收帳款管理極具意義的財務指標。評估企業應收帳款的流動性時，重點在於應收帳款轉變成現金的速度，因此週轉率即在於表達企業能在1年中產生並收回應收帳款的平均次數，其計算公式為：

$$應收帳款週轉率 = \frac{賒銷淨額}{平均應收帳款淨額}$$

上述公式中，分子以賒銷淨額為原則，因為只有賒銷才會產生應收帳款。分母為平均應收帳款淨額（即減除備抵損失後之應收帳款）。若賒銷淨額的數據取得不易，實務上亦有改採銷貨淨額計算應收帳款週轉率者。至於平均應收帳款淨額，係指期初應收帳款淨額與期

> **學習目標 9**
> 如何運用應收帳款分析企業的流動性和經營效率
>
> **應收帳款週轉率**
> 企業在1年內可以產生和收回應收帳款的次數。週轉率越高代表收現速度越快。

末應收帳款淨額之平均數，因為應收帳款的金額隨時可能改變，因此不用期初或期末的金額計算。

應收帳款週轉天數
流通在外之應收帳款平均約需多少天才能收回。應收帳款週轉天數與週轉率之乘積為365。

應收帳款另一流動性的衡量指標則為**應收帳款週轉天數**（accounts receivable turnover in days），此週轉天數代表企業自賒銷開始，產生應收帳款及至收現，平均所需之天數，又稱為應收帳款收現天數。其計算公式為：

$$應收帳款週轉天數 = \frac{365 \text{ 天}}{應收帳款週轉率}$$

應收帳款週轉天數越少，代表企業的徵信與授信政策較為嚴謹，也可能是收款越有效率所致。由上述公式可以得知，週轉率與週轉天數呈一定之反向關係，即應收帳款週轉率越高，代表應收帳款週轉天數越短。

上述應收帳款之週轉率與週轉天數，在應收帳款之評估與管理上乃是極為重要的指標。一般說來，財務報表分析的數字唯有經過比較始能顯出其意義。就應收帳款而言，可以考慮之比較性指標包括**公司歷年趨勢比較**、**同業平均水準比較**，以及**授信政策之比較**。如果發現有值得注意的變化或異常的現象如週轉天數超過授信政策允許之授信期間，則應促使公司作進一步分析或相關之檢討，以謀求改進。

營業週期 存貨週轉平均天數加上應收帳款週轉平均天數。

將存貨週轉平均天數與本章所提之應收帳款週轉平均天數相加，即可得出企業的**營業週期**（operating cycle）。亦即營業週期是指企業自投入現金購買存貨，將存貨出售變成應收帳款，再將應收帳款收回變成現金所需的時間。

營業週期 = 存貨週轉平均天數 + 應收帳款週轉平均天數

一般而言，營業週期越長，所需之運用資金越大，因此對於營運週期越長的企業，其所要求之產品溢價或銷售毛利一定會越高，才能有效彌補其較高的資金成本，例如汽車業公司即是。而商品買賣進出頻繁，營業週期較短如便利商店者，其商品毛利就相對較

小。企業若能有效縮減營業週期，不論從存貨管理著手或是從授信政策改善，均能提高企業經營效率，進而增加獲利。

釋例 7-12

博客來網路書店 ×6 年度之相關財務資料如下：

銷貨收入	$624,000	應收帳款 (1/1)	$60,000
銷貨成本	$468,000	應收帳款 (12/31)	$64,800
存貨 (1/1)	$110,000	存貨 (12/31)	$124,000

試作博客來網路書店之：

(1) 存貨週轉率；
(2) 應收帳款週轉率；
(3) 平均營業週期。

解析

(1) 存貨週轉率＝銷貨成本÷平均存貨

$$= \$468,000 \div (\frac{\$110,000 + \$124,000}{2})$$

$$= \$468,000 \div \$117,000$$

$$= 4 \text{ 次}$$

存貨週轉平均天數＝365 天÷4
　　　　　　　　＝91（天）

(2) 應收帳款週轉率＝銷貨收入÷平均應收帳款

$$= \$624,000 \div (\frac{\$60,000 + \$64,800}{2})$$

$$= \$624,000 \div \$62,400$$

$$= 10 \text{（次）}$$

應收帳款週轉平均天數＝365 天÷10
　　　　　　　　　　＝37（天）

(3) 營業週期＝存貨週轉平均天數＋應收帳款週轉平均天數
　　　　　＝91 天＋37 天
　　　　　＝128 天

摘要

　　會計學上所謂的現金必須符合流通性與用途未受限制。在實務上，我國上市公司大部分都將約當現金併入現金項目，而在資產負債表上以「現金及約當現金」項目呈現。由於現金人見人愛，其內部控制格外重要。公司採取現金支出內部控制制度後，所有支出都應該要按照規定程序審核，並以支票或匯款方式支付。惟對於金額微小的支出有設置零用金制度之必要。

　　編製銀行存款調節表時，是以銀行按月寄來的對帳單和公司帳載銀行存款記錄作為調節依據，而造成兩者餘額不相等的原因有兩種情形：一是銀行與公司對於存款的收入與支出有時間性的差異，導致一方已記帳而另一方尚未記帳；另一則是有錯誤的發生。

　　應收款項是指對企業或個人之貨幣、商品或勞務之請求權。營業性應收款項係指企業在主要營業活動中，由於賒銷商品或提供勞務而產生，包括應收帳款和應收票據。非營業性應收款項為主要營業活動以外原因所產生之債權，如應收租金、應收股利等。

　　認列應收帳款減損損失之時間及其會計處理，通常有下列兩種方法：(1) 直接沖銷法；(2) 備抵法。直接沖銷法是在特定應收帳款確定無法收回時，才認列應收帳款之減損損失，記錄時其會計分錄為：借記預期信用減損損失，貸記應收帳款。備抵法是在銷貨發生當期即預估可能發生應收帳款之減損損失時，其會計分錄為：借記預期信用減損損失，貸記備抵損失。在備抵法之下，當確定某筆應收帳款無法收回，亦即信用損失實際發生時，則沖銷該筆應收帳款，其沖銷分錄為：借記備抵損失，貸記應收帳款。直接沖銷法不是一般公認會計原則的作法；備抵法則是一般公認會計原則的作法，因依該法，應收帳款之帳面金額較能反映其可回收金額。

　　在備抵法下，應先確認是否有客觀證據顯示某些個別的應收帳款將無法收回，接著對於其他的應收帳款則整體按應收帳款百分比法或依帳齡分析法，估計無法收回的應收帳款。個別認定與整體估計之無法收回金額合計數乃在報導期間結束日應表達的備抵損失金額。此一金額也是期末作完調整分錄後的備抵損失餘額，將此餘額與調整前備抵損失餘額相比，其差額乃是應調整（增加）的備抵損失金額，以及應認列的應收帳款之減損損失（借記預期信用減損損失，貸記備抵損失）。應注意的是，銷貨百分比法不符合「資產負債先評價，再認列費損」之精神（即資產負債表的觀點），因此不再適用。

　　應收票據為一種正式的債權憑證。票據到期日之計算，如果以月份表示，到期日就是另一個月份之同一日；如果以日表示者，則以開立票據之次日起算足天數。應收票據貼現息之計算應以到期值而非面額為基礎。

　　應收帳款週轉率是一種評估企業應收帳款管理極具意義的財務指標，在於表達企業能在一年中產生並收回應收帳款的平均次數，而應收帳款週轉天數代表企業自賒銷開始，產生應收帳款及至收現，平均所需之天數。至於營業週期則為存貨週轉天數加上應收帳款週轉天數。

本章習題

問答題

1. 公司應有適當的零用金制度,並且聘請專人保管零用金,請說明有關零用金的內部控制為何?
2. 請說明何謂 NSF 支票?NSF 支票在銀行存款調節表,以及相關的調整分錄,應如何處理?
3. 請問銷貨折扣、銷貨折讓、銷貨運費、預期信用減損損失及備抵損失,其在綜合損益表及資產負債表上的表達方式各為何?
4. 周遊阿姑應中視邀請,製作八點檔大戲「舊情綿綿」,中視先以一張本票作為契約金,阿姑拿著中視簽發的票據前往銀行貼現,她很好奇尚未到期的貼現票據,銀行是如何計算貼現息?請你告訴她。

選擇題

1. 公司 ×3 年 1 月 1 日設置零用金帳戶 $5,000,×3 年 1 月 31 日進行撥補時,有出差費相關收據共 $1,000,郵電費收據共 $500,便餐費收據共 $2,100,且盤點零用金尚餘 $1,300。則零用金的撥補分錄,下列何者正確?
   - (A) 貸記現金 $3,600
   - (B) 貸記現金 $3,700
   - (C) 借記零用金 $3,700
   - (D) 借記現金缺溢 $200   【106 年土銀】

2. 公司設立零用金帳戶,針對零用金之會計處理,下列何者錯誤?
   - (A) 設立零用金帳戶時,借記零用金
   - (B) 零用金保管人支付零用金給員工時,貸記零用金
   - (C) 公司決定調整並增加零用金帳戶金額時,借記零用金
   - (D) 撥補零用金時,借記相關費用之會計項目   【108 年台銀】

3. 阿瘦皮鞋總公司請您擔任內部控制制度設計的工作,以下哪一項是有關現金交易部分,您可能會建議的?
   - (A) 所有的零星支出均一律以支票支付
   - (B) 核准付款與開立支票的工作,勿由同一人處理
   - (C) 指派即將離職的工讀生負責現金交易作業
   - (D) 請蘇打綠擔任代言人,以增加現金交易收入

4. 完成銀行存款調節表後,下列哪一項交易不需作調整分錄?

(A) 未兌現支票 　　　　　　　　　(B) 存款不足支票
(C) 銀行代收票據 　　　　　　　　(D) 銀行印製支票費用

5. 存款餘額不符之原因有未達帳和錯誤兩種，以下各未達帳之描述，何者不是因「公司未貸記存款減少，而銀行已借記」而產生？
   (A) 手續費 　　　　　　　　　　　(B) 託收票據
   (C) 代付款項 　　　　　　　　　　(D) 存款不足退票

6. 下列何者對商業折扣以及現金折扣之會計處理（是否需要入帳）是正確的？

	商業折扣	現金折扣
(A)	是	是
(B)	否	是
(C)	是	否
(D)	否	否

7. 下列有關應收帳款評價的敘述，何者是不正確的？
   (A) 應收帳款在財務報表上，是以淨變現價值表達
   (B) 備抵損失項目代表實際無法向顧客收回的款項
   (C) 預期信用減損損失是綜合損益表的營業費用項目
   (D) 備抵損失是資產負債表中，應收帳款的減項

8. 電視購物頻道採應收帳款餘額百分比法評估應收帳款減損，假設估計之損失率為 2%，×5 年底調整前備抵損失有貸方餘額 $12,000，該年底應收帳款餘額為 $1,500,000，試問 ×5 年底應提列多少之信用減損損失？
   (A) $30,000 　　　　　　　　　　 (B) $18,000
   (C) $20,000 　　　　　　　　　　 (D) $10,000

9. 公司採備抵法處理應收帳款可能產生之預期信用減損損失。試問當 (1) 實際沖銷應收帳款及 (2) 期末提列預期信用減損損失時，對應收帳款帳面金額之影響分別為何？
   (A) (1) 增加；(2) 減少 　　　　　　(B) (1) 減少；(2) 減少
   (C) (1) 不變；(2) 不變 　　　　　　(D) (1) 不變；(2) 減少

10. 喬治公司的應收帳款週轉率為 6.5，瑪麗公司的應收帳款週轉率為 4.5，有關喬治與瑪麗的比較，下列敘述何者為正確？
    (A) 喬治公司的應收帳款週轉天數比瑪麗公司要多
    (B) 喬治公司的客戶徵信、授信及催收管理較瑪麗公司具績效
    (C) 若喬治與瑪麗公司之應收帳款平均數相等，則喬治公司全年賒銷的金額較小
    (D) 所給的資訊尚無法評定何者的應收帳款管理較佳

11. 關於應收帳款減損評估之會計處理，下列敘述何者有誤？

(A) 在備抵法下，預期信用減損損失是一估計數字
(B) IFRS 9「金融工具」不再使用過去已發生損失模式，改採預期損失模式
(C) 直接沖銷法不符合一般公認會計原則
(D) 在備抵法下，帳款確定收不回來時所作之分錄，會減少應收帳款淨額

12. 小丸子公司 ×6 年平均應收帳款淨額 $500,000，應收帳款週轉天數為 25 天，試問：小丸子公司 ×6 年度之賒銷淨額為多少？
(A) $7,000,000 (B) $7,500,000
(C) $7,300,000 (D) $7,600,000

練習題

1.【零用金分錄】旺宏公司本月初撥款 $20,000 設立零用金，本月底檢查零用金時發現尚餘現金 $870，並有下列支出單據：

1. 水電費用	$10,800
2. 銷貨運費	1,200
3. 辦公用品	520
4. 廣告費用	3,000
5. 報費	1,100
6. 雜項費用	2,500

試作：旺宏公司於本月底撥補零用金時應作之分錄。

2.【內部控制】大大公司有關現金支付的控制程序，有以下幾項觀察的事實：

1. 公司的支票未經編號。
2. 支票於付款後，與相關憑證一併彙存。
3. 公司的會計人員於下班後將現金存入銀行。
4. 所有支出均以支票付款。
5. 公司的會計人員每月定期編製銀行存款調節表。

請針對以上每個程序，指出其內部控制的缺失以及改進之道。

3.【銀行存款調節表】公司在 8 月 31 日帳列銀行存款餘額為 $87,500，而 8 月底銀行對帳單餘額為 $94,700。如果銀行存款調節表上的調節項目只有：

1. 在途存款 $22,500。
2. 銀行手續費 $25。
3. 銀行代收票據 $8,500。
4. 未兌現支票等項目。

試問：未兌現支票的總額為多少？

4. 【銀行存款調節表】海壽司料理在 ×7 年 10 月底銀行對帳單上之存款餘額為 $368,500，10 月份其他資料列示如下：

   1. 在途存款　　　　　　$68,500
   2. 未兌現支票　　　　　 80,000
   3. 銀行代收票據　　　　 50,400
   4. 銀行手續費　　　　　　 950

   試問：海壽司料理在調整前原帳載餘額應為多少？

5. 【應收帳款減損—單一損失率法】長崎公司應收帳款備抵損失之衡量係依應收帳款餘額採單一損失率，2% 提列。假設 ×5 年 12 月 31 日應收帳款餘額為 $680,000，調整前備抵損失有借餘 $1,600。

   試問：

   (1) 長崎公司 ×5 年度綜合損益表上之預期信用減損損失為多少？
   (2) 調整後備抵損失餘額為多少？
   (3) 請作會計分錄。

6. 【應收帳款減損——準備矩陣法】別府公司有關應收帳款減損之評估，係採準備矩陣法，並以分析應收帳款之帳齡作分析根據。×5 年 12 月 31 日時應收帳款餘額為 $600,000，其中逾期 1 個月以上之帳款共計 $100,000。調整前備抵損失為貸餘 $12,000，別府公司根據過去的經驗，估計未逾期帳款之違約率為 3%，逾期 1 個月以上之帳款的違約率為 25%。

   試問：

   (1) ×5 年底應提列之預期信用減損損失為多少？
   (2) ×5 年底調整後的備抵損失餘額是多少？

7. 【應收帳款之沖銷及再收回分錄】×1 年 12 月 31 日兄弟公司備抵損失的餘額為 $18,000，×2 年兄弟公司沖銷的帳款總額有 $16,000，又收回其中的 $2,000，×2 年 12 月 31 日依帳齡分析表顯示備抵損失的餘額為 $22,000。試作兄弟公司 ×2 年應有的交易分錄。

8. 【票據到期日的計算】請指出下列本票之到期日：

	發票日	條件
(1)	4月12日	1年後到期
(2)	5月20日	30天後到期
(3)	7月1日	3個月後到期
(4)	9月5日	60天後到期

9. 【應收票據貼現】篤姬公司在×3年3月1日銷貨給鹿兒島公司，收到一張面額為 $100,000 附息 7% 的 6 個月期的票據，在同年的 6 月 1 日向銀行貼現，假設貼現率為 9%，試問：篤姬公司貼現所得之現金為多少？並作貼現日之分錄。

應用問題

1. 【零用金分錄】建民商店 1 月 1 日設立定額零用金 $2,000，1 月 7 日以零用金支付水電費 $700，1 月 13 日以零用金加值悠遊卡金額 $1,000，1 月 20 日以零用金支付計程車資 $260，2 月 1 日補充零用金，3 月 1 日減少零用金到 $1,800。試作相關分錄。

2. 【銀行存款調節表】百合小姐是薔薇之戀經紀公司新聘的會計人員，9 月 1 日開始正式上班，她所負責的職務之一就是編製銀行存款調節表。時間匆匆，10 月初了，她要開始著手編製 9 月份的銀行存款調節表。薔薇之戀經紀公司銀行存款之相關資料列示如下：

   1. 公司帳上的餘額 $8,894。
   2. 銀行對帳單上的餘額 $11,284。
   3. 銀行代收一紙無息票據 $1,650，手續費為 $20，公司尚未入帳。
   4. #5566 支票之金額為 $785，公司帳上誤記 $758。
   5. 9 月底送存銀行之金額共計 $1,271，銀行尚未入帳。
   6. 未兌現支票共計 $2,058。

   試問：該公司 9 月 30 日之正確銀行存款金額為多少？

3. 【應收帳款減損】顏如玉網路書店對於應收帳款減損之評估採單一損失率法，已知 ×3 年初帳列應收帳款及備抵損失分別為借餘 $50,000 及貸餘 $1,500，×3 年度賒銷 $520,000，賒銷退回 $20,000，帳款收回 $480,000。

   試問：

   (1) 顏如玉網路書店 ×3 年度綜合損益表上之預期信用減損損失為多少？
   (2) 調整後備抵損失餘額為多少？
   (3) 請作應收帳款減損之分錄。

4.【應收帳款減損評估】花輪公司採帳齡分析法評估應收帳款的減損損失，×6 年 12 月 31 日應收帳款餘額為 $2,600,000，根據過去經驗，準備矩陣之相關資料如下：

帳款賒欠期間	估計違約率	×3 年底金額
未逾期	1%	$2,200,000
逾期 30 天以內	5%	150,000
逾期 31 天～60 天	7%	100,000
逾期 61 天～90 天	10%	80,000
逾期 91 天～120 天	15%	60,000
逾期超過 120 天	20%	10,000
總計		$2,600,000

試作：

(1) 根據上表資料，計算本期預期信用減損損失之提列數，並作適當分錄。（假設備抵損失之期初餘額為貸餘 $30,000。）

(2) 若 $10,000 確定無法收回，試作適當分錄。

(3) 若花輪公司日後收回上題認定無法收回帳款之 $5,000，試作適當分錄。

5.【變動對價──銷貨退回與折讓】台北公司於 ×1 年 12 月 25 日賒銷商品 $12,000，給予客戶之付款條件為 2/30，n/60。依公司之銷售經驗，客戶接受商品瑕疵可能產生之價格讓價為 $1,000，且公司預期客戶會在規定期限內付款而享有現金折扣。假設該應收帳款於 ×2 年 1 月 20 日收回，且實際發生之讓價為 $800。

試作：

請依「客戶合約收入」，作 ×1 年與 ×2 年之相關分錄。

08 不動產、廠房及設備與遞耗資產

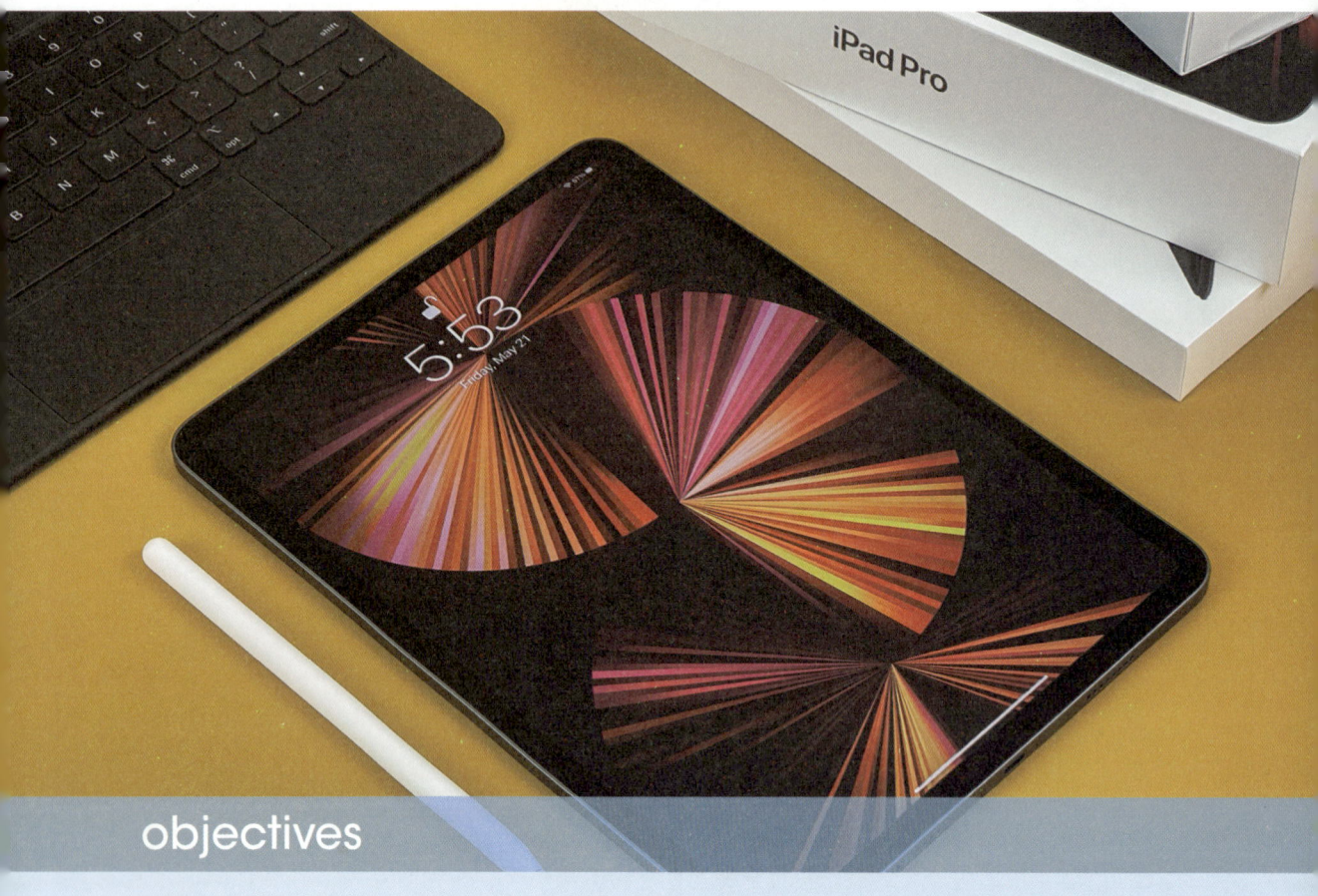

objectives

研讀本章後,預期可以了解:

- 不動產、廠房及設備的定義與範圍
- 成本原則在不動產、廠房及設備上的應用
- 折舊的觀念
- 不同的折舊方法及每期折舊金額之計算
- 收益支出及資本支出之區分
- 不動產、廠房及設備報廢、出售時的會計處理
- 遞耗資產的折耗計算方式
- 不動產、廠房及設備之重估價
- 資產減損的會計處理

近年來,許多台灣企業選擇以產業投資控股的模式,透過資源整合與多元化經營以提升國際化競爭力。投資控股公司為一獨立法人,根據臺灣證券交易所有關準則定義,投資控股公司是以投資為專業、以控制其他公司之營運為目的之組織,所扮演的是企業集團中的策略擬定角色,並非實質營運者。

2020年12月LED大廠晶電及隆達依據企業併購法規定轉換為富采投控,兩家公司的上市有價證券自12月24日起停止買賣,12月26日至2021年1月6日停止過戶並終止上市,富采投控普通股亦於同日上市。晶電與隆達未來將繼續投資在2家公司現有業務,並強化投資Mini/Micro-LED顯示器、智慧感測及三五族半導體微電子元件領域的先進技術。雙方將進行資源整合,晶電專注在上、中游,隆達成為晶電重要客戶之一;隆達則聚焦下游,晶電成為隆達重要供應商之一。

晶電董事會依業務計畫討論2020年的資產減損時表示,考量未來新型顯示技術mini-LED及micro-LED為發展重點,董事會決定提列2014年併購的璨圓光電商譽減損31.8億元,及其他相關固定資產減損3.5億元,原因乃是璨圓光電既有之LED產品線處於高度競爭外,未來轉作生產新型顯示技術的mini-LED及micro-LED等新產品的機會也甚低,因此,依據國際會計準則第36號公報規定提列減損。此外,晶電的客戶東貝光電,先前提供轉投資公司股權質押予晶電作為應收帳款擔保品,考量東貝轉投資公司營運狀況變差,致應收帳款有減損跡象,晶電亦決定對其應收帳款減損損失約4.3億元。

總計晶電進行的資產減損,合計約39.6億元,影響2020年每股純益約3.7元。

本章將介紹不動產、廠房及設備之會計處理,並介紹資產減損之概念。

本章架構

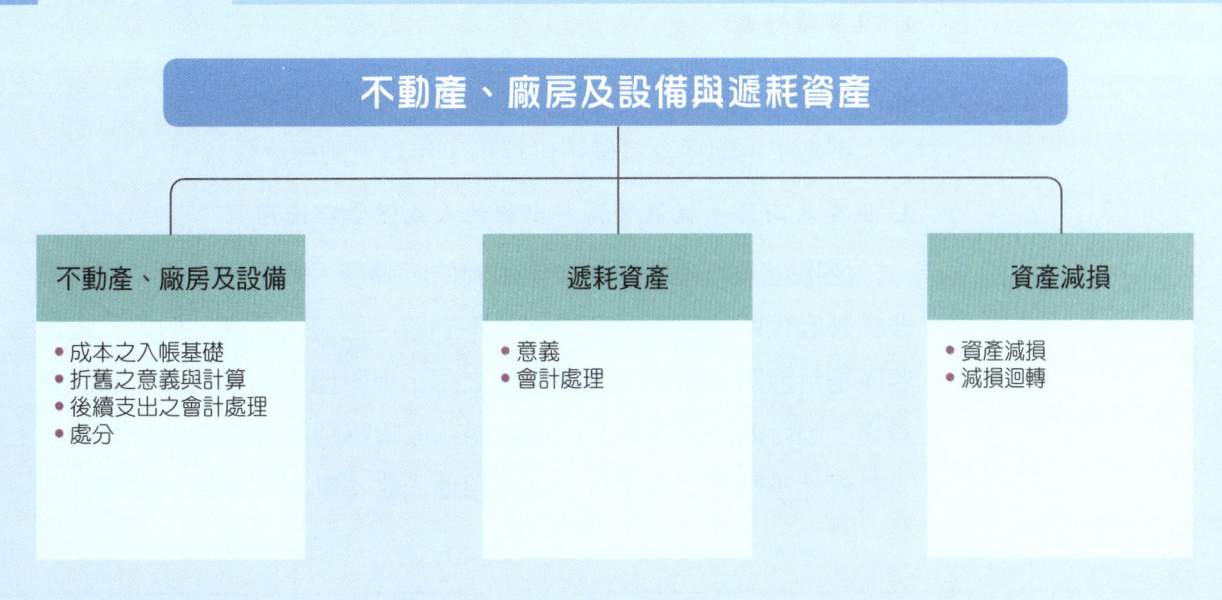

不動產、廠房及設備與遞耗資產

不動產、廠房及設備
- 成本之入帳基礎
- 折舊之意義與計算
- 後續支出之會計處理
- 處分

遞耗資產
- 意義
- 會計處理

資產減損
- 資產減損
- 減損迴轉

8.1 不動產、廠房及設備之定義

學習目標 1
了解不動產、廠房及設備之定義

到目前為止，以前各章所討論的存貨、現金、應收款項都是屬於流動資產，本章介紹的**不動產、廠房及設備**（Property, Plant and Equipment）則屬非流動資產的範疇。以台積電為例，為了因應 5G 和高效能運算（HPC）的產業大趨勢所帶動強勁晶片需求，晶圓代工產能已是全球地緣政治下各國必爭之地，全球半導體廠紛紛投入鉅資擴增新產能，台積電更是積極投資興建新晶圓廠，並擴大先進製程之設備採購，2021 年資本支出更是高達 300 億美元以上。

不動產、廠房及設備為同時符合：(1) 用於商品或勞務之生產或提供、出租予他人或供管理目的而持有；且 (2) 預期使用期間超過一期的有形項目。不動產、廠房及設備與某些公司財務報表上之**「固定資產」**（Fixed Assets）所指之意涵相同，泛指具實體存在、實際供營運時生產商品或提供勞務使用之非供出售或投資用途之資產。

8.2 不動產、廠房及設備之特性與成本之決定

學習目標 2
了解不動產、廠房及設備之意義及成本應如何決定

8.2.1 不動產、廠房及設備之特性

此類資產通常具有較長的使用年限，預期可為企業提供多年的服務。必須具備下列三個特性：

1. 具實體存在

2. 耐用年限超過一年

不動產、廠房及設備可以提供 1 年以上的經濟效益。

3. 供生產商品、提供勞務、出租他人或供管理使用

泛指企業於經營過程中使用到的不動產、廠房及設備，若資產非經營過程所使用者，不得列為不動產、廠房及設備。例如，土地若僅是目前購入供未來興建廠房之用，則不應列為不動產、廠房及設備，因目前尚未達經營用途狀態。但須特別注意的是，在 IAS 40「投資性不動產」制定後，供出租他人之不動產須列為「投資性不

動產」而非「不動產、廠房及設備」項目，但供出租他人之設備仍列於「不動產、廠房及設備」。公司購入資產若欲再轉售，則應列為存貨或投資，例如，建設公司購入備供出售用的土地，應列為存貨。

另外，企業也會購置與公共安全、衛生及防治環境污染之設備，該等設備雖不會直接增加未來的經濟效益，但是卻為生產過程中，與其他資產共同創造經濟效益的必要項目，雖是間接提供未來經濟效果，但仍符合不動產、廠房及設備之認列要件。

有時企業持有之不動產、廠房及設備雖符合以上所列的三個特徵，但因為金額較小，即使不列為不動產、廠房及設備此項資產，而在購買的當年度列為費用處理，不致影響財務報表使用者的決策，亦即未達**重大性**（materiality）。例如，一台 $3,000 的傳真機，雖然都符合不動產、廠房及設備的三個特徵，但是對於資本額數十億元的公司而言，卻是很小而不影響財務報表使用者決策的金額，直接把 $3,000 列為費用，對於財務報表整體的表達並無重大影響。

會計部落格

重大性原則

會計事項的處理，本來應該要遵照「一般公認會計原則」（Generally Accepted Accounting Principles, GAAP）的規定，但在某些情況下，如果會計事項或交易的金額不具重大性，則基於會計處理的成本與效益的考量，若不會損害到財務報表的公允表達，則可以作權宜的處理，這就是所謂的重大性原則。以上述 $3,000 之傳真機為例，假設可以供營業使用 5 年，如果把它當成不動產、廠房及設備處理，則會有後續 5 年折舊（稍後章節會談到）等帳務處理的成本，若直接列為費用也無損於報表的允當表達。運用重大性原則時，還須一併考量金額對於企業規模的影響，例如購買 $50,000 之設備，對於資產 $100,000 的小公司而言為重大項目，應列為不動產、廠房及設備，但對於資產 $10 億的公司，則為相對不重大的項目，可列為當期費用。

8.2.2 不動產、廠房及設備取得成本的決定

> **不動產、廠房及設備** 內容常包括土地、土地改良物、建築物、設備等。

不動產、廠房及設備的原始衡量應依照會計上的成本原則。所謂成本包括自購置資產起，到使其達到可供使用狀態前的所有一切必要合理支出。例如工廠購入機器時，購買價格、買方支付運費及安裝費用等，皆應視為該機器之成本。以下就常見各項不動產、廠房及設備的成本內容分別說明：

1. 土地

土地（Land）的成本應包括使土地達到可供使用狀態前之所有成本，因此土地的成本項目包括：(1) 付給賣方之現金購買價格；(2) 仲介經紀人佣金；(3) 代書費等過戶相關成本；(4) 為地主承擔之稅捐；(5) 整地支出等。如果購入土地要在上面建造新屋，土地上原有建築物必須拆除，則所有拆除及清運舊屋之成本減除出售廢料變賣收入後之餘額，也是土地成本的一部分。會計上通常假設土地的使用年限沒有一定期間。

2. 土地改良物

企業購入土地後，有時為了提高土地的使用價值，可能會在土地上鋪設水泥或柏油使其成為停車場，或是興建圍牆、裝置照明設備等，這些支出的使用年限有一定期間，並由企業負責維修與汰換，應該另外設立一個會計項目「**土地改良物**（Land Improvement）」，不得與「土地」帳戶混淆，並且按土地改良物之耐用年限分攤其使用成本。

3. 建築物

購入**建築物**（Building）時，其成本項目包括購買價格、使用前的整修支出、過戶的契稅、代書費及仲介經紀人佣金等。建築物若是自行建造，則其成本包括自設計至完工之所有必要支出，例如，建築師費用、工程款、使用執照費，及符合一定條件下之建造期間因貸款而發生之利息費用。

費 $10,000，安裝及試車費用 $50,000。另外，於運送途中司機在北二高超速，接到罰單 $3,000，且機器於安裝時處理不慎造成小額修理費用 $5,000，試計算該機器的成本，並作取得機器的分錄。

解析

(1) 現金購買價格、運費、安裝及試車費用均為使機器達到可使用之地點及狀態的必要支出，因此均須列入機器的取得成本。另超速罰單以及修理費，均為疏忽導致，並非必要的支出，所以不計入機器成本，應認列為費用。

(2) 機器成本計算如下：

定價	$500,000
減：現金折扣（$500,000×2%）	(10,000)
加：運費	10,000
安裝及試車費用	50,000
購買機器成本	$550,000

(3) 取得機器及相關費用之分錄：

機器設備	550,000	
修理費用	5,000	
其他費用	3,000	
現金		558,000

以上的釋例與討論都是單獨購買時的成本決定原則，但是企業在很多情況下，並不會只購買單一設備，而是會考慮到整體相關的設備購置。企業以一筆金額同時購入多項資產，此即所謂的**整批購貨**（lump-sum purchase），在這種情況下，應將總價款按各項資產的公允價值比例分攤，作為個別資產的入帳成本。若無法同時取得各項資產公允價值的資料時，則具有明確公允價值者先以其公允價值作為其取得成本，而以剩餘金額作為其他無公允價值資產的取得成本。

整批購貨 應將不動產、廠房及設備取得的總成本，依各項資產的公允價值所占之比例分攤，作為個別資產的入帳成本。

釋例 8-1

帝寶公司於年初以 $1,000,000 購買一塊土地以建造廠房，並支付 $80,000 將原土地上之舊建築物予以拆除重建，殘料售得 $30,000，另支付整地費 $45,000，土地過戶費 $20,000，及鋪設道路款 $60,000（該道路未來由公司自行維護）。此外，從年初至廠房建造完工尚支付下列成本：建造工程款 $700,000，建築師設計費 $180,000，建造期間因貸款而產生之利息費用 $40,000（假設此利息費用符合資本化條件）。

試作：上述各項支出應適當歸類之會計項目及成本各為何？

解析

(1) 購入土地所支付之價款，以及拆除舊建築物、整地與過戶，均為使土地達到可供建築狀態之必要支出，而拆除殘料所得，則作為拆除舊建築物支出的減少，因此

$$土地成本 = \$1,000,000 + (\$80,000 - \$30,000) + \$45,000 + \$20,000$$
$$= \$1,115,000$$

(2) 鋪設道路款 $60,000，由於該道路未來須自行維護，而其使用年數有限，應將該筆支出歸屬至土地改良物之會計項目，成本 $60,000。若該道路鋪設後，將由他方如政府維護，則對公司形同效益永不消減可永久使用，類同沒有使用年限的土地，則此筆支出 $60,000 應歸屬至土地。

(3) 建築物成本包括工程款、建築師設計費及建造期間利息費用，所以

$$建築物成本 = \$700,000 + \$180,000 + \$40,000$$
$$= \$920,000$$

4. 設備

設備（Equipment）的成本包括發票價格、買方支付之運費及運送途中之保險費用、安裝、試車及組合等，一切使設備達到可供使用的狀態以及地點的必要支出。

釋例 8-2

嘉友精密公司購買一部真空熱處理機器，定價為 $500,000，嘉友於折扣期限內支付，享有 2% 的現金折扣，其他的相關支出還包括運

釋例 8-3

旭星建設支付現金 $4,800,000 購置房地產,試依下列情況為該公司取得土地及房屋作適當之會計分錄。

(1) 假設土地價值為 $4,000,000,房屋公允價值為 $2,000,000。
(2) 假設土地價值為 $3,000,000,房屋公允價值未知。

解析

(1) 土地與房屋同時取得,因此應將成本按公允價值比例,分攤至土地與建築物兩項目。

$$土地：\$4,800,000 \times \frac{\$4,000,000}{\$4,000,000 + \$2,000,000} = \$3,200,000$$

$$建築物：\$4,800,000 \times \frac{\$2,000,000}{\$4,000,000 + \$2,000,000} = \$1,600,000$$

會計分錄如下:

土地	3,200,000	
建築物	1,600,000	
現金		4,800,000

(2) 由於土地有明確公允價值,因此以其公允價值 $3,000,000 作為土地之取得成本,其餘之 $1,800,000 為建築物之取得成本。

會計分錄為:

土地	3,000,000	
建築物	1,800,000	
現金		4,800,000

8.3　不動產、廠房及設備成本的分攤

學習目標 3
了解不動產、廠房及設備採成本模式下的成本分攤

取得不動產、廠房及設備時,公司以「達到可使用狀態前之一切合理必要支出」的成本金額作為這項資產在會計記錄上的金額。而後公司在繼續持有該項資產的期間,公司須決定其應記錄在每期資產負債表上的金額,即所謂的後續衡量時,係採用成本模式或重估價模式。由於我國主管機關目前不允許上市、上櫃公司對不動

產、廠房及設備在後續衡量時選用重估價模式，故本節僅介紹成本模式下的概念。

不動產、廠房及設備是公司主要的生財器具，藉由使用這些不動產、廠房及設備，公司才得以產生收入。這些資產在使用過後，其產生收入的能力，會因實體使用上的磨損消耗或功能上的陳舊過時而呈現經濟效益遞減的狀態，到最後被列為報廢。由於在會計上我們必須估算這些資產被使用的狀態，將資產之成本分攤至其使用期間轉列為費用。因此，如何適當的分攤不動產、廠房及設備使用的成本，是會計人員重要的課題。

8.3.1 折舊的意義

> **折舊** 是一種合理而且有系統的方式，將不動產、廠房及設備作成本分攤的程序。提列折舊的會計分錄為：借折舊費用，貸累計折舊。

將不動產、廠房及設備的成本按合理而且有系統的方式，分攤於其耐用年限，即是**折舊**（depreciation）。關於折舊，在觀念上值得注意的有兩件事情：一是折舊純粹是成本分攤的程序，與不動產、廠房及設備持有期間公允價值變動的衡量無關，因為持有這些資產的目的並非再出售，也因此財務報表上不動產、廠房及設備的帳面金額與公允價值間可能有很大的差異；二是提列折舊，並不代表公司有累積一筆可能將來會重新購置不動產、廠房及設備的現金，折舊僅係將不動產、廠房及設備的取得成本，透過分攤程序，轉列為折舊費用，並非預存一筆未來重置的資金。

通常須提列折舊的不動產、廠房及設備包括土地改良物、建築物以及設備，因為這些資產均有一定的耐用年限，這三類資產又稱為**折舊性資產**（depreciable asset）。至於土地，因可以無限期被企業使用，所以土地並非折舊性資產，亦不須逐期提列折舊。

提列折舊的會計分錄為：

借記：折舊費用

貸記：累計折舊 – 折舊性資產

折舊費用（Depreciation Expense）通常是按不動產、廠房及設備所歸屬的部門而歸類為生產成本、銷售費用或管理費用。至於**累計折舊**（Accumulated Depreciation）則是該資產自使用以來，已轉為費用的總累積成本，在資產負債表中列為該項資產的**抵銷項目**（contra account）。不動產、廠房及設備的成本減去累計折舊，即為該資產的**帳面金額**（carrying amount），而此帳面金額僅代表資產成本尚未分攤或耗用的部分，與**公允價值**是沒有關聯的。台積電在民國 109 年 12 月 31 日的不動產、廠房及設備總成本約為 $4.42 兆，而累計折舊及減損損失為不動產、廠房及設備成本之減項，其金額約為 $2.87 兆，所以台積電不動產、廠房及設備之帳面金額約為 $1.55 兆。

> **累計折舊** 是資產的抵銷項目，在資產負債表上作為不動產、廠房及設備成本的減項。

會計好簡單

中華電信（股票代號：2412）109 年 12 月 31 日合併資產負債表顯示，不動產、廠房及設備中以電信設備占最大的金額，成本約為 $7,107 億，再查閱報表後面附註得知電信設備的累計折舊金額約為 $5,936 億，請問中華電信之電信設備的帳面金額是多少？公允價值又為多少？

解析

中華電信之電信設備在 109 年 12 月 31 日當天的帳面金額為 $7,107 億 － $5,936 億 ＝ $1,171 億，至於公允價值則與帳面金額無直接關聯，須另行透過專業鑑價程序得一概況。

8.3.2　計算折舊金額的方法

計算折舊的三項要素主要為成本、殘值及耐用年限，分述如下：

1. 成本

取得不動產、廠房及設備並使其達到可使用狀態前之所有必要支出。

2. 殘值

> **殘值** 使用期間終了時資產價值的估計值。

不動產、廠房及設備於使用期間終了時的估計價值。在估計**殘值**（residual value）時，企業應考慮將如何處分該資產以及參考過去處分的類似經驗。在實務上，要準確估計殘值並不容易。以資產的成本減去估計殘值後之金額，即為資產將於使用期間內耗用的成本，稱為**可折舊金額**（depreciable cost）。

3. 耐用年限

> **耐用年限** 資產預期具有生產效益的使用年限估計值。

不動產、廠房及設備可依據公司維修政策、預期生產年限，與陳舊過時等可能性作服務年限的估計，亦可稱為服務年限。不動產、廠房及設備耐用年限的估計亦需要專業判斷，且較難客觀認定。

> **折舊方法** 通常有平均法和遞減法。平均法又有直線法與活動量法；而遞減法又可分為餘額遞減法和年數合計法。

一般常採用的折舊方法有平均法以及遞減法兩類，平均法又可分為直線法與活動量法，而遞減法又可分為餘額遞減法以及年數合計法，這些方法都是一般公認會計原則認可的方式。

1. 直線法

> **直線法** 使資產耐用年限內每期折舊金額均相等的折舊方法。

此法下不動產、廠房及設備耐用年限內每年之折舊金額皆相等，其公式如下：

$$每年折舊費用 = \frac{成本 - 估計殘值}{估計耐用年限}$$

直線法（straight-line method）在實務上廣被採用，因其使用簡單、容易了解及計算，當不動產、廠房及設備在耐用年限內使用情形大致相同時，直線法之採用頗為恰當。

釋例 8-4

星光大道 KTV 娛樂公司於本年 1 月 1 日購入數部自動播歌機，以改善先前用人工播歌常導致顧客點歌後許久才播出或忘記播歌的情況。使用自動播歌機可依據顧客輸入曲號的先後順序，不僅可以減少錯誤播歌，更可節省人工成本。假設播歌機器成本為 $6,000,000，估計殘值 $1,000,000，耐用年限 5 年，試依據直線法計算各使用年度的折舊費用，以及各年底之帳面金額。

解析

可折舊成本為 $6,000,000 − $1,000,000 = $5,000,000

直線法下每年之折舊費用為 $5,000,000 ÷ 5 = $1,000,000

直線法折舊表：

年度	可折舊金額	折舊率	每年折舊費用	累計折舊 (1)	帳面金額 $6,000,000−(1)
1	$5,000,000	1/5	$1,000,000	$1,000,000	$5,000,000
2	5,000,000	1/5	1,000,000	2,000,000	4,000,000
3	5,000,000	1/5	1,000,000	3,000,000	3,000,000
4	5,000,000	1/5	1,000,000	4,000,000	2,000,000
5	5,000,000	1/5	1,000,000	5,000,000	1,000,000

2. 活動量法

依據不動產、廠房及設備的工作時間或產出量之活動量為基礎來分攤成本之方法，其公式如下：

活動量法 依據工作時間或產出量分攤成本的一種方法。

$$\frac{\text{每單位活動}}{\text{之折舊費用}} = \frac{\text{成本} - \text{估計殘值}}{\text{估計總活動量}}$$

$$\frac{\text{每年折}}{\text{舊費用}} = \frac{\text{每單位活動}}{\text{之折舊費用}} \times \frac{\text{該年度實際}}{\text{之活動量}}$$

活動量法（activity method）不如直線法普遍，主要原因在於較難合理估計總活動量。當資產在使用年限內，工作時間或產出量變動很大時，活動量法較直線法恰當。活動量法通常不適用於建築物，因為這些資產折舊的主要原因為年久損耗，而不是工作時間的多寡。

釋例 8-5

承釋例 8-4，假設播歌機器在 5 年可使用播歌時數總計為 50,000 小時，且各年之實際工作時間分別為 15,000 小時、15,000 小時、10,000 小時、6,000 小時以及 4,000 小時，試依據活動量法計算各年度之折舊金額。

解析

總工作小時 = 15,000 + 15,000 + 10,000 + 6,000 + 4,000 = 50,000（小時）

每工作小時之折舊費用為

($6,000,000 − $1,000,000) ÷ 50,000（總工作小時）= $100

工作時間法折舊表：

年度	每工作小時折舊	實際小時	折舊費用	累計折舊 (1)	帳面金額 $6,000,000−(1)
1	$100	15,000	$1,500,000	$1,500,000	$4,500,000
2	100	15,000	1,500,000	3,000,000	3,000,000
3	100	10,000	1,000,000	4,000,000	2,000,000
4	100	6,000	600,000	4,600,000	1,400,000
5	100	4,000	400,000	5,000,000	1,000,000

3. 餘額遞減法

> **餘額遞減法** 以固定比率乘上資產的帳面金額，是一種使資產於耐用年限內每年折舊金額遞減的折舊方法。

此法每期折舊是依據遞減之資產帳面金額乘以折舊率而來，由於折舊率每年相同，但與該折舊率相乘之帳面金額則每年遞減，故稱之為**餘額遞減法**（declining balance method）。此方法與其他折舊方法不同之處在計算折舊費用時，不必考慮殘值，但當資產帳面金額等於估計殘值時，則需停止提列折舊。其計算折舊費用之公式如下：

每年折舊費用 = 期初資產帳面金額 × 固定折舊率

> **倍數餘額遞減法** 折舊率為直線法下折舊率的二倍的餘額遞減法。

上列公式中之固定折舊率，最常使用的為直線法下的折舊率乘以 2，亦即所謂的**倍數餘額遞減法**（double declining balance method）。例如，資產之估計年限為 5 年，則其折舊率為 40%，亦即 2 乘以直線法折舊率之 20%。由於餘額遞減法前幾年之折舊費用較往後幾年高，故被稱為**加速折舊法**（accelerated depreciation method）。若資產的經濟效用前幾年消耗較高，所以會因使用而加快地陳舊過時，則餘額遞減法較為適合。

釋例 8-6

承釋例 8-4，假設採倍數餘額遞減法，則各年度之折舊費用，以及年底的帳面金額為何？

解析

因資產之耐用年限為 5 年，所以倍數餘額遞減法之折舊率為

$$\frac{1}{5} \times 2 = 40\%$$

倍數餘額遞減法折舊表：

年度	期初帳面金額	折舊率	每年折舊費用	累計折舊 (1)	帳面金額 $6,000,000−(1)
1	$6,000,000	40%	$2,400,000	$2,400,000	$3,600,000
2	3,600,000	40%	1,440,000	3,840,000	2,160,000
3	2,160,000	40%	864,000	4,704,000	1,296,000
4	1,296,000	40%	296,000*	5,000,000	1,000,000
5	1,000,000	0%	0	5,000,000	1,000,000

* 第 4 年計算出來的折舊費用，若依公式應為 $1,296,000 × 40% = $518,400，但為了要使期末資產的帳面金額等於估計殘值 $1,000,000，所以第 4 年的折舊費用要調整為 $296,000。

4. 年數合計法

此法所使用之折舊率分子是當期剩餘之耐用年數，分母則是資產耐用年數之合計數。舉例說明，如果資產之耐用年數為 4 年，則耐用年數之合計數為 1 + 2 + 3 + 4 = 10，各期之剩餘耐用年數則為 4、3、2、1，所以第 1 年至第 4 年之折舊率分別為 4/10、3/10、2/10 及 1/10。一般而言，計算折舊費用之公式如下：

$$每年折舊費用 = (成本 - 估計殘值) \times \frac{當期剩餘之耐用年數}{資產耐用年數之合計數}$$

年數合計法（sum-of-the-years'-digits method）亦是加速折舊法的一種，適用於在耐用年限前幾年其經濟效益消耗較高之資產。

> **年數合計法** 是加速折舊法的一種，折舊率之分子為剩餘耐用年數，分母則是資產耐用年數之合計數。

釋例 8-7

承釋例 8-4，假設採年數合計法，試計算各年度之折舊費用，以及年底的帳面金額。

解析

年數合計法折舊表：

年度	可折舊金額	折舊率	每年折舊費用	累計折舊 (1)	帳面金額 $6,000,000－(1)
1	$5,000,000	5/15	$1,666,667	$1,666,667	$4,333,333
2	5,000,000	4/15	1,333,333	3,000,000	3,000,000
3	5,000,000	3/15	1,000,000	4,000,000	2,000,000
4	5,000,000	2/15	666,667	4,666,667	1,333,333
5	5,000,000	1/15	333,333	5,000,000	1,000,000

以上四種折舊方法，每年折舊費用之結果，可以參考表 8-1 作彙總的比較。

上述四種折舊方法在會計上都適用，但由表 8-1 可知，每年的折舊金額有很大差別，惟 5 年的折舊總額都相同。不同的折舊方法，可藉由不同的折舊費用而影響各年的損益，並且會影響資產負債表中不動產、廠房及設備的帳面金額，因此除了公司應該視不動產、廠房及設備的使用情況或效益而慎選適當的折舊方法之外，一般投資人或財務報表的讀者也應留意不同公司間不同折舊方法的採用對於財務報表可能的影響。

表 8-1　不同折舊方法下，各年度折舊費用之提列

年度	直線法	工作時間法	倍數餘額遞減法	年數合計法
1	$1,000,000	$1,500,000	$2,400,000	$1,666,667
2	1,000,000	1,500,000	1,440,000	1,333,333
3	1,000,000	1,000,000	864,000	1,000,000
4	1,000,000	600,000	296,000	666,667
5	1,000,000	400,000	0	333,333
合計	$5,000,000	$5,000,000	$5,000,000	$5,000,000

會計好簡單

公司於 ×1 年初購買機器一部，估計可用 4 年，無殘值，該機器 ×2 年底之帳面金額，在採用年數合計法提列折舊的情況下，比採用倍數餘額遞減法提列折舊的情況下，多出 $2,000（倍數餘額遞減法之折舊率是直線法之折舊率的 2 倍），請問該設備原始成本應為多少？

解析

假設機器之原始成本設為 X
在年數合計法下，×2 年底之帳面金額 = X × 3/10 = 0.3X
在倍數餘額遞減法下，×1 年度之折舊費用 = 0.5X
　　　　　　　　　　×2 年度之折舊費用 = 0.5X × 0.5 = 0.25X
0.3X =（X - 0.5X - 0.25X）+ $2,000
所以 X = $40,000
該機器之原始成本為 $40,000。

8.3.3 折舊的變動

由於折舊是根據不動產、廠房及設備的耐用年限以及估計殘值計算得來，但估計有時並不容易準確掌握，當有新的資訊或環境因素的改變，而使設備或建築物等之使用情形或效益起了變化，便須修改折舊計算的方式。企業至少應於每個會計年度終了時，重新檢視資產的殘值及耐用年限，若認為應改變先前之估計殘值或耐用年限時，該變動應視為會計估計變動，所以，僅需改變當期及以後各期折舊費用，不必追溯調整前期折舊費用，此時，只要將尚未折舊之資產成本，按新的估計殘值及新的耐用年限重新計算折舊費用即可。

折舊估計的變動
不必追溯調整前期已計算之折舊費用，僅需改變當期及以後各期之折舊計算方式即可。

另外，不動產、廠房及設備所使用的折舊方法也至少應於每個會計年度終了時評估一次。除非資產預期經濟效益的耗用型態發生改變外，否則企業應於每期採取一致的折舊方法。值得注意的是，折舊方法改變在先前之會計原則屬於會計原則變動，但國際財務報導準則規定應視為會計估計變動，僅需從當期及以後各期採用更新後的折舊方法即可。

會計部落格

會計估計變動　可以美化財務報表

以下乃公開資訊觀測站重大訊息公告，京元電子（2449）藉由折舊方法會計估計之變動，致 108 年之折舊費用減少近 10 億元。

1. 董事會決議日期：108 年 3 月 14 日
2. 變動之性質：依據國際會計準則第 16 號公報及證券發行人財務報告編製準則規定，為能合理反映資產之未來經濟效益，本公司委由華新資產鑑定股份有限公司重新評估生產設備之耐用年限，並由簽證會計師就變更年限之合理性出具複核意見書。
3. 變動之理由：本公司考量過去類似資產之實際使用經驗及參酌同業類似資產之使用情形，擬變更部分機器設備之估計耐用年限，以反映實際耐用年限、合理分攤成本，以利提供可靠且更攸關資訊，故擬延長部分機器設備之耐用年限由原來 6 年變更為 8 年，部分二手機器設備之耐用年限由原來 3 年變更為 4 年。

京元電子及部分子公司擬依據前述評估結果，自民國 108 年 1 月 1 日起變更部分機器設備之耐用年限，此一估計變動，使得京元電子及部分子公司部分機器設備之耐用年限由原來 6 年變更為 8 年，部分二手機器設備之耐用年限由原來 3 年變更為 4 年，並預計將使 108 年之折舊費用減少 995,843 千元。

釋例 8-8

維力食品於第 1 年初以 $160,000 取得真空包裝機，預估耐用年限為 8 年，殘值為 $40,000，直線法被認為是此類設備最適當的折舊方法，折舊並於每年年底提列。維力食品的包裝部門於第 6 年初發現該包裝機可再使用 5 年，且原估計殘值減為 $25,000，維力食品並決定從第 6 年開始，剩餘的 5 年耐用年限採年數合計法較能反映該真空包裝機之實質使用狀況。

請指出第 1 至第 6 年度的折舊費用應如何記錄。

解析

(1) 第 1 年到第 5 年每年之折舊費用為：

$$(\$160,000 - \$40,000) \div 8 = \$15,000$$

所以每年之折舊分錄均為：

折舊費用	15,000	
累計折舊 - 設備		15,000

(2) 前 5 年之累計折舊為 $15,000 × 5 = $75,000
第 6 年年初尚未折舊的成本為 $160,000 − $75,000 = $85,000
重新計算剩餘 5 年，且考慮新的估計殘值後之折舊費用，不必調整以前年度已經計算過的折舊費用，並直接改採年數合計法。

$$(\$85,000 - \$25,000) \times 5/15 = \$20,000$$

所以第 6 年底應提列折舊之分錄為：

折舊費用	20,000	
累計折舊 - 設備		20,000

會計好簡單

新橋食品於 ×1 年 1 月 1 日以 $270,000 購置一部包裝設備，預估使用年限為 10 年，殘值為 $30,000，且以直線法計提折舊。公司於 ×6 年初有會計估計之變動，試依下列各自獨立情況，計算公司第 6 年之折舊費用。

情況一：公司改採年數合計法
情況二：預估使用年限尚有 8 年
情況三：因技術進步因素，致該設備使用年限期滿無殘值

解析

×6 年初該包裝設備之帳面金額為
$$\$270,000 - [(\$270,000 - \$30,000) \div 10 \times 5] = \$150,000$$

情況一：$(\$150,000 - \$30,000) \times 5/15 = \$40,000$
情況二：$(\$150,000 - \$30,000) \div 8 = \$15,000$
情況三：$\$150,000 \div 5 = \$30,000$

8.3.4 須個別提列折舊的重大組成部分

某一不動產、廠房及設備項目若其每個組成部分的成本相較於該項目之總成本係屬重大時，則企業應將該不動產、廠房及設備

之取得成本，分攤至各個重大組成部分，且各重大組成部分應分別提列折舊，這代表「一個重大組成部分，一個帳務處理」的觀念。例如航空公司在提列飛機的折舊時，飛機的機身、引擎及機艙內部等，可以分離辨認之重大組成部分，應依適當耐用年限分別提列折舊。若重大組成部分已個別辨認出，其餘非屬重大部分，即使具有不同的耐用年限及經濟效益之消耗模式，因其不具金額的重大性，可將剩餘部分合併提列折舊。

釋例 8-9

紅海企業 ×1 年 1 月 1 日購入設備，該設備成本為 $11,000,000，估計殘值為 $1,000,000，估計耐用年限為 20 年。該設備有兩項重大組成部分：特殊馬達與非特殊馬達部分；且這兩項組成部分之估計耐用年限亦存在重大差異，特殊馬達與非特殊馬達（所有其他，稱為基本設備）部分之估計耐用年限分別為 10 年與 20 年。特殊馬達部分之成本與估計殘值分別為 $3,000,000 與 $200,000；基本設備部分之成本與估計殘值分別為 $8,000,000 與 $800,000。

紅海企業採用直線法計算該設備之折舊費用。

試作：

(1) 將設備整體依耐用年限 20 年方式計算，該項設備每年之折舊費用為何？
(2) 將設備依組成部分會計觀念計算，該項設備每年之折舊費用為何？

解析

(1) 依耐用年限 20 年方式，則：
   ($11,000,000 − $1,000,000) ÷ 20 = $500,000
(2) 依組成部分會計觀念，則：
   特殊馬達：($3,000,000 − $200,000) ÷ 10 = $280,000
   非特殊馬達部分：($8,000,000 − $800,000) ÷ 20 = $360,000
   每年之折舊費用 = $280,000 + $360,000 = $640,000

不具實體存在的組成部分，亦可能為上述之「可以分離辨認之重大組成部分」。例如企業若購置一項須定期進行重大翻修以維持其

營運能力的設備,則「定期進行重大翻修」即應視為該設備之無法辨識實體之組成部分,且企業應於設備資產取得時,即估計若進行重大翻修時所需之現時成本,作為分攤部分資產取得成本至該無法辨識實體組成部分的依據,其後並分別提列折舊以釋例說明如下。

釋例 8-10

麗星公司購買一艘郵輪 $5,000,000,預估該郵輪可以服務 20 年。此艘郵輪每 5 年必須進行重大維修,麗星在購買時即估計每 5 年之維修成本為 $500,000。假設麗星採直線法提列折舊,無殘值。

試作:

該郵輪每年應提列之折舊金額為何?

解析

(1) 郵輪購買價格 $5,000,000,應視為兩個重大組成部分:船隻成本 $4,500,000 及無法辨認實體之組成部分,即預期維修成本 $500,000。

(2) 第 1 年至第 5 年,每年應提列之折舊金額為:

$$($4,500,000 \div 20) + ($500,000 \div 5) = $225,000 + $100,000$$
$$= $325,000$$

會計部落格

離岸風電產業設備之折舊議題:個別重大組成部分

我國 98% 能源依賴進口,化石能源依存度高。面對全球溫室氣體減量趨勢與達成非核家園願景,政府已規劃於民國 114 年再生能源發電占比 20% 之政策目標,期能在兼顧能源安全、環境永續及綠色經濟下,建構安全穩定、效率及潔淨能源供需體系。為達成此一政策目標,政府以太陽光電及離岸風電作為主力,而根據國際離岸風電工程顧問機構 4C Offshore 統計,全球前 20 處離岸風能最佳場址多數位於台灣海峽。

離岸風電產業設備投資金額龐大,且建造期間長,因此資產如何提列折舊乃是重要議題。以會計處理來看,當一項固定資產包含許多個別重大組成部分,且各部分採用不同折舊方法或是折舊率較為適當時,個別組成部分應分別提列折舊,且折舊費用應自資產達到符合管理當局預期運作方式時就開始提

列，而非開始產生收入時。即使在產業營運初期，收入尚不穩定，雖獲利較低或是虧損，仍應提列折舊費用，此時，適當之組成部分拆分可以更準確的反映資產消耗型態，使財務報表表達既符合會計原則，也反映設備實際使用狀況。

就離岸風電產業而言，個別重大組成部分（如電纜、下樁、渦輪、風機等相關設備）取得後尚須經過安裝及相互結合過程，故達成可運作狀態之時點乃以該資產安裝完成，才開始需要提列折舊。在稅務申報方面，則須注意折舊年限不得短於「不動產、廠房及設備耐用年數表」。另，依能源管理法第 7 條之規定，設置能源儲存設備得按二年加速折舊，此租稅優惠亦為管理當局於評估回收投資時程的重要考慮。

8.4 不動產、廠房及設備的後續支出

學習目標 4
了解不動產、廠房及設備後續支出的會計處理

在不動產、廠房及設備的使用期間，常會發生一些維修、增添或部分重置的相關後續支出。例如汽車定期保養及更換機油輪胎，加裝具更強大馬力的引擎；飛機定期更換引擎等。這些後續支出，如果是日常發生，主要為人工、消耗品及小零件等的維修支出，應以**收益支出**（revenue expenditure）處理，於發生時即列為維修費用。相對地，其他後續支出如增添或部分重置等則應以**資本支出**（capital expenditure）處理，即作為不動產、廠房及設備的增加。

收益支出 是發生當期列為費用的支出。

資本支出 是發生列為資產帳面金額增加的支出。

不動產、廠房及設備重置與重大檢測時，均須將被重置部分與先前檢測成本由資產帳面金額中除列，再將新發生的重置與重大檢測支出列為資產帳面金額的增加。

須特別注意的是，屬資本支出的後續支出如果是重置更換不動產、廠房及設備之某部分時，如熔爐更新防火內襯、飛機更換內裝、建築物更換內牆等，此時除將重置支出認列為不動產、廠房及設備帳面金額的增加外，並須將被重置部分由不動產、廠房及設備的帳面金額除列，亦即等於處分被重置部分（關於不動產、廠房及設備的處分詳見第 8.5 節），再購入重置的新部分。若無法得知被重置資產的帳面金額，則以重置的新資產之成本，作為除列被重置資產帳面金額之替代。另某些不動產、廠房及設備（如飛機）持續運作的條件為定期重大檢測，此重大檢測應與重置相同處理，即每次執行重大檢測時，應將先前檢測成本由不動產、廠房及設備的帳面金額除列，再將新發生的重大檢測支出認列為不動產、廠房及設備帳面金額的增加。

釋例 8-11

沿釋例 8-10，若在購買郵輪後的第 4 年初，麗星公司決定提前進行原定於第 5 年底才進行的重大維修，相關支出共計 $510,000，預期下次重大維修將在 3 年後進行。試作：該公司第 4 年初與第 4 年底的相關分錄。

解析

第 3 年底原維修成本剩餘的帳面金額 $200,000（即成本 $500,000，累計折舊 $300,000），須先由郵輪的帳面金額中除列：

第 4 年 1 月 1 日
  累計折舊 - 郵輪   300,000
  處分不動產、廠房及設備之損失 200,000
    郵輪   500,000

再將發生的維修支出加入郵輪的帳面金額中：

第 4 年 1 月 1 日
  郵輪   510,000
    現金   510,000

第 4 年底應提列郵輪的折舊為 $395,000 [即 ($4,500,000 ÷ 20) + ($510,000 ÷ 3)]

第 4 年 12 月 31 日
  折舊費用 - 郵輪   395,000
    累計折舊 - 郵輪   395,000

釋例 8-12

鼎泰公司於 ×1 年 1 月 1 日購買一部機器設備，該機器設備含一重要組件，惟購買時並未單獨認列該重要組件，且該組件之成本亦未知。倘機器設備之耐用年限為 10 年，採用直線法提列折舊，公司於 ×7 年 1 月 1 日重新更換該重要組件，成本花費 $400,000，且具有未來經濟效益。

試作：

鼎泰公司重置該重要組件之分錄。

解析

(1) 由於無法得知被重置資產（即該重要組件）之帳面金額，因此以重置

成本 $400,000 作為其估計成本,故所提列之累計折舊為 ($400,000 ÷ 10) × 6 = $240,000,因此該舊的重要組件之帳面金額 $160,000 應予除列,並認列損失。

×7/1/1	累計折舊 - 機器設備	240,000	
	資產報廢損失	160,000	
	機器設備		400,000

(2) 認列新重要組件之取得,作為原機器設備資產成本之增加:

×7/1/1	機器設備	400,000	
	現金		400,000

8.5 不動產、廠房及設備的處分

學習目標 5
了解不動產、廠房及設備的處分方式及會計處理

　　不動產、廠房及設備常因不堪使用或陳舊過時而必須加以處分,在處分資產時,需要針對處分的售價與不動產、廠房及設備帳面金額之差額認列處分損益。若是在年度中處分,則必須認列年初到處分日為止應該計提的折舊,也就是說,必須決定資產在處分日當天的帳面金額是多少。一般而言,不動產、廠房及設備的處分方式有報廢、出售和交換等三種。本節將僅討論報廢與出售部分的會計處理程序,至於交換,通常較為複雜,有興趣的同學可以留到中級會計學再作深入探討。

1. 報廢

　　報廢(retirement)是指不動產、廠房及設備被廢棄而不再使用。如果報廢的資產已經提盡折舊,亦即累計折舊與成本相等而帳面金額為零時,則應將不動產、廠房及設備的成本與累計折舊沖銷。如果報廢的資產尚有未提列完的帳面金額,則除了沖銷累計折舊與原始成本外,差額的部分即剩餘之帳面金額,則認列為資產處分損失。

2. 出售

　　不動產、廠房及設備若是**出售**(sale)時,則應將資產的帳面金額與出售價值互相比較,若出售價格大於帳面金額,則產生**處分利**

益（gain on disposal）；反之，若出售價格小於帳面金額者，則產生**處分損失**（loss on disposal）。

釋例 8-13

聯邦快遞公司有一運輸設備，成本為 $500,000，請考慮以下個別情況的資產處分，作適當的會計分錄。

(1) 聯邦快遞公司報廢該運輸設備，且該運輸設備已提盡折舊。
(2) 聯邦快遞公司報廢該運輸設備，該運輸設備至處分日為止，已提列的累計折舊為 $450,000。
(3) 聯邦快遞公司以 $70,000 出售該運輸設備，其餘資訊如上 (2)。

解析

(1) 運輸設備已提盡折舊，只須將成本與累計折舊直接對沖，無處分損失。

累計折舊 - 運輸設備	500,000	
運輸設備		500,000

(2) 運輸設備尚未提盡折舊，則以剩餘的帳面金額作為處分損失。

累計折舊 - 運輸設備	450,000	
運輸設備處分損失	50,000	
運輸設備		500,000

(3) 運輸設備在處分日的帳面金額為 $50,000，出售 $70,000，所以有處分利益 $20,000。

現金	70,000	
累計折舊 - 運輸設備	450,000	
運輸設備		500,000
運輸設備處分利益		20,000

會計好簡單

麻布茶房西門誠品店於 ×1 年 1 月 1 日以 $80,000 購置一台燒番薯霜淇淋機器，假設該機器預估殘值為 $10,000，預估使用年限為 5 年，採直線法提列折舊。×5 年 7 月 1 日該加盟店將該機器以 $15,000 價格出售。

請問處分損益為多少？

解析

燒番薯霜淇淋機器每年應提列之折舊為：

($80,000 − $10,000) ÷ 5 = $14,000

截至 ×5 年 7 月 1 日該機器應有之累計折舊為：

$14,000 × 4$\frac{1}{2}$（年）= $63,000

所以機器的帳面金額為：

$80,000 − $63,000 = $17,000

所以有機器處分的損失：

$17,000 − $15,000 = $2,000

學習目標 6
了解遞耗資產的意義及會計處理

8.6 遞耗資產的會計處理

具有實體存在的長期性營業用資產除了前面所討論的土地、建築物和機器設備等不動產、廠房及設備外，還有另外一類包括天然的林木漁場以及地底下的石油、天然氣及各種礦藏的**天然資源**（Natural Resources），這些天然資源是由大自然運行而產生，而其蘊藏量會隨著開採挖掘的過程而逐漸減少，因此會計上又把天然資源稱為**遞耗資產**（Wasting Assets）。

遞耗資產 地面上以及地底下的天然資源，其蘊藏量會隨著開採挖掘的過程而逐漸減少。

遞耗資產的取得成本應該包括使天然資源達到可以開採狀況之一切必要合理的支出。例如煤礦，其取得成本可能包括購買整座礦山或採礦權的支出，以及開採前之各項準備工作支出，如挖掘隧道、架設管道等成本。

折耗 將天然資源成本以合理而有系統的方式轉為費用的程序，提列折耗之分錄為：
借記折耗費用
　　貸記累計折耗

天然資源經由開採後逐漸耗竭，因此如同不動產、廠房及設備提列折舊一樣的道理，會計上我們也會以合理而有系統的方式，隨著礦藏的開採，將遞耗資產的成本攤銷轉為費用，這個過程稱為**折耗**（depletion），所提列的費用稱為**折耗費用**（Depletion Expense）。

由於天然資源的開發常會事先估計總蘊藏量，因此我們使用活動量法來提列折耗。就是將天然資源總成本減去殘值，除以估計蘊

藏量，得出每單位的折耗成本，然後再乘以開採且出售數量，就可以得出每期應提列的折耗費用，其公式如下：

$$單位折耗率 = \frac{天然資源成本 - 估計殘值}{估計總蘊藏量}$$

$$本期折耗費用 = 單位折耗率 \times 本期開採數量$$

提列折耗的會計分錄，與先前提列不動產、廠房及設備折舊的分錄頗為類似，借記折耗費用，貸記累計折耗，其中**累計折耗**（Accumulated Depletion）與累計折舊一樣，均為資產的抵銷項目，在資產負債表上列為天然資源成本的減項。另外，倘若當年度開採但尚未出售之天然資源，其折耗費用則列入存貨成本，待出售時轉列銷貨成本。

釋例 8-14

台泥公司於 ×9 年初在花蓮取得石灰岩礦山之成本為 $3,000,000，另支付開發成本 $1,000,000，估計蘊藏量為 800,000 噸，開採完後，其殘值為 $800,000。若 ×9 年度共開採且出售 100,000 噸，試作 ×9 年應提列折耗的分錄，以及相關會計項目在資產負債表之表達。

解析

(1) 礦山總成本 = $3,000,000 + $1,000,000
　　　　　　 = $4,000,000
　每噸折耗率 = ($4,000,000 − $800,000) ÷ 800,000
　　　　　　 = $4
　本期折耗費用 = $4 × 100,000
　　　　　　　 = $400,000

　會計分錄為：

　　折耗費用　　　　　　　　　400,000
　　　累計折耗 - 礦源　　　　　　　　　400,000

(2) 在資產負債表之表達：

　　礦源　　　　　　$4,000,000
　　減：累計折耗　　 (400,000)　　$3,600,000

會計達人

葉蔬公司在第 1 年初取得了一間溫室建築物,作為有機蔬果栽培之用,預計該溫室可使用 5 年,總經理大白要求會計人員編製在不同折舊方法下,所產生不同的折舊結果,作為會計政策選用的參考。以下為會計人員根據 (1) 直線法;(2) 年數合計法;以及 (3) 倍數餘額遞減法下的資產折舊資料:

年	直線法	年數合計法	倍數餘額遞減法
1	$18,000	$30,000	$40,000
2	18,000	24,000	24,000
3	18,000	18,000	14,400
4	18,000	12,000	8,640
5	18,000	6,000	2,960
合計	$90,000	$90,000	$90,000

試作:

(1) 溫室建築物的原始取得成本為多少?
(2) 由以上的資產折舊表判斷,該溫室資產是否有估計殘值?若有,則為多少?
(3) 溫室建築物在第 2 年底的帳面金額,以何種方法下最高?
(4) 若總經理大白預估在第 4 年底有可能處分此溫室建築物,哪種折舊方法下對公司的綜合損益表所報導的淨利會最高?
(5) 假設第 5 年初,公司預估殘值應為 $5,000,請問在倍數餘額遞減法下,第 5 年度應提列之折舊應為多少?

解析

(1) 由倍數餘額遞減法可判斷原始成本
   在此方法下,第一年之折舊費用為原始成本(不考慮殘值)乘以 40%(直線法下之 2 倍),所以原始成本 × 40% = $40,000。
   原始成本 = $40,000 ÷ 0.4 = $100,000

(2) 估計殘值 = 原始成本 – 全部累計折舊
             = $100,000 – $90,000
             = $10,000

(3) 第二年年底之帳面金額如下:

   直線法 = $100,000 –($18,000 + $18,000)= $64,000
   年數合計法 = $100,000 –($30,000 + $24,000)= $46,000

倍數餘額遞減法＝$100,000－($40,000＋$24,000)＝$36,000

所以直線法下為最高。

(4) 若欲帳面上處分的利益最高，則處分時該資產之帳面金額應為最低，換言之，前四年之累計折舊應為最高者。

直線法下之累計折舊＝$18,000×4＝$72,000
年數合計法下之累計折舊＝$30,000＋$24,000＋$18,000＋$12,000＝$84,000
倍數餘額遞減法下之累計折舊＝$40,000＋$24,000＋$14,400＋$8,640＝$87,040

所以倍數餘額遞減法下，公司報導的淨利會最高。（另一方面，如果本題亦同時考慮折舊費用對淨利的影響，亦可看出到第 4 年度的折舊費用在倍數餘額遞減法下也是最低的。）

(5) 截至第 5 年底可提列之累計折舊為 $100,000－$5,000＝$95,000
由於第 1 至 4 年已提列 $40,000＋$24,000＋$14,400＋$8,640＝$87,040
故第 5 年應提列之折舊為 $95,000－$87,040＝$7,960

附錄　資產減損的會計處理

學習目標 7
了解資產減損的會計觀念與處理

所謂資產**減損**（impairment）是指因不同的事件或環境的變動而導致長期性資產帳面金額無法回收。早先長期性資產的會計準則是以成本減累計折舊後的帳面金額表達於資產負債表上，但當資產發生價值減損時，帳面金額可能高於資產未來可能回收的金額。因此企業須留意資產是否有發生減損的跡象，例如，當企業的股價小於淨值時，就顯示企業的資產可能發生減損的跡象。此時即須進行資產減損的測試。

我們再進一步以不動產、廠房及設備為例，不動產、廠房及設備的評價，不僅應按期提列折舊，如果有技術、市場、經濟或法令環境等重大不利的改變而導致價值發生減損時，企業必須就其減損部分立即認列損失，以確信資產的帳面金額，不超過該資產的**可回收金額**（recoverable amount）。所謂可回收金額乃是資產出售可得金額減除出售成本〔即**淨公允價值**（net fair value），IASB 目前已不使用淨公允價值一詞，本書仍使用此較精簡之名詞〕，或該資產於後續期間使用時產生淨現金流入之折現值〔即**使用價值**（value in use）〕兩者之較高者。若資產帳面金額超過該二者之較高者，則資產須提

可回收金額　資產之淨公允價值及其使用價值，兩者之較高者。

減損損失 資產之帳面金額超出可回收金額部分應提列之損失。

列**減損損失**（Impairment Loss）。

我們可以舉例說明資產減損的觀念。假設老虎五隻公司有一生產鐵桿球頭的設備，在 ×7 年 12 月 31 日因市場上有新型鐵桿球頭的開發，所以有可能導致該設備資產價值的減損。如果在該資產負債表日設備資產的帳面金額為 $800,000（即成本 $1,200,000 － 累計折舊 $400,000），淨公允價值為 $850,000，而預計該資產能產生未來淨現金流量之折現值（即使用價值）為 $900,000，則本例中由於資產的可回收金額 $900,000（即 $850,000 與 $900,000 之較高者）仍高於帳面金額 $800,000，所以公司不需認列任何資產減損之損失。

同上例的情形，但假使淨公允價值為 $750,000，而使用價值為 $700,000，則可回收金額為 $750,000，在此情況下，由於資產的帳面金額高於可回收金額，因此必須認列資產價值的減損損失，其金額為設備之帳面金額 $800,000 減去設備之淨公允價值 $750,000，即 $50,000，資產價值減損損失分錄為：

  減損損失   50,000
    累計減損 - 設備   50,000

上面的分錄中，減損損失列為營業外費用，累計減損則作為資產的減項，使資產有一較低的新帳面金額，而往後此設備資產之折舊即按新的較低的帳面金額 $750,000 於剩下的耐用年限作合理的分攤。以下為累計折舊與累計減損在資產負債表之表達方式：

老虎五隻公司		
資產負債表		
×7 年 12 月 31 日		
資產		
⋮		
設備		$1,200,000
減：累計折舊	$400,000	
累計減損	50,000	(450,000)
		$ 750,000

資產減損的會計處理，除了以上所舉例的不動產、廠房及設備以外，並且適用於無形資產。在無形資產中，屬於可以個別辨認而具有特定使用年限者，如專利權、特許權等，其減損的會計處理與不動產、廠房及設備類似。

會計部落格

裕隆揮大刀　直接認列多項資產減損

2020 年 3 月底裕隆公布財報，直接認列納智捷等多項資產減損，稅後虧損 244.65 億元，每股虧損 16.61 元，並同步動用特別盈餘公積，以及減資 57.29 億元彌補虧損，減資後公司實收資本額調降為 100 億元，降幅約 36.4%。這是裕隆成立以來最大規模虧損，更是首次減資，動作之大震撼各界。市場對於這種一次性認列大幅減損的作法，即俗稱的洗大澡，來形容裕隆的長痛不如短痛，讓當下損益數字變得很差，但未來營運卻有機會漸入佳境。

裕隆 244.65 億元的稅後損失，包括對車型技術資產進行資產減損，以及應收帳款評估回收風險提列預期信用減損損失。其中 169 億元主要來自資產減損損失，其中裕隆因評估部分品牌車系銷售數量下滑，使機器設備可回收金額小於帳面金額，認列不動產、廠房及設備減損損失 63.37 億元。裕隆帳上無形資產由車型技術成本構成，包括多項車型技術授權合約、委託開發合約，多數是納智捷及東風裕隆委託裕隆相關企業華創車電開發的合約，由於納智捷銷售慘淡，公司評估這些無形資產未來可回收金額小於當時合約的支付價款，亦認列減損 62.46 億元。此外，裕隆也針對帳上的應收款項進行大掃除，應收票據及帳款認列了 113.26 億元信用減損，其他應收款項進行大掃除，應收票據及帳款認列了 113.26 億元信用減損，其他應收款則認列 88.84 億元減損損失，由於裕隆與中國東風汽車合資的東風裕隆（納智捷）財務狀況急速惡化，在應收帳款的 113.26 億元損失當中，東風裕隆就占了 89.57 億元，其他應收款部分，也幾乎都是東風裕隆的應收款。

以下之釋例均以個別資產作為減損損失之認列與衡量，如一個現金產生單位有數項資產，或甚至包括商譽，其會計處理較為複雜，有興趣的同學可以在中級會計學再作深入的學習。

釋例 8-15

日月光公司有一封裝設備,因為製程之改變,故於 ×4 年底覆核其是否有價值減損的現象。該設備購於 ×1 年 1 月,成本為 $5,000,000,估計耐用年限為 10 年,沒有殘值,以直線法計提折舊。公司的會計主管預估該設備未來現金流量的總和(未折現)為 $3,200,000,而未來現金流量的折現值為 $2,000,000,假使公司意圖繼續使用該設備,但預期剩餘耐用年限為 4 年。

試作:

(1) 如果需要的話,×4 年底設備價值減損的分錄。
(2) ×5 年年底設備之折舊分錄。

解析

(1) 設備資產自 ×1 年至 ×4 年每年之折舊費用為 $5,000,000 ÷ 10 = $500,000,×4 年底設備資產之帳面金額為 $5,000,000 − ($500,000 × 4) = $3,000,000,在本釋例中因公司意圖繼續使用該設備,故其使用價值 $2,000,000 即為其可回收金額,所以有資產減損損失 $3,000,000 − $2,000,000 = $1,000,000。

減損損失	1,000,000	
累計減損 - 設備		1,000,000

(2) 經提列減損損失後,設備的新帳面金額即為 $2,000,000,因此自 ×5 年起,剩餘年限每年之折舊費用為 $2,000,000 ÷ 4 = $500,000。

折舊費用	500,000	
累計折舊 - 設備		500,000

資產減損損失之迴轉 若有證據顯示以前認列之資產減損損失,可能不存在或減少時,可認列減損迴轉之利益,但商譽減損損失不得迴轉。

企業對某些資產提列減損損失後,可能於日後因資產價值回升而產生迴轉,企業應於報導期間結束日評估是否有證據顯示資產於以前年度所認列之減損損失,可能已不存在或減少。若有此項證據存在,應即估計該資產得迴轉的減損損失。資產於減損損失迴轉後之帳面金額,不得超過資產在未認列減損損失之情況下,減除應提列折舊或攤銷後之帳面金額。

釋例 8-16

假設國內工業電腦製造大廠研華公司於 ×1 年初購進一部精密製造設備，成本 $1,200,000，估計可用 8 年，無殘值，採直線法折舊。以下為該設備資產可回收金額評估的資訊：×3 年 12 月 31 日，可回收金額為 $700,000；×5 年 12 月 31 日，可回收金額為 $360,000；以及 ×6 年 12 月 31 日，可回收金額為 $310,000。

試作：

(1) ×1 至 ×6 年有關設備之折舊與減損之分錄。
(2) ×3 年 12 月 31 日、×5 年 12 月 31 日及 ×6 年 12 月 31 日資產負債表設備部分之表達。

解析

(1) ×1 至 ×3 年應提列之折舊費用為 $1,200,000÷8 = $150,000，所以 ×1 年至 ×3 年每年 12 月 31 日之折舊費用均為 $150,000。

折舊費用	150,000	
累計折舊 - 設備		150,000

(2) 至 ×3 年底設備之帳面金額為 $1,200,000 − (3×$150,000) = $750,000，因可回收金額 $700,000 低於帳面金額 $750,000，故有資產減損 $750,000 − $700,000 = $50,000，×3 年 12 月 31 日須額外作一減損分錄為：

×3/12/31	減損損失	50,000	
	累計減損 - 設備		50,000

×3/12/31 資產負債表之表達：

設備		$1,200,000
減：累計折舊	$450,000	
累計減損	50,000	(500,000)
		$ 700,000

(3) ×4 年及 ×5 年之折舊分錄：

資產減損後應以減損後之帳面金額 $700,000 計算剩餘年限之折舊費用，即 $700,000÷5 = $140,000。

×4 年 12 月 31 日與 ×5 年 12 月 31 日之折舊分錄為：

折舊費用	140,000	
累計折舊 - 設備		140,000

(4) ×5年底設備之帳面金額為 $700,000 − (2×$140,000) = $420,000，因 ×5年底再度進行減損評估時，設備之可回收金額為 $360,000，再減損之金額為 $60,000，減損分錄為：

×5/12/31	減損損失	60,000	
	累計減損 - 設備		60,000

×5/12/31　資產負債表之表達：

設備		$1,200,000
減：累計折舊	$730,000	
累計減損	110,000	(840,000)
		$ 360,000

(5) ×6年之折舊費用為 $360,000 ÷ 3 = $120,000

×6/12/31	折舊費用	120,000	
	累計折舊 - 設備		120,000

(6) ×6年底評估設備之可回收金額為 $310,000，較 ×6年期末帳面金額 $240,000 高，可承認減損迴轉利益。因設備在未認列前述任何減損損失的情況下，減除應提列折舊後的帳面金額，在 ×6年12月31日應為 $1,200,000 − ($150,000×6) = $300,000，故可承認之減損利益僅能將設備之帳面金額提高至 $300,000，而非 $310,000。

減損損失之迴轉為 $300,000 − $240,000 = $60,000

×6/12/31	累計減損 - 設備	60,000	
	減損迴轉利益		60,000

×6/12/31　資產負債表之表達：

設備		$1,200,000
減：累計折舊	$850,000	
累計減損	50,000	(900,000)
		$ 300,000

註：(1) 若本題設備於 ×6年12月31日之可回收金額為 $270,000，高於帳面金額 $240,000，但低於未認列減損時 ×6年底帳面金額 $300,000，則可認列之迴轉利益為 $270,000 − $240,000 = $30,000，累計減損則變為 $110,000 − $30,000 = $80,000。

(2) 減損迴轉利益在綜合損益表上列為營業外收入。

摘要

　　不動產、廠房及設備必須具備下列三個特性：(1) 耐用年限 1 年以上；(2) 供營業使用；及 (3) 非以出售為目的。不動產、廠房及設備的原始評價基礎以成本原則為主，所謂成本，包括自購置資產起到使其達到可供使用狀態前的一切必要合理支出。

　　將不動產、廠房及設備的成本按合理而且有系統的方式，分攤於其耐用年限，即是折舊。折舊純粹是成本分攤的程序，與不動產、廠房及設備持有期間公允價值變動的衡量無關。計算折舊的三項要素主要為成本、殘值及耐用年限。一般常採用折舊方法有平均法以及遞減法兩類，平均法可分為直線法與活動量法，而遞減法又可分為餘額遞減法以及年數合計法，這些方法均是一般公認會計原則認可的方式。

　　不動產、廠房及設備在經濟耐用年限內，常會發生一些日常維修、增添、重大檢測或重置改良的支出。日常維修屬於收益支出；增添、重大檢測或重置改良的支出則為資本支出，且被重置部分與先前檢測成本應以處分方式處理。

　　不動產、廠房及設備常因不堪使用或陳舊過時而必須加以處分，在處分資產時，需要針對處分所得的價款與不動產、廠房及設備帳面金額之差額認列處分損益。若是在年度中處分，則必須認列年初到處分日為止應該計提的折舊。

　　天然資源經由開採後逐漸耗竭，以合理而有系統的方式隨著礦藏的開採，將遞耗資產的成本攤銷轉為費用，稱為折耗。

　　當不動產、廠房及設備的帳面金額高於可回收金額時，則資產必須提列減損損失。所謂可回收金額，是指淨公允價值（即資產出售可得金額減除直接銷售成本）與使用價值（即資產於後續期間使用所產生淨現金流入之折現值），兩者之較高者。減損損失認列後，若有證據顯示以前認列的減損損失，可能不存在或減少時，可認列減損迴轉利益，但商譽減損損失不得迴轉。

本章習題

問答題

1. 被歸類為「不動產、廠房及設備」的資產，通常具備哪些特性？
2. MBI 公司的總裁對於公司目前的折舊政策不甚滿意，因為他說：「折舊所累計的金額竟然在資產的耐用年限終了時與重新購置該資產所需之現金並不相符。」請你評述這番

話。

3. 花輪正在準備明天的「不動產、廠房及設備」小考，教科書上介紹了許多的折舊方法，花輪想要從損益表上折舊費用的多寡及資產負債表上不動產、廠房及設備帳面金額的多寡，來了解直線法、倍數餘額遞減法及年數合計法之不同，請你告訴他。

4. 請定義「可回收金額」。

選擇題

1. 熊本公司自國外購入一部機器，定價為 $300,000，由於熊本公司在期限內付款，因此享有 2% 的現金折扣，其他相關支出包含運費 $10,000、關稅 $17,000、安裝及試車費 $32,000，此外，運送途中司機接到 $5,000 之罰單，而公司為此機器購入未來 1 年期之保險 $20,000。則此機器之入帳成本為多少？
   (A) $300,000
   (B) $353,000
   (C) $373,000
   (D) $378,000

2. 下列有關折舊性質的敘述何者正確？
   (A) 充分反映市價，使資產之帳面金額與市價一致
   (B) 提存重置基金，累積資金以備重置資產之用
   (C) 成本之分攤，將不動產、廠房及設備的成本作合理的分配
   (D) 有利於評估資產鑑價的合理性

3. 櫻木公司於 ×5 年初購買一部機器，價格為 $20,000，並支付關稅計 $1,000。為了安裝該部機器又花了 $2,500 建造一個底座，以增加該機器的穩定。櫻木公司估計該機器可使用年限為 5 年，殘值為 $3,500，並採用直線法提列折舊，試問：該部機器每年之折舊金額為多少？
   (A) $3,500
   (B) $4,000
   (C) $4,500
   (D) $3,800

4. 有關加速折舊法的敘述，下列何者正確？
   (A) 在不動產、廠房及設備使用的最初年度提列較多的折舊費用
   (B) 加速折舊法下，折舊費用的計算均不必考慮殘值
   (C) 活動量法是加速折舊的一種
   (D) 加速折舊法之折舊費用在耐用年限的每年均較直線法為高

5. 小叮噹公司於 ×1 年 7 月 1 日用 $115,500 買進一部時光機，估計該機器可用 8 年，殘值為 $5,500。×4 年底由於小叮噹公司有更新的發明，決定該機器只能用到民國 ×7 年底，且殘值為 $1,125，試問：該時光機於 ×4 年應提列折舊之金額為多少？
   (A) $20,000
   (B) $25,000

(C) $22,500 (D) $26,500

6. 甲航空公司×2年1月1日購買飛機，成本為 $120,000,000，估計殘值為 $20,000,000，估計耐用年限 20 年。該飛機由機身及引擎兩項重大部分所組成，且其估計耐用年限亦存在重大差異，分別為機身 20 年及引擎 10 年。機身部分之成本與估計殘值分別為 $90,000,000 與 $15,000,000；引擎部分之成本與估計殘值分別為 $30,000,000 與 $5,000,000。甲航空公司採用直線法提列折舊，試問該飛機每年折舊費用為若干？
   (A) $5,000,000 (B) $6,250,000
   (C) $7,500,000 (D) $8,250,000 【103 年地特】

7. 苗栗公司 2004 年 1 月 1 日購買機器一部，估計可用 4 年，無殘值，該機器 2005 年 12 月 31 日之帳面金額，採用年數合計法提列折舊比採用倍數餘額遞減法提列折舊多出 $5,000（倍數餘額遞減法之折舊率是直線法之折舊率的 2 倍），試問該設備原始成本應為多少？
   (A) $80,000 (B) $90,000
   (C) $100,000 (D) $120,000 【96 年記帳士】

8. 金山公司於×6 年 1 月 1 日取得鐵礦，成本為 $20,000,000，原估計蘊藏量為 10,000,000 噸，開採完畢後估計殘值為 $2,000,000，×6 年至×9 年間共計開採 6,000,000 噸。乙公司於×10 年 1 月 1 日探勘後發現蘊藏量僅餘 2,000,000 噸，新估計殘值亦變為 $1,000,000，則×10 年底之每噸折耗率為多少？
   (A) $1.58 (B) $2.38
   (C) $3.60 (D) $4.10 【100 年初等特考】

9. 【附錄】關於資產減損的描述，下列何者有誤？
   (A) 所謂價值減損，是指因不同的事件或環境的變動而導致長期性資產帳面金額無法回收
   (B) 對於股價小於市值的公司，須留意其有可能發生資產減損的跡象
   (C) 資產減損的會計處理公報，可以適用不動產、廠房及設備，但無形資產因為性質特殊，並不適用
   (D) 當長期性資產的帳面金額高於可回收金額時，則資產必須提列減損損失

10. 【附錄】公司於×1 年 1 月 1 日取得一部機器，成本 $600,000，耐用年限 5 年，無殘值，採直線法提列折舊。×1 年 12 月 31 日因評估其使用方式發生重大變動，預期將對公司產生不利之影響，且該機器可回收金額為 $440,000，試問該機器在×2 年 12 月 31 日之帳面金額為多少？
    (A) $440,000 (B) $360,000
    (C) $330,000 (D) $300,000

練習題

1. **【不動產、廠房及設備取得成本之決定】** 英琪工程公司於 ×5 年 3 月 1 日購進一台預拌混泥機，定價為 $200,000，按八五折成交，付款條件為 3/10, n/30，有半數價款在折扣期限內付清，此外，該機器之安裝費計 $3,000、試車費為 $2,000，該機器於運輸過程中發生損壞，其修理費計 $1,500。另外，為了放置該機器，將已提足折舊之舊預拌混泥機予以拆除並報廢，拆除費共計 $6,000，試計算該機器之成本。

2. **【不動產、廠房及設備取得成本之決定】** 小丸子書套公司欲停止營運，故將其相關的機器設備一併賣給小叮噹書套公司，價款總計為 $280,000，此外，小叮噹書套公司又花費 $20,000 請專家鑑價，鑑價結果列示如下：

塑膠射出成型機	$280,000
繪圖機	40,000
包裝機	80,000

   試問：分配至上述三種不同的機器設備，其成本應各為多少？

3. **【折舊的計算】** 大雄冰棒公司於 ×5 年 7 月 1 日購入一台製冰器，成本為 $315,000，估計耐用年限為 5 年，殘值為 $15,000。該製冰器之總工作時間為 30,000 機器小時；×6 年實際使用 7,200 機器小時。試分別按照下列的方法計算 ×6 年度折舊金額，並做相關調整分錄：
   (1) 直線法
   (2) 活動量法
   (3) 年數合計法
   (4) 倍數餘額遞減法

4. **【不動產、廠房及設備耐用年限的後續支出】** 秀卿公司於 ×1 年初購入成本 $20,000 之設備並安裝正式運轉。若安裝設備之成本 $10,000 誤記為修理費，假設該設備估計使用年限為五年，採直線法提列折舊，無殘值，則前述錯誤將影響 ×1 年度之淨利（不考慮所得稅的影響）為多少？

5. **【不動產、廠房及設備耐用年限的後續支出】** 全虹影印公司於 ×1 年初以 $300,000 購入影印機器一部以增加服務量，採直線法折舊，可使用 15 年，無殘值。機器於使用 7 年後由於機器常出現卡紙狀況，於是決定要機器大修，總共支付 $40,000，估計可延長使用年限 4 年，則 ×8 年的折舊費用應為多少？

6. **【不動產、廠房及設備的處分】** 寬達公司已經成立多年，近來發現其電腦設備過於老舊，導致其生產效率下降，於是決定要汰舊電腦設備，該電腦成本為 $50,000，至目前為止的累計折舊為 $37,500，試根據下列假設記錄處分交易：(1) 報廢，且已無價值；(2) 售得 $8,000；(3) 售得 $15,000。

7. 【遞耗資產的會計處理】由於國際原物料持續上漲，台泥公司最近積極要跨足於採礦業，在瑞芳附近向政府購買一塊成本 $15,000,000 的礦坑，預計可開採 20,000,000 噸的煤，預計無殘值，且第 1 年開採並銷售了 800,000 噸煤，請問當年度的折耗費用為多少？

8. 【附錄：資產減損】揚帆公司於 ×6 年初購買一郵輪，購買金額為 $500,000,000，耐用年限為 10 年，並以年數合計法提列折舊。揚帆公司於 ×10 年初發現其產業環境受到不利之影響，經公司評估減損測試後，預估未來每年淨現金流入約為 $100,000,000，其剩餘耐用年限縮短為 2 年，並決定改採直線法提列折舊，折現率為 12%，折現值為 $169,005,102。試作 ×10 年所作之資產價值減損損失分錄，以及 ×10 年的折舊分錄。

9. 【資產減損】日月光公司有一組封裝測試設備，因製程改變，故於 ×2 年底覆核其是否有價值減損的現象。該設備購置於 ×1 年 1 月，成本為 $7,500,000，估計耐用年限 5 年，沒有殘值，以直線法提列折舊。經評估 ×2 年底該設備之可回收金額為 $4,050,000。又 ×3 年底該設備之使用方式發生重大變動，對日月光公司產生有利的影響，可回收金額為 $3,250,000。

    試作：(1) ×2 年底提列減損之分錄；(2) ×3 年底提列折舊的分錄；(3) ×3 年底認列減損迴轉之分錄。

應用問題

1. 【折舊之修正】草東公司在 ×1 年 1 月 1 日購買一部機器標價為 $200,000，現金折扣為 5%，由於公司內部資金調度不及，未能在折扣期間取得現金折扣。該公司另行支付二年的保險費用 $20,000，安裝機器支出 $10,000，測試費用 $8,000。預計該機器可使用 5 年，其殘值為 $28,000。

    試作：

    (1) 若採用年數合計法提列折舊費用，草東公司 ×1 年底之折舊分錄。
    (2) 若採用直線法提列折舊費用，則 ×1 年底之折舊金額為何？
    (3) 若採用雙倍餘額遞減法提列折舊費用，則 ×1 年底之機器帳面金額為何？

2. 【不動產、廠房及設備取得成本之分攤】建鋧精密五金公司為了接取更多沖壓訂單，於 ×2 年初購入一台新式沖床機械，估計耐用年限為 6 年。若採用倍數餘額遞減法提列折舊，則 ×2 年度該機器之折舊費用為 $300,000，若採用年數合計法提列折舊，則 ×2 年度的折舊費用為 $240,000，若建鋧決定對該機器採用直線法提列折舊，試問：

    (1) 於 ×3 年度損益表上，該機器之折舊費用為多少？
    (2) ×3 年 12 月 31 日資產負債表上，該機器之帳面金額為多少？
    (3) 若公司一開始即採用年數合計法提列折舊，則 ×3 年度應提列之折舊費用為多少？

3. 【須個別提列折舊之重大組成部分】富世康企業 ×5 年 1 月 1 日購入機器，該機器成本為 $2,000,000，估計殘值為 $100,000，估計耐用年限為 10 年。另外，有關該機器之其他資訊為，該機器有兩項重大組成部分；強力馬達與基本設備部分；且這兩項組成部分之估計耐用年限亦存在重大差異，強力馬達與基本設備部分之估計耐用年限分別為 5 年與 10 年。強力馬達部分之成本與估計殘值分別為 $800,000 與 $20,000；基本設備部分之成本與估計殘值分別為 $1,200,000 與 $80,000。

　　富世康企業採用直線法計算該設備之折舊費用。

試作：

(1) 在我國現行一般公認會計原則下，該項設備每年之折舊費用？
(2) 在國際財務報導準則（IFRS）規範下，該項設備每年之折舊為費用？

4. 【折舊之修正】小叮噹公司專門從事藝術作品修補，為了替顧客提供更精緻的服務，從日本新進口一台光線復原機，成本計 $900,000，預估耐用年限為 6 年，無殘值，採用直線法提列折舊。至第 6 年初時發現該機器尚可使用 4 年，且估計殘值為 $50,000。小叮噹公司並決定從第 6 年起年數合計法為較佳之折舊方法。

試作：

(1) 如果需要的話，前面 5 年的折舊更正分錄。
(2) 小叮噹公司於第 6 年提列折舊的相關分錄。
(3) 光線復原機於第 6 年底在資產負債表上之表達。

5. 【資產減損】公司於 ×2 年 1 月 1 日購入一部精密機器，成本 $800,000，耐用年限 10 年，無殘值，以直線法提列折舊。×4 年底因科技進步及產品售價急劇下跌。公司估計該機器之公允價值為 $520,000，預計處分成本 $30,000，使用價值為 $511,000。×5 年底因政府法令發生重大改變，預期對公司將產生有利影響，公司估計該機器之公允價值為 $460,000，預計處分成本 $20,000，使用價值為 $490,000。

試作：

(1) 公司 ×4 年機器減損之分錄。
(2) 公司 ×5 年有關機器提列折舊及減損之分錄（或減損迴轉之分錄）。

09 負債

objectives

研讀本章後，預期可以了解：

- 負債之定義與種類
- 完全確定流動負債的會計處理
- 負債準備與或有負債
- 非流動負債的內容
- 折價、溢價的觀念
- 應付公司債之會計處理
- 公司債發行價格應如何決定
- 折價、溢價應如何攤銷

台股股王大立光與先進光於 2021 年 3 月 5 日先後公告了重大訊息，兩家光學鏡頭廠纏訟長達 9 年的營業祕密侵害相關案件達成和解，大立光撤銷對競爭同業先進光相關侵害智慧財產權及營業祕密的刑事與民事訴訟案件之告訴。這起訴訟之爭起源於原任職大立光的 4 名工程師，在 2011 年間先後離職，並到競爭對手先進光任職，而任職期間將營業祕密技術交與先進光，以協助先進光公司發展鏡頭生產技術，並將部分技術向經濟部智慧財產局申請專利獲准，因此大立光認為先進光侵犯智慧財產權與營業祕密等事項，進一步向先進光公司及其負責人與高層，以及 4 名工程師提起訴訟，要求逾新台幣 15 億元的賠償。

　　大立光是全球第一大智慧型手機鏡頭廠，市場占有率超過 40%，手上握有近五百件光學鏡頭設計相關專利，先進光則以 NB 鏡頭生產為主。2021 年 3 月 15 日先進光進一步發布重大訊息，揭露 2020 年 12 月，先進光大虧逾 10 億元，主因是認列訴訟和解之相關費用損失。

　　其後，先進光並獲得大立光以每股 29.92 元，出資 5.98 億元認購 2 萬張私募股票，持股 15.2% 成為最大的法人股東，先進光的股價因有大立光的加持，股價大漲，成為光學元件族群漲幅最大個股之一，這也是大立光首度投資台灣光學元件的同業廠商。

　　本法律訴訟案件對於學校教育之重大啟示為，學校不應該只是教專業，如化工、電機或者撰寫程式，也應該讓學生理解智慧財產權與營業祕密對於公司獲利甚而倒閉的風險與重要性。本章主要介紹流動負債與負債準備（例如訴訟負債準備）之會計處理及財務報表之表達。

本章架構

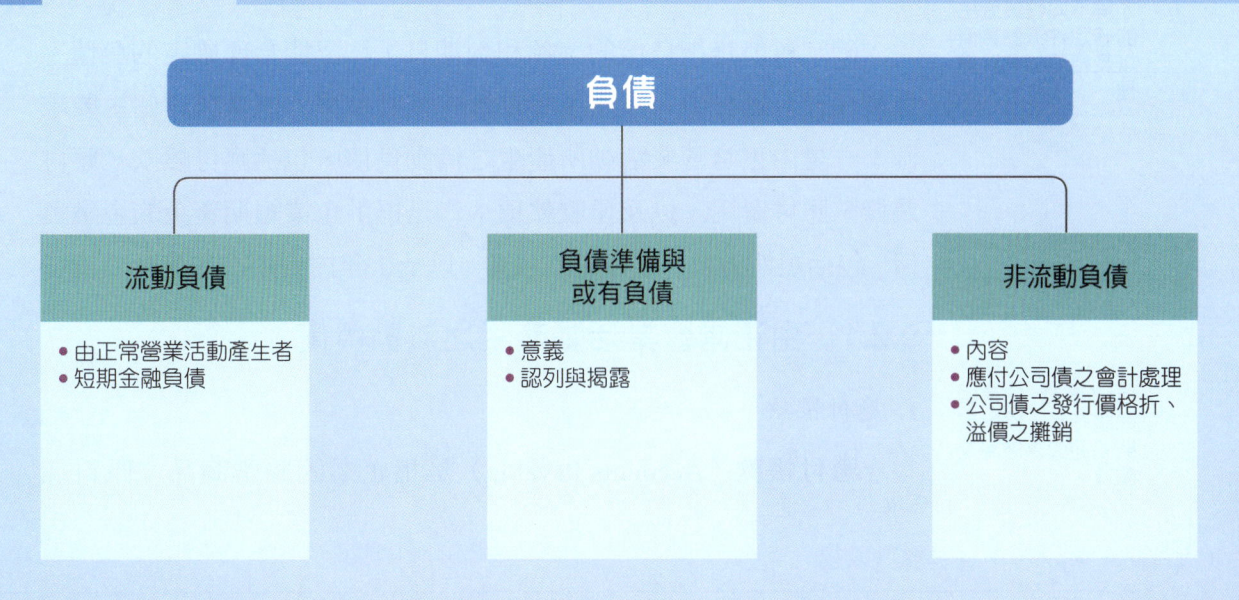

負債

- **流動負債**
  - 由正常營業活動產生者
  - 短期金融負債

- **負債準備與或有負債**
  - 意義
  - 認列與揭露

- **非流動負債**
  - 內容
  - 應付公司債之會計處理
  - 公司債之發行價格折、溢價之攤銷

9.1 負債之意義

學習目標 1
了解負債與流動負債的意義及其特質

負債 因過去交易事項所產生之現存義務，且履行該義務預期將使企業具有經濟效益之資源流出。

流動負債 主要包括因營業而發生之債務且將於正常營業週期中償還者；為交易目的而發生者；於資產負債表日後12個月內清償者；企業不得無條件延期至資產負債表日後逾12個月清償之負債。

企業從事營業活動常需要不同種類的長短期資金，而在資產負債表右邊的負債和權益則是企業長短期資金的主要來源。負債為因過去交易事項所產生之**現存義務**（present obligation），且履行該義務預期將使企業具有經濟效益之資源流出。若將負債依到期時間之長短，可分為流動負債與非流動負債兩種。凡負債符合下列條件之一者，應列為**流動負債**：(1) 企業預期將於其正常營業週期中清償之負債；(2) 主要為交易目的而持有者；(3) 須於報導期間後 12 個月內清償之負債；(4) 企業不得無條件延期至報導期間後逾 12 個月清償之負債。本章有關流動負債之討論將以上述之 (1)、(3) 以及 (4) 為主，至於 (2) 因交易目的而持有之流動負債，係屬與金融工具相關之會計規範，將於本書第 12 章投資作討論。負債若不屬於流動負債則歸類為非流動負債。

以下有關負債之討論將分為三大部分：

1. 確定性之流動負債。
2. 負債準備與或有負債。
3. 非流動負債。

9.2 確定性的流動負債

學習目標 2
了解不同性質產生的確定性流動負債以及相關的會計處理

確定負債是指負債的金額和到期日，均已能合理確定的負債。企業在經營過程中，所產生確定性的流動負債，通常有兩個主要來源：一是由正常營業活動所產生之流動負債，包括應付帳款、應付票據、應付費用，以及預收款項；二是提供企業短期資金的金融負債，包括短期借款、應付短期票券，以及 1 年內到期之非流動負債。

9.2.1 由正常營業活動產生之流動負債

應付帳款 企業因賒購商品、原料或勞務而欠供應商之款項。

1. 應付帳款

應付帳款（Accounts Payable）是指企業因賒購商品、原料或

勞務而欠供應商之款項，其入帳金額應以供應商開立發票之金額為準，若有現金折扣，在實務上，通常以總額法處理較多，**總額法**是以未扣除折扣的金額入帳，如在折扣期限付款，再認列「進貨折扣」；**淨額法**則是以扣除折扣後的金額記帳，如有未取得之折扣，則以「折扣損失」入帳。至於應付帳款之入帳時間，通常在收到商品或收到發票時記錄應付帳款。

釋例 9-1

金石圖書公司向 3M 賒購文具商品 $500,000，付款條件為 2/10, n/30，金石圖書公司在折扣期限內償付 60% 貨款，其餘在到期時付清，試以 (1) 總額法和 (2) 淨額法作相關分錄。

解析

(1) 總額法：

a. 收到商品時，以貨款總額入帳：

進貨	500,000	
應付帳款		500,000

b. 折扣期限內，償付 60% 貨款，取得之現金折扣為 $500,000 × 60% × 2% = $6,000

應付帳款	300,000	
現金		294,000
進貨折扣		6,000

c. 償付餘額時：

應付帳款	200,000	
現金		200,000

(2) 淨額法：

a. 收到商品時，以扣除折扣後之金額入帳，即 $500,000 × 98% = $490,000

進貨	490,000	
應付帳款		490,000

b. 折扣期限內付款的部分，應按折扣後之金額 $490,000 × 60% =

$294,000

應付帳款	294,000	
現金		294,000

c. 超過折扣期限後付款,應照總額支付,即 $500,000 × 40% = $200,000,而未取得之折扣應列為折扣損失:

應付帳款	196,000	
折扣損失	4,000	
現金		200,000

2. 應付票據

應付票據（Notes Payable）是指企業因購買商品、勞務或借款,而允諾在特定日期或期間後,需支付一定金額之書面承諾。因進貨而產生之應付票據,可直接按面額入帳,若因借款而產生之應付票據,不論期間長短,均須按現值入帳。應付票據依其是否附利息,可分為附息票據或不附息票據。

(1) **附息票據**（interest-bearing note）:通常附息票據的面額即為其現值。

> **應付票據** 企業因購買商品、勞務或借款,而允諾在特定日期或期間後,需支付一定金額之書面承諾。

釋例 9-2

金石圖書公司在 ×8 年 7 月 1 日向地球公司賒購膠帶商品 $300,000,當即開出 3 個月期,年利率為 9% 的本票,試作開票日以及票據到期日之相關分錄。

解析

(1) 7 月 1 日賒購日:

7/1	進貨	300,000	
	應付票據		300,000

(2) 10 月 1 日到期日,應記載支付票據本息分錄,票據利息為 $300,000 × 9% × 3/12 = $6,750

10/1	應付票據	300,000	
	利息費用	6,750	
	現金		306,750

(2) **不附息票據**（non-interest bearing note）：不附息票據在票面上並未明示利率，其利息實際上是隱含在票據的面額中。以借款為例，當借入款項時，應將票據之面額與票據現值之差額，以**應付票據折價**（Discount on Notes Payable）入帳，「應付票據折價」即是代表票據的隱含利息，在資產負債表上，應列為「應付票據」的減項。

釋例 9-3

貿易風公司簽發一張面額 $110,000，10 個月期，不附息票據向華南銀行借款，此票據之現值為 $100,000，試作開票日與償還日之分錄。

解析

(1) 開票日取得現金，並將票據面額與現值之差異，列為應付票據折價。

	現金	100,000	
	應付票據折價	10,000	
	應付票據		110,000

(2) 到期償還時，除支付現金將應付票據之負債除列外，尚須將應付票據折價轉列為利息費用。

	應付票據	110,000	
	現金		110,000
	利息費用	10,000	
	應付票據折價		10,000

3. 應付費用

企業在期末尚未支付的薪資、水電費用、租金等，該費用已經發生，但帳上尚未記錄，亦為流動負債之一，仍應該根據應計基礎

應付費用 企業在期末尚未支付之已發生費用，但帳上尚未記錄的流動負債。

（權責發生基礎）入帳，以免短列或低估當期的相關費用。

預收收入 企業收到顧客的預付款但須於將來提供商品或勞務，因該收入尚未賺得，故為流動負債。

4. 預收收入

當企業在運交商品或提供勞務之前，已預先收到款項，此即為預收收入，它表示交易對方須先付錢才能享受日後的服務或收到商品，這類型的企業通常比交易發生時即收取現金或交易發生時先藉由應收帳款再收現的企業更具有財務上的優勢。企業收到顧客的預付款時，即成為企業的預收收入，由於該收入尚未賺得，故應先列為流動負債，等到日後提供商品或勞務給顧客時，才轉記為收入。

釋例 9-4

會計研究月刊本月總計收到顧客訂閱之收入 $1,200,000，為期 1 年，其收到訂閱現金，以及每月認列訂閱收入之相關會計分錄為何？

解析

(1) 收到月刊的訂閱收入時：

現金	1,200,000	
預收訂閱收入		1,200,000

(2) 每月提供雜誌時，將預收訂閱收入之負債項目，轉為收入項目：

預收訂閱收入	100,000	
訂閱收入		100,000

會計部落格

飛行常客獎勵計畫

企業有時會提供客戶忠誠計畫以獎勵顧客購買其商品或勞務。以華航為例，推出了「相逢自是有緣，華航以客為尊」的華夏會員酬賓計畫，其目的是希望旅客能與華航之間能有較長的客戶關係，當旅客累積一定的飛行哩程後，得享受座艙升等或免費機票之回饋。所以當華航出售機票予旅客時，所收取的款項中除了提供該次旅客飛行的服務外，尚有一部分係屬華航將於未來提供免費的機票或座艙升等等的優惠回饋。因此，華航收取的款項中屬於酬賓計畫部分的收入予以遞延認列為負債，遞延之金額則參考哩程數可被單獨銷售之公允

價值予以決定，由於並非所有提供的哩程數都會被旅客要求兌換，所以在評估哩程數的公允價值時，公司都會將這些因素考慮在內，等到哩程數被兌換，或效期失效時，才認列為收入。茲舉例說明如下：

華航於 ×1 年 6 月 11 日以 $20,000 出售一張由台北飛往美國洛杉磯的機票一張，旅客加入華航推出的酬賓計畫，並因此獲得 8,000 哩的哩程數。假設 8,000 哩的哩程數的公允價值為 $1,000，華航銷售時之分錄如下：

現金	20,000	
銷售收入		19,000
遞延酬賓計畫收入		1,000

9.2.2 流動金融負債

流動金融負債 包括短期借款、應付短期票據，以及非流動負債將於1年內到期的部分等。

1. 短期借款

短期借款是指企業因短期營業週轉所需，向銀行、員工、股東或其他人士借款，其到期日都在 1 年以內，故列為流動負債。

釋例 9-5

立榮航空公司於 ×5 年 6 月 1 日向銀行借入 $5,000,000，3 個月到期，年利率為 3%，按月付息，試作借款及付息還本之分錄。

解析

(1) 6 月 1 日借款時：

6/1	銀行存款	5,000,000	
	短期借款		5,000,000

(2) 7 月 1 日及 8 月 1 日付息時，利息為 $5,000,000 × 3% × 1/12 = $12,500

7/1 及 8/1	利息費用	12,500	
	銀行存款		12,500

(3) 9 月 1 日付息並還本時：

9/1	利息費用	12,500	
	短期借款	5,000,000	
	銀行存款		5,012,500

2. 應付短期票券

應付短期票券是構成企業短期資金融通的一項重要工具，例如企業可發行商業本票，經金融機構背書保證後，在貨幣市場發行，以取得短期的融通資金。

> **應付短期票券** 通常由企業簽發商業本票，經金融機構背書保證，在貨幣市場發行以取得資金。

釋例 9-6

立榮航空公司於 ×8 年 2 月 1 日發行 6 個月期的商業本票，以取得短期資金，面額為 $5,000,000，市場的年貼現率為 2%，試作發行票券日與票券到期日之分錄。

解析

(1) 發行商業本票日之實收金額為 $5,000,000 ÷ [1 + (2% × 1/2)] = $4,950,495

2/1	現金	4,950,495	
	應付短期票券折價	49,505	
	應付商業本票		5,000,000

(2) 票券到期日，將應付短期票券折價轉為利息費用：

8/1	利息費用	49,505	
	應付商業本票	5,000,000	
	應付短期票券折價		49,505
	現金		5,000,000

3. 1 年內到期之非流動負債

企業除了進行短期資金融通，有時也會從事募集長期資金，以舉債的角度而言，應付公司債與長期借款是主要工具。非流動負債 1 年內到期的部分是指必須於 1 年內支付的本金部分，因此在會計期間終了時，或資產負債表日，須將該部分由非流動負債重新歸類於流動負債。

> 非流動負債 1 年內到期的部分，必須將該部分由非流動負債重新歸類於流動負債。

9.3 負債準備與或有負債

學習目標 3
了解負債準備與或有負債的意義及會計處理

過去的交易事項,往往會使公司產生須流出具經濟效益之資源以履行或清償義務(obligation),如公司賒購存貨的交易,即使其產生需支付貨款之義務。然而,義務得依其是否「很有可能」存在,具體而言,即存在之可能性大於不存在之可能性,亦即存在機率大於 50% 與否,區分為「**現時義務**」(present obligation)與**可能義務**(possible obligation)。「很有可能」存在之義務為「現時義務」,反之則為「可能義務」。

而就「現時義務」而言,其須流出具經濟效益之資源的可能性,亦同樣得以 50% 的標準區分為「很有可能」與否。會計上對「負債」的定義,為因過去交易事項所產生之現時義務,且履行該義務預期將很有可能使具有經濟效益之資源自企業流出。凡是負債均須入帳,即認列於財務報表中。但某些負債之時點或金額不確定,亦即其經濟效益流出發生的時點或金額不確定,此時若能可靠估計其應入帳金額,則仍應認列於財務報表中並稱為**負債準備**(provision)。

負債準備 為因過去事件所產生之現時義務,該義務金額能可靠估計,且清償該義務時,很有可能會造成經濟效益之流出。企業應於財務報表認列負債準備的金額

而若過去交易事項所產生之義務屬可能義務,或雖為現時義務但不符合認列入帳的條件:即金額無法可靠估計(此情況極為罕見)或具經濟效益之資源並非很有可能流出,此時在會計上稱為**或有負債**(contingent liability),應於財務報表附註揭露。

或有負債 企業因過去事件產生之可能義務;或產生之現時義務但並非很有可能造成經濟資源流出或該義務金額無法可靠衡量。企業應於財務報表附註揭露或有負債。

IFRS

負債準備

IAS 37 提及,企業在判斷是否具有現存義務時,應考量所有可取得之證據,例如專家意見或財務報導期間以後所發生事件之其他額外證據。此外,「估計」是財務報表編製過程中重要的一部分,雖然「負債準備」是存在不確定性的一種負債,須運用到估計判斷,但 IAS 37 強調,僅在極為罕見的情況下,企業才能認定其無法作出合理估計而將負債轉而揭露為或有負債。正常情形下,企業應根據可能估計結果的範圍,作出適當的結論,進而認列負債準備金額。

9.3.1 負債準備之會計處理

當同時符合下列條件時,企業應於財務報表認列負債準備:

1. 因過去事件所產生之現存義務。
2. 於清償義務時,很有可能造成企業具經濟效益資源的流出。
3. 該義務金額能可靠估計。

常見的負債準備如因出售商品隨附之保固而認列的產品保固負債準備;因涉及法律訴訟而認列的有待法律程序決定之負債準備等。而根據 IAS 1 規定,負債應以流動負債與非流動負債之分類分別表達,因此負債準備亦須區分流動負債準備與非流動負債準備於資產負債表。

企業於財務報表上認列之負債準備金額,應為報導期間結束日清償該現存義務所需支出金額的「最佳估計」。而決定「最佳估計」的方法則視欲估計之負債準備的特性而定。

> 大量母體時,負債準備金額之最佳估計為期望值。

當負債準備金額之衡量與大量母體有關係時,則最佳估計宜採「期望值」的觀念,因為該方法能考慮整體機率分配的情形,予以加權估計,而且具有客觀衡量的優點,因為不同的會計人員進行衡量,也能得到相同的結果。此類情形之例子為企業對其銷售之商品提供保固服務時,即是以期望值的概念估計保固負債準備。

另外與大量母體有關,且估計負債準備金額的結果為連續區間的概念,且該區間內每一個金額的可能性都相同,則採用該區間的中間值作為最佳估計。

> 非大量母體時,負債準備金額之最佳估計為最可能結果。

當負債準備的衡量屬於「單一義務」或少數事件時(亦即非屬大量母體時),則期望值觀念不是一個有效的衡量方式。此類情形如企業對其涉及之法律訴訟案件,當其符合負債準備條件而須估計訴訟賠償負債準備。此時,個別義務或事件之最可能結果為該負債準備金額之最佳估計。惟即使在這種情況下,若其他可能之結果大部分均比最可能結果為高或低時,則最佳估計應是比最可能結果為高或低之金額。

負 債 **09** 359

有關大量母體或單一義務之最佳估計,我們以下列釋例說明如下。

釋例 9-7

下列獨立情況中,企業因過去事件而負有現時義務,該義務清償時很有可能造成具經濟效益資源的流出,且義務金額能可靠估計。試為該義務之金額之最佳估計。

[情況1]

麗園企業有200個1年期的產品保固合約,依據過去推案經驗,有70%會請求保固,每案成本約$100,000,另30%不會申請保固服務。

[情況2]

大同電器提供客戶一個星期之退貨保證,估計退貨很有可能,且金額介於$500,000至$900,000之間。

解析

[情況1]

屬大量母體之事件,因此適合用期望值的觀念估計。最佳估計為 $70\% \times 200 \times \$100,000 = \$14,000,000$。

[情況2]

評估可能結果為連續區間,且區間內每一金額發生之可能性均相同,因此中間值$700,000,所以公司應認列退款負債準備$700,000。

釋例 9-8

下列獨立情況中,企業因過去事件而負有現時義務,該義務清償時很有可能造成具經濟效益資源的流出,且義務金額能可靠估計。試為該義務之金額之最佳估計。

[情況1]

麗園企業面臨一件法律訴訟,依辯護律師意見,訴訟結果將於1年內確定,勝訴而不用賠償之機率為30%,但70%之機率可能會敗訴需賠償$2,000,000。

[情況2]

美苑企業出售一項特殊資產時,提供1年內免費更換零件的售後服務

保證。經評估每個零件更換成本為 $100,000。經估計發生 1 個零件故障機率為 30%，2 個零件故障機率為 60%，3 個零件故障機率為 10%。

[情況 3]

同情況 2，惟發生 1 個零件故障機率為 40%，2 個零件故障機率為 30%，3 個零件故障機率為 30%。

解析

[情況 1]

屬單一義務之事件，即法律訴訟結果僅有勝訴或敗訴，不可能出現 70%×$2,000,000 = $1,400,000 之賠償金額，期望值不適用於本情況，應以最可能結果為最佳估計。本釋例中最可能結果為敗訴（發生機率 70%），故最佳估計為 $2,000,000。

[情況 2]

屬單一義務之事件，應以最可能結果為最佳估計。本釋例中最可能結果為 2 個零件故障（發生機率 60%），且其他可能結果並未大部分均高於或低於此最可能結果，故最佳估計為 $200,000。

[情況 3]

屬單一義務之事件，應以最可能結果為最佳估計。本釋例中最可能結果為 1 個零件故障（發生機率 40%），但其他可能之結果均較此最可能結果為高，故最佳估計之金額應高於最可能結果之 $100,000。若公司經評估後，認為該負債之最佳估計為 $200,000，則公司應認列負債準備 $200,000。

企業若預期在清償負債準備時，將會從另一方得到歸墊（例如透過保險合約、賠償條款或賣方之保固），且企業於清償義務時，**幾乎確定**（virtually certain）可收到該歸墊，則該歸墊應單獨認列為資產，金額不得超過負債準備之金額，並且不得於資產負債表中與相關的負債準備互抵。但於綜合損益表中，企業得將負債準備所認列之費用及取得歸墊所認列之金額以互抵後之淨額表達。

釋例 9-9

大眾客運公司於 ×2 年初因駕駛肇事，受害人進行法律程序請求賠償。截至 ×2 年底公司的律師經評估後，認為很有可能必須賠償，且賠

償金額之最佳估計為 $2,000,000。大眾客運公司有投保第三人責任險，幾乎確定可獲得理賠歸墊 $1,500,000。×3 年底，由於訴訟進行不順利，預期賠償金額將會由 $2,000,000 提升至 $2,400,000，但歸墊金額仍維持在 $1,500,000。×4 年 2 月 1 日判決確定，大眾客運公司支付判賠金額 $2,100,000，並收到保險公司理賠款 $1,500,000。

試作：大眾客運公司應作之分錄。

解析

(1) 因過去事項（即駕駛肇事）使企業負有現時義務（即很有可能必須賠償），且該義務金額能可靠估計（即 $2,000,000），因此大眾客運公司須認列訴訟損失準備，另將保險公司之理賠歸墊認列為資產。

×2/12/31	訴訟損失	2,000,000	
	訴訟損失準備		2,000,000
	應收理賠款	1,500,000	
	保險理賠收入		1,500,000

(2) ×3 年底將預期賠償金額由 $2,000,000 提高至 $2,400,000 之調整分錄為：

×3/12/31	訴訟損失	400,000	
	訴訟損失準備		400,000

(3) ×4 年 2 月 1 日判決確定，支付賠償金額 $2,100,000，並收到保險公司之理賠 $1,500,000。

×4/2/1	訴訟損失準備	2,400,000	
	現金		2,100,000
	訴訟損失迴轉利益		300,000
	現金	1,500,000	
	應收理賠款		1,500,000

9.3.2 或有負債之會計處理

或有負債須符合以下兩項條件之一：

1. 因過去事件所產生之可能義務。所謂可能義務，是指該義務存

在之可能性小於不存在之可能性,亦即義務存在之可能性小於50%。

2. 因過去事件所產生之現時義務,但因下列原因之一而未入帳認列於財務報表:

◆ 清償義務時並非很有可能造成具經濟效益資源之流出。

◆ 該義務金額無法可靠衡量。

> 若為清償時須流出具經濟效益資源之可能性甚低的可能義務或現時義務,均既無須認列亦無須揭露。

或有負債應於財務報表附註揭露。但須注意的是,若為清償時須流出具經濟效益資源之可能性甚低(remote)的可能義務或現時義務,則既無須認列入帳,亦無須附註揭露。

學習目標 4
介紹非流動負債的內容及應付公司債之會計處理

9.4　非流動負債

負債非屬流動負債者為非流動負債,包括長期負債與其他負債。常見的長期負債包括應付公司債、長期應付票據及長期借款等。常見的其他負債包括應計退休金負債、遞延所得稅負債及長期租賃負債等,這些列舉的其他負債,均屬於中級會計學的範圍,可留待日後再做學習。

> **長期附息負債**
> 主要包括應付公司債、長期應付票據和長期借款等必須還本付息的債務。

應付公司債、長期應付票據和長期借款是源自於融資性債務的舉借,均要還本付息,因此屬於長期附息負債。公司債由於發行金額甚為龐大,期限長達數年,公司會將所需借用的資金,劃分成小額的債權憑證,向投資人發行籌措。長期應付票據與公司債性質類似,係公司於長期借入資金時,以開立長期票據方式作為擔保。長期借款則是企業為從事長期性的資本支出,向金融機構借款,其到期日超過一年或一營業週期以上者。

以下有關非流動負債之進一步說明,將以公司債之發行作為討論的重心。

9.4.1　公司債的發行與折價、溢價的觀念

當企業經由董事會決議,將募集公司債之原因及有關事項報告股東會,並向主管機關申報核准後,即可以募集公司債。公司債發

行的金額一般甚為龐大，因此常劃分成小額單位，例如每張 10 萬元。公司債是一種債權憑證，其發行契約上記載的資料主要包括：

1. 債券的**面額**（face amount）：即債券到期時公司應清償的債務金額，或稱**到期值**（maturity value）。
2. **契約利率**（contract rate）：又稱為**票面利率**（coupon rate）或**名目利率**（nominal rate），即債券票面上所記載的利率，以此利率乘上債券面額即為公司每期應以現金支付的利息。通常即使公司每半年付息一次，票面的契約利率仍是會以年利率的方式表達。
3. **相關的日期**：包括債券的發行日期、付息日期及到期日。

購買債券的投資人通常會評估債務條件和相關風險，以決定期望的投資報酬率，此即所謂的**市場利率**（market rate of interest），或稱為**有效利率**（effective rate of interest）。一般而言，發行公司本身的財務狀況和經營體質會影響風險評估，而且債券期間越長，公司經營狀況的不確定性愈高，也會使得債券風險較高，因此投資人也會要求較高的市場利率。

雖然公司在發行公司債時，會預估市場利率作為決定票面利率的參考，但投資人所要求的市場利率可能與票面利率不同。當票面利率與市場利率相同時，債券會以面額發行，亦即債券的發行價格會等於債券的面額，此稱為**平價發行債券**（issuing bonds at par），但如果市場利率高於票面利率，則債券發行價格會低於債券的面額，此即所謂**折價發行債券**（issuing bonds at a discount），為何會如此呢？例如當債券面額 $100,000，票面利率 3%，市場利率 4%，則購買債券每年可獲得 $3,000 利息，低於市場的公平報酬 $4,000，投資人必定不願意按面額之價格購買債券，因此公司必須降價銷售公司債，亦即折價發行，**折價**（discount）事實上代表因為市場利率高於票面利率而給債券投資人的補償金額。另一方面，如果公司債的票面利率高於市場利率，例如當債券面額 $100,000，票面利率 3%，市場利率 2%，則購買債券每年可獲得 $3,000 利息，大於市場公平報酬的 $2,000，投資人將會願意用高於面額的價格購買公司債，將會

契約利率 又稱票面利率或名目利率，為債券票面上所記載之利率。

市場利率 或稱有效利率，為投資人要求之投資報酬率。

平價發行債券 當市場利率等於票面利率時，債券的發行價格會等於債券的面額。

折價發行債券 當市場利率高於票面利率時，債券的發行價格會低於債券的面額。

溢價發行債券 當市場利率低於票面利率時，債券的發行價格會高於債券的面額。

造成公司**溢價發行債券**（issuing bonds at a premium）。關於如何計算公司債的發行價格，我們將在本章附錄作說明。表 9-1 整理票面利率與市場利率的關係對於發行價格的影響如下：

表 9-1　票面利率、市場利率與發行價格的關係

票面利率與市場利率之比較	發行價格與面額之關係	債券發行
票面利率＝市場利率	發行價格＝公司債面額	平價發行
票面利率＜市場利率	發行價格＜公司債面額	折價發行
票面利率＞市場利率	發行價格＞公司債面額	溢價發行

會計好簡單

1. 公司債的面額為 $100,000，若發行價格為 $97,000，而當時的市場利率若為 3%，則公司債的票面利率應是大於、小於或等於 3%？
2. 公司債實際發行時的市場利率為 3%，票面利率若為 4%，則公司債將以平價、折價或溢價發行？

解析

1. 小於。因發行價格 $97,000 低於公司債面額 $100,000，此為折價發行，折價數額 $3,000 代表公司額外付給投資人的補償，所以公司債的票面利率應是小於市場利率之 3%。
2. 溢價發行。票面利率 4% 為已確定，而投資人所要求的投資報酬率即市場利率或有效利率為較低之 3%，會導致投資人購買意願強烈，因此債券市價上升，公司將以高於面額的價格出售。

9.4.2　應付公司債之會計處理

本節將進一步說明公司債於平價發行、折價發行及溢價發行時，在發行日、付息日及到期還本日之會計處理。

1. 平價發行

當債券的票面利率與市場利率相同時，債券將會以面額出售，亦即平價發行。例如公司於 ×6 年 1 月 1 日發行面額

$500,000，3 年期，票面利率為 3% 的公司債，每年 12 月 31 日付息，假設市場利率亦為 3%，則發行日之價格必會等於面額 $500,000。

發行日

發行日取得的金額會等於債券的面額，因此會計分錄為：

×6/1/1　　現金　　　　　　　　500,000
　　　　　　　應付公司債　　　　　　　　500,000

付息日

公司於 ×6 年 12 月 31 日支付利息時，帳上認列的利息費用即為所支付的金額，會計分錄為：

×6/12/31　利息費用　　　　　　15,000
　　　　　　　現金　　　　　　　　　　　15,000

×7 年 12 月 31 日支付利息的分錄亦同。

到期還本日

到期日同時還本及支付最後一期利息，故 ×8 年 12 月 31 日付息及還本分錄通常會合併為一筆分錄。

×8/12/31　應付公司債　　　　　500,000
　　　　　利息費用　　　　　　 15,000
　　　　　　　現金　　　　　　　　　　　515,000

2. 折價發行

當債券票面利率低於市場利率時，債券將以低於面額出售，此即所謂的折價發行。

公司債折價發行時，發行公司所取得之金額低於公司債券的面額，其差額用「應付公司債折價」項目表示，在發行日之分錄為：

　　　　現金　　　　　　×××
　　　　應付公司債折價　×××
　　　　　　應付公司債　　　　　×××

應付公司債折價為應付公司債之抵銷項目,「應付公司債」項目餘額減去「應付公司債折價」項目餘額後之淨額,為應付公司債之帳面金額。發行公司以折價發行而少收到的金額剛好是以後少付出的現金利息折現值,因此發行公司應將「應付公司債折價」分攤到各付息期間作為各個期間利息費用的增加。換言之,發行公司每一期間實際所負擔之利息費用不僅包括所付出之現金部分,還包括所攤銷的折價。因此在付息日之分錄為:

利息費用　　　　×××
　應付公司債折價　　　×××
　現金　　　　　　　　×××

在資產負債表表達時,應將公司債券的面額減除應付公司債折價後,以淨額列示。折價攤銷時,應採**有效利息法**(effective-interest method),步驟如下:

(1) 債券每期利息費用等於期初債券之帳面金額乘以有效利率。
(2) 實務上應以市場上相同風險與條件之債券在發行日之殖利率作為有效利率,計算利息費用。
(3) 各期支付的現金利息與利息費用之差額,即為當期折價攤銷部分。

隨著時間的經過,越靠近到期日時,「應付公司債」的帳面金額愈高,因此每期的「利息費用」也越來越多。至到期日時,「應付公司債」的帳面金額等於面額。

釋例 9-10

鼓鼓企業於 ×2 年 1 月 1 日發行債券,面額 $14,000,票面利率 5%,4 年到期,並於每年年底支付利息。發行時,同類型債券之市場利率為 6%,發行價格為 $13,515。鼓鼓企業採有效利息法攤銷折價。

試作:

(1) 發行日鼓鼓企業應付公司債折價多少?發行日之分錄為何?
(2) 該公司於 ×2 年 12 月 31 日支付之債息多少?

(3) 該公司 ×2 年應認列多少利息費用？應攤銷折價金額為多少？
(4) 該公司 ×2 年底應作分錄為何？
(5) 該公司 ×3 年底應作分錄為何？
(6) 該公司 ×4 年底應作分錄為何？
(7) 該公司 ×5 年底應作分錄為何？

解析

(1) 票面利率為 5%，低於同類債券之市場利率 6%，故鼓鼓企業折價發行債券。另也可從發行價格 $13,515，低於面額 $14,000 可知係折價發行。

折價金額 = $14,000 − $13,515 = $485

發行日分錄如下：

現金	13,515	
應付公司債折價	485	
應付公司債		14,000

(2) 於 ×2 年底應支付之現金利息為 $14,000 × 5% = $700
(3) ×2 年應認列之利息費用 = $13,515 × 6% = $811
　　應攤銷之折價金額 = $811 − $700 = $111
(4) ×2 年底（付息日）之分錄：

利息費用	811	
應付公司債折價		111
現金		700

(5) 折價攤銷表：

	支付之現金利息(1)＝$14,000×5%	利息費用(2)＝(5)×6%	折價攤銷(3)＝(2)−(1)	未攤銷折價(4)＝上期(4)−(3)	帳面金額(5)＝$14,000−(4)
×2/1/1				485	13,515
×2/12/31	700	811	111	374	13,626
×3/12/31	700	818	118	256	13,744
×4/12/31	700	825	125	131	13,869
×5/12/31	700	831	131	0	14,000

×3年底（付息日）之分錄：

利息費用	818	
應付公司債折價		118
現金		700

(6) ×4年底（付息日）之分錄：

利息費用	825	
應付公司債折價		125
現金		700

(7) ×5年底（付息日兼到期日）之分錄：

利息費用	831	
應付公司債折價		131
現金		700
應付公司債	14,000	
現金		14,000

（您是否發現，「應付公司債」帳面金額越來越高，利息費用越來越多，在×5年12月31日（到期日）償付本金（面額）前一刻，「應付公司債」之帳面金額等於面額）。

溢價發行 票面利率高於市場利率時，公司債之發行價格應會高於公司債面額，以補償發行債券公司超付的利息。

3. 溢價發行

當公司債票面利率高於發行日市場利率時，發行價格會高於票面金額，此即所謂的溢價發行。溢價在實質上等於是補貼發行企業比市場多付出的利息。溢價發行時，另設置「應付公司債溢價」項目，係發行價格（即發行日取得的金額）減去「應付公司債的面額」。付息日或期末編製調整分錄時，依有效利息法攤銷溢價，先按期初「應付公司債」帳面金額乘上有效利率，決定「利息費用」，再將「利息費用」與所支付之現金利息之差額作為攤銷的金額。隨著溢價的攤銷，越近到期日，應付公司債的帳面金額越接近面額。

釋例 9-11

瘦子企業於 ×2 年 1 月 1 日發行債券，面額 $14,000，票面利率 5%，4 年到期，並於每年年底支付利息。發行時，同類型債券之市場利率為 6%，發行價格為 $14,508。瘦子企業採有效利息法攤銷溢價。

試作：

(1) 發行日瘦子企業應付公司債溢價多少？發行日之分錄為何？
(2) 該公司於 ×2 年 12 月 31 日支付之債息多少？
(3) 該公司 ×2 年應認列多少利息費用？應攤銷溢價金額為多少？
(4) 該公司 ×2 年底應作分錄為何？
(5) 該公司 ×3 年底應作分錄為何？
(6) 該公司 ×4 年底應作分錄為何？
(7) 該公司 ×5 年底應作分錄為何？

解析

(1) 票面利率為（5%），高於市場利率（4%），故瘦子企業溢價發行。另從發行價格（$14,508），高於面額（$14,000）亦可知是溢價發行。
   溢價金額 = $14,508 − $14,000 = $508
   發行日分錄如下：

現金	14,508	
應付公司債		14,000
應付公司債溢價		508

(2) 於 ×2 年底應支付之現金利息為 $14,000 × 5% = $700
(3) ×2 年應認列之利息費用 = $14,508 × 4% = $580
   應攤銷之溢價金額 = $700 − $580 = $120
(4) ×2 年底（付息日）之分錄：

利息費用	580	
應付公司債溢價	120	
現金		700

(5) 溢價攤銷表：

	支付之 現金利息(1) ＝$14,000 ×5%	利息費用 (2)＝ (5)×4%	溢價攤銷 (3)＝ (1)－(2)	未攤銷溢價 (4)＝上期 (4)－(3)	帳面金額 (5)＝ $14,000＋(4)
×2/1/1				508	14,508
×2/12/31	700	580	120	388	14,388
×3/12/31	700	576	124	264	14,264
×4/12/31	700	571	129	135	14,135
×5/12/31	700	565	135	0	14,000

×3年底（付息日）之分錄：

利息費用	576	
應付公司債溢價	124	
現金		700

(6) ×4年底（付息日）之分錄：

利息費用	571	
應付公司債溢價	129	
現金		700

(7) ×5年底（付息日兼到期日）之分錄：

利息費用	565	
應付公司債溢價	135	
現金		700
應付公司債	14,000	
現金		14,000

（您是否發現，「應付公司債」帳面金額越來越低，利息費用越來越少，在×5年12月31日（到期日）償付本金（面額）前一刻，「應付公司債」之帳面金額等於面額）。

會計達人

貴人散步企業於 ×6 年 1 月 1 日發行面額 $1,000,000，3 年到期，利率 5%，每年 12 月 31 日付息之公司債，當時市場利率為 4%。

試作：依有效利息法，作 ×6 年、×7 年及 ×8 年 12 月 31 日溢價攤銷及到期還本的相關分錄。

解析

依上述債券的發行條件，發行價格應為 $1,027,754（此部分請自行練習計算），故有溢價金額 $27,754。

(1) 第 1 期之利息費用 ＝ 第 1 期期初帳面金額 ×4%
　　　　　　　　　 ＝（面額 $1,000,000 ＋ 未攤銷溢價 $27,754）×4%
　　　　　　　　　 ＝ $41,110

　　第 1 期之溢價攤銷 ＝ 實際付息金額 － 利息費用
　　　　　　　　　 ＝ ($1,000,000×5%) － $41,110
　　　　　　　　　 ＝ $8,890

　　×6/12/31　　利息費用　　　　　　　41,110
　　　　　　　　應付公司債溢價　　　　 8,890
　　　　　　　　　現金　　　　　　　　　　　　　50,000

經第 1 期攤銷後，未攤銷溢價餘額為 $27,754 － $8,890 ＝ $18,864

(2) 第 2 期之利息費用 ＝ 第 2 期期初帳面金額 ×4%
　　　　　　　　　 ＝ ($1,000,000 ＋ $18,864)×4%
　　　　　　　　　 ＝ $40,755

　　第 2 期之溢價攤銷 ＝ ($1,000,000×5%) － $40,755 ＝ $9,245

　　×7/12/31　　利息費用　　　　　　　40,755
　　　　　　　　應付公司債溢價　　　　 9,245
　　　　　　　　　現金　　　　　　　　　　　　　50,000

經第 2 期攤銷後，未攤銷溢價餘額為 $18,864 － $9,245 ＝ $9,619

(3) 第 3 期之利息費用 ＝ 第 3 期期初帳面金額 ×4%
　　　　　　　　　 ＝ ($1,000,000 ＋ $9,619)×4%
　　　　　　　　　 ＝ $40,381

　　第 3 期之溢價攤銷 ＝ ($1,000,000×5%) － $40,381 ＝ $9,619

×8/12/31	利息費用	40,381	
	應付公司債溢價	9,619	
	現金		50,000
×8/12/31	應付公司債	1,000,000	
	現金		1,000,000

(4) 債券溢價攤銷表如下所示：

<table>
<tr><td colspan="6" align="center">公司債之溢價攤銷表──有效利息法
面額 $1,000,000，票面利率 5%，市場利率 4%</td></tr>
<tr><td>付息日期</td><td>(1)
實際付現
（$1,000,000×5%）</td><td>(2)
利息費用
(5)×4%</td><td>(3)
溢價攤銷
(1)−(2)</td><td>(4)
未攤銷
溢價</td><td>(5)
公司債帳面金額
$1,000,000＋(4)</td></tr>
<tr><td>發行日</td><td></td><td></td><td></td><td>$27,754</td><td>$1,027,754</td></tr>
<tr><td>×6/12/31</td><td>$ 50,000</td><td>$41,110</td><td>$8,890</td><td>18,864</td><td>1,018,864</td></tr>
<tr><td>×7/12/31</td><td>50,000</td><td>40,755</td><td>9,245</td><td>9,619</td><td>1,009,619</td></tr>
<tr><td>×8/12/31</td><td>50,000</td><td>40,381*</td><td>9,619</td><td>—</td><td>1,000,000</td></tr>
<tr><td></td><td>1,000,000</td><td></td><td></td><td></td><td>−0−</td></tr>
</table>

*因四捨五入尾數略有誤差。

摘要

　　負債係指由於過去交易事項所產生之現存義務，且履行該義務預期將使企業具有經濟效益之資源流出。

　　確定負債是指負債的金額和到期日，均已能合理確定的負債，可分為流動負債與非流動負債兩種，其中確定性流動負債通常有兩個主要來源：一是由正常營業活動所產生之流動負債，包括應付帳款、應付票據、應付費用，以及預收款項；二是提供企業短期資金的金融負債，包括短期借款、應付短期票券，以及 1 年期內到期之非流動負債。

　　不附息票據在票面上並未明示利率，應將票據之面額與票據現值之差額以「應付票據折價」入帳，「應付票據折價」在資產負債表上，應列為「應付票據」的減項。

　　IAS 37 將「負債準備」與「或有負債」作了區別。負債準備是過去事件產生之現存義務，該義務金額能可靠估計，且清償該義務時，會造成企業經濟效益之流出。企業應於財務報表認列負債準備的金額。或有負債則是企業因過去事件產生之可能義務；或所產生之現存義務但並非很有可能造成企業資源流出或該義務金額無法可靠衡量。企業應於財務報

表附註揭露或有負債。

若應付公司債之票面利率低於發行時的市場利率，此時以低於面額方式發行，稱為折價發行。若票面利率高於市場利率，則以溢價方式發行。無論是應付公司債溢價或應付公司債折價，均應於認列利息費用時，加以攤銷，反映發行公司債的企業之實際資金成本。企業應依時間之經過按有效利息法作攤銷，按有效利息法，先決定每期利息費用（＝期初應付公司債之帳面金額乘以有效利率）；每期支付之現金利息與每期認列之利息費用間的差額，即為當期折、溢價應攤銷之金額。

附錄　現值的觀念與公司債的發行價格

前面已經提到當公司債發行時的市場利率與票面利率不同時，會造成發行價格與公司債的面額不相等，而有折價或溢價發行的情況。由於公司在未來須償還本金及支付利息的日期與金額均已確定，因此投資人在購買公司債時所願意支付的價格，也就是公司債可以成交的發行價格，即為未來的本金與利息按投資人要求的有效利率（即市場利率）折現的現值。為何會如此呢？以下我們先為同學介紹現值的觀念，並說明如何運用現值的觀念計算公司債的發行價格。

1. 現值的觀念

現值（present value）的觀念與**貨幣的時間價值**（time value of money）有關。一般人對於貨幣的偏好總是現在勝於未來，舉例來說，你願意今天收到 $100 或是 1 年後的今天收到 $100？答案應該是今天，因為你可以拿今天收到的 $100 作適當的投資而有利得，譬如你可以把 $100 放在銀行，年利率 5%，則 1 年後此 $100 將會累積至 $105（即 $100 加上賺得之 $5 利息），這就是貨幣的時間價值，你也可以說今天的 $100 即為 1 年後 $105 的現值。從另一個角度而言，$105 即為今天的 $100 在年利率為 5% 的情況下，1 年後的**未來值**（future value），也稱為終值。我們可以下圖表示：

```
                        利率
                       i = 5%
          ┌─────────────1 年─────────────┐
         $100                          $105
```

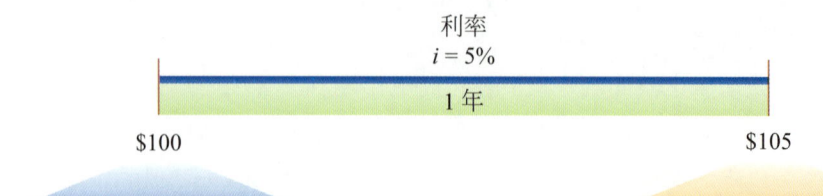

今天
（1 年後的 $105，其現值相當於今天的 $100）

1 年後
（今天的 $100，其 1 年後的未來值相當於 $105）

運用上述現值的觀念，我們可以探討公司債於數年後到期的面額在今天之價值是多少。例如你所購買的公司債面額為 $100,000，假設將於 1 年後到期還本，且市場利率為 5%，則此公司債今天的現值將為 $95,238，即 $100,000÷1.05。若同樣的公司債將於 2 年後到期，則今天的現值將為 $90,703，即 $95,238÷1.05 或 $100,000÷(1.05)^2。實務上，我們可以利用 **$1 複利現值**（present value of $1 at compound interest）表，查閱將於未來數期後收到的 $1 其現值為多少，再以該現值乘以公司債的面額就是公司債面額的現值。

表 9-2 為 $1 複利現值表的一小部分，在市場利率為 4%，3 年後收到的 $1，其現值為 0.88900，若以公司債面額 $100,000 乘以此現值 0.88900 則得到 $88,900，亦即 3 年後公司債面額 $100,000 到期，則其今日之現值為 $88,900。由於表 9-2 的期數代表複利的次數，如果是半年複利一次，等於利率減半複利期數

表 9-2　$1 複利現值表（部分）

期數	2%	2½%	3%	4%	5%
1	0.98039	0.97561	0.97087	0.96154	0.95238
2	0.96117	0.95181	0.94260	0.92456	0.90703
3	0.94232	0.92860	0.91514	0.88900	0.86384
4	0.92385	0.90595	0.88849	0.85480	0.82270
5	0.90573	0.88385	0.86261	0.82193	0.78353

增加一倍，因此在年利率 4%，每半年複利一次，為期 2 年的情況下，我們將需要查閱表 9-2 中，利率等於 2%，期數等於 4 的值，亦即 0.92385。較詳盡的 $1 複利現值表請參考本章的附表一。

釋例 9-12

秀賢今年剛考上大學，他想現在購買 4 年後到期且面額為 $200,000 的公司債，以便大學畢業後與女友智賢到韓國遊學。假設秀賢要求的市場報酬率為 5%。

試作：秀賢今日願意支付購買公司債的價格為何？

解析

先有現值的觀念對於運用現值表，將會覺得更簡易，而且相當有幫助。以下將同時以現值的觀念（作法 1）和查表的方式（作法 2）求算。

作法 1：秀賢現在願意購買的價格為 $200,000 ÷ (1.05)^4 = $164,540。

作法 2：你也可以參考表 9-2，查閱未來的 $1 在（利率 = 5%，期數 = 4）之現值因子為 0.82270，因此秀賢願意支付的價格為 $200,000 × 0.82270 = $164,540。

2. 年金現值的觀念

發行公司債除了應該償還到期的面額（本金）外，還必須定期支付利息。有關公司債到期時其面額的現值如何計算，我們已在上節說明，本節部分將說明所有每一期必須支付的定額利息其現值應如何計算。

計算每期所支付利息的現值，只要運用表 9-2 的 $1 複利現值表的觀念，逐一加總即可得出。例如公司債面額 $100,000，票面利率為 3%，每年年底支付利息，3 年到期，則代表公司每年底須支付之利息為 $3,000（= $100,000 × 3%），且連續 3 年。假設市場利率亦為 3%，則連續 3 年每年底所支付的利息 $3,000 其現值可以用下圖分析：

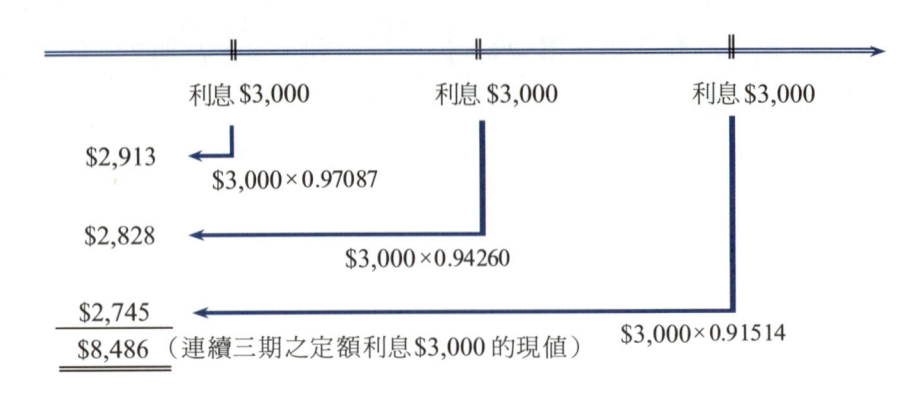

```
                利息 $3,000        利息 $3,000        利息 $3,000
═══════╪══════════════╪══════════════╪═══════→
$2,913 ←──────┘              │              │
       $3,000×0.97087         │              │
$2,828 ←─────────────────────┘              │
            $3,000×0.94260                   │
$2,745 ←────────────────────────────────────┘
$8,486 （連續三期之定額利息 $3,000 的現值）    $3,000×0.91514
```

參考表 9-2 的 $1 複利現值表，找出利率 3% 期數為 1 的現值因子 0.97087，以此數字乘上 $3,000 即為第一次支付利息 $3,000 之現值，其值為 $2,913。同理，表 9-2 之利率 3%，期數為 2 之現值因子 0.94260，因此第 2 年底支付之 $3,000，其現值為 $3,000×0.94260，亦即 $2,828。準此方法，第 3 年底支付之利息 $3,000 其現值為 $2,745。將上述連續 3 年，其利息 $3,000 之現值予以加總，得到 $8,486。

以上舉例的公司債，連續 3 年每年支付 $3,000 利息，這種在相等間隔時間連續支付（或收取）相等金額，即為**年金**（annuity）。上述連續 3 年每年支付 $3,000 之現值計算，我們可以用更直接的方法，亦即運用 $1 年金現值表（表 9-3），尋找利率＝3%，期數＝3 之現值為 2.82861，這表示 3 年期，利率 3%，年金為 1 之現值等於 2.82861，以此 2.82861 乘上每期定額的利息 $3,000 即得到 $8,486。較詳盡的 $1 年金現值表可參考本章的附表二。

年金 定期連續支付或收取相等金額。

表 9-3　$1 年金現值表（部分）

期數	2%	2½%	3%	4%	5%
1	0.98039	0.97561	0.97087	0.96154	0.95238
2	1.94156	1.92742	1.91347	1.88609	1.85941
3	2.88388	2.85602	2.82861	2.77509	2.72325
4	3.80773	3.76197	3.71710	3.62990	3.54595
5	4.71346	4.64583	4.57971	4.45182	4.32948

事實上，表 9-3 的 $1 年金現值表之金額，是由表 9-2 的 $1 複利現值表的金額加總建立，我們可以使用前面的例子確認表 9-3 與表 9-2 的關係如下：

表 9-2：$1 複利現值表		表 9-3：$1 年金現值表	
利率 $i = 3\%$，期數 $n = 1$	0.97087		
利率 $i = 3\%$，期數 $n = 2$	0.94260		
利率 $i = 3\%$，期數 $n = 3$	0.91514	利率 $i = 3\%$，期數 $n = 3$	
合計	2.82861	利率 $i = 3\%$，期數 $n = 3$	2.82861

釋例 9-13

延續秀賢購買 4 年後到期，面額為 $200,000 的公司債例子，假設公司債的票面利率為 4%，且秀賢要求的市場利率為 5%，則從第 1 年底連續收取 4 期的利息，其現值為多少？

解析

(1) 秀賢從第 1 年底，連續 4 年，每期將會收到的利息為 $200,000 × 4% = $8,000，故連續 4 期，每隔 1 年（相等間隔時間）收到之 $8,000（相等金額），就是一種年金的概念。

(2) 由於秀賢要求的市場利率為 5%，因此我們查閱表 9-3，期數為 4，利率為 5% 時，會看到年金為 1 的現值為 3.54595，將每期利息 $8,000 乘上 3.54595，即可得出連續 4 期收到之利息年金的現值為 $28,368。

注意：票面利率 4%，是用來計算每一期收到的利息，至於市場利率 5%，則是在查閱現值表時，須用到的利率值，兩種利率的觀念在計算過程中，不要混淆了。

3. 公司債發行價格的決定

綜合以上 $1 複利現值的觀念和 $1 年金現值的觀念，我們就可以計算公司債券的發行價格，此發行價格即為公司債各期的現金支出流量（包括每期支付的利息和到期日債券面額的償還）按市場利率折現的現值。我們將運用以下的釋例說明如何計算公司債券發行價格，並驗證前節的討論，為何公司債是以折價或溢價的方式發行。

附表一　$1 複利現值表

期數	2%	2½%	3%	4%	5%	6%
1	.98039	.97561	.97087	.96154	.95238	.94340
2	.96117	.95181	.94260	.92456	.90703	.89000
3	.94232	.92860	.91514	.88900	.86384	.83962
4	.92385	.90595	.88849	.85480	.82270	.79209
5	.90573	.88385	.86261	.82193	.78353	.74726
6	.88797	.86230	.83748	.79031	.74622	.70496
7	.87056	.84127	.81309	.75992	.71068	.66506
8	.85349	.82075	.78941	.73069	.67684	.62741
9	.83676	.80073	.76642	.70259	.64461	.59190
10	.82035	.78120	.74409	.67556	.61391	.55839
11	.80426	.76214	.72242	.64958	.58468	.52679
12	.78849	.74356	.70138	.62460	.55684	.49697
13	.77303	.72542	.68095	.60057	.53032	.46884
14	.75788	.70773	.66112	.57748	.50507	.44230
15	.74301	.69047	.64186	.55526	.48102	.41727
16	.72845	.67362	.62317	.53391	.45811	.39365
17	.71416	.65720	.60502	.51337	.43630	.37136
18	.70016	.64117	.58739	.49363	.41552	.35034
19	.68643	.62553	.57029	.47464	.39573	.33051
20	.67297	.61027	.55368	.45639	.37689	.31180
21	.65978	.59539	.53755	.43883	.35894	.29416
22	.64684	.58086	.52189	.42196	.34185	.27751
23	.63416	.56670	.50669	.40573	.32557	.26180
24	.62172	.55288	.49193	.39012	.31007	.24598
25	.60953	.53939	.47761	.37512	.29530	.23300

期數	7%	8%	9%	10%	11%	12%
1	.93458	.92593	.91743	.90909	.90090	.89286
2	.87344	.85734	.84168	.82645	.81162	.79719
3	.81630	.79383	.77218	.75131	.73119	.71178
4	.76230	.73503	.70843	.68301	.65873	.63552
5	.71299	.68058	.64993	.62092	.59345	.56743
6	.66634	.63017	.59627	.56447	.53464	.50663
7	.62275	.58349	.54703	.51315	.48165	.45235
8	.58201	.54027	.50187	.46651	.43393	.40388
9	.54393	.50025	.46043	.42410	.39092	.36061
10	.50635	.46319	.42241	.38554	.35218	.32197
11	.47509	.42888	.38753	.35049	.31728	.28748
12	.44401	.39711	.35553	.31863	.28584	.25668
13	.41496	.36770	.32618	.28966	.25751	.22917
14	.38782	.34046	.29925	.26333	.23199	.20462
15	.36245	.31524	.27454	.23939	.20900	.18270
16	.33873	.29189	.25187	.21763	.18829	.16312
17	.31657	.27027	.23107	.19784	.16963	.14564
18	.29586	.25025	.21199	.17986	.15282	.13004
19	.27651	.23171	.19449	.16351	.13768	.11611
20	.25842	.21455	.17843	.14864	.12403	.10367
21	.24151	.19866	.16370	.13513	.11174	.09256
22	.22571	.18394	.15018	.12285	.10057	.08254
23	.21095	.17032	.13778	.11168	.09069	.07379
24	.19715	.15770	.12640	.10153	.08170	.06588
25	.18425	.14602	.11597	.09230	.07360	.05882

附表二　$1 年金現值表

期數	2%	2½%	3%	4%	5%	6%
1	.98039	.97561	.97087	.96154	.95238	.94340
2	1.94156	1.92742	1.91347	1.88609	1.85941	1.83339
3	2.88388	2.85602	2.82861	2.77509	2.72325	2.67301
4	3.80773	3.76197	3.71710	3.62990	3.54595	3.46511
5	4.71346	4.64583	4.57971	4.45182	4.32948	4.21236
6	5.60143	5.50813	5.41719	5.24214	5.07569	4.91732
7	6.47199	6.34939	6.23028	6.00205	5.78637	5.58238
8	7.32548	7.17014	7.01969	6.73274	6.46321	6.20979
9	8.16224	7.97087	7.78611	7.43533	7.10782	6.80169
10	8.98259	8.75206	8.53020	8.11090	7.72173	7.36009
11	9.78685	9.51421	9.25262	8.76048	8.30641	7.88687
12	10.57534	10.25776	9.95400	9.38507	8.86325	8.38384
13	11.34837	10.98318	10.63490	9.98565	9.39357	8.85268
14	12.10625	11.09091	11.29607	10.56312	9.89864	9.29498
15	12.84926	12.38138	11.93794	11.11839	10.37966	9.71225
16	13.57771	13.05500	12.56110	11.65230	10.83777	10.10590
17	14.29187	13.71220	13.16612	12.16567	11.27407	10.47726
18	14.99203	14.35336	13.75351	12.65930	11.68959	10.82760
19	15.67845	14.97889	14.32380	13.13394	12.08532	11.15812
20	16.35143	15.58916	14.87747	13.59033	12.46221	11.46992
21	17.01121	16.18455	15.41502	14.02916	12.82115	11.76408
22	17.65805	16.76541	15.93692	14.45112	13.16300	12.04158
23	18.29220	17.33211	16.44361	14.85684	13.48857	12.30338
24	18.91393	17.88499	16.93554	15.24696	13.79864	12.55036
25	19.52346	18.42438	17.41315	15.52208	14.09394	12.78336

期數	7%	8%	9%	10%	11%	12%
1	.93458	.92593	.91743	.90909	.90090	.89286
2	1.80802	1.78326	1.75911	1.73554	1.71252	1.69005
3	2.62422	2.57710	2.53129	2.48685	2.44371	2.40183
4	3.38721	3.31213	3.23972	3.16987	3.10245	3.03735
5	4.10020	3.99271	3.88965	3.79079	3.69590	3.60478
6	4.76654	4.62288	4.48592	4.35526	4.23054	4.11141
7	5.38929	5.20637	5.03295	4.86842	4.71220	4.56376
8	5.97130	5.74664	5.53482	5.33493	5.14612	4.96764
9	6.51523	6.24689	5.99525	5.75902	5.53705	5.32825
10	7.02358	6.71008	6.41766	6.14457	5.88923	5.65022
11	7.49867	7.13896	6.80519	6.49506	6.20652	5.93770
12	7.94269	7.53608	7.16073	6.81369	6.49236	6.19437
13	8.35765	7.90378	7.48690	7.10336	6.74967	6.42355
14	8.74547	8.24424	7.78615	7.36669	6.98187	6.62817
15	9.10791	8.55948	8.06069	7.60608	7.19087	6.81086
16	9.44665	8.85137	8.31256	7.82371	7.37916	6.97399
17	9.76322	9.12164	8.51383	8.02155	7.54879	7.11963
18	10.05909	9.37189	8.75563	8.20141	7.70162	7.24967
19	10.33560	9.60360	8.95011	9.36492	7.83929	7.30578
20	10.59401	9.81815	9.12855	8.51355	7.96333	7.46944
21	10.83553	10.01680	9.29224	8.64869	8.07507	7.56200
22	11.06124	10.20074	9.44243	8.77154	8.17574	7.64465
23	11.27219	10.37106	9.58021	8.88322	8.26643	7.71844
24	11.46933	10.52870	9.70661	8.98474	8.34814	7.78432
25	11.65358	10.67476	9.82258	9.07704	8.42174	7.84314

釋例 9-14

國內的晶圓大廠**台積電**為因應設備的資本支出，於 ×3 年 1 月 1 日在歐洲發行 5 年期，票面利率 3%，面額 $1,000,000 美元的可轉換公司債（ECB），該公司債於每年 12 月 31 日支付利息。

試作：台積電在以下兩種情況下的發行價格：(1) 發行時市場利率為 2%；(2) 發行時市場利率為 4%。

解析

(1) 發行時市場利率為 2%：

    (a) ECB 自 ×3 年 12 月 31 日起連續 5 年支付之利息為 $1,000,000×3% = $30,000，在到期日 ×7 年 12 月 31 日時，尚須支付公司債券面額 $1,000,000。

    (b) 連續 5 期支付 $30,000 是年金的概念，我們可以查閱 $1 年金現值表，利率＝2%，期數＝5 交叉處的數字 4.71346，求出 5 期每次支付 $30,000 的現值；至於 5 年後到期的本金面額 $1,000,000，則可以查閱 $1 複利現值表利率＝2%，數期＝5 交叉處的數字 0.90573 計算現值。

    (c) 計算結果如下：

現金流量		現值表	現值		金額		現值
到期日面額	$1,000,000	$1複利	0.90573	×	$1,000,000	=	$1,905,730
每期利息	$30,000	$1年金	4.71346	×	$30,000	=	141,404
債券價格							$1,047,134（美元）

    (d) 驗證：公司債發行時市場利率為 2%，而台積電願意給付 3% 的約定利率，投資人會願意支付較高的價格購買，因此會溢價發行，價格為 $1,047,134，溢價金額為 $1,047,134－$1,000,000＝$47,134（美元）。

(2) 發行時市場利率為 4%：

    (a) ECB 於未來 5 年須支付之利息仍為 $30,000 之年金，以及到期日之面額 $1,000,000。

    (b) 由於市場利率改為 4%，因此利率＝4%，期數＝5 之 $1 年金現值為 4.45182，而利率＝4%，期數＝5 之 $1 複利現值為 0.82193。

    (c) 計算結果如下：

現金流量		現值表	現值	金額		現值
到期日面額	$1,000,000	$1複利	0.82193 ×	$1,000,000	=	$821,930
每期利息	$30,000	$1年金	4.45182 ×	$30,000	=	133,555
債券價格						$955,485（美元）

(d) 驗證：公司債之票面利率 3% 較市場利率 4% 為低，因此台積電將以折價方式發行，價格 $955,485，折價之金額為 $1,000,000 − $955,485 = $44,515（美元），代表台積電補償給投資人的利率差距。

本章習題

問答題

1. 什麼是流動負債，試列舉三種可能符合流動負債的情況。
2. 請說明何謂負債準備？當符合哪些條件時，企業應於財務報表認列負債準備？
3. 山田同學和關口同學正在討論有關公司債現值的問題，山田同學認為公司債現值就是公司債的面額，你認為他的說法對嗎？試評論之。
4. 【附錄】小丸子不懂複利現值與年金現值的概念，請你告訴她如何計算下列兩個問題的現值：
   (1) 假設折現率為 8%，試問 3 年後之 $10,000 其現值為多少？
   (2) 連續 6 期，每期期末收到 $10,000，以 9% 折現，則現值為多少？

選擇題

1. 義美食品賒購果凍原料都是採用淨額法入帳，請問採淨額法入帳有利於：
   (A) 取得購貨折扣　　　　　　　　(B) 減少現金支出
   (C) 存貨數量的管控　　　　　　　(D) 顯示購貨折扣的損失

2. 下列何者屬於流動負債？
   (A) 利息費用　　　　　　　　　　(B) 應付票據折價
   (C) 1 年內到期的長期借款　　　　(D) 銷貨成本

3. 有關應付票據折價的會計項目,下列何者敘述為錯誤?
   (A) 應付票據折價是指借入金額與票據面額的差額
   (B) 應付票據折價的概念是一種隱含的利息
   (C) 應付票據折價是一種費用項目
   (D) 應付票據折價是負債的抵銷項目

4. 寬宏藝術於×9年4月舉辦「只想聽見－費玉清」演唱會,2,000萬元之票房均已於×8年底售罄,寬宏藝術有關上述票房收入應於×8年底列為:
   (A) 應收帳款　　　　　　　　(B) 應付費用
   (C) 預收收入　　　　　　　　(D) 或有負債

5. 關於負債準備的敘述,何者正確?
   (A) 負債準備的衡量若屬「單一義務」,最可能結果為該準備金額之最佳估計
   (B) 負債準備金額之衡量與大量母體有關係時,則最佳估計不宜採「期望值」
   (C) 負債準備衡量涉及主觀衡量,不同的會計人員進行衡量,難以得到相同結果
   (D) 個別義務或事件之最可能結果應採「期望值」予以推估

6. 溢價發行公司債,採有效利率法攤銷,則公司債溢價攤銷數於各期:
   (A) 一律相等　　　　　　　　(B) 越來越多
   (C) 越來越少　　　　　　　　(D) 不一定　　　　　　【94年高考】

7. 公司債的發行價格應等於下列哪兩者之合計數:

	面值之	各期現金利息之
(A)	複利現值	年金現值
(B)	複利現值	複利現值
(C)	年金現值	複利現值
(D)	年金現值	年金現值

8. 在財務報表上,公司債折價當作:
   (A) 公司債利息費用增加項目　　(B) 公司債利息費用減少項目
   (C) 應付公司債增加項目　　　　(D) 應付公司債扣減項目　【84年高檢】

9. 大南公司應付公司債折溢價之攤銷採有效利息法,下列正確敘述者為:
   (A) 若為折價發行,折價攤銷會使每年的利息費用遞減
   (B) 若為溢價發行,溢價攤銷會使每年的利息費用遞減
   (C) 若為折價發行,每年折價攤銷之金額是遞減的
   (D) 若為溢價發行,每年溢價攤銷之金額是遞減的　　　　【85年普考】

練習題

1.【流動負債的定義】甲骨文科技公司是一家軟體業公司，若 ×6 年底帳列各項目金額如下：

應付商業本票	$25,000	銀行透支	$20,000
應付帳款	$15,000	應收帳款（貸餘）	$20,000
顧客預付款項	$30,000	估計應付所得稅	$15,000
應付公司債（×9 年底到期）	$50,000		

請問 ×6 年底流動負債金額為多少？

2.【應付短期票券】吉德羅公司為籌措短期資金，於 ×3 年 7 月 1 日發行 9 個月期之商業本票，面額為 $9,000,000，市場年貼現率為 3%。

試作：

(1) 吉德羅公司發行該商業本票所得資金為多少？
(2) 吉德羅公司 ×3 年 7 月 1 日發行該商業本票之分錄。
(3) 試作 ×3 年 12 月 31 日應有之調整分錄。
(4) 編製吉德羅公司 ×3 年 12 月 31 日資產負債表中關於此商業本票之部分。

3.【應付帳款】布蘭特運動用品店向湖人公司賒購斯伯丁籃球一批共 $100,000，付款條件為 3/10, n/30，布蘭特於折扣期限內償付半數貨款，餘額在到期時付清，請根據總額法作必要分錄。

4.【負債準備之衡量】公司出售一項設備給尖端科技公司，並提供售後維修服務。已知該設備裡內含 3 個零件，每個零件的更換成本為 $200,000。依過去經驗估計發生 1 個零件故障機率 40%，2 個零件故障機率 30%，3 個零件故障機率 30%。試問公司售後維修服務之估計服務保障負債應認列多少？　　　　　　　　　　　　　　　　【106 年高雄銀行】

5.【溢價發行公司債、有效利息法】富士比藝術經紀公司在 ×6 年 1 月 1 日發行 $60,000,000，票面利率 12%，8 年期的債券，發行價格為 $66,502,572，有效利率為 10%。付息日為每年的 1 月 1 日及 7 月 1 日。富士比藝術經紀公司採有效利息法攤銷折溢價。試作：

(1) ×6 年 1 月 1 日發行公司債之分錄。
(2) ×6 年 7 月 1 日付息及攤銷折價之分錄（假設 6 月 30 日未作應計利息之分錄）。
(3) ×6 年 12 月 31 日應有之調整分錄。

6.【攤銷折、溢價】永華企業於 ×1 年 12 月 31 日發行面額 $1,000，票面利率 6%，6 年期的公司債券，發行價格是 $1,018，市場利率為 5.5%。永華公司債每年發放一次債息，

請問：

(1) 永華企業公司債×2年與×3年付債息時折價或是溢價之攤銷金額是多少？
(2) 永華企業公司債×2年與×3年利息費用應該記為多少元？分錄要怎麼樣記？
(3) ×2年底未攤銷折價或溢價是多少？
(4) 永華企業公司債於×2年底帳面金額是多少？

7. 【附錄：現值的觀念】孫二娘小吃投資紋龍公司，預期在6年後回收1,000元，以折現利率7%，6年後這1,000元今天的價值是多少？

8. 【附錄：公司債現值】夏威夷客運公司欲發行面額$50,000,000，票面利率10%，6年期之公司債，每半年付息一次。假設有效利率為8%，試問：夏威夷客運公司發行公司債可收到的金額為多少？

應用問題

1. 【流動負債之記錄與表達】維克多公司11月份發生以下交易：

11/5	賒購商品$120,000，進貨條件為3/10, n/30。維克多公司按淨額法入帳。
11/11	運交商品給客戶，該筆銷貨已達收入認列條件，客戶已預先付款$70,000。
11/15	為籌措短期資金，發行3個月期之商業本票，面額為$6,000,000，市場年貼現率2.5%。
11/18	支付11/5賒購商品之貨款。
11/20	自台北富邦銀行借入$8,000,000，6個月到期，年利率為3%，按月付息。
11/25	賒購商品$800,000，當即開立2個月期，年利率7%之票據。
11/28	預收貨款$100,000，預計於12/5運交商品給客戶。
11/30	11月薪資共計$1,000,000，於12/5轉入員工帳戶。

試作：上述交易之分錄，及11月底適當之調整分錄。

2. 【負債準備之衡量】由於以下事件之結果使企業負有現存義務，試作最佳估計之負債準備金額。

[情況1]：麗園企業有200個資產保固合約，依據過去推案經驗，有80%會請求保固，每案成本約$50,000，另30%不會申請保固服務。

[情況2]：公司面臨一件法律訴訟，依辯護律師之意見，勝訴之機率為40%而不用賠償，但60%之機率可能會敗訴，需賠償之金額為$1,000,000。

[情況3]：企業出售一項資產時有售後服務保證，每個零件更換成本為$100,000。依過

去經驗估計，發生 1 個零件故障機率為 30%，2 個零件故障機率為 50%，3 個零件故障機率為 20%。

3. 【訴訟負債準備與歸墊】×3 年 12 月初果菜運銷公司的貨車司機因闖紅燈與其他車輛發生碰撞，12 月 15 日對方駕駛控告果菜運銷公司並要求賠償 $2,500,000，果菜運銷公司律師評估公司很有可能必須賠償受害人，賠償的金額與機率如下：

情況	發生機率	損失金額
1	10%	$ 500,000
2	55%	2,000,000
3	15%	1,200,000
4	20%	1,000,000

此外，因果菜運銷公司有投保第三責任險，幾乎確定可獲保險公司理賠歸墊 $1,800,000。×4 年 10 月 1 日，由於訴訟進行不順利，果菜運銷公司律師評估公司很有可能必須賠償 $2,200,000 給受害人，但理賠歸墊金額仍然維持 $1,800,000。×5 年 6 月 8 日判決確定，果菜運銷公司支付判賠金額 $2,100,000，×5 年 6 月 30 日收到保險公司的理賠 $1,800,000。

試作：有關上述資料 ×3 年至 ×5 年必要之分錄。

4. 【折、溢價攤銷】×1 年 12 月 31 日水鏡企業發行面額 $1,400，年利率 6%，6 年期的公司債券，市場利率 5%，發行價格是 $1,460，水鏡公司債每年發放一次債息，請問：

(1) 水鏡企業公司債應該是折價還是溢價發行？
(2) 發行日水鏡企業應付公司債溢價或折價是多少？如何作分錄？
(3) 該公司債 ×2 年 12 月 31 日及 ×3 年 12 月 31 日之付息日，支付利息金額各為多少？
(4) 該公司債 ×2 年與 ×3 年應認列之利息費用為多少元？分錄如何作？
(5) 該公司債 ×2 年與 ×3 年付債息時折價或是溢價之攤銷金額是多少？
(6) ×2 年底未攤銷折價或是溢價是多少？該公司債於 ×2 年底帳面金額是多少？

5. 【折、溢價攤銷】馬克白公司採有效利息法攤銷折、溢價，其於 ×2 年 1 月 1 日發行面額 $800 的公司債並將於 ×7 年 1 月 1 日到期。馬克白公司於每年 12 月 31 日支付利息，下列為馬克白公司第一期公司債攤銷表的相關資料。

期數	利息支付數	利息費用	溢（折）價攤銷	未攤銷溢（折）價	帳面金額
發行				?	$742
1	$80	$89	?	?	?

試依據上述資料，回答下列問題：

(1) 公司債的票面利率為何？
(2) 發行日的市場利率為何？
(3) 試作公司債發行分錄。
(4) 試作 ×2 年 12 月 31 日付息分錄。

6. 【折、溢價攤銷】台北公司於 ×3 年初發行票面利率為 10% 的公司債，面額 $300,000，發行價格 $315,462，於發行當日全部完銷，該債券每年年底付息一次，×5 年底到期，同類型債券之市場利率為 8%，試作：依有效利息法，作 ×3 年底與 ×4 年底應有分錄及相關折價或溢價分攤表。

負債 09

10 無形資產、投資性不動產、生物資產與農產品

objectives

研讀本章後，預期可以了解：

- 無形資產之定義與範圍
- 無形資產之會計處理
- 投資性不動產之定義與範圍
- 投資性不動產之會計處理
- 生物資產以及農產品之定義與範圍
- 生物資產之會計處理
- 收成點農產品之衡量

在足球場上馳騁 20 年後，前英格蘭足球隊的隊長大衛貝克漢於 2013 年 5 月宣布退休。貝克漢出生於英國倫敦雷頓斯通，自 17 歲開始職業生涯，效力於曼聯球隊。為曼聯球隊建立輝煌戰績後，先後效力西班牙的皇家馬德里、義大利的 AC 米蘭、美國的洛杉磯銀河及法國的巴黎聖日耳曼等球隊。貝克漢的球技以「黃金右腳」最為著名，準確進行遠距離長傳、傳中及自由球攻門，為球隊貢獻大量的助攻和進球。

貝克漢除了在球壇享有聲譽，在球場外的發展與影響力亦不遑多讓。他擁有突出外表及正面形象，長期為運動品牌愛迪達代言，並跨越運動圈，為多家公司與品牌代言，包括嘉實多（Castrol）石油、摩托羅拉、雅虎、百事可樂、亞曼尼、三星等不勝枚舉。貝克漢與其妻（為前辣妹合唱團成員）並發展自己的事業，包括香水與時裝，引領時尚界。他也積極參與並成功爭取 2012 年奧林匹克賽於倫敦舉行，貝克漢夫婦亦參加英國威廉王子與凱特的婚禮，為少數公眾人物獲邀者。此外，他們也熱心於慈善活動。

貝克漢來自球員的收入，曾為職業足球界的最高者，其廣告與代言收入，更使其所得遽增。貝克漢的知名度就像可口可樂或 IBM 享有全世界的聲譽。是什麼因素讓即使年齡已過 35 的球員，不論退休前或退休後，仍具有如此「超額」盈利力？他的球技、理財能力、外表、形象、個人魅力，或是這些因素的交互作用？如果一個人的身價有一部分來自無形的因素，一個企業的價值又有多少來自無形資產呢？

全世界最知名的網路電商亞馬遜（Amazon）2021 年 6 月的業主權益 934 億美元，但該公司股票市值達 16,690 億美元（1.696 兆美元），其市值超過業主權益的 18 倍。該公司市值遠超過業主權益的原因是該公司在網路零售通路的競爭力遠遠超過競爭者，此為該公司最重要之資產，但這項最重要之無形資產顯然並未在帳面上認列，其原因與本章介紹的研究與發展支出之會計處理有關：依照會計原則，該公司絕大部分的研究發展支出均須當期費用化；以 2020 年度為例該公司淨利 294 億美元，而當年度研究發展費用竟高達 427 億美元，這些經年累月大額之研究發展支出雖然都費用化，但顯然成果相當好，使該公司在網路零售上獨佔鰲頭，所以造成公司市值遠遠超過帳上之業主權益。另一方面，這些研發成果也使該公司花費巨額研發費用後，仍然能有近 300 億元之淨利；即，業主權益報酬率超過 30% 這種超額之獲利能力也是 Amazon 未入帳的無形資產造成的。

本章架構

無形資產、投資性不動產、生物資產與農產品

無形資產
- 定義
- 各類無形資產之會計處理
  - 專利權
  - 著作權
  - 商標權
  - 特許權（執照）
  - 商譽

投資性不動產
- 定義
- 原始衡量
- 後續衡量
- 公允價值模式
- 成本模式

生物資產與農產品
- 定義
- 生物資產之衡量
  - 淨公允價值模式
  - 成本模式
  - 收成點農產品之衡量
- 農產品之衡量
  - 淨公允價值模式

10.1　無形資產的會計處理

10.1.1　無形資產的定義

　　企業除了具有實體存在的不動產、廠房及設備等資產外，尚有並不具備實體存在的無形資產，無形資產係指符合：(1) 具有可辨認性；(2) 可被企業控制；及 (3) 具有未來經濟效益之資源。根據上述定義，企業可能擁有具備專業技能之團隊，惟企業通常無法控制該團隊，故此類項目不符合無形資產之定義；同理，企業通常無法控制顧客關係與顧客忠誠度等項目所產生之預期經濟效益，致使該等項目（例如市場占有率、顧客關係）也不符合無形資產之定義。常見的無形資產有專利權、著作權、商標權、特許權（執照）及商譽等。

　　無形資產依取得方式可分類為：(1) 外部取得之無形資產；(2) 內部產生之無形資產。企業於評估內部產生之無形資產是否符合認列條件時，應將無形資產之產生過程分為**研究階段**與**發展階段**。若無法區分，則僅能將相關支出全數視為發生於研究階段。

　　研究階段包含致力於發現新知識之活動，或對於研究發現、其他知識應用之尋求、評估及選定等。由於無法證明未來經濟效益很有可能流入企業，故應於相關支出發生時認列為當期費用。發展階段則包含生產或使用前之原型及模型之設計、建造及測試，以及設計與新技術有關之工具、印模等。依據國際會計準則 IAS 38「無形資產」第 57 段之規定，發展階段之支出，若同時符合下列所有條件時，應認列為無形資產：(1) 完成該無形資產已達技術可行性，使該無形資產將可供使用或出售；(2) 意圖完成該無形資產，並加以使用或出售；(3) 有能力使用或出售該無形資產；(4) 無形資產將很有可能產生未來經濟效益；(5) 具充足之技術、財務及其他資源，以完成此項發展專案計畫；(6) 發展階段歸屬於無形資產之支出能可靠衡量。大體而言，這六項條件是要證明該無形資產很有可能具有經濟效益，且公司有能力將其成功發展，所以符合條件者可將發生之相關支出認列為資產。

學習目標 1
了解無形資產的定義及會計處理

研究階段支出必須全數費用化（認列為當期費用）。

發展階段支出在同時符合特定六項條件後即應資本化（認列為無形資產）。

釋例 10-1

安室公司於 ×6 年 7 月 1 日開始致力於發展一項新的錄音工程技術。×6 年 7 月 1 日至 ×6 年 10 月 31 日止共支出 $700,000，×6 年 11 月 1 日至 ×6 年 12 月 31 日共支出 $200,000。安室公司於 ×6 年 11 月 1 日判斷該技術符合發展階段支出可認列為無形資產之所有六項條件。

試作：×6 年相關支出之分錄。

解析

(1) 安室公司 ×6 年 11 月 1 日之前所發生的支出 $700,000，因尚未同時符合認列為無形資產之所有六項條件，故應認列為費用。

×6 年 7 月 1 日至 ×6 年 10 月 31 日
研究發展費用	700,000	
現金		700,000

(2) 自 ×6 年 11 月 1 日符合無形資產認列條件之日起，所發生之支出 $200,000，應認列為無形資產。

×6 年 11 月 1 日至 ×6 年 12 月 31 日
發展中之無形資產	200,000	
現金		200,000

10.1.2　無形資產的會計處理

除了要在資產負債表上認列內部產生之無形資產規定較為複雜外，其餘無形資產之會計處理和不動產、廠房及設備規定十分相似，均有成本模式和重估價模式兩種選擇。但因無形資產之公允價值更不易決定，使得實務上應用重估價模式較為困難；加以我國公司目前亦仍暫不允許選用重估價模式，故以下無形資產的會計處理均於採用成本模式的假設下說明。

無形資產應區分為有限耐用年限與非確定耐用年限兩類。有限耐用年限的無形資產，類似不動產、廠房及設備提列折舊一般，須於使用過程中將成本轉為費用，此過程稱為**攤銷**（amortization）。攤銷通常都是採取直線法進行攤銷，攤銷時借

攤銷　有耐用年限的無形資產，將無形資產成本按合理而有系統的方式，在耐用年限內攤轉為費用的過程。攤銷時，借記攤銷費用，貸記無形資產或累計攤銷。

記**攤銷費用**（Amortization Expense），貸記該無形資產或**累計攤銷**（Accumulated Amortization）。

所謂非確定耐用年限的無形資產，係指其產生淨現金流入之期間不存在可預見之終止期限。非確定耐用年限的無形資產無須攤銷，但不論有無減損跡象，均須每年進行減損測試，且企業應於報導期間結束日評估應否將非確定年限無形資產分類為有限耐用年限；若評估後由非確定年限改為有限耐用年限，則可能有發生減損跡象，一旦確認有減損跡象，則應進行資產減損之測試。測試後，若可回收金額（即淨公允價值與使用價值之較高者）低於帳面金額，應認列減損損失。嗣後，公司應評估是否有證據顯示無形資產於以前年度所認列之減損損失，可能已不存在或減少。若有此項證據，即應估計該無形資產之可回收金額，若高於帳面金額，則將減損損失迴轉；但迴轉後之帳面金額不得超過該無形資產在未認列減損損失的情況下，減除應提列攤銷後之帳面金額。

專利權（Patent）是一種授與發明者製造、出售或使用其發明的專有權利，專利權也是公司維持競爭優勢的重要關鍵，曾為世界最大製藥公司的美國**默克藥廠**（Merck），即因其治療氣喘的暢銷藥 Singulair 的專利保護期限在 2012 年到期，故該氣喘藥銷貨收入由 2012 年的 6 億美元下降至 2013 年的 2.8 億美元。我國許多高科技產業公司均擁有某些產品或製程上的專利權，專利權的侵犯也是最容易造成訴訟的原因。企業為維護專利權而發生訴訟之成本，不論勝訴或敗訴，大抵上均應認列為費用。無形資產之後續支出僅能在其所產生之未來經濟效益，有非常明確之證據顯示超過原始評估之標準時，才能將該支出資本化。無形資產之後續支出甚難資本化，因為保護專利權之訴訟支出，即使勝訴，通常亦僅能維持專利權資產之原始績效而已，並不符合資本化的標準。另一方面，若敗訴，則代表有跡象顯示該專利權之帳面金額可能已發生減損，因為競爭者勝訴後很可能利用類似技術與公司競爭，公司於評估該專利權所產生的未來現金流量明顯減少後，則須作資產減損之會計處理。

專利權 授與發明者製造、出售或使用其發明的專有權利。

釋例 10-2

雅馬訊公司為專業雲端服務業者，×2 年該公司發生 $1,500,000 不得資本化的研究發展支出，並於 ×3 年 1 月 1 日支付法律費用 $20,000 及其他成本 $200,000，取得通訊網路服務系統之專利權，並按直線法分 10 年攤銷專利權成本。×5 年間與其他雲端服務業者有專利糾紛，為維護專利權而發生訴訟支出 $100,000，並於 ×5 年底確定勝訴。試作上述有關專利權交易自 ×2 年至 ×5 年之分錄。

解析

(1) 研究發展支出應於發生的當期列為費用：

×2 年　　研究發展費用　　　　　　1,500,000
　　　　　　　現金　　　　　　　　　　　　　　1,500,000

(2) 研發成功後在申請專利權所發生的支出如法律規費等，始可列為相關無形資產的成本：

×3 年 1 月 1 日
　　　　專利權　　　　　　　　　　220,000
　　　　　　現金　　　　　　　　　　　　　　220,000

(3) ×3 年至 ×5 年應作專利權之攤銷分錄，每年底應攤銷之金額為 $220,000 ÷ 10 = $22,000

×3 年底至 ×5 年底
　　　　攤銷費用 – 專利權　　　　　22,000
　　　　　　專利權　　　　　　　　　　　　　22,000

(4) ×5 年維護專利權成功之支出應認列為費用：

×5 年　　訴訟費用　　　　　　　100,000
　　　　　　　現金　　　　　　　　　　　　　100,000

釋例 10-3

老虎五隻公司擁有某一製造特殊碳纖維球桿之專利權，帳面金額為 $500,000，若該專利權剩餘期間能產生之淨現金流入的折現值為 $400,000，且其淨公允價值為 $300,000，則老虎五隻應提列多少減損損失？其會計分錄為何？若發生減損時專利權剩餘期間為 2 年，則此 2 年每年攤銷金額為何？

> **解析**
>
> (1) 可回收金額為 $400,000 ＝使用價值 $400,000 與淨公允價值 $300,000 二者之較高者
>
> 減損損失＝ $500,000 － $400,000 ＝ $100,000
>
> (2) 會計分錄
>
> 減損損失　　　　　　　　　　　　　　100,000
> 　　專利權　　　　　　　　　　　　　　　　　100,000
>
> (3) 專利權的成本基礎由 $500,000 降為 $400,000，在 2 年內攤銷，因此每年攤銷 $400,000÷2 ＝ $200,000。

著作權（Copyright）是政府授與著作人就其創作享有發行、出售或出版之專有權利。例如，上市公司**得利影視**在民國 96 年 12 月 31 日之資產負債表上列有無形資產 - 著作權的會計項目，金額為 $127,377（千元），其財務報表附註有關著作權的形容為：係外購影片版權以供發行錄影帶、光碟及數位光碟等產品所支付之成本，以取得成本為入帳基礎。

商標權（Trademark）是一種可分辨出特定公司或產品的標記或名稱，像**可口可樂**、**微軟**、**星巴克**、**麥當勞**及**特斯拉**等商標，使我們很快就能認出產品。**特許權**（Franchise）是經營某種業務、銷售某些商品或使用某些商標的一種契約協定，例如，加油站、餐廳、手搖飲料和不動產經紀連鎖等。另外，各國飯店業者也常取得國外著名連鎖飯店如 Marriott、Hilton 和 Holiday Inn 等旅館集團的特許，得以使用世界知名飯店的聯名和完整的經營管理流程，這也是特許權的例子。至於**執照**（License）也是一種特許權的方式，通常係指政府機構與使用公共財產之企業所簽訂的協議。有線電視頻道、廣播使用電波頻道、公車使用市街等，這些均係經由政府許可而取得經營權利，例如，**台灣大哥大**於民國 109 年 2 月向交通部申請競標 5G 電信執照之得標金約 306 億元，在資產負債表上即認列為無形資產之特許執照權，另依其民國 109 年之年度財務報表附註

得知，帳列特許執照權無形資產（尚包含 3G 與 4G 電信執照之得標金）係以直線法基礎按其耐用年限 14 年至 21 年計提攤銷，民國 109 年底帳面金額約為 717 億元，而當年度攤銷之特許執照權費用約為 34 億元。

開辦費（start-up costs）係指因開辦活動所發生之必要支出，包括設立成本如設立公司所發生之法律及文書成本；開業前成本如開設新據點或業務之支出；或營運前成本如開始新營運、推出新產品或流程之支出。根據國際財務報導準則規定，這些支出雖可提供未來經濟效益，但並不符合認列無形資產之條件，應該在發生時即認列為費用。

開辦費 為公司因開辦活動所發生之支出，不得認列為資產，應作為當期費用。

商譽（Goodwill）通常是公司資產負債表上性質較為特殊的無形資產。前面所談到的無形資產如專利權、著作權、商標權及特許權等都是可以個別辨認，但是商譽卻是不可個別辨認。商譽與公司不可分離，只有在與整個公司融為一體的時候才有可能存在，因為商譽可能與公司優良的人力資源、研發能力、獨特技術、管理團隊，甚至於良好的顧客往來關係有關，而這些因素會使公司具有比同業賺取更佳獲利能力的價值。所以只有在企業合併的情況下，才可能用外部取得的方式取得商譽而認列在資產負債表中。至於內部自行產生的商譽，則因公司不能控制、不可辨認，且成本不易可靠衡量，不得認列為資產。商譽不得攤銷，但應每年進行減損測試（不論有無減損的跡象）。另外值得注意的是，當商譽減損損失認列後，嗣後可回收金額之增加可能來自內部產生商譽之增加，但因企業內部產生之商譽不得認列為資產，故已認列之商譽減損損失不能迴轉。表 10-1 彙總無形資產之攤銷、減損損失以及迴轉之情形。

商譽 與公司整體有不可分的關係，無法個別辨認。

會計部落格

皇家加勒比國際郵輪因新型冠狀病毒疫情，認列了併購銀海郵輪公司的商譽及品牌減損損失

皇家加勒比國際郵輪 RCI（Royal Caribbean International）成立於 1969 年，

這個挪威郵輪品牌是世界上郵輪旅遊市占率最高的品牌。在 1997 年被皇家加勒比郵輪有限公司收購為旗下的子公司，總部在美國佛羅里達邁阿密。截至 2019 年 7 月，有 26 艘郵輪在服務，並訂購了 6 艘船。按收入計算，皇家加勒比是世界上最大的郵輪公司，也是乘客數第二高的，它控制了世界郵輪市場的 23.2% 的占有率。皇家加勒比郵輪有限公司旗下的其他品牌包括精緻郵輪、普爾曼郵輪、精鑽俱樂部郵輪、銀海郵輪和途易郵輪。

2020 年 1 月新型冠狀病毒肺炎爆發後，第二大嘉年華郵輪公司（Carnival Cruise Lines）旗下的鑽石公主號是第一艘船上發生重大疫情的郵輪，該船從 2020 年 2 月 4 日起在日本橫濱被隔離大約一個月，超過 700 人被感染，死亡人數達 12 人。此疫情重創全球郵輪業者，皇家加勒比郵輪有限公司因此針對所屬的銀海郵輪子公司，在 2020 年第 1 季帳上提列了 5.76 億美元及 3 千萬美元的商譽及商標減損損失。

表 10-1　無形資產之攤銷、減損損失與迴轉

無形資產	尚未可供使用（發展中）	有限耐用年限	非確定耐用年限	商譽
應否攤銷	不得攤銷	須攤銷	不得攤銷	不得攤銷
攤銷方法		應評估殘值及攤銷期間，按合理有系統的方式攤銷。		
評估減損時點	1.於報導期間內若有減損跡象，應立即進行減損測試。 2.無論是否有減損跡象，應每年定期進行減損測試。	於報導期間結束日評估是否有減損跡象，若有則進行減損測試。	1.於報導期間內若有減損跡象，應立即進行減損測試。 2.無論是否有減損跡象，應每年定期進行減損測試。 3.於報導期間結束日評估耐用年限。 4.若耐用年限由非確定年限改為有限時，應進行減損測試。後續期間，應加以攤銷，視為會計估計變動。	1.於報導期間內若有減損跡象，應立即進行減損測試。 2.無論是否有減損跡象，應每年定期進行減損測試。 3.商譽若係於當年合併所產生者，應於當年年底前進行減損測試。
減損損失迴轉	可迴轉	可迴轉	可迴轉	不得迴轉

10.2 投資性不動產

學習目標 2
了解投資性不動產的定義與會計處理

10.2.1 投資性不動產的定義

依據國際會計準則 IAS 40「投資性不動產」之規定，投資性不動產係指企業持有之為賺取租金或資本增值（或兩者兼具）之不動產。換言之，投資性不動產並非：(1) 用於商品或勞務之生產或提供，或供管理目的；或 (2) 於正常營業中出售。以下說明如何區分「屬投資性不動產」與「非屬投資性不動產」：

屬投資性不動產之項目	非屬投資性不動產之項目
為賺取租金而持有之不動產或為獲取資本增值所持有之土地。	意圖於正常營業出售，或為供正常營業出售而仍於建造或開發過程中之不動產（屬「存貨」）。
目前尚未決定未來用途所持有之土地。（若企業尚未決定將土地作為自用不動產或供正常營業短期出售，則該土地即屬為獲取資本增值所持有。）	自用不動產（屬「不動產、廠房及設備」）。
正在建造或開發，以供未來作為投資性不動產使用之不動產。	為其他企業建造或開發之不動產（屬「建造合約」）。

由上述定義可知企業持有投資性不動產之目的，係為賺取租金或資本增值或兩者兼具。因此，投資性不動產所產生之現金流量，幾乎獨立於企業所持有之其他資產，此係區分投資性不動產及自用不動產之重要特性。因生產商品或提供勞務（或供管理目的所使用之不動產）所產生之現金流量，不僅歸因於不動產，亦歸因於生產或提供過程中所使用之其他資產（如機器設備與運輸工具）。

企業持有某些不動產之目的可能一部分係為賺取租金或資本增值，其他部分則係用於商品或勞務之生產或提供、或供管理目的。不動產的各部分若可單獨出售或出租，則企業對各該部分應分別作會計處理（參考釋例 11-4 之說明）。若建築物各部分無法單獨出售，則僅在用於商品或勞務生產或提供、或供管理目的所持有部分係屬不重大時，該不動產才分類為投資性不動產。釋例 10-5 說明出租建築物附屬之管理服務是否重大，對會計處理的影響。

投資性不動產的現金流量與其他資產獨立；自用不動產的現金流量與其他資產有關。

釋例 10-4

包租公司擁有一棟七層樓的建築物。其中第一層至第五層分別出租予不同的公司行號，第六層樓則尚在尋覓承租方而空置。第七層則作為包租公司總管理處之用。這棟建築物各層樓皆可予單獨出售，請問如何表達所持有之建築物？

解析

包租公司所持有這棟建築物中第一層至第六層的主要目的是為了賺取租金，且這六層樓均可單獨出售或出租，故在包租公司之財務報表上應列為投資性不動產。第七層的主要目的係供管理目的，故應作為不動產、廠房及設備的一部分。

釋例 10-5

在下列三情況下，出租公司之建築物在帳上應如何分類？

[情況1]

出租公司將建築物出租給百貨公司，且出租公司提供**重大**之百貨經營管理服務，而屬於出租之部分相對而言係屬**不重大**之交易。此一建築物中屬於出租部分與提供服務部分均無法單獨出售。

[情況2]

出租公司將建築物出租給百貨公司，且出租公司提供之保全服務判斷為**不重大**之服務，而屬於出租之部分相對而言係屬**重大**之交易。此一建築物中屬於出租部分與提供服務部分均無法單獨出售。

[情況3]

出租公司將建築物出租給百貨公司，且出租公司提供之保全服務及屬於出租之部分均**重大**之交易。此一建築物中屬於出租部分與提供服務部分均無法單獨出售。

解析

若建築物中屬於出租部分與提供服務部分均可單獨出售，則屬於出租部分應分類為投資性不動產，而屬於提供服務之部分應歸類為不動產、廠房及設備。此釋例中屬於出租部分與提供服務部分均**無法單獨出售**，在此條件下，若出租公司提供重大之百貨經營與管理服務，則整棟建築物均屬不動產、廠房及設備（無需考慮出租之部分是否重大）。因此，[情況1]與

> [情況 3] 中之建築物屬不動產、廠房及設備，而 [情況 2] 中之建築物則應分類為投資性不動產。

釋例 10-5 中出租公司提供之經營管理部分是否為「重大」，應以經營管理部分應得現金流量之風險（變動性）是否重大為判斷基礎。實務上出租與經營管理兩部分之現金流量可能不易區分，企業應建立適當標準，進行專業判斷，才能在帳上恰當分類各部分無法單獨出售之建築物。

10.2.2 投資性不動產的會計處理

投資性不動產之會計處理和不動產、廠房及設備規定亦頗相似，應按其包括交易成本在內的購買成本記錄在資產負債表中。所謂投資性不動產之購買成本包括購買價格及任何直接可歸屬之支出，例如法律服務費、不動產移轉之稅捐及其他交易成本等。取得投資性不動產後，後續增添、部分重置或重大維修該不動產所發生之成本，亦記入投資性不動產之帳面金額中。但日常維修支出則發生時認列為費損。

> 投資性不動產應以購買成本（含交易成本）為其原始衡量。

同樣地，在投資性不動產發生部分重置或重大維修時，除將發生支出增加投資性不動產的帳面金額外，被重置或汰換部分亦須視同處分處理；亦即將被重置或汰換部分的帳面金額由投資性不動產項目中減除，並認列處分損益。例如，因作為投資性不動產之建築物裡的舊內牆破損，所以重置新內牆。此時重置新內牆的支出應認列於投資性不動產的帳面金額，被重置的舊內牆之帳面金額則應由投資性不動產項目中除列。

投資性不動產與不動產、廠房及設備會計處理不同之處，在於取得投資性不動產後，公司決定其應記錄在每期資產負債表上的金額時，亦即所謂後續衡量時，有成本模式和公允價值模式兩種可以選擇衡量。投資性不動產的成本模式與不動產、廠房及設備的成本模式完全相同；投資性不動產的公允價值模式則與不動產、廠房及設備的重估價模式不同，雖都是以該不動產的公允價值作為帳面金

> 投資性不動產的後續衡量得選擇公允價值模式或成本模式。但除保險公司外，我國上市櫃公司目前暫不允許選用公允價值模式。

> 公允價值模式下，投資性不動產之公允價值變動應列入本期淨利。

額，但不動產、廠房及設備的公允價值增加是認列於其他綜合損益（詳見第9章附錄），投資性不動產的公允價值變動則是認列於本期淨利。此外，投資性不動產之公允價值模式係為在每一財報日將投資性不動產衡量至公允價值；而不動產、廠房及設備的重估計模式，則為當公允價值之變動不重大者，並無經常重估價之必要，該項目可能僅須每隔3年或5年重估價一次即可。最後，提醒注意我國目前僅允許保險公司對投資性不動產選用公允價值模式。

> 對投資性不動產得將成本模式改為公允價值模式，但不得自公允價值模式改用成本模式。

此外，公司能否在各期資產負債表中，對投資性不動產改變原來選用的成本模式或公允價值模式呢？國際財務報導準則不排除公司由成本模式改為公允價值模式，但不鼓勵由公允價值模式改為成本模式。因為IASB認為自公允價值模式改為成本模式，幾乎不可能產生更攸關的資訊。所以若公司先前按公允價值衡量投資性不動產，則直至處分（或改變分類為自用不動產或供後續正常營業出售的存貨）前，應持續按公允價值衡量該不動產。

釋例 10-6

鼎堅公司×7年3月份購買一棟位於信義區的商辦大樓，其目的為藉由出租方式收取租金收益。鼎堅公司除支付購買成本 $350,000,000 外，並發生不動產移轉之稅捐及其他交易成本 $150,000，另有公司人員行政成本 $20,000。後續委託速配房仲公司代為仲介，順利於同年5月初起以每個月 $300,000 的租金出租予創意公司，租期二年。鼎堅公司須支付速配房仲公司一個月的租金作為仲介租金。鼎堅公司對該商辦大樓採用公允價值模式評價，於×7年12月31日該商辦大樓的公允價值為 $352,000,000。

試作×7年所有相關分錄。

解析

×7年3月記錄購買投資性不動產

行政費用	20,000	
投資性不動產	350,150,000	
現金		350,170,000

（$350,000,000 + $150,000 = $350,150,000，行政成本並非直接可歸屬之

成本,應列入營業費用,不得資本化。)

×7年5月記錄支付仲介費用予速配房仲公司

佣金費用	300,000	
現金		300,000

×7年5月至12月每月記錄收取創意公司支付之租金

現金	300,000	
租金收入		300,000

×7年12月31日記錄投資性不動產期末之公允價值增值利益

投資性不動產	1,850,000	
公允價值調整利益-投資性不動產		1,850,000

  公司帳務系統中投資性不動產項目下可能設立不同之子項目,如「投資性不動產-土地」,以及「投資性不動產-建築物」。

IFRS

「投資性不動產」與「不動產、廠房及設備」之會計處理比較

會計處理模式	投資性不動產	不動產、廠房及設備
成本模式	可選用 • 提列折舊與減損損失	可選用 • 提列折舊與減損損失
公允價值模式	可選用 • 公允價值之變動,不論高於或低於帳面金額,均認列為當期損益 • 每一財報日衡量至公允價值	無此選擇
重估價模式	無此選擇	可選用 • 若重估價後金額高於帳面金額,認列為其他綜合損益;若低於帳面金額,則認列為當期損益 • 若公允價值之變動不重大,可能每隔3年或5年重估價一次即可

> 採成本模式之投資性不動產仍須於附註中揭露公允價值。

不管採用公允價值模式或成本模式,公司應揭露投資性不動產之公允價值。在決定投資性不動產之公允價值時,最好以獨立評價人員(具備經認可之相關專業資格,並對所評價之投資性不動產之地點及類型於近期內有相關經驗)之提供評價報告為基礎。

學習目標 3
了解生物資產及農產品之定義及會計處理

10.3　生物資產與農產品之定義

10.3.1　生物資產與農產品的定義

國際財務報導準則中,IAS 41「農業」在規範農業活動有關之會計處理。農業活動係指對生物資產(具生命之動植物)生物轉化之管理,以供銷售、轉換為農產品(生物資產之收成品)或轉換為額外之生物資產。故 IAS 41 的內容即在說明生物資產與農產品的會計處理。

生物資產之定義

> 生物資產為經生物轉化之管理,且目的為銷售、轉換為農產品或額外之生物資產的動植物。

IAS 41 規範的生物資產,係經「生物轉化之管理」的生物資產。所謂生物轉化,是使生物資產之品質或數量發生改變之成長、蛻化、生產及繁殖過程。如小牛長大為成牛(品質改變),母牛生下小牛(數量改變)皆屬生物轉化過程。例如畜牧業飼養的牛羊雞豬、人造森林裡的林木、人工養殖的魚蝦及溫室裡的蘭花等;天然野生的動植物不包含在內。此外,農業活動的生物轉化管理目的須為銷售、轉換為農產品或額外之生物資產,故如北市動物園裡的貓熊與屏東海生館的白鯨,因為其擁有目的是供對外觀賞,這些動物生下的小動物不予出售,也不會對動物收成之農產品加以出售,所以這些動物不屬國際財務報導準則定義的生物資產,而應適用「不動產、廠房及設備」之會計處理,其性質類似觀光業的設備。

除了前述排除在 IAS 41 範圍外之生物外,值得注意的是,**生產性植物**亦應適用 IAS 16「不動產、廠房及設備」之會計處理。**生產性植物**係指符合下列所有條件且具生命之植物:

1. 用於農業產品之生產或供給；
2. 預期生產農產品期間超過一期（一年）；及
3. 將其作為農業產品出售之可能性甚低（偶發地作為殘料出售者除外）。

大多數的果樹、茶樹為符合 2. 之多年生植物，且同時符合 1. 及 3. 條件，因此應以折舊後成本衡量；但是為砍伐原木而種植之樹木（如紅檜）則不符合 3. 條件，因此不屬於生產性植物，而應歸類為**消耗性植物**。因為生產性植物通常必須與相關之土地合併出售，其性質更類似土地與廠房之組合，故應適用 IAS 16「不動產、廠房及設備」之會計處理；而生產性動物仍依 IAS 41 以淨公允價值衡量，因此生產性植物應適用 IAS 16「不動產、廠房及設備」之會計處理；其他生物資產則應依 IAS 41 以淨公允價值衡量（無法可靠衡量者除外）。

> 生產性植物通常必須與相關之土地合併出售，其性質更類似土地與廠房之組合，故應適用 IAS 16「不動產、廠房及設備」之會計處理；而生產性動物仍依 IAS 41 以淨公允價值衡量。

農產品之定義

至於 IAS 41 規範的農產品，係指生物資產之收成品。所謂收成，係指將產品從生物資產分離或生物資產生命過程之停止，所以畜牧業自所飼養的牛羊雞豬等生物資產所收成農產品包括：牛奶、羊毛、雞蛋與豬肉。農產品雖源自生物資產，但收成前仍屬生物資產的一部分，例如在尚未採集乳汁前，乳汁視為乳牛的一部分；又如羊毛在剪下前視為綿羊的一部分；二者均屬單一之「生物資產」。溫室栽培的杏鮑菇，採收前為生物資產，採收後則為農產品。要特別注意的是，生產性植物之收成品，如水果、茶葉片等，亦屬於應依 IAS 41 以淨公允價值衡量（無法可靠衡量者除外）。表 10-2 提供生物資產、農產品及收成後經加工而成產品之釋例。

> 農產品為收成點時之生物資產之直接產出。

另須特別注意的是，農產品僅止於**收成點**生物資產之**直接產出**，若收成後如再經加工，其製品則既非為生物資產，亦非為農產品。例如對某出售項目乳牛、牛肉、以自產牛乳製造之冰淇淋的牧場而言，乳牛為其生物資產，牛肉為其農產品，採集後牛乳為其農產品，將牛乳再行製造而成的冰淇淋為加工產品。而農產品與收成

> 農產品與收成後加工產品同屬存貨。

表 10-2　生物資產、收成時點之農產品與收成後之產品

		生物資產	農產品	收成後經過加工而成之產品
IAS 41 範圍	非生產性植物之生物資產	綿羊	羊毛	毛線、地毯
		乳牛	牛奶	乳酪
		肉豬	屠宰後之豬隻	香腸、火腿
		肉雞	雞蛋	烤雞
		植栽林之林木	已砍伐之林木	原木、木材
		棉花植株	已收成之棉花	棉線、衣服
		甘蔗植株	已收成之甘蔗	蔗糖
		菸草植株	已採摘之葉片	菸草
IAS 16 範圍	生產性植物	茶樹	已採摘之葉片	茶飲料
		葡萄樹	已採摘之葡萄	葡萄酒
		果樹	已採摘之果實	加工後之水果
		油棕樹	已採摘之果實	棕櫚油
		橡膠樹	已收成之乳膠	橡膠製品

附註：茶樹、葡萄樹、果樹、油棕樹及橡膠樹合乎生產性植物之定義，但這些植物上生長中的茶葉、果實及乳膠屬於生物資產，應以淨公允價值衡量（無法可靠衡量者除外）。

後加工產品同屬該牧場的存貨：牛肉（農產品）為商品存貨（用於直接出售），牛乳（農產品）為原料存貨（用於製造冰淇淋），冰淇淋為完成品之商品存貨（用於直接出售）。

此外，IAS 41 鼓勵但非強制公司將生物資產區分為「消耗性生物資產」與「生產性生物資產」兩種。消耗性生物資產係未來將收成為農產品或以生物資產出售者，例如用以生產肉品之牲畜、持有供出售之牲畜、養殖之魚類、收割前的玉米及小麥等一年生農作物，以及成長後將作為原木出售之樹木。

簡言之，「消耗性生物資產」之持有目的為直接出售或作為農產品的原料，其性質類似「存貨」。「生產性生物資產」係「消耗性生物資產」以外之生物資產，如用於生產牛乳的乳牛，用於剪取羊毛的綿羊。「生產性生物資產」之持有目的非為供直接出售，而係用於製造農產品，其性質較類似「不動產、廠房及設備」。值得再提醒，

生產性植物應適用 IAS 16「不動產、廠房及設備」之會計處理；而生產性動物仍依 IAS 41 以淨公允價值衡量。

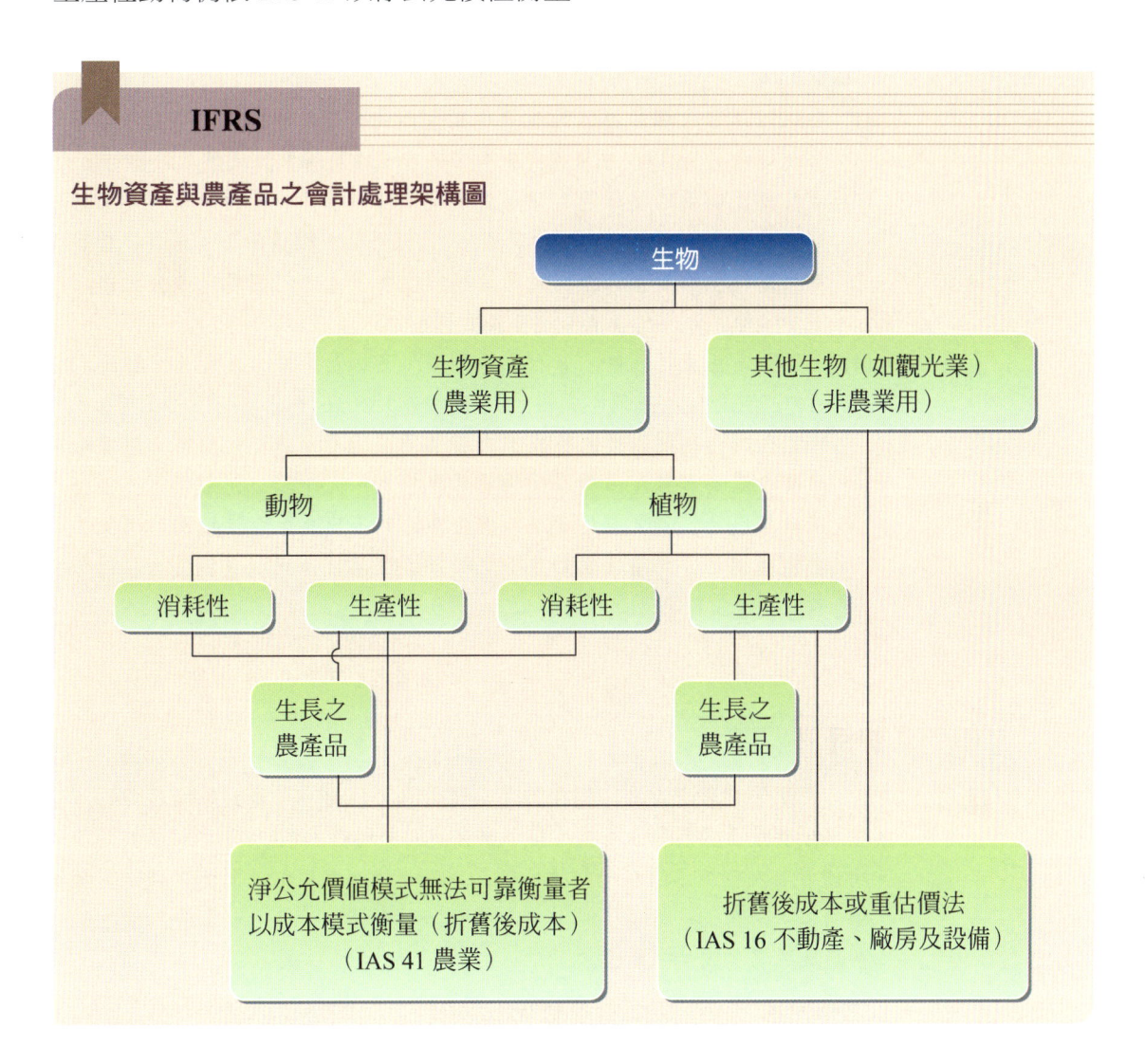

IFRS

生物資產與農產品之會計處理架構圖

```
                         生物
                    ┌──────┴──────┐
                生物資產          其他生物（如觀光業）
                （農業用）           （非農業用）
            ┌──────┴──────┐
          動物              植物
        ┌──┴──┐          ┌──┴──┐
      消耗性  生產性     消耗性  生產性
                │                 │
             生長之             生長之
             農產品             農產品

    淨公允價值模式無法可靠衡量者      折舊後成本或重估價法
    以成本模式衡量（折舊後成本）    （IAS 16 不動產、廠房及設備）
         （IAS 41 農業）
```

會計好簡單

並非所有生物資產均應適用 IAS 41 而以淨公允價值衡量（無法可靠衡量者除外），茲以下列兩類生物資產舉例說明。

(1) 屏東海生館的白鯨在資產負債表中應列入哪一項目？又應如何衡量？
(2) 卜蜂集團飼養的種雞及肉雞在資產負債表中應列入哪一項目？又應如何衡量？

(3) 法國五大酒莊的葡萄藤在資產負債表上之歸類為何?如何衡量?為何生產性植物的會計與其他生物資產不同?

解析

(1) 白鯨以讓客人觀賞為目的並非農業生產的一環,應列入「不動產、廠房及設備」,並以成本減累計折舊(若有減損再減累計減損)衡量。
(2) 卜蜂集團飼養的種雞及肉雞屬於企業供轉換為額外生物資產之農業活動之生物,故應列入「生物資產」,並以淨公允價值衡量。此外,種雞屬生產性生物資產,而肉雞屬消耗性生物資產,但都應以淨公允價值衡量,除非淨公允價值無法可靠衡量。
(3) 葡萄藤是生產性植物,符合「不動產、廠房及設備」之定義,在達到可維持規律性收成前(成熟前),應依據 IAS 16 將符合條件之成本資本化;在成熟後則以折舊後成本或重估價值衡量。消耗性生物資產係未來將收成為農業產品或以生物資產出售者,因此淨公允價值可提供企業未來現金流量之有用資訊;而企業通常不出售生產性植物,因此生產性植物之公允價值變動並不直接影響企業之未來現金流量,以折舊後成本衡量較為適當。

釋例 10-7

阿寶哥帶著奇奇和小問來到了苗栗的飛牛牧場,一進到牧場就看到了牧場裡養了 2 匹馬和 5 隻鴨,接下來參觀了牧場裡的 10 隻乳牛,經詢問牧場的管理人員後了解在飛牛牧場裡馬與鴨是供觀賞用的,而乳牛則是生產牛奶,擠下來的牛奶有一部分會拿來銷售予參觀的旅客,一部分則會加工製造成冰淇淋或是牛奶糖。

試問:(1) 馬、鴨與乳牛是否都屬於 IAS 41 的範圍?
(2) 牛奶、冰淇淋與牛奶糖是否屬於 IAS 41 的範圍?

解析

(1) 由於馬和鴨是觀賞用的動物,應適用「不動產、廠房及設備」之會計處理;乳牛則為從事與農業活動有關之生物資產,故屬 IAS 41 的適用範圍。
(2) 牛奶為自生物資產乳牛收成的農產品,同樣適用 IAS 41,但以淨公允價值衡量後即改列為存貨。冰淇淋和牛奶糖則為牛奶收成後經加工而作成之存貨,屬 IAS 2「存貨」適用範圍,不適用 IAS 41。

10.3.2 生物資產的會計處理——淨公允價值模式

國際財務報導準則要求,除非公允價值無法可靠衡量,否則生物資產記錄於每期資產負債表的金額,應以其淨公允價值衡量,且將淨公允價值變動計入本期淨利。而所謂**淨公允價值,係指公允價值減去出售成本**。

國際財務報導準則要求應以淨公允價值衡量生物資產,乃基於成本的投入通常與生物轉化本身僅具微弱之關係,因而與預期未來經濟效益之關係更小。例如人造森林通常在初期幼苗時期有較多成本投入,如買入、施肥、剪枝等等培育的工作,但由存活成小樹到可砍伐的數十年間,則幾乎沒有成本支出。因此,成本支出的型態完全無法表達樹木對企業預期未來經濟效益之貢獻;反之,淨公允價值模式能反映因生物轉化所發生改變之影響,在每一財務報導期間結束日,適當表達生物資產預期未來經濟效益之貢獻。例如當飼養的乳牛可以開始生產牛奶,與另一頭未能生產牛奶的乳牛相比,當然是前者之公允價值較高;而其投入的成本可能是一樣的。而對生產牛奶為業的牧場而言,乳牛公允價值的變動與牧場預期未來經濟效益,兩者變動具直接關係。且在成本模式下,人造森林直至首次收成並銷售前(期間可能長達數十年),不會報導任何收益,所有收益將集中在賣出原木的年度全數一次認列。但若採用淨公允價值模式,則於首次收成前之各期期間都會衡量淨公允價值及報導收益。

在運用淨公允價值模式衡量生物資產時,有二點需特別注意:首先,淨公允價值等於公允價值減除出售成本,出售成本係指除財務成本及所得稅外,直接可歸屬於資產處分之增額成本。例如支付予代理商及經銷商之佣金,主管機關收取之關稅與費用等。但須特別注意的是,**出售成本不包括將生物資產運送至市場之運輸成本**。運輸成本應於決定公允價值時減除,即決定公允價值時須由市價中減除運輸成本。此乃因資產之公允價值,係資產於「目前地點及狀態」下之活絡市場的公開報價(或其估計值)。故若A公司估計出售生物資產時,預計須支付運輸成本 $10 將其運送至甲市場後之公開報價為 $100,則該生物資產於「目前地點及狀態」(生物資產現

淨公允價值
= 公允價值 − 出售成本

IFRS 不使用淨公允價值一詞,逕稱生物資產應以「公允價值減出售成本」衡量。

出售成本不包括將生物資產運送至市場之運輸成本。運輸成本應於決定公允價值時減除,即公允價值 = 市價 − 運輸成本。

處場所如農場）之公允價值應為 $90（即 $100 － $10）；而另一 B 公司可能因農場位置較接近甲市場，只須支付運輸成本 $6，而估計相同生物資產之公允價值為 $94（即 $100 － $6）。

> 淨公允價值模式衡量適用於生物資產初取得（原始衡量）及後續每期編製資產負債表時（後續衡量）。

其二需特別注意者，乃淨公允價值模式衡量適用於生物資產初取得（即所謂原始衡量）及後續每期編製資產負債表時（即所謂後續衡量）。所以在淨公允價值模式下，公司可能在剛取得生物資產時就發生損益。發生利益的情況如母牛產下小牛，則農場於原始衡量小牛時記錄生物資產的增加與利益；發生損失的情況則因淨公允價值係由市價中減除運輸成本得到公允價值後，再減除出售成本而得。

> 淨公允價值模式下，可能在剛取得生物資產原始衡量時就發生損益。

例如某生物資產在市場之公開報價為 $100，買方將其運回農場之運費 $10，則農場共須支付 $110 取得該生物資產，但於記錄此生物資產之取得時，該生物資產於「目前地點及狀態」（生物資產現處場所為農場）之公允價值應為 $90（即 $100 － $10），即假設買方須先花費運費 $10 將其運送至市場後，方能以公開報價 $100 出售。假設估計出售成本為 $5，則生物資產取得時之淨公允價值應為 $85（即 $90 － $5）。所以農場須作成會計記錄如下：

> 生物資產的購買運費可單獨列為費用，或計入原始衡量生物資產之損益，兩種方式對本期淨利之影響相同。

生物資產 - 按淨公允價值	85	
當期原始認列生物資產之損失	25	
現金		110

或將購買生物資產運費應獨列示為費用而記錄如下：

生物資產 - 按淨公允價值	85	
當期原始認列生物資產之損失	15	
購買生物資產運費	10	
現金		110

> 取得生物資產後，後續支出可單獨列為費用，或計入生物資產帳面金額的增加，兩種方式對本期淨利之影響相同。

相似於前述購買生物資產運費之會計處理，因為其對本期淨利之影響相同，國際財務報導準則也未強制規範取得生物資產後，後續飼養成本等支出應單獨列為費用，或計入生物資產帳面金額的增加。因為認列為費用造成的本期淨利減少數，將和計入生物資產

帳面金額後，再衡量其淨公允價值變動所造成的本期淨利減少數相同。例如上例中，該生物資產取得後發生飼養支出 $8，期末淨公允價值 $100，農場在以下兩種記錄方式中本期淨利並無差異（淨利皆為增加 $7）：

生物資產 - 按淨公允價值	8	
現金		8
生物資產 - 按淨公允價值	7	
生物資產淨公允價值變動利益		7
[$100 － ($85 ＋ $8)]		

或

飼養費用	8	
現金		8
生物資產 - 按淨公允價值	15	
生物資產淨公允價值變動利益		15
($100 － $85)		

釋例 10-8

阿土伯是喜羊羊牧場的主人，他於 ×5 年 1 月 1 日買了 200 隻山羊圈飼在牧場內，準備未來生產羊奶。每隻山羊市價為 $4,500，並另支付該批山羊於市場至牧場間之運費 $10,000。×5 年 1 月 1 日估計若處分該批山羊，除需支付將其運往市場之運費 $10,000 外，並需支付佣金等出售成本 $5,000。

在 ×5 年飼養期間，牧場發生餵食青草與嫩葉的費用 $18,000，及人事成本 $50,000。另外，為了防止山羊打架受傷，阿土伯請獸醫對羊頭上長角的地方預做處理，讓羊角長不出來，花了 $5,000。於 ×5 年底每隻山羊的淨公允價值為 $4,800。

×6 年 1 月 20 日，因預期市場對羊奶需求降低，阿土伯將該批山羊中的 20 隻運往市場以每隻市價 $5,000 出售，並支付運費 $1,000 與佣金等出售成本 $500。出售前並未對該批山羊重新評估其淨公允價值。

試作關於該批山羊於 ×5 年與 ×6 年應作之分錄。

🔍 解析

一隻山羊市價 $4,500，共買 200 隻，總成交價 $900,000，但其於喜羊羊牧場（「目前地點與狀態」）之公允價值為 $890,000（即成交價 $900,000 － 預期運往市場之運費 $10,000），故淨公允價值為 $885,000（即公允價值 $890,000 － 出售成本 $5,000）。故取得時之分錄如下：

×5 年 1 月 1 日（取得）
　生產性生物資產 - 按淨公允價值　　　　　　　　885,000
　當期原始認列生物資產之損失　　　　　　　　　 25,000
　　現金　　　　　　　　　　　　　　　　　　　　　　　　910,000

另 ×5 年間發生飼養支出 $73,000（即 $18,000 + 50,000 + 5,000），若選擇將其記為費用，而期末該批山羊之淨公允價值為 $960,000（即 $4,800 × 200），較取得時增加 $75,000（即 $960,000 － $885,000），故 ×5 年底應作分錄為：

×5 年 12 月 31 日（飼養期間）
　飼養費用　　　　　　　　　　　　　　　　　　 73,000
　　原料　　　　　　　　　　　　　　　　　　　　　　　 18,000
　　應付薪資　　　　　　　　　　　　　　　　　　　　　 50,000
　　現金　　　　　　　　　　　　　　　　　　　　　　　 5,000

　生產性生物資產 - 按淨公允價值　　　　　　　　 75,000
　　公允價值調整利益 - 生物資產　　　　　　　　　　　　 75,000

或，若選擇將飼養支出記為生物資產帳面金額的增加，則該批山羊期末之淨公允價值增加數為 $2,000〔即 $960,000 －（$885,000 + $73,000）〕，故 ×5 年底應作分錄為：

×5 年 12 月 31 日（飼養期間）
　生產性生物資產 - 按淨公允價值　　　　　　　　 73,000
　　原料　　　　　　　　　　　　　　　　　　　　　　　 18,000
　　應付薪資　　　　　　　　　　　　　　　　　　　　　 50,000
　　現金　　　　　　　　　　　　　　　　　　　　　　　 5,000

　生產性生物資產 - 按淨公允價值　　　　　　　　 2,000
　　淨公允價值調整利益 - 生物資產　　　　　　　　　　　 2,000

由上可知，無論選擇將飼養支出記為費用或生物資產成本增加，對本期淨利的影響都是增加 $2,000。

此外，另一項於 IAS 41 並未強制規定的會計議題是，記錄生物資產出售時，應採分別記錄收入與成本的總額方式，或採記錄利益或損失的淨額方式。本例中之生物資產為生產性生物資產，性質上較接近「不動產、廠房及設備」，故本書選擇與「不動產、廠房及設備」處分相同之淨額方式記錄。

×6 年 1 月 20 日
現金*	98,500	
生產性生物資產 - 按淨公允價值		96,000
淨公允價值調整利益 - 生物資產		2,500

*(20 × $5,000) − $1,000 − $500 = $98,500

> 當公允價值無法可靠衡量而採用成本衡量時，構成公允價值衡量之例外，稱之為「可靠性之例外」。

釋例 10-9

沿釋例 10-8，惟購買該批山羊之目的係未來出售活羊。試作關於該批山羊於 ×5 年與 ×6 年應作之分錄。

解析

因購買目的為未來出售活羊，故該批山羊為消耗性生物資產。淨公允價值模式下，消耗性生物資產與生產性生物資產之會計處理並無不同，故除將分錄中「生產性生物資產」項目改為「消耗性生物資產」外，×5 年相關分錄均與釋例 10-8 相同。

但在記錄消耗性生物資產出售時，IAS 41 並未強制規定應採總額或淨額方式，而本例中之生物資產為消耗性生物資產，性質上較接近「存貨」，故本書選擇與「存貨」處分相同之總額方式記錄。

×6 年 1 月 20 日
現金*	98,500	
佣金費用	500	
銷貨運費	1,000	
銷貨收入		100,000

* (20 × $5,000) − $1,000 − $500 = $98,500

銷貨成本**	98,500	
消耗性生物資產 - 按淨公允價值		96,000
淨公允價值調整利益 - 生物資產		2,500

** 銷貨成本金額為出售日該批山羊之淨公允價值 = (20 × $5,000) − $1,000 − $500 = $98,500

請注意無論係以總額或淨額方式記錄下，出售此 20 隻山羊對本期淨利之影響數均為增加 $2,500，此或為 IAS 41 並未強制規定應採總額或淨額方式記錄生物資產出售之原因。

IFRS

生物資產出售之記錄

IAS 41 並未強制規定記錄生物資產出售時，應採分別記錄收入與成本的總額方式，或採記錄利益或損失的淨額方式。而在實務界的意見方面，四大會計師事務所之 Ernst & Young（安永）在其全球性的 IFRS 指南中指出，IAS 1 明載不得將資產與負債或收益與費損互抵，但國際財務報導準則另有規定或允許者不在此限。而 IFRS15 對收入加以定義，並規定企業於考量其允諾之商業折扣及數量折扣後，按已收或應收對價之公允價值衡量收入。企業於其正常活動過程中，從事一些不產生收入（但附屬於產生收入之主要活動）之其他交易。當以淨額表達能反映交易或其他事項之實質時，企業應將同一交易所產生之收益與相關費損相減，以淨額表達該等交易之結果。例如企業對非流動資產（包括投資及營業資產）之處分利益及損失。故若生物資產之出售屬例行性業務，則應以收入與費用分列的總額方式記錄；但若生物資產之出售非屬例行性業務，則應以淨額方式記錄。

10.3.3　生物資產的會計處理──成本模式

依據 IAS 41 當生物資產之公允價值無法可靠衡量時，此時應採成本模式，就是以其成本減所有累計折舊及所有累計減損損失衡量。此種因公允價值無法可靠衡量而採用成本衡量的情形，構成公允價值會計的例外，稱之為「可靠性之例外」。此外，如第 10.3.1 節所述，生產性植物應適用 IAS 16「不動產、廠房及設備」之會計處理；而其他生物資產（包含生產性動物、消耗性動物與消耗性植物）僅於「可靠性例外」之下才能適用成本模式。

對生物資產採成本模式衡量時，應參照「存貨」、「不動產、廠

房及設備」及「資產減損」相關之觀念決定成本、累計折舊及累計減損。消耗性生物資產較適合應用「存貨」之觀念，將投入之成本逐步累積至出售，尚未出售前則以成本與淨變現價值孰低評價。此外，消耗性生物資產亦不須提列折舊。

生產性生物資產較適合應用「不動產、廠房及設備」之觀念，判斷何時應開始提列折舊、決定適當之使用年限並作減損之評估。生產性生物資產之折舊始於該資產達可供使用時，亦即達到能符合管理階層預期運作方式之必要狀態及地點時。以乳牛為例，其目的在於生產牛乳，故其達可供使用狀態之時點即為開始產出牛乳之時；以綿羊為例，則是當綿羊的羊毛為全長毛狀態，即已到可供剪下來的長度。此外，生產性生物資產在成本模式下亦應進行資產減損之評估，且其減損評估多採取使用價值作為可回收金額的方式，因原先即因公允價值無法可靠衡量才使用成本模式。另以棕櫚樹為例，在種植 2 年後可維持規律性收成（成熟），雖然產量可能在 7 年時達到最高峰，但通常判斷在 2 年時即達「可供使用狀態」而停止資本化且開始提列折舊，而其耐用年限可達 20 年以上。

> 除生產性植物外之生物資產採成本模式時，生產性生物資產達到能符合管理階層預期運作方式之必要狀態與地點時，則開始提列折舊。

生產性生物資產開始折舊後之相關支出，若判斷其為例行性支出，則該相關支出於當期費用化；若判斷為非例行支出，且其經濟效益及於未來期間，則該相關支出將增加生物資產成本，並於後續期間折舊。生產性生物資產開始折舊後相關支出之判斷，類似於不動產、廠房及設備耐用年限內的後續支出，請參見第 9.4 節說明。

> 生產性生物資產開始折舊後之相關支出，若判斷其為例行性支出，則該相關支出於當期費用化；若判斷為非例行支出，且其經濟效益及於未來期間，則該相關支出將增加生物資產成本，並於後續期間折舊。

最後，是否有可能出現生物資產原先係按淨公允價值衡量，而後來公允價值無法再可靠估計之情況？國際財務報導準則規定，先前已按淨公允價值衡量之生物資產，仍應繼續按淨公允價值衡量直至該生物資產處分為止，不可以改為成本模式。這個規定可以在市場衰退時，防止企業為避免認列損失而以「可靠性之例外」作藉口，停止採用淨公允價值模式。茲將生物資產衡量模式之改變規定表達如下圖所示：

> 先前已按淨公允價值衡量之生物資產，仍應繼續按淨公允價值衡量直至該生物資產處分為止，不可以改為成本模式。

生物資產之認列與衡量

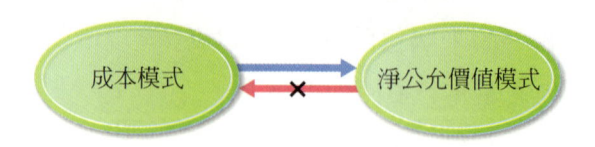

成本模式 ✕ 淨公允價值模式

釋例 10-10

阿土伯是喜羊羊牧場的主人,他於×5年1月1日以每隻$4,500的價格買了200隻山羊準備未來生產羊奶,並支付運費$10,000將山羊運送到牧場。若當時該批山羊的**公允價值無法可靠估計**,在×5年飼養期間,牧場發生餵食青草與嫩葉的費用$18,000,及人事成本$50,000。另外,為了防止山羊打架受傷,阿土伯請獸醫對羊頭上長角的地方預做處理,讓羊角長不出來,花了$5,000。×6年1月1日起,此批山羊達到可供使用之狀態(可生產羊奶之狀態),預估此批山羊之供乳期間為10年,並假設以直線法作折舊較為合理且估計殘值為零。在×6年期間,牧場發生餵食青草與嫩葉的費用$20,000,及人事成本$60,000。

×7年1月1日,因預期市場對羊奶需求降低,阿土伯將該批山羊中的20隻運往市場以每隻市價$5,000出售,並支付運費$1,000與佣金等出售成本$500。

假設前述期間中,該批山羊並無減損疑慮。試作關於該批山羊於×5年、×6年及×7年應作之分錄。

解析

因該批屬**生產性生物資產**之山羊之公允價值無法合理估計,故採成本模式。取得時之分錄如下:

×5年1月1日

生產性生物資產-按成本	910,000	
現金		910,000

×5年間發生之飼養支出$73,000(即$18,000 + $50,000 + $5,000)為使該批山羊達到可使用狀態前之必要支出,故應增加生物資產的帳面金額。

×5 年之分錄如下：

生產性生物資產 - 按成本	73,000	
原料		18,000
應付薪資		50,000
現金		5,000

×6 年間發生之飼養支出 $80,000（即 $20,000 ＋ $60,000）為該批山羊已達到可使用狀態（可生產羊奶之狀態）（×6 年 1 月 1 日）後之支出，此時應採與 IAS 16「不動產、廠房及設備」對後續成本相同之原則處理：即日常維修支出於發生時認列為損益，但同時符合「(1) 相關之未來經濟效益很有可能流入，(2) 成本能可靠衡量」此兩項認列條件之支出應認列於資產的帳面金額中。此處假設飼養支出屬維持生物性資產原有效能之日常維修支出。

×6 年之分錄如下：

飼養費用	80,000	
原料		20,000
應付薪資		60,000

該批山羊至 ×6 年 1 月 1 日起達可供使用之狀態，故自 ×6 年開始提列折舊如下：

×6 年 12 月 31 日

折舊 - 生產性生物資產 - 按成本	98,300	
累計折舊 - 生產性生物資產 - 按成本		98,300

($910,000 ＋ $73,000) ÷ 10 年 ＝ $98,300

×7 年 1 月 1 日出售 20 隻山羊之分錄為：

×7 年 1 月 1 日

累計折舊 - 生產性生物資產 - 按成本	9,830	
現金*	98,500	
處分生物資產利益		10,030
生產性生物資產 - 按成本		98,300

* (20 × $500) － $1,000 － $500 ＝ $98,500

釋例 10-11

沿釋例 10-10，惟購買該批山羊之目的係未來出售活羊，該批山羊於 ×6 年 1 月 1 日已達可出售狀態。假設前述期間中，該批山羊之淨變現價值均高於成本，試作關於該批山羊於 ×5 年、×6 年及 ×7 年應作之分錄。

解析

因購買目的為未來出售活羊，故該批山羊為**消耗性生物資產**。成本模式下，消耗性生物資產與生產性生物資產之會計處理不同，在消耗性生物資產無須提列折舊。故取得時之分錄如下：

×5 年 1 月 1 日

消耗性生物資產 - 按成本	910,000	
現金		910,000

×5 年間發生之飼養支出 $73,000（即 $18,000 ＋ $50,000 ＋ $5,000）為使該批山羊達到可使用狀態前之必要支出，故應增加生物資產的帳面金額。

×5 年之分錄如下：

消耗性生物資產 - 按成本	73,000	
原料		18,000
應付薪資		50,000
現金		5,000

×6 年間發生之飼養支出 $80,000（即 $20,000 ＋ $60,000）之會計處理應視其是否符合資產之認列條件：「(1) 相關之未來經濟效益很有可能流入，(2) 成本能可靠衡量」而定。該批山羊於 ×6 年 1 月 1 日已達可出售狀態，其後發生之支出若為維持目前狀態所發生（如使山羊存活而能以目前的狀況出售），則應認列為損益，故記錄如下。

×6 年之分錄如下：

飼養費用	80,000	
原料		20,000
應付薪資		60,000

但若該支出將使存貨達成另一種可出售狀態（如使山羊重量增加而能更高價格出售），則此支出符合資產之認列條件，而應認列於資產的帳面金額中，故記錄如下。

×6年之分錄如下：
消耗性生物資產 - 按成本　　　　　　　80,000
　　原料　　　　　　　　　　　　　　　　　　　20,000
　　應付薪資　　　　　　　　　　　　　　　　　60,000

×7年1月1日出售20隻山羊之分錄為（假設×6年支出認列為費用）：

×7年1月1日
現金*　　　　　　　　　　　　　　　98,500
佣金費用　　　　　　　　　　　　　　　500
銷貨運費　　　　　　　　　　　　　　1,000
　　銷貨收入　　　　　　　　　　　　　　　　100,000
*(20 × \$5,000) − \$1,000 − \$500 = \$98,500

銷貨成本　　　　　　　　　　　　　　98,300
　　消耗性生物資產 - 按成本**　　　　　　　　 98,300
**(\$910,000 + \$73,000) ÷ 200 × 20 = \$98,300

10.3.4　農產品之會計處理——淨公允價值模式

　　國際財務報導準則要求，農產品收成時應以淨公允價值模式衡量，不得採用成本模式。此因IASB原則上假設農產品於收成點之公允價值均能可靠衡量，並且認為自生物資產收成之農產品通常無法可靠決定其成本。而實務上，也確實幾乎所有農產品都有交易活絡的市場，例如雞、鴨等家禽與豬、牛、羊等家畜的市場；且許多生物資產收成之農產品，也通常無法可靠決定其成本，例如，文旦與荔枝樹（均屬生產性植物）都可以生長數十年以上，自柚子或荔枝樹上採下一顆柚子或一串荔枝時，請問此顆柚子或此串荔枝所耗用的成本為多少？想要估計其成本，一個必要的估計是果樹可能存活的年數，另一估計是每年可長的果子數，這些數字都很難可靠估計。可能更難的是，這兩種果樹愈老愈值錢，老欉的果子更好吃，若須將此因素計入，恐怕更難可靠估計。生物資產或農產品有活絡市場的情形，讀者可以參考表10-3。

農產品應以淨公允價值模式衡量，不得採用成本模式。

表 10-3　彰化縣肉品市場羊隻拍賣行情表

（單位：元／公斤）

區分 項目	雜色 閹公羊	乳 閹公羊	母羊	規格外 （母、稚、熟齡羊）	總交易量
頭　　數	42	88	25	39	184
平均重	63	64	47	64	61.54
本　次 平均價	171	148	146	109	144.47

> 農產品僅在收成時點依淨公允價值衡量（不得以成本衡量），其後即成為存貨。

　　在收成時以淨公允價值模式衡量農產品之會計處理與以淨公允價值模式衡量生物資產完全相同。但值得特別注意的是，以**淨公允價值模式衡量農產品，僅在收成點此一時點**，決定農產品之價值後農產品即成為存貨，依相關國際財務報導準則 IAS 2 作後續處理。例如企業自生物資產乳牛收成之農產品牛奶，後續將再加工成為乳酪處分，則以收成點收成牛奶之淨公允價值作為未來將作成乳酪之「存貨」的直接原料成本之一；又如企業自生物資產樹林收成之農產品原木，後續將建造其自用之建築物，則該原木以收成點之淨公允價值作為企業建築物成本之一。表 10-4 彙總表達生物資產與農產品衡量基礎之異同：

表 10-4　生物資產與農產品於原始認列基礎之異同

	原始認列基礎：原則	例外情況
生物資產	以公允價值減出售成本（淨公允價值）衡量	於可靠性之例外下，以成本減所有累計折舊與累計減損衡量（成本模式）
農產品	以公允價值減出售成本（淨公允價值）衡量	不適用（原始認列時必須以淨公允價值衡量）

釋例 10-12

　　沿釋例 10-8，×6 年 1 月 1 日間飼養的山羊開始生產生乳，已知 ×6 年 1 月共生產生乳一批，該批生乳於收成點之市價為 $30,000，運送至市場之運輸成本為 $300，出售成本為 $200。另喜羊羊牧場於 ×6 年 1 月亦

以市價 $30,000 外購同級同數量生乳一批,並支付運費 $300 將其運到牧場。喜羊羊牧場將自產與外購之生乳進行加工,×6 年 1 月共發生加工成本 $10,000 後製成瓶裝羊奶 5,000 瓶,每瓶羊奶賣價為 $20。若所有羊奶均於生產當月賣出並收現,喜羊羊牧場 ×6 年 1 月並支付將裝瓶完成之羊奶運送至市場之運輸成本為 $600,羊奶之出售成本 $400。則 ×6 年 1 月相關分錄為何?

🔍 解析

自產生乳於收成點之公允價值為 $29,700(即市價 $30,000 − 預期運往市場之運費 $300),淨公允價值為 $29,500(即 $29,700 − $200),故記錄生乳收成轉為農產品之分錄為:

×6 年 1 月

農產品(存貨)- 按淨公允價值	29,500	
當期原始認列農產品之利益		29,500

外購生乳類同購買原料存貨,係包含購買價格與運輸成本之購買成本衡量,故記錄外購生乳之分錄為:

×6 年 1 月

原料(存貨)	30,300	
現金		30,300

將自產與外購生乳投入加工,並發生加工成本,經加工後完成之分錄為:

×6 年 1 月

羊乳 - 在製品(存貨)	69,800	
原料(存貨)		30,300
農產品(存貨)- 按淨公允價值		29,500
現金(加工成本)		10,000
羊乳 - 製成品(存貨)	69,800	
羊乳 - 在製品(存貨)		69,800

值得特別注意的是,IAS 41 明確指出,農產品僅在收成點此一時點以淨公允價值衡量,決定農產品之價值後農產品即成為存貨,應依 IAS 2「存貨」作後續處理。存貨的出售應以分列收入與費用的總額方式記錄,故農產品的出售應以總額方式而非以淨額方式記錄。故出售所有羊奶 5,000 瓶之分錄為:

×6 年 1 月

現金	99,000	
銷貨運費	600	
佣金費用	400	
銷貨收入		100,000
銷貨成本	69,800	
羊乳-製成品（存貨）		69,800

釋例 10-13

×1 年初，甲公司以 $200,000 買入並栽種蘋果樹苗開始種植屬於生產性植物之蘋果樹，預期於 ×5 年初該批蘋果樹可達成熟階段而開始收成可銷售之蘋果，可正常收成年限（耐用年限）為 20 年（×5 年至 ×24 年）且每年均可正常收成，估計之殘值為 $30,000。×1 年之薪資費用、肥料、租金及其他直接支出為 $100,000；×2 年至 ×5 年，這類直接支出每年均下降為 $10,000。×5 年採收蘋果之支出 $100,000，採下之農產品在主要市場之報價為 $602,000，若送至主要市場出售之運費及出售成本均為 $1,000。×5 年 12 月 31 日將 50% 之蘋果運送至主要市場，支付運費及出售費用各 $500 並以 $301,000 出售。剩餘蘋果未發生存貨跌價損失。各項交易皆以現金收付，試作 ×1 年至 ×5 年所有相關分錄。

解析

×1 年初

生產性植物-蘋果樹	200,000	
現金		200,000
生產性植物-蘋果樹	100,000	
現金（薪資費用、肥料、租金等）		100,000

×2 至 ×4 每年

生產性植物-蘋果樹	10,000	
現金（薪資費用、肥料、租金等）		10,000

×5 年

薪資費用、肥料、租金、採收等費用	110,000	
現金		110,000

存貨 - 農產品	600,000	
當期原始認列農產品之利益		600,000

淨公允價值＝（報價－運費）－出售費用
　　　　　＝($602,000 − $1,000) − $1,000 = $600,000

折舊費用 - 生產性植物 - 蘋果樹	15,000	
累計折舊 - 生產性植物 - 蘋果樹		15,000

折舊 = (330,000 − 30,000)/20 = $15,000

現金	300,000	
銷售運費	500	
銷售費用	500	
銷貨收入		301,000
銷貨成本	300,000	
存貨 - 農產品		300,000

摘要

　　本章介紹三類特別資產之會計處理：(1) 無形資產；(2) 投資性不動產；(3) 生物資產與農產品。

　　常見的無形資產包括專利權、著作權、商標權、特許權（執照）以及商譽等。專利權、著作權、商標權、特許權（執照）等都是可以個別辨認，為可辨認無形資產；但是商譽卻是與企業整體有不可分離的關係，只有在與整個企業融為一體的時候才有可能存在，商譽為不可辨認之無形資產。一般公認會計原則規定公司不能認列內部自行產生的商譽，只有在購併其他企業時，購買成本的一部分才有可能認列為商譽。

　　投資性不動產係指企業係為賺取租金或資本增值或兩者兼具為目的而持有或尚未決定用途之不動產，其會計處理分為公允價值模式與成本模式。選用公允價值模式時，投資性不動產之公允價值變動應列入當期損益；選用成本模式時，投資性不動產之會計處理與不動產、廠房及設備之處理一樣，以成本減累計折舊及累計減損衡量。企業所有投資性不動產應一致適用公允價值法或成本法，但企業不得自公允價值模式改用成本模式。

　　農業活動下之生物資產應以淨公允價值衡量（除公允價值無法可靠衡量時，則採用成本減累計折舊減累計減損之成本模式（「可靠性例外」）處理外），其價值變動應列入當期損益。所稱淨公允價值，係指公允價值減出售成本（如佣金、稅金等，但不包括將生物資產運送至市場之運輸成本）。農產品在收成時點必須以淨公允價值衡量，其後即列入存

貨，依 IAS 2「存貨」之規定處理。惟生產性植物須依 IAS 16「不動產、廠房及設備」以折舊後成本或重估價法。

本章習題

問答題

1. 無形資產的項目有很多，請試著說明哪些是屬於可以辨認以及不可辨認的無形資產，及其相關的入帳規定。
2. 請分別簡述何謂生物資產及農產品，並分別舉例說明之？
3. 房地產通公司將其持有之一棟不動產交予 KY 仲介進行飯店的經營管理，房地產通公司與 KY 仲介約定 KY 仲介應依飯店當月的營業收入的 15% 支付予房地產通公司，此外，除飯店的維修係由房地產通公司負責外，其餘的經營管理例如招攬客源、客房清潔、設計促銷宣傳活動等，皆由 KY 仲介自行負責，請問對房地產通公司而言，其所持有之不動產適用 IAS 16 抑或是 IAS 40 之規定，並闡述理由。
4. 請比較內部自行產生的商譽與向外併購其他企業產生商譽在財務報表上呈現的異同？
5. 試比較投資性不動產與不動產、廠房及設備之會計處理。

選擇題

1. 請問下列何者不是生物資產？
   (A) 乳牛 (B) 樹葉
   (C) 果樹 (D) 豬隻

2. 請問下列何者不是農產品？
   (A) 牛奶 (B) 樹葉
   (C) 羊毛 (D) 豬隻

3. 請問下列何者是收成後加工而成的產品？
   (A) 已收割的甘蔗 (B) 葡萄
   (C) 灌木 (D) 菸草

4. 請問下列何者生物資產適用 IAS 41 的範圍？
   (A) 動物園中的羊 (B) 牧場中的牛

(C) 寵物店的魚　　　　　　　　(D) 家裡的狗

5. 依 IAS 41 規定，請問下列關於生物資產與農產品之原始認列基礎何者有誤？
   (A) 生物資產原則上應以公允價值減出售成本為原始認列基礎
   (B) 某些例外情況，生物資產可以成本減所有累計折舊與累計減損衡量
   (C) 農產品原則上應以公允價值減出售成本為原始認列基礎
   (D) 某些例外情況，農產品可以成本減所有累計折舊與累計減損衡量

6. 依 IAS 41 規定，請問下列關於生物資產之原始認列基礎何者正確？
   (A) 一旦公允價值變成能可靠衡量時，應以公允價值衡量
   (B) 一旦採行成本減所有累計折舊與累計減損衡量則無法再改變衡量基礎
   (C) 企業可任意選擇採行公允價值或成本減所有累計折舊與累計減損為衡量基礎
   (D) 於原始認列時若無法取得市場公允價值時，可以概估的金額代替

7. 依 IAS 41 規定，請問下列關於成本模式之敘述何者錯誤？
   (A) 一旦公允價值變成能可靠衡量時，應以公允價值衡量
   (B) 當公允價值無法可靠衡量時，應採行成本減所有累計折舊與累計減損衡量
   (C) 企業可任意選擇採行公允價值或成本減所有累計折舊與累計減損為衡量基礎
   (D) 企業採行成本減所有累計折舊與累計減損衡量後，若經加工成為存貨但尚未出售時，應以成本與淨變現價值孰低評價

8. 甲公司飼養的乳牛於 ×1 年 1 月共計生產牛乳 20,000 公升，每公升牛乳公允價值為 $27，每公升運費 $1，出售成本為 $2。當月份發生飼料費用 $100,000，採收牛乳工資 $30,000，其他支出 $45,000，則甲公司收穫的牛乳應以多少金額入帳？
   (A) $175,000　　　　　　　　　(B) $215,000
   (C) $305,000　　　　　　　　　(D) $480,000　　【高考改編】

9. 甲公司 ×1 年 1 月 1 日以 $20,000 購買 1,000 叢人蔘種苗開始種植，預計 ×5 年 12 月 31 日收成並以 $370,000 出售，每叢每年需投入 $50 的當期費用，每叢每年可增加公允價值 $70，運送人蔘至市場販賣之運費及出售費用為 $2,000。則下列敘述何者正確？
   (A) ×1 年的淨利增加 $20,000
   (B) ×2 年的淨利增加 $70,000
   (C) ×3 年底的農作物存貨帳面金額為 $228,000
   (D) ×4 年底的農作物存貨帳面金額為 $300,000　　【高考改編】

10. 乙公司經營觀賞鳥類養殖場，按公允價值模式衡量生物資產。於 ×0 年初購入雛鳥 2,500 隻，每隻購價為 $20，另總共支付運費 $6,000 及其他交易成本 $9,000。該公司估計，如將雛鳥立即出售，共需支付運費 $6,000 及相關出售成本 $4,000。當年度投入飼料成本 $30,000，人事成本 $10,000。×0 年底若出售成鳥，每隻成鳥可賣得 $60，全部

成鳥的運費為 $20,000 及其他交易成本為 $15,000。請問下列敘述何者正確？
(A) ×0 年初應認列之生物資產帳面金額為 $55,000
(B) ×0 年初應認列之當期原始認列生物資產之損失為 $15,000
(C) ×0 年底應認列之調整利益為 $75,000
(D) ×0 年底之生物資產帳面金額為 $190,000 　　　　　　　　【107 年高考會計】

11. 下列有關無形資產之敘述有幾項錯誤？①若某一權利不可與企業分離，則該權利不具可辨認性；②企業透過交換交易取得無合約之顧客關係，因無法定權利保護顧客關係，故該顧客關係不得認列為無形資產；③企業已認列為費用的研發支出，不得因後續研發成功而再予以資本化；④由合約所產生之無形資產，若該合約期間係可展期者，則無形資產之耐用年限即應包含展期期間

(A) 一項 (B) 二項
(C) 三項 (D) 四項　　　　　　　　【104 年稅務特考】

12. 戊公司於 20×5 年初投入研發一種新技術，至第二季末已符合認列為無形資產之所有要件，第三季續投入 $1,200,000、第四季再投入 $310,000（其中 $30,000 為向專利局申請登記之手續費），年底公司主管意圖於 20×6 年開始使用該技術，經市場行情估計，該技術未來可回收金額為 $1,000,000。試問 20×5 年底，戊公司在帳上應認列該生產技術帳面金額為多少？

(A) $1,000,000 (B) $1,030,000
(C) $1,480,000 (D) $1,510,000　　　　　　　　【104 年高考會計】

13. 甲公司於 ×1 年初購入專利權，估計該專利權之耐用年限 5 年，可用於生產 10,000 單位產品，且可產生 $1,000,000 之收入，該專利權成本為 $300,000，無殘值。若該專利權於 ×1 年生產 4,000 單位，且全數出售而產生 $500,000 之收入，下列何者為該專利權 ×1 年攤銷之可能金額？① $60,000；② $100,000；③ $120,000；④ $150,000

(A) 僅②④ (B) 僅①②③
(C) 僅①③④ (D) ①②③④　　　　　　　　【106 年高考會計】

14. 長山公司於 ×6 年中投入 $8,500,000 研發新技術，於 ×7 年初技術研發成功並順利取得專利權，而專利權的法律規費支出 $50,000，請問該項專利權的入帳成本應為何？

(A) $8,500,000 (B) $8,550,000
(C) $50,000 (D) $0

15. 下列何項資產係屬投資性不動產之適用範圍？
(A) 供員工使用之不動產
(B) 供正常營業出售而仍於建造或開發過程中之不動產
(C) 自用不動產
(D) 為獲取長期資本增值所持有之土地

16. 下列何項資產不屬投資性不動產之適用範圍？
    (A) 目前尚未決定未來用途所持有之土地
    (B) 為獲取長期資本增值所持有之土地
    (C) 自用不動產
    (D) 持有不動產係為賺取租金

17. 甲公司在 ×1 年為購買一項科技專利，發生下列現金支出項目，試問該公司應認列為無形資產 - 專利權之金額為何？

    付給原專利權所有人 $800,000
    專利權過戶註冊規費 $3,000
    訓練員工操作專利之成本 $30,000
    為進一步擴大該專利之用途，所購買之原料 $100,000
    為使該專利達於預計營運狀態而直接產生之員工福利 $8,000
    總公司因管理、規劃如何使用該專利權所發生之支出 $15,000

    (A) $803,000   (B) $811,000
    (C) $826,000   (D) $926,000   【高考試題改編】

18. 大米科技公司於 ×5 年初以 $5,500,000 取得某一新產品的專利權，估計經濟年限為 5 年，採直線法攤銷。由於科技日新月異，該公司於 ×6 年底估計此項專利權僅能再使用 2 年，淨公允價值為 $1,700,000，每年年底可產生現金淨流入 $1,210,000，該公司折現率為 10%。請問大米科技公司 ×6 年應認列專利權減損損失為：
    (A) $880,000   (B) $1,200,000
    (C) $1,600,000   (D) $2,200,000   【106 年地特財稅】

練習題

1. 【無形資產的會計處理】倚天資訊公司於 ×5 年發生下列交易：

2 月 16 日耗資 $100,000 進行研究以開發新的軟體。
4 月 1 日以 $300,000 向屠龍公司購買專門技術，合約約定之年限為 3 年。
10 月 1 日以 $60,000 向資訊王買入其開發的專利，預期此項專利之經濟效益僅有 15 個月。

假設前述交易皆係現金交易，試作倚天公司 ×5 年與無形資產相關之分錄。

2. 【無形資產之認列與攤銷】×3 年初手機通以 3 千萬元向政府取得經營通訊業的特許權，並支付規費與相關稅金共計 3 百萬元。依法令規定經營期限為 10 年。試作 ×3 年手機通與特許權相關的分錄。

3. 【無形資產之攤銷與減損】華泰公司×2年初以 $500,000 購入生產顯示器之專利，該專利的法定年限 10 年，惟公司估計經濟年限僅有 8 年。於×6 年底遭韓國廠商控告侵權，經法院執行假扣押停止生產。試作×6 年底與專利權相關之分錄。

4. 【研究與發展支出】信義公司於×8 年 7 月 1 日開始致力於發展一項新生產技術。×8 年 7 月 1 日至×8 年 10 月 31 日止共支出 $700,000，×8 年 11 月 1 日至×8 年 12 月 31 日共支出 $200,000。信義公司於×8 年 11 月 1 日能證明該技術符合資本化之相關條件。×8 年 12 月 31 日該生產技術之可回收金額估計為 $100,000。試作×8 年必要分錄。

5. 【無形資產的認列與攤提】大野公司於×2 年 1 月 1 日，以支付現金 $88,000 之方式向杉山公司購買一項專利，其法定年限為 5 年，試分別作大野公司×2 年購入及攤銷之分錄。

6. 【無形資產成本的變動】沿上題，於×4 年 1 月初若因他公司侵犯大野公司之專利權，致使大野公司發生 $19,200 之訴訟費用，惟公司獲得勝訴，且該專利權將可使用至×9 年底，試分別作大野公司×4 年支付訴訟費用及攤銷之分錄。

7. 【求算投資性不動產的減損金額】阿宏公司出租大樓的帳面金額為 $8,000,000，經評估該出租大樓的淨公允價值為 $7,500,000 而使用價值為 $7,000,000，請求算該出租大樓的減損金額？

8. 【投資性不動產的會計處理──公允價值模式】冠軍公司看準位於精華地段的一棟商辦大樓於×2 年 9 月份買入，擬獲取不動產未來增值之潛利。冠軍公司支付購買成本 $500,000,000 及不動產移轉之稅捐及其他交易成本 $200,000。冠軍對此不動產擬續後採公允價值模式評價，於×2 年底該不動產之市場價值為 $500,500,000，試作×2 年與此不動產相關之分錄。

應用問題

1. 【無形資產的減損與攤銷】明安公司×1 年初以 $7,500,000 向外購買專利權以作為研究發展使用，預計其經濟年限為 10 年，採直線法攤銷。×2 年底由於科技進步，預期專利權的淨公允價值將減為 $5,000,000。

試作：
(1) ×2 年減損之分錄。
(2) ×3 年之攤銷分錄。

2. 【無形資產的會計處理】大雄公司於×6 年初以 $600,000 購得一項專利權，其法定有效期限為 15 年，當時專利權已註冊滿 1 年。大雄公司估計該專利權之經濟效益年限尚有 12 年。然而，×7 年底，由於市場競爭因素，大雄公司估計該專利權僅能再使用

3 年，每年年底可產生之現金淨流入 $50,000，折現率為 12%，其 ×7 年底之折現值為 $120,092。試作大雄公司 ×6 年及 ×7 年之必要分錄（攤銷方法採直線法）。

3. 【生物資產淨公允價值之計算】大成養雞場於 ×4 年 2 月 1 日買了 200 隻小雞，每隻小雞的成本為 $70，另於購買時發生運送費用 $800。2 月底時這批小雞每隻公允價值為 $90，且將小雞運送到市場的費用為 $1,000。試計算大成公司於 2 月底時應認列之損益。

4. 【生物資產的會計處理】×1 年初，甲公司以 $300,000 買入並栽種雪梨樹苗開始種植雪梨樹，預期於 ×5 年初該批雪梨樹可達成熟階段而開始收成可銷售之雪梨，可正常收成年限（耐用年限）為 30 年，估計之殘值為 $20,000。×1 年薪資費用、肥料等直接支出為 $150,000；×2 年至 ×5 年，這類直接支出每年均下降為 $10,000。×4 年未達正常生產階段時產出之雪梨以 $10,000 出售，×5 年採下之農產品在主要市場之報價為 $602,000，若送至主要市場出售之運費及出售成本均為 $1,000。×5 年 12 月 31 日將 50% 在果園倉庫以 $300,000 出售。剩餘雪梨未發生存貨跌價損失。各項交易皆以現金收付。

試作：×1 年至 ×5 年所有相關分錄。

11 權 益

objectives

研讀本章後，預期可以了解：

- 公司的特徵與權益的內容
- 特別股與普通股有何不同
- 股票發行的會計處理
- 資本公積的意義與來源
- 保留盈餘的意義與指撥
- 各類股利的會計處理
- 每股盈餘及各項報酬率指標
- 合夥組織及相關的會計處理

阿凱迪亞國家公園是美國東半部最古老的國家公園，兼有湖光山色和海景林相，公園所坐落的美國緬因州，曾經在 17 至 18 世紀約 150 年間，是英、法、印第安群雄競逐的戰場。公園面積比基隆市大許多，園內約 40 種哺乳動物棲息，即使在疫情肆虐的 2021 年上半年，仍然吸引了 150 萬的入園遊客。

佳木芳秀，碧灣天成，讓人很難察覺公園的空氣污染狀況是美國東部最嚴重地區之一。園區剛好在南部大城市、工業區和中西部燃煤電廠的下風；公園的臭氧和顆粒物含量高，影響能見度、民眾健康和植被；酸雨破壞湖泊和河流生態系統；空氣中氮和硫含量高，導致生態系統酸化；爬蟲類、兩棲類、魚類和鳥類健康深受傷害。空氣污染監測與受損生態系的復育，是公園管理局最主要工作；這幾年來公園粉絲們最感慶幸的是：雖然時見在美東申設大煉鋼廠的工商業規劃，這些申請案一一遭否決。

鋼鐵業是工業之母，但是煉鋼廠大量產生顆粒污染物、氮氧化物、硫氧化物、碳氧化物等。全球煉鋼前三大國：澳大利亞、巴西、中國大陸政府試圖用重罰、限縮產能、甚至強制關廠減輕污染。環保威脅中，全球最大鋼鐵製造商當中的安賽樂米塔爾（ArcelorMittal）、蒂森克虜伯（Thyssenkrupp）和中國寶武集團（由原寶鋼集團和武漢鋼鐵集團聯合重組成）以重金開設實驗室與直接還原鐵（Direct-reduced iron, DRI）工廠。很豪氣地宣布鋼鐵廠「淨零」排放目標。

先前總有繳不完罰金的安賽樂米塔爾已斥資開設世上第一家全面極低污染與碳排放示範鋼廠，雖然研發前期成本高昂，但發展智能鋼材是值得作的投資：因採用創新工藝製造耗用很少的能源，碳排放顯著減少、運作期間成本低、環境清潔、鋼材更堅固且可重複使用。安賽樂米塔爾對前景有信心，認為因為正確的環保投資，其股價還有上漲空間，所以在 2021 年春天宣布實施庫藏股，回購總價值約 200 億元台幣的股票，每股平均購買價格 19.8 歐元，而到了 2021 年 9 月 8 日，該公司股價已經漲到 28.3 歐元。

本章架構

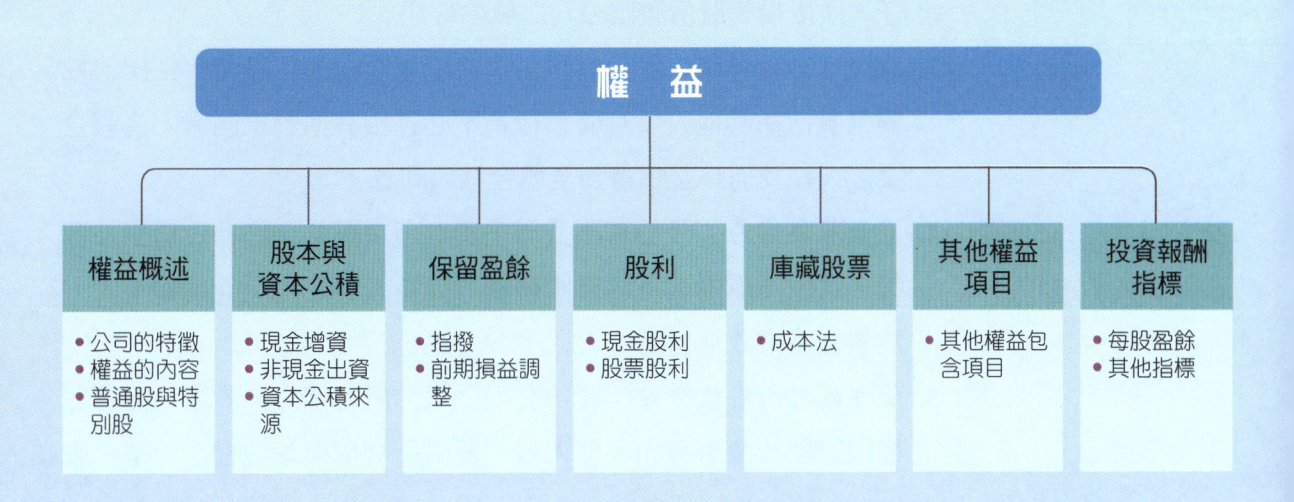

```
                           權　益
    ┌──────┬──────┬──────┬──────┬──────┬──────┐
  權益概述  股本與   保留盈餘   股利    庫藏股票  其他權益   投資報酬
           資本公積                              項目       指標
  • 公司的特徵  • 現金增資  • 指撥      • 現金股利  • 成本法   • 其他權益包  • 每股盈餘
  • 權益的內容  • 非現金出資 • 前期損益調 • 股票股利            含項目     • 其他指標
  • 普通股與特  • 資本公積來   整
    別股         源
```

11.1 公司概念與權益

學習目標 1
了解公司概念與權益

最常見的三種企業組織型態為**獨資**（proprietorship）、**合夥**（partnership），以及**公司**（corporation）。較小規模的小吃或洗衣店等，其企業組織型態多屬於獨資或是合夥兩類。隨著經濟的發展，規模較大的營利事業為因應龐大的資本需求，都採用公司組織。依我國公司法第 1 條規定：「本法所稱公司，謂以營利為目的，依照本法組織、登記、成立之社團法人。」可知公司具有法人地位，能享受權利和負擔義務，其營業之目的在於獲取利潤，再將利潤分配給公司所有者，也就是**股東**（stockholder; shareholder）。

11.1.1 公司的特徵

規模較大的營利事業如上市、櫃公司或跨國企業，多採用股份有限公司的型態，相關法令規章也多以股份有限公司為規範對象，因此本書亦以股份有限公司作為探討對象，說明其相關之會計處理。

與獨資、合夥比較，股份有限公司具有下列幾項特徵：

股份有限公司具有下列幾項特徵：
1. 獨立的法律個體
2. 股東責任有限
3. 股份可自由轉讓
4. 資金募集容易
5. 管理權與所有權分離
6. 政府管理較為嚴格

1. **獨立的法律個體**：公司為法人組織，為一獨立的法律個體，可以公司名義擁有資產、簽約、訴訟，以及對外舉債等。
2. **股東責任有限**：股份有限公司之股東對公司的責任以其出資額為限，不似合夥企業之合夥人或獨資企業之業主須負無限清償責任，所以投資股份有限公司之風險較小。
3. **股份可自由轉讓**：股份有限公司之股東原則上可隨時自由出售或轉讓股份給其他人，且轉讓行為不必經由其他股東同意。合夥企業之入夥及退夥必須得到全體合夥人同意。
4. **資金募集容易**：股份有限公司之資本藉由劃分為許多股份對外募集，且股份原則上可以自由轉讓，投資人責任有限且金額不大，故資金募集較為容易。
5. **管理權與所有權分離**：股份有限公司的所有權人為股東，而管理權則歸屬於董事會和經理人員，藉由所有權與管理權之分離，股

東即使不具經營能力，也可享受企業經營之利益。

6. **政府管理較為嚴格**：股份有限公司之股東責任有限，且大部分股東沒有參與公司業務經營，為了保障債權人及股東之權益，政府可對公司訂定較為嚴格之規範。

11.1.2　公司權益的內容

公司的出資人稱為股東，權益在公司組織的內容依來源可分為投入資本、保留盈餘及其他權益三類。

1. **投入資本**（Contributed Capital or Paid-in Capital）：又稱為繳入資本，來自股東的投資，包括**股本**（Capital Stock）及**資本公積**（Capital Surplus）。**股份**（share）為資本的構成單位，而股票則是表彰權益的書面憑證，股票的所有權人即是公司的股東。股票上面通常會記載每一股份的金額，稱為**面額**（par value），而在股東繳納的資本中，相當於面額的部分即為股本，股本即為公司的法定資本，非經減資手續不得減少或消除。至於股東繳納的資本中，超出面額的部分應列為資本公積。資本公積尚包括其他來源，在本章稍後節次會再討論。

   > 投入資本　又稱為繳入資本，是股東的投資金額，包括股本及資本公積。

2. **保留盈餘**（Retained Earnings）：公司過去所獲得的淨利而未發放股利予股東部分所累積的合計數；如果長期虧損則可能成為累積虧損。

   > 保留盈餘　係指公司過去所獲得的淨利而未分配予股東部分所累積的合計數。

3. **其他權益**（Other Equity）：公司某些資產帳列金額增加或減少時，其當期增減數應列為當期之其他綜合損益，這些其他綜合損益之累積數列報於其他權益。這種性質的權益項目包括不動產、廠房及設備未實現重估增值、透過其他綜合損益按公允價值衡量之債券（股票）投資在期末評價時所認列的未實現損益等。

   > 其他權益　較常見者包括不動產、廠房及設備未實現重估增值以及透過其他綜合損益按公允價值衡量之債券（股票）投資未實現損益等。

11.2　普通股與特別股之權利

> 學習目標 2
> 了解普通股與特別股之差異

如前所述，股票為表彰股東權利的一種有價證券，而股票依其所承諾股東權利之不同而有普通股與特別股二種。若公司只發行一

種股票，由於股東之權利均相同，即為**普通股**（Common Stock）；如發行第二種股票，對股東相關權利有優先的待遇或特別的限制者，則稱為**特別股**（Preferred Stock; Perferred Share）。以下即為普通股基本權利與特別股特性之討論。

11.2.1　普通股股東的基本權利

普通股股東之基本權利有下列四種：

> **普通股股東之基本權利**　包括表決權、盈餘分配權、優先認股權，以及剩餘財產分配權。

1. **表決權**：股東得出席股東會，有權選舉董事及監察人，以及對重大事項之表決。普通股股東每股有一表決權，透過表決間接影響公司之經營。
2. **盈餘分配權**：公司的盈餘以股利之方式分配給股東時，每位股東可按其持股比例取得股利。
3. **優先認股權**：若公司發行新股，會使總流通在外股數增加，此時普通股股東受公司法保障，有優先認購新股的權利。普通股股東行使「優先認股權」，可使其持股占總股數比例維持不變，不至於在公司發行新股時，因股份被稀釋而減少其對公司的影響力。
4. **剩餘財產分配權**：公司清算解散時，資產變現之所得必須先還給債權人，普通股股東則按持股比例分配剩餘財產。

11.2.2　特別股之權利

相對於上述普通股股東之四項基本權利有特別優先或限制者，稱為特別股。特別股持有人通常擁有每年度優先分配股利權利，以及企業最終結束營業時優先領回面額或清算價值的權利。特別股可能是非參加、非累積的「純特別股」，也可能被賦予特殊權利，以下列出幾種常見之特別股：

> 特別股持有人通常擁有每年度優先分配股利權利，以及企業最終結束營業時優先領回面額或清算價值的權利。

1. **累積特別股**（cumulative preferred stock）：「累積特別股」持有人領取現金股利之保障優於「非累積特別股」持有人。如果公司在某一年決定不發放特別股股利與普通股股利，未來公司要發放普通股股利時，必須先將過去對特別股的**累積積欠股利**（dividends

in arrears）先分配給「累積特別股」持有人。「非累積特別股」持有人則無此權利。

企業對累積特別股持有人所積欠股利並不是公司的負債，若下一年度股東會仍然決定不發放任何特別股股利與普通股股利，也不算是違約；但如果企業有高額之累積積欠特別股股利，普通股股東對於其未來能夠獲得股利分配的信心將大打折扣。

2. **參加特別股**（participating preferred stock）：「參加特別股」持有人分享企業盈餘成長之權利優於「非參加特別股」持有人。無論公司獲利再豐厚、物價上漲再劇烈，「非參加特別股」持有人僅獲分配面額乘以一定比率之股利。例如：公司發行 1.5%（特別股股利率）非參加特別股，即使未來盈餘再高，每年度每股特別股股利都是面額（假設為 $10）乘上約定的股利百分比（$10×1.5%），亦即每股特別股股利固定為 $0.15。

若為「完全參加特別股」則其持有人所領取的現金股利占面額之百分比，至少應是普通股股利占面額之百分比。如公司普通股股東領取每股 $2 的現金股利，占普通股面額 $10 的 20%；該公司另有發行 1.3%「完全參加特別股」，則該特別股股東也應該被分配占特別股面額（$10）的 20% 之股利，該年度每股股利 $2。此一股利占面額 $10 的 20%，遠超過特別股約定的股利百分比（1.3%）。

3. **可轉換特別股**（convertible preferred stock）：「可轉換特別股」持有人享有將特別股轉換為普通股票的權利。普通股股價低時，「可轉換特別股」持有人繼續倚靠手中的特別股之優先分配股利權利領去固定之現金股利；普通股股價高時，「可轉換特別股」持有人可依照既定轉換比率，將手中特別股轉換為值錢的普通股。「不可轉換特別股」持有人則無此權利。

4. **可贖回特別股**（callable preferred stock）：「可贖回特別股」持有人須留意發行公司以一定價格贖回特別股之權利；「不可贖回特別股」之持有人則無此顧慮。例如：蔬菜阿姨公司發行 1.5%（特

別股股占面額比率）的可贖回特別股，當市場利率低至 1% 時，公司可以約 1% 的利率籌措資金，不再願意付出每年度 1.5% 的特別股股利，此時公司可能有意願將「可贖回特別股」贖回；當市場利率高達 5% 時，公司應無意願贖回只須付出 1.5% 之特別股。贖回權既在發行公司而非投資人手中，「可贖回特別股」的價格會低於「不可贖回特別股」。另外，發行可贖回特別股時，若無特別約定的贖回價格，企業應以面額贖回。

國內企業所發行的特別股多數有特定之到期日，例如載明特別股在 8 年後到期、屆時公司必須以現金贖回特別股，因其實質上與一般公司債相同，根據國際財務會計準則第 32 號之規定，必須歸類在企業的負債，而不能列在公司的權益項下。同理，（持有人）可賣回之特別股亦應列為公司之負債。應注意的是，前段中之可贖回特別股，其發行公司可決定是否贖回，所以不符合負債之定義，應列為權益。

釋例 11-1

莎夏公司 ×7 年度分派股利共 $100，×8 年度分派股利共 $220，若該公司發行兩種股票，分別是 (i) 普通股：面額 $10，流通在外股數 600 股，以及 (ii) 特別股：面額 $10，流通在外股數 200 股，股利為面額的 6.5%。試依據：
(1) 特別股若為非累積特別股。
(2) 特別股若為累積特別股。
分別計算 ×7 年度與 ×8 年度普通股與特別股可分配的股利。

解析

特別股每年之基本股利 ＝ $10 × 200 × 6.5% ＝ $130

(1) 特別股若為非累積特別股：
　　×7 年度：所分派之 $100 全數配發給特別股持有人；普通股股東無法獲分派股利。
　　×8 年度：特別股持有人於 ×7 年度短少之 $30，因屬非累積，所以不必於 ×8 年度補償，因此 ×8 年度特別股持有人應分配之股利為 $130，其餘 $90 則屬於普通股股東。

(2) 特別股若為累積特別股：
×7 年度：特別股持有人獲分派 $100；普通股股東無法獲分派股利。
×8 年度：特別股股利 ＝累積積欠股利＋當年度特別股股利
　　　　　　　　　　＝ $30 ＋ $130 ＝ $160
　　　　　普通股股利 ＝ $220 － $160 ＝ $60

11.3　投入資本中的股本

學習目標 3
了解投入資本中的股本，包括普通股股本與特別股股本

　　股份有限公司向政府主管機關登記的資本總額，稱為**額定股本**或**授權股本**（authorized stock）。額定股本可以一次發行，亦可視資金需求之時點而分次發行。額定股本已發行之部分，稱為**已發行股本**（issued stock）。股票的發行一般以現金發行為主，其他方式如發行股票以取得非現金資產者則較少。

11.3.1　發行股票，取得現金

　　公司發行股票取得現金即為現金增資，不論是成立時發行股票或後續增資發行股票，公司可將發行股票取得之價款，依其規劃從事各項經濟活動。我國公司法規定股票均應有面額，若發行股票係取得現金，則股票發行價格相當於面額的部分，應貸記「股本」，如果發行的股份包括普通股與特別股，則分別用「普通股股本」與「特別股股本」項目以示區分；超過面額部分則分別貸記「資本公積－普通股發行溢價」與「資本公積－特別股發行溢價」。既有發行溢價，是不是也有發行折價呢？的確是有的。根據公司法第 140 條規定：「股票之發行價格，不得低於票面金額。但公開發行股票之公司，證券管理機關另有規定者，不在此限。」

會計部落格

　　民國 103 年 1 月 1 日起，臺灣證券交易所採用彈性面額股票制度，公司可自行決定股票面額；證交所也設置彈性面額股票專區，彙整揭露面額非 10 元

的公司資訊，讓投資人參考。

股市較低迷的時候，有公司以低於面額價格發行股票，也就是折價發行。公司法第 140 條（民國 90 年 11 月 12 日公布），原則上禁止公司折價發行股票，但授權證券管理機關得允許公開發行公司折價發行。「發行人募集與發行有價證券處理準則」（民國 91 年 5 月 22 日修正）第 21 條規定，發行人於辦理現金增資時，得折價發行。如台灣之星於民國 110 年 6 月 18 日公告，為達到六都涵蓋 90%、以及年底達六千站 5G 基地台建設目標，將辦理現金增資 120 億元，因股票流動性低，加上現階段營運所需金額龐大，若每股發行價格訂為每股面額 10 元或高於面額發行，原股東及員工認購意願會受影響，因此以低於面額折價發行新股。將辦理發行價格為每股 4.52 元之現金增資。

公司折價發行新股，應以面額與發行價格間之差額，借記先前溢價發行普通股產生之資本公積（即「資本公積 - 普通股股票溢價」項目），如有不足，則借記「保留盈餘」項目。台灣之星因為現金增資前帳列股東權益項下之累積虧損達 289 億元，評估這次現金增資折價發行會增加 52 億餘元的累積虧損，經減除折價發行之累積虧損餘額將為 341 億餘元。如果是折價發行，應以面額與發行價格間之差額，借記先前溢價發行普通股產生之資本公積（即「資本公積 - 普通股發行溢價」項目），如有不足，則借記「保留盈餘」項目。

釋例 11-2

史塔克 ×1 年初作現金增資，發行普通股 200 股，請依下列不同情況，判斷究竟是折價還是溢價發行？計算每股折價或是溢價是多少？並且作股票發行日之分錄：
(1) 普通股票面額為 $10，發行價格為 $11。
(2) 普通股票面額為 $10，發行價格為 $8.5。

解析

(1) 現金增資之發行價格 $11，超過面額 $10，此為溢價發行，每股溢價 $11 − $10 = $1。法定資本為面額 $10×200 = $2,000，超過面額部分 ($11 − $10)×200=$200 應列為資本公積。發行股票之分錄為：

現金	2,200	
普通股股本		2,000
資本公積－普通股發行溢價		200

(2) 現金增資之發行價格 $8.5，低於面額 $10，此為折價發行，每股折價 $10 − $8.5 = $1.5。差額部分 ($10 − $8.5)×200 = $300，應作為「資

本公積-普通股發行溢價」項目之減項。分錄為：

現金	1,700	
資本公積-普通股發行溢價	300	
普通股股本		2,000

11.3.2　非現金出資之會計處理

除了以現金出資，投資人還能以其他方式成為一家公司的股東。例如以提供技術方式或以提供土地或機器設備方式，換得股票成為股東。公司法規定，股東出資除現金外，並得以對公司之貨幣債權，或公司所需技術、商譽抵充，抵充數額須經董事會通過。不論何種方式，公司均應以所換取技術或資產之公允價值入帳，記於借方，若公司以發行普通股換取該技術或資產，則另應貸記「普通股股本」、「資本公積-普通股發行溢價」，以分別記錄普通股面額部分及超過面額部分。

釋例 11-3

×4年2月2日小波天線公司發行12股面額$10之普通股票以交換我愛螺帽企業的專利權。經鑑價結果，專利權之公允價值為$216。此外，小波天線於×4年3月1日發行40股普通股票換取公允價值$440之機器設備。試為小波天線公司作上述交易之分錄。

解析

(1) 依題意，小波天線公司除了借記$216的「專利權」（還記得嗎？專利權屬無形資產）與貸記$120的「普通股股本」〔即面額$10×12（股）〕外，另應貸記之差額$96以「資本公積-普通股發行溢價」項目記錄。

×4年2/2	專利權	216	
	普通股股本		120
	資本公積-普通股發行溢價		96

(2) 小波天線公司應借記機器設備$440，貸記普通股股本$400，並應貸記「資本公積-普通股發行溢價」，其金額即機器設備公允價值與新發行普通股股本之差額$40。

×4年3/1	機器設備	440	
	普通股股本		400
	資本公積-普通股發行溢價		40

11.4 資本公積

學習目標 4
了解資本公積之來源及相關交易之會計處理

投入資本中的資本公積，其來源除了前節討論的特別股發行溢價和普通股發行溢價外，尚有庫藏股票交易產生之資本公積，及受領股東贈與之資本公積等。有時候公司會將原已發行的股票買回，這種企業買回自己已發行、且買回後未作註銷之股票，稱為**庫藏股票**。如果公司以高價買回後，再低價賣出，當然是「虧到了」；如果公司以低價買回後再高價賣出，當然是「賺到了」。但企業絕不能在綜合損益表中認列庫藏股票交易之損益，因為公司不能藉由買賣自家股票而承認利益或損失。要想知道公司庫藏股票交易是「賺到了」還是「虧到了」，得看資產負債表中「資本公積-庫藏股票交易」消長情形。有關庫藏股票交易之會計處理將在第 11.8 節討論。

資本公積的來源包括：發行特別股溢價、發行普通股溢價（均包括現金增資溢價）、公司債轉換股本溢價、買賣庫藏股票產生之資本公積及股東捐贈。

捐贈資本 表彰股東贈與公司各類資產之權益項目。

資本公積的另一來源，是受領股東**捐贈資本**（Donated Capital）。例如大股東艾德於 6 月 27 日捐贈給 K 歌王公司辦公設備一批，公允價值為 3 萬元，K 歌王應在其權益項下貸記「資本公積-受領股東贈與」項目，金額為 3 萬元。分錄如下：

6/27	辦公設備	30,000	
	資本公積-受領股東贈與		30,000

以表 11-1 **穩懋半導體**（股票代號：3105）為例，該公司並無發行特別股，其股本均為普通股股本，在民國 110 年第一季季末的股本約為 42.4 億元，資本公積（主要來源為普通股發行溢價）約為 99.6 億元。

表 11-1　穩懋半導體民國 110 年 3 月底資產負債表之權益部分

穩懋半導體股份有限公司及子公司
資產負債表（部分）
110 年 3 月 31 日　　　　　　　　　　　　　　（單位：千元）

	金額	占資產 %
歸屬於母公司業主之權益股本		
普通股股本	$ 4,240,414	6
資本公積	9,963,079	14
保留盈餘	13,912,031	19
其他權益		
其他權益	3,527,944	5
歸屬於母公司業主權益股本合計	$ 31,643,468	45
非控制權益	$ 1,587,023	2
權益總計	$ 33,230,491	47

11.5　保留盈餘

　　企業在一會計期間所認列的收入與利益，減去所認列的費用與損失之後，若為正數，代表這個企業賺錢；也就是說它獲有淨利、或稱純益或盈餘；反之，則有淨損，或稱虧損或純損。企業經營獲有盈餘，理應分配給股東，作為股東投資的報償，然而，企業不一定會將盈餘全數分配予股東當作股利，這些未分配給股東的部分即構成保留盈餘。

11.5.1　保留盈餘之指撥

　　公司盈餘為分配股利的來源，但由於公司法、公司章程、債務契約、股東會決議等規定或要求，限制公司不得自由分配盈餘，這部分的保留盈餘即是**指定用途**或是**指撥**（appropriated）**之保留盈餘**。所有的保留盈餘扣除指定用途（或指撥）的金額，即公司可自由分配的保留盈餘。換言之，保留盈餘的總額包括指定用途與可自由分配的金額。

指定用途／指撥保留盈餘　未提撥保留盈餘為分配股利之來源，由於公司法、公司章程、債務契約、股東會決議等規定或要求，限制公司不得自由分配。此部分受有限制之保留盈餘，即是指定用途或指撥之保留盈餘。

保留盈餘包含依法提撥的法定盈餘公積外，公司尚可依契約規定或股東會決議指撥盈餘，稱為特別盈餘公積。公司保留盈餘扣除法定盈餘公積與特別盈餘公積後的餘額，即為可以自由分配之盈餘，實務上常用「未提撥保留盈餘」或「未分配盈餘」表達之。表 11-1 顯示，穩懋半導體的保留盈餘約 139.1 億元。

11.5.2　前期損益調整

公司有時在完成結帳並編製財務報表之後，才發現會計處理出錯，財務報表也不正確，此時往往已經在次一年度了，該怎麼辦？一方面，發生錯誤的年度已經做完結帳分錄，無法更正該年度之收益或費損項目，但另一方面，此一錯誤影響的是該年度損益，當然不能由發現錯誤的年度來承擔。

> **前期損益調整**　公司結帳後才於次年度發現以前會計處理有錯，而影響損益，應於發現年度作更正分錄，使用「前期損益調整」項目調整錯誤年度損益，並應調整發現年度之期初保留盈餘。

會計上面對這種問題，使用**前期損益調整**（Prior Period Adjustment）項目來更正前期錯誤所造成的損益影響。例如戰爭遊戲公司將其公司 ×6 年度之瓦斯費用（尚未支付）50 萬元，誤認為 5 萬元，此一錯誤使 ×6 年度之瓦斯費用與應付瓦斯費均少列 45 萬元，在不考慮稅負效果的情況下，該年度淨利虛增 45 萬元。此事一直到 ×7 年 6 月 1 日才被發現，該公司應於發現當日作更正分錄如下：

×7 年 6/1	前期損益調整	450,000	
	應付瓦斯費		450,000

上項分錄的借方項目性質上類似「本期淨利」，只是這筆金額是要調減 ×6 年度而非 ×7 年度之淨利，因此，用「前期損益調整」代表要減少前年度之淨利。貸方項目為「應付瓦斯費」，此乃因 ×6 年度不僅少列費用，也少列應付之負債，應予更正之。

保留盈餘增加的原因包括本期淨利和前期損益調整，保留盈餘減少的原因包括本期淨損、股利分配和前期損益調整，而保留盈餘表的編製係報導某一會計期間保留盈餘增減變動情形的報表。一般而言，保留盈餘若有部分指撥，且本期中指撥部分亦有變動，則應在保留盈餘表作說明，以下釋例不包含此部分之討論，僅介紹簡化

之保留盈餘表的編製。

釋例 11-4

阿綱公司 ×6 年 1 月初之保留盈餘為 $2,000，假設在 ×6 年中發現 ×5 年之折舊費用由於計算錯誤而低估 $100。其他資訊包括：×6 年度之淨利為 $400，發放現金股利 $200，公司適用稅率為 20%。

試作：編製阿綱公司 ×6 年度之保留盈餘表。

解析

(1) 折舊費用低估 $100，因此 ×5 年之稅後淨利高估 $100×(1 − 20%) = $80，此項前期損益調整係和 ×5 年度之綜合損益表有關，應作為 ×6 年 1 月 1 日期初保留盈餘之調整項。

(2) 保留盈餘表編製如下：

阿綱公司 保留盈餘表 ×6 年 1 月 1 日至 12 月 31 日	
1 月 1 日餘額	$2,000
減：前期淨利高估之改正	
（折舊費用低估）	(80)
1 月 1 日調整後餘額	$1,920
加：淨利	400
減：股利分配	(200)
12 月 31 日餘額	$2,120

會計好簡單

以下是自來也雪橇公司 ×3 年底分類資產負債表權益項下各個項目：

未分配盈餘	$200
特別股發行溢價	80
普通股發行溢價	340
捐贈資本	260
指定廠房擴建用途之保留盈餘	600

指定訴訟賠償等或有用途之保留盈餘	200
1.8% 特別股股本	560
（面額 $10，累積非參加，核定股數 200 股， 發行及流通在外股數 56 股）	
普通股股本	240
（面額 $10，核定股數 60 股，發行股數 24 股）	

請就以上各項目，編製 ×3 年底自來也雪橇公司資產負債表權益部分（不考慮法定盈餘公積）。

解析

自來也雪橇公司
資產負債表（權益部分）
×3 年 12 月 31 日

投入資本

1.8% 特別股股本（面額 $10，累積非參加，核定股數200股，發行及流通在外股數 56 股）	$560	
普通股股本（面額 $10，核定股數 60 股，發行股數 24 股）	240	
股本總額		$ 800
資本公積		
特別股發行溢價	$ 80	
普通股發行溢價	340	
捐贈資本	260	
資本公積總額		680
投入資本總額		$1,480
保留盈餘		
未分配盈餘	$200	
特別盈餘公積		
指定廠房擴建用途	$600	
指定訴訟賠償等或有用途	200	
特別盈餘公積總額	800	
保留盈餘總額		1,000
權益總額		**$2,480**

11.6 現金股利與股票股利

> **學習目標 6**
> 了解現金股利與股票股利及其相關之會計處理

公司將經營業務所獲得之盈餘分配給股東，即是股利。公司的股東依其持股多寡，可獲分配不同金額之現金股利或股票股利，本節將依序介紹此兩種股利宣告與發放時之會計處理。

11.6.1 現金股利

公司發放現金股利給股東時，有三個日期相當重要：**宣告日**（declaration date）、**除息日**（ex-dividend date）與**付息日**（dividend payment date）。公司必須在宣告日公開對外宣布在何時（付息日）發放每股多少現金股利，並在付息日依約支付，所以付息日即是**現金股利發放日**。因為股票經常被買賣而易手，所以公司也必須說明現金股利是支付給何時擁有股票的股東，所以公司也會宣布除息日，除息日當天或之後買入股票的人就不能獲配股利，因此股利是發給在除息日前一晚擁有股票的人。

在現金股利宣告日，企業應借記保留盈餘（或未分配盈餘）、貸記應付股利。應付股利是一流動負債項目。除息日不必作分錄，只需要作備忘記錄，因為該日只是確認股利應該發給誰，公司發放的義務（應付股利）總額是不變的。在**付息日（現金股利發放日）**，企業應借記應付股利，貸記現金。

公司若發行普通股與特別股，普通股與特別股現金股利通常在同一天宣告、同一天發放。普通股與特別股現金股利宣告日與發放日應作分錄如釋例 11-5 所示。

釋例 11-5

緋紅文創本期特別股現金股利 $7，普通股現金股利 $4，則其股利宣告日與發放日應作何分錄？

解析

(1) 宣告日應作分錄為

保留盈餘	11	
應付股利－特別股		7
應付股利－普通股		4
(2) 普通股與特別股現金股利發放日應作分錄為		
應付股利－特別股	7	
應付股利－普通股	4	
現金		11

11.6.2　股票股利

股票股利 又可稱為盈餘轉增資或無償配股

　　企業分配**股票股利**（stock dividend）予股東，即是將公司的盈餘轉為股本，或稱為「**盈餘轉增資**」。由於股東不必繳交現金即可獲得股票，實務上也常稱為**無償配股**。分配股票股利會使保留盈餘減少，股本增加。

　　依美國實務，當企業將要分配的股票數是企業流通在外股數之 20% 至 25% 以下時，記錄**保留盈餘的減少是以宣告日股票的市價乘以額外發行的股數**（即無償配股股數）作為計算的基礎。

　　在**股票股利宣告日**，企業應借記「保留盈餘」、貸記「待分配股票股利」及「資本公積－普通股發行溢價」，三者都是權益項目。其中「待分配股票股利」並非負債項目，係屬於股本之過渡性項目，因為宣告時尚未將股票正式交付給股東，因此暫時以此項目記錄，一旦經由主管機關核准，並正式發放給股東時，即會轉變為股本。待分配股票股利列於權益中，作為股本的加項。企業宣告股票股利時，其權益總額不變，但是權益的組成有改變。

　　企業決定分配股票股利，使得原有流通在外的股數增加。假設孟倫公司原有流通在外股數 500 股，面額 $10，宣告發放 10% 股票股利時，股票市價為 $17，則在股利宣告日，應從保留盈餘中轉出 $850（即 $17×500×10%），並以面額貸記待分配股票股利 $500（即 $10×500×10%），超過面額部分則列為普通股發行溢價之資本公積，分錄如下：

保留盈餘	850	
待分配股票股利		500
資本公積－普通股發行溢價		350

在**除權日**（ex-stock-dividend date），孟倫公司**不必作分錄**，只須作備忘記錄。除權日類似除息日，在當日或之後買入股票的人就沒有權力獲配股票股利。到了**股票股利發放日**（stock dividend distribution date），該公司應作分錄如下：

待分配股票股利	500	
普通股股本		500

以上之分錄即是將待分配股票股利轉為股本。股票股利之宣告與發放，造成保留盈餘減少，普通股股本增加，所以也被稱為「盈餘轉增資」。

　　依美國實務，當宣告發放股票股利在 20% 至 25% 以上時，應以面額記載股票股利金額；低於 20% 時，則依市價記載。如原有 500 股流通在外的斗情禮品公司發放 28% 之股票股利，以面額 $10，保留盈餘應減少 $1,400（＝ $10×500×28%），在宣告日應作之分錄如下：

保留盈餘	1,400	
待分配股票股利		1,400

依國內會計實務之作法，當公司宣告股票股利時，不論發放多少，保留盈餘之減少均以面額作為計算的基礎。

> 依美國實務，股票股利小於 20%，公司應以股票市價為基礎，記錄保留盈餘之減少。大於 25% 時，則應以面額為基礎；20% 至 25% 時，公司得自由選擇。國內實務則均依面額計算。

11.7　其他權益項目

學習目標 7
了解公司組織其他權益項目

　　除了股本、資本公積與保留盈餘外，權益項下還包括累積多年的其他綜合損益，概稱**其他權益**項目，其來源包括「不動產、廠房及設備之重估增值」、「現金流量避險」、「透過其他綜合損益按公允價值衡量之債務工具投資之評價損益」、「透過其他綜合損益按公允

價值衡量之權益工具投資之評價損益」，以及「國外營運機構財務報表換算之兌換差額」等。例如：「不動產、廠房及設備之重估增值」即為企業對不動產、廠房及設備重估價增值之逐年累積數。就像本期淨利（損）結帳轉入累積於保留盈餘一樣，其他權益項目是由其他綜合損益項目結帳轉入，為各期其他綜合損益之累積數。例如，**穩懋**在民國110年3月底之其他權益合計為35.3億元。

11.8 庫藏股票

學習目標 8
了解庫藏股票之意義及相關之會計處理

庫藏股票（Treasury Stock）是指公司已發行，經收回而尚未正式註銷的股票。公司若是購買他人的股票，則應列為股票投資，但庫藏股票則是公司買回本身已發行的股票。公司實施庫藏股票，形同退還資本給股東，因此會造成權益的減少，所以庫藏股票並非公司之資產。同時庫藏股票並無投票權也沒有分配股利或認購股份的權利。在資產負債表上，庫藏股票應作為權益的減項，不得列為公司之資產。如**國巨**（股票代號：2327）民國110年3月底庫藏股票成本累計為$24億，該金額係權益之減項。為什麼企業要實施庫藏股票呢？其理由包括為因應員工分紅入股或履行員工認股計畫之需求、備供發放股票股利，或管理當局認為目前股價偏低，故先在市場上買回自己的股票等市場價格較高時再發行。有的時候，公司也有可能收購異議股東的股票，因為對於股東會重大議案之決議不贊同之股東，得請公司按市價買回其股票。

庫藏股票 庫藏股票是權益的抵銷項目，正常餘額在借方，表達公司買回其已發行股票所造成之業主權益減少。公司實施庫藏股票使公司流通在外股數減少。

成本法 公司實施庫藏股票時，「庫藏股票」以實際買回成本認列。

我國公司在下列三種情形下可實施庫藏股票：(1) 轉讓員工；(2) 因應認股權或轉換證券之發行；(3) 維護股東權益。

庫藏股票交易的會計處理，採**成本法**（cost method）。公司收回已發行股票作為庫藏股票時，其屬買回者，應將所支付之成本借記「庫藏股票」項目；其屬接受捐贈者，應依公允價值借記「庫藏股票」。公司處分庫藏股票時，若處分價格高於帳列金額，其差額應貸記「資本公積－庫藏股票交易」項目；若處分價格低於帳列金額，其差額應沖抵（借記）同種類庫藏股票之交易所產生之資本公積；

如有不足,則借記保留盈餘。

公司若正式辦理減資手續而將買回之庫藏股票予以註銷,此時股票之原始發行價格(包含股本及發行溢價)以及庫藏股票成本應一併沖銷,兩者之差額應作為「資本公積-庫藏股票交易」項目之增減,該項目不夠沖減時,其差額再借記「保留盈餘」。

會計部落格

各類型減資公司家數及減資金額

企業經常實施各類型減資,以下是民國 109 年 6 月 29 日至 110 年 8 月 6 日這 403 天之間,各類型減資公司家數(共 375 家)及減資金額(共 566 億元)統計:

基準日	彌補虧損 公司家數	彌補虧損 減資金額(千元)	現金減資 公司家數	現金減資 減資金額(千元)	庫藏股減資 公司家數	庫藏股減資 減資金額(千元)	註銷限制員工權利新股 公司家數	註銷限制員工權利新股 減資金額(千元)
109/06/29 至 110/08/06	46	$37,356,634	22	$12,097,606	121	$6,987,964	186	$146,291

(資料來源:台灣證券交易所)

會計部落格

限制員工權利新股制度是企業獎酬工具

晶圓代工龍頭台積電於民國 110 年 4 月 22 日召開臨時董事會,決議為吸引及留任公司高階主管,並強化高階主管對創造長期股東價值的責任,實現環境、社會及公司治理(Environmental, Social, Governance, ESG)成果,核准發行不超過 260 萬股的 2021 年限制員工權利新股案,此為台積電首次發行限制員工權利新股。

限制員工權利新股係公司發給員工之新股附有服務條件或績效條件等既得條件,員工於既得條件達成前,其股份之權利受到限制。而公司可依自身需求設計受限制的股票權利,例如限制股票不得轉讓之期間、不得參與表決權、不得參與配股、配息。未來員工提前離職或在職表現不符績效標準,公司可依發行辦法之規定收回股票並辦理註銷。

台積電指出,為留住重要人才,並將其獎酬連結股東利益與 ESG(環境、社會、公司治理)成果,因此將公司高階主管部分的變動薪酬,轉換為以股票型式發放的長期獎酬。本方案適用對象為對公司經營績效、股東利益、及公司治理有直接且高度影響的高階主管。

(摘錄改寫自鉅亨網報導)

釋例 11-6

×5 年 8 月 1 日快銀公司首次實施庫藏股，買回 100 股股票，買進時每股公允市價為 $15，8 月 30 日以每股 $18 賣出 20 股所持有之庫藏股票，另於 10 月底再以 $11 賣出 16 股。12 月 10 日將所剩下 64 股庫藏股票註銷，該部分之股票面額為 $10，原始發行價格為 $14。試按成本法作必要之分錄。

解析

(1) 8 月 1 日公司以購買成本 $1,500 借記庫藏股票，其分錄為：

8/1	庫藏股票	1,500	
	現金		1,500

(2) 8 月 30 日公司賣出 20 股其所持有之庫藏股票，售得 $360，因為所得現金超過原付出金額 $15×20 = $300，除了貸記成本 $300 的「庫藏股票」，還應該將其差額 $60 貸記「資本公積-庫藏股票交易」，這筆交易其實公司是賺到了，但是庫藏股票交易之差額不能進入綜合損益表。

8/30	現金	360	
	庫藏股票		300
	資本公積-庫藏股票交易		60

(3) 10 月底快銀公司賣出另外的 16 股，售得 $176，因為所得現金少於原付出金額 $15×16 = $240，除了將成本 $240 的「庫藏股票」貸記歸零，還應該將其差額 $64 借記「資本公積-庫藏股票交易」，惟該項目僅有 $60 之餘額，不足之數 $4 借記「保留盈餘」。

10/31	現金	176	
	資本公積-庫藏股票交易	60	
	保留盈餘	4	
	庫藏股票		240

(4) 12 月 10 日將所剩下 64 股庫藏股票註銷，因此原發行時貸記之股本及溢價應予沖銷，其與庫藏股票買回成本之差額部分應沖銷「資本公積-庫藏股票交易」，惟該項目已無餘額，故借記「保留盈餘」。

12/10	普通股股本	640	
	資本公積-普通股發行溢價	256	
	保留盈餘	64	
	庫藏股票		960

會計好簡單

宗介公司用「成本法」處理「庫藏股票」交易，請幫宗介公司想一想，以下三個事件應該如何作分錄？

(1) 1月11日宗介公司以成本 $15,000 買進「庫藏股票」。
(2) 11月2日宗介公司賣出半數其所持有之庫藏股票，售得 $8,000。
(3) 12月3日，宗介公司賣出所剩下另一半其所持有之庫藏股票，售得 $7,400。

解析

(1) 1/11　　庫藏股票　　　　　　　　　15,000
　　　　　　　　現金　　　　　　　　　　　　　　15,000

(2) 11/2　　現金　　　　　　　　　　　 8,000
　　　　　　　　庫藏股票　　　　　　　　　　　 7,500
　　　　　　　　資本公積－庫藏股票交易　　　　 500

(3) 12/3　　現金　　　　　　　　　　　 7,400
　　　　　　資本公積－庫藏股票交易　　 100
　　　　　　　　庫藏股票　　　　　　　　　　　 7,500

11.9　公司獲利能力評估

學習目標 9
如何運用本章所介紹權益概念評估經營績效

本節將介紹如何運用本章所學到的權益之相關概念，評估公司經理人的經營績效，藉以作為股東或投資人的決策參考。

11.9.1　每股盈餘

每股盈餘（earnings per share, EPS）係指若企業當年度賺得的淨利全數分配給股東，則持有一股的普通股股份可分享多少淨利，雖然綜合損益表會報告當期淨利或淨損總額，但普通股股東更關心的是其持有股份每一股的淨利是多少，因此每股盈餘是評估公司獲利能力的重要指標，而且每股盈餘資料是綜合損益表的一部分，應列示在本期淨利的下方。每股盈餘之一般計算公式為

每股盈餘 係指持有一股的普通股股份可分享多少淨利；是綜合損益表的一部分，須列在本期淨利的下方。

$$每股盈餘 = \frac{本期淨利 - 特別股股利}{加權平均流通在外普通股股數}$$

企業有時候於年度當中增資，使其流通在外股數增加，既然公司不是從年初到年底均維持相同的股數，應該以加權平均方式，計算流通在外股數。例如朱克公司年初流通在外普通股股數為 2,000 股，該公司於 4 月 1 日現金增資發行 400 股，則加權平均流通在外股數為

$$(2{,}000\ 股 \times \frac{3}{12}) + (2{,}400\ 股 \times \frac{9}{12}) = 2{,}300\ 股$$

會計好簡單

開發金控（股票代號：2883）結算其民國 110 年上半年度淨利為 169.56 億元，同期間加權平均流通在外普通股股數約為 149 億股，該公司未發行特別股，則該期間之每股盈餘為多少？

解析

$$普通股每股盈餘 = \frac{淨利 - 特別股股利}{加權平均流通在外普通股股數} = \frac{\$51.65\ 億 - \$0}{46.1\ 億股} = \$1.12$$

11.9.2 其他投資報酬率指標

每股盈餘外，其他投資報酬指標，包括資產報酬率、普通股權益報酬率和本益比。**資產報酬率**（return on total assets, ROA）表彰企業每動用 1 元資產，為債權人與股東兩大資金提供者帶來多少稅後報償。

資產報酬率 表彰企業每運用 1 元資產，可以為債權人與股東兩大資金提供者帶來的稅後報償。

$$資產報酬率 = \frac{利息費用 \times (1 - 稅率) + 淨利}{平均總資產}$$

普通股權益報酬率（return on common equity, ROE）則呈現普通股股東每提供公司 1 元資金，可以獲得多少稅後報償。

$$普通股權益報酬率 = \frac{淨利 - 特別股股利}{平均普通股權益}$$

普通股權益報酬率 表彰股東每提供公司1元資金，可以獲得的稅後報償。

在新冠病毒肆虐下，生產AZ疫苗的**阿斯特捷利康**（Astra-Zeneca；倫敦掛牌股票代號：AZN）於2021年上半年度普通股權益報酬率為25.40%。

本益比（price-to-earnings ratio, PE Ratio）則顯示企業每賺取1元盈餘，投資人於期初需要花多少錢購買股票，亦即股票市價為每股盈餘之倍數。

本益比 則顯示在1年當中企業每賺取1元盈餘，投資人於期初需要動用多少元購買股票。

$$本益比 = \frac{普通股每股市價}{每股盈餘}$$

在變種新冠病毒肆虐下，股市預期工商界將會持續有龐大的視訊會議需求，**Zoom 通訊服務**（在那斯達克（Nasdaq）掛牌股票代號：ZM）因獲利前景佳，其2021年8月30日本益比高達99.6倍。

釋例 11-7

紹卿工藝的所得稅稅率是20%，該公司

1. ×3年資產負債表顯示以下之期末餘額：總資產$17,000、權益$7,000、特別股股本$1,000。
2. ×3年綜合損益表中利息費用$100、淨利$1,000；權益變動表顯示其當年度特別股現金股利$200、普通股現金股利$850。
3. ×4年資產負債表顯示以下之期末餘額：總資產$22,000、權益$10,000、特別股股本$1,000。
4. ×4年綜合損益表中利息費用$120、淨利$1,500；權益變動表顯示其當年度特別股現金股利$200、普通股現金股利$560。
5. ×4年12月31日每股紹卿之普通股價格為$11.7，×4年度普通股之加權平均流通在外股數為2,000股。

請為公司計算×4年度之

(1) 每股盈餘。
(2) 資產報酬率。
(3) 普通股權益報酬率。
(4) 本益比。

解析

(1) 每股盈餘 = $\dfrac{\text{淨利} - \text{特別股股利}}{\text{加權平均流通在外普通股股數}}$

$= \dfrac{\$1,500 - \$200}{2,000}$

$= \$0.65$

(2) 資產報酬率 = $\dfrac{\text{利息費用} \times (1 - \text{稅率}) + \text{淨利}}{\text{平均總資產}}$

$= \dfrac{\$120 \times (1 - 20\%) + \$1,500}{\dfrac{(\$17,000 + \$22,000)}{2}}$

$= 8.18\%$

(3) 普通股權益報酬率 = $\dfrac{\text{淨利} - \text{特別股股利}}{\text{平均普通股權益}}$

$= \dfrac{\text{淨利} - \text{特別股股利}}{\text{平均權益} - \text{平均特別股股本}}$

$= \dfrac{\$1,500 - \$200}{\dfrac{(\$7,000 + \$10,000)}{2} - \dfrac{(\$1,000 + \$1,000)}{2}}$

$= 17.33\%$

(4) 本益比 = $\dfrac{\text{普通股每股市價}}{\text{每股盈餘}} = \dfrac{\$11.7}{\$0.65}$

$= 18 \text{ 倍}$

會計達人

羅勒夜車公司核准發行 (i) 每股面額 $10,股利為面額為 3.75% 之特別股 10,000 股,以及 (ii) 每股面額 $10 的普通股 25,000 股。×3 年 1 月 1 日分類帳中權益相關項目之餘額如下:

特別股股本（1,300 股）	$13,000
特別股發行溢價	1,500
普通股股本（4,000 股）	40,000
普通股發行溢價	12,000
保留盈餘	50,000

×3 年間發生下列情況：

2 月 1 日　羅勒夜車公司發行普通股股票 8,000 股，發行價格為 $12.5。
3 月 1 日　發現 ×2 年度因計算錯誤而低估預期信用減損損失，其產生之稅後淨額效果為 $3,000。
6 月 1 日　以每股 $14 買回普通股 1,000 股。
6 月 15 日　以每股 $15 售出 500 股庫藏股票。
8 月 1 日　羅勒夜車公司發行 100 股特別股取得專利權，專利權之賣方開價 $2,000，每股特別股之市價為 $18。
12 月 31 日　當年度淨利 $25,000，當年度未宣告發放股利。

試作：

(1) 上述相關日期之分錄，以及淨利之結帳分錄。
(2) 編製羅勒夜車公司 ×3 年 12 月 31 日權益部分。

解析

(1) 交易分錄如下：

2/1	現金	100,000	
	普通股股本		80,000
	資本公積 - 普通股發行溢價		20,000
3/1	保留盈餘	3,000	
	備抵損失		3,000
6/1	庫藏股票	14,000	
	現金		14,000
6/15	現金	7,500	
	庫藏股票		7,000
	資本公積 - 庫藏股票交易		500
8/1	專利權	1,800	
	特別股股本		1,000
	資本公積 - 特別股發行溢價		800

| 12/31 | 本期損益 | 25,000 | |
| | 保留盈餘 | | 25,000 |

(2) 權益相關項目在 ×3 年 12 月 31 日之餘額如下：
特別股股本＝ $13,000 + $1,000 = $14,000
特別股發行溢價＝ $1,500 + $800 = $2,300
普通股股本＝ $40,000 + $80,000 = $120,000
普通股發行溢價＝ $12,000 + $20,000 = $32,000
資本公積－庫藏股票交易＝ $500
保留盈餘＝ $50,000 − $3,000 + $25,000 = $72,000
庫藏股票＝ $14,000 − $7,000 = $7,000

羅勒夜車公司
資產負債表（部分）
×3 年 12 月 31 日

權益

投入資本：

特別股股本（3.75%，面額 $10，核定 10,000 股，發行 1,400 股）	$ 14,000	
普通股股本（面額 $10，核定 25,000 股，發行 12,000 股）	120,000	
股本總額		$134,000
資本公積：		
特別股發行溢價	$ 2,300	
普通股發行溢價	32,000	
庫藏股票交易	500	
資本公積總額		34,800
保留盈餘		72,000
減：庫藏股票		(7,000)
權益總額		$233,800

附錄　合夥人權益

　　如果悟空君是金箍棒球企業唯一的出資人，金箍棒球企業就是一獨資事業；合夥組織的業主至少有兩人，如果白龍、千尋共同

出資開設忘年童裝，忘年童裝就是一合夥組織；而股份有限公司組織為兩人以上股東組成之營利事業。獨資、合夥和公司三種組織型態下，企業資產負債表中資產與負債項應是大同小異，但權益項很不一樣。獨資事業資產負債表中的權益項常常僅有業主權益，如上述金箍棒球企業資產負債表中權益項或許僅有「悟空君資本」一項之餘額；公司組織的權益項則包括股本、資本公積、保留盈餘與庫藏股票等項目；合夥組織資產負債表中的權益項主要則是各合夥人資本餘額，如上述忘年童裝資產負債表中權益項項目包括「白龍君資本」與「千尋君資本」。合夥組織型態有兩大類：在**一般合夥組織**（general partnership）中，所有的合夥人都要負無限償債責任；**隱名合夥組織**（limited partnership）中，**具名營業人**（general partners）執行隱名合夥組織業務，須負無限償債責任，**隱名合夥人**（limited partners）的償債責任，則限於其出資額內，負分擔損失之責任。將來同學如果要和好友合夥開創事業，最重要是要知道法律上合夥人間屬**相互代理**（mutual agency），對於合夥人對外所做各項約定，你可能有無限的償付或是履行責任。同學要知道的另一合夥組織特性是：組織中任一合夥人退出或是過世，合夥組織就得解散，原本是黑黃白皮膚科診所，白君退出或是過世後，便成為另一個合夥組織──黑黃皮膚科診所。第三項不可不知的特性是，各合夥人之出資及其他合夥財產，為合夥人全體之共同共有。

　　合夥組織經濟活動中，不少會影響其權益項，這些活動及其會計分錄，我們在本附錄中為同學作列示。

1. 兩人以上合夥人投注資源，成立合夥事業

　　合夥組織可能是由兩人以上合夥人，各自挹注資金所設立。如下面的分錄顯示隋唐樂團是北周君與北齊君合出 $8,500 現金，於 ×2 年中設立。

×2 年 7/1	現金	8,500	
	北周君資本		5,800
	北齊君資本		2,700

合夥組織也可能是由兩人以上合夥人,各自以原有獨資或是合夥事業整併設立。如下面的分錄顯示忘年童裝合夥事業是白龍、千尋兩人將各自原先獨資事業結合而成。成立時分錄如下:

×8年1/31	廠房	6,050	
	應付帳款		50
	白龍君資本		6,000
×8年1/31	應收票據	3,140	
	辦公用品	730	
	網路設備	3,950	
	運輸設備	19,560	
	應付帳款		3,950
	應付抵押借款		7,350
	應付銀行借款		7,860
	千尋君資本		8,220

2. 本期損益結清至各合夥人資本

同學還記得獨資事業在期末結帳分錄將各收入、費用項項目歸零後,收入、費用項差額會結入「本期損益」項目嗎?下面的分錄顯示忘年童裝合夥事業期末結算盈餘(借記結轉本期損益,貸記增加各自資本)、分配到兩人的資本項目中。

×8年12/31	本期損益	9,600	
	白龍君資本		7,200
	千尋君資本		2,400

3. 合夥人提取資金

下面的分錄,顯示在本年度中,白龍與千尋先後「依自己所需要現金」自收銀機中提取現金,當然須小於帳列資本額。金箍棒球企業如果是獨資事業,悟空君自店中取走任何資產供私人用途時,最終會造成「悟空君資本」的減少。「合夥人提取」是合

夥人權益中之抵銷項目，正常餘額在借方（左方）。

×9年6/2	白龍君提取	800	
	現金		800
×9年9/4	千尋君提取	1,000	
	現金		1,000

「合夥人提取」正常餘額在借方（左方），期末作結帳分錄時應該將提取帳戶結清，分別貸記結清「白龍君提取」、「千尋君提取」帳戶，借記減少各自的資本：

12/31	白龍君資本	800	
	千尋君資本	1,000	
	白龍君提取		800
	千尋君提取		1,000

4. 合夥人盈餘分配的依據

　　合夥事業可能依照任何事先約好的比例分配盈餘。常見的盈餘分配依據有以下幾種：

(1) 平均分配至各合夥人。
(2) 合夥人依照出資比例朋分盈餘；依我國民法，分配損益之成數未經約定者，按照各合夥人出資比例決定。
(3) 先償付合夥人提供勞務應得報酬，再依照出資比例分配盈餘。
(4) 先償付合夥人出資所應得利息，再依照事先約定比例分配盈餘。
(5) 先償付合夥人出資所應得利息與提供勞務應得報酬，再依照事先約定比例分配盈餘。

摘要

權益包括股本、資本公積、保留盈餘及其他權益項目。股本與資本公積合稱投入資本，包括企業之特別股股本、普通股股本、資本公積（如特別股發行溢價、普通股發行溢價等）。公司有時自市場買回已發行之股票，但買回未必得註銷；買回而未註銷之股票稱為庫藏股票。庫藏股票為權益之減項，代表流通在外股票的減少。特別股持有人擁有：(1)每年度優先分配股利權利，與 (2) 企業最終結束營業時優先領回面額或清算價值的權利，所以也被稱為優先股。公司的最終所有權人是普通股持有人，即一般所稱之股東。

綜合損益表的本期損益，代表公司獲利的情形，若本期賺錢，代表獲有盈餘；稱之本期淨利或本期純益；反之，本期虧損時，稱為本期淨損或本期純損。本期的盈餘若未全數分配給股東，剩餘的盈餘保留於公司，稱為「保留盈餘」。在綜合損益表的「本期損益」數字之下，還有另一項重要資訊：每股盈餘，意指若將公司年度盈餘全數分配予普通股股東，則每一股份可分得多少盈餘。如果公司除普通股外，尚發行特別股，則其每股盈餘即本期淨利減去特別股股利，再除以流通在外普通股股數。

股利之宣告與發放會造成保留盈餘之減少。在現金股利、股票股利宣告日，應借記保留盈餘；除息日或除權日不必作分錄，只需要作備忘記錄。在現金股利發放日，現金會減少；在股票股利發放日，普通股股本會增加。評估公司經營績效除了每股盈餘外，尚有其他投資報酬指標包括資產報酬率、權益報酬率與本益比。總資產報酬率表彰企業每動用 1 元資產，可以為債權人與股東帶來多少稅後報償；權益報酬率衡量股東每提供公司 1 元資金，可以獲得多少稅後報償；本益比則為每股價格對每股盈餘比率，顯示在 1 年中每賺取 1 元盈餘，投資人需要動用多少元購買股票。

本章習題

問答題

1. 與獨資、合夥事業比較，股份有限公司有哪幾項特徵？
2. 普通股股東有哪些權利？
3. 請說明綜合損益表的本期淨利（即「純益」）、每股盈餘、普通股股數間關係。
4. 請說明股本、資本公積、保留盈餘的意義。
5. 在何種情況下，投入資本中的股本會增加？
6. 在何種情況下，投入資本中的資本公積會增加？

7. 在何種情況下，保留盈餘會增加？
8. 請說明淨利、現金股利、股票股利、保留盈餘等彼此間的關係。
9. 無味公司發行 1 億股面額為 $10 的普通股票，則
   (1) 該公司普通股股本會增加多少？
   (2) 未來該公司盈餘成長時，每股普通股股利會一起成長嗎？
10. 有聲公司發行面額為 $10，股利為 1.5% 的非參加特別股，
    (1) 各年度每股特別股股利是多少？
    (2) 未來該公司盈餘成長時，每股特別股股利會一起成長嗎？
11. 請說明庫藏股票的意義。
12. 庫藏股票是資產項目嗎？
13. 什麼是每股盈餘？
14. 試回答下列問題：
    (1) 普通股現金股利增加時，每股盈餘會增加嗎？
    (2) 特別股現金股利增加時，每股盈餘會增加嗎？
    (3) 股票股利增加時，每股盈餘會增加嗎？

選擇題

1. 當公司即將破產清算時，分配剩餘財產時，誰排在最後面呢？
   (A) 債權人　　　　　　　　(B) 員工
   (C) 普通股股東　　　　　　(D) 總經理

2. 普通股的面值代表何種意義？
   (A) 股票票面金額　　　　　(B) 股票贖回價格
   (C) 股票市場價格　　　　　(D) 股票發行溢價

3. 小櫻公司於分配股票股利前流通在外股數為 500 股，若股東會決定分配股東每股 0.2 股的公司股票，則分配後流通在外股數為多少？
   (A) 200 股　　　　　　　　(B) 400 股
   (C) 600 股　　　　　　　　(D) 800 股

4. 琦玉公司決定結束營業、出售各項非現金資產，以下各項程序的發生先後順序為何？
   (i) 股東依持股多寡獲配剩餘資產。　(ii) 支付各項法律成本。
   (iii) 完成對債權人的還款付息義務。
   (A) (i) (ii) (iii)　　　　　(B) (iii) (i) (ii)

(C) (iii) (ii) (i)   (D) (ii) (iii) (i)

5. 露西禮服×7年底資產負債表中有股本 $6,000、特別股發行溢價 $400、普通股發行溢價 $4,800，則該公司×7年底資本公積總額為何？

   (A) $11,200   (B) $10,800
   (C) $6,400   (D) $5,200

6. ×5年底可望眼鏡保留盈餘總額 $6,000、資本公積總額 $8,000、股本 $8,000、庫藏股票 $4,000，則該公司×5年底的權益為何？

   (A) $26,000   (B) $22,000
   (C) $18,000   (D) $14,000

7. 待分配股票股利屬於下列哪一種項目？

   (A) 資產   (B) 流動負債
   (C) 非流動負債   (D) 權益

8. 以下哪一項交易，不影響企業的每股盈餘？

   (A) 在市場上買回流通在外股票、增加庫藏股票餘額
   (B) 以低於買進時成本價再度賣出庫藏股票
   (C) 認列銷貨收入
   (D) 宣告並發放普通股現金股利

9. 如果股價不變，企業的淨利愈高，其本益比的變化為何？

   (A) 愈高
   (B) 愈低
   (C) 高科技產業應愈低，傳統產業應愈高
   (D) 負債較高企業應愈低，負債較低企業應愈高

10. 普通股股價高時，「可轉換特別股」持有人可依照既定轉換比率，將手中特別股轉換為什麼標的？

    (A) 現金   (B) 公司債
    (C) 普通股   (D) 公債

11. 普通股現金股利增加時，本期每股盈餘將有何改變？

    (A) 增加   (B) 減少
    (C) 不受影響   (D) 視本期股票股利金額而定

12. ×9年初赤木公司保留盈餘 $130，×9年度淨利 $20，當年度共宣告現金股利 $10、股票股利 $6、則該公司×9年底保留盈餘應為何？

(A) $150   (B) $134
(C) $140   (D) $154

13. 關於「庫藏股票」，以下何者正確？
    (A) 公司收回已發行股票作為庫藏股票時，其屬買回者，應將所支付之成本借記「庫藏股票」項目
    (B) 公司處分庫藏股票時，若處分價格高於帳列金額，其差額應貸記「資本公積－庫藏股票交易」項目
    (C) 公司處分庫藏股票時，若處分價格低於帳列金額，其差額應沖抵同種類庫藏股票之交易所產生之資本公積
    (D) 以上皆正確

14. 企業買回庫藏股票的理由包括下列何者？
    (A) 為因應員工分紅入股或履行員工認股計畫之需求
    (B) 備供發放股票股利
    (C) 管理當局認為目前股價偏低
    (D) 以上皆正確

15. 下列何者非屬其他權益項目？
    (A) 買入供交易目的之權益證券的公允價值變動累積數
    (B) 國外營運機構財務報表換算之兌換差額
    (C) 不動產、廠房及設備之重估增值累積數
    (D) 買入非供交易目的之權益證券的公允價值變動累積數

16. ×9 年初馬份紙箱的流通在外股數是 900 股，股本是 $10,000，每股面額 $10；×9 年馬份紙箱實施庫藏股，買回該公司所發行股票共 200 股；×9 年馬份紙箱未註銷任何股票。則該公司於 ×9 年底，
    (A) 發行股數是 700 股   (B) 流通在外股數是 900 股
    (C) 保留盈餘是 $2,000   (D) 庫藏股數是 300 股

練習題

1. 【發行特別股之處理】×0 年基德公司發行每股面額 $10 之特別股 30,000 股，每股發行價格為 $16，試作：發行時應有之分錄。

2. 【發行股數及流通在外股數】根據 ×4 年度米莎天然氣資產負債表資料，米莎的股本是 $16,000，每股面額 $10，該年度實施庫藏股票共買回 200 股但未註銷，則年底 (1) 發行股數是多少？ (2) 流通在外股數是多少？

3. 【發行特別股股票】從以下的分錄，你可以看出桐人飯店所作的交易是什麼嗎？如果桐人新發行股數是 20 股，則特別股面額與發行時每股市場價格是多少？

現金	420	
特別股股本		200
資本公積－特別股發行溢價		220

4. 【現金股利】從以下的分錄，你可以看出炭治咖啡所作的交易是什麼嗎？

(1) 保留盈餘	150	
應付特別股股利		30
應付普通股股利		120
(2) 應付特別股股利	30	
應付普通股股利	120	
現金		150

5. 【股本的計算】皮諾可家禽公司普通股面額 $10，其核定股數 900 股，發行股數 630 股，試計算該公司的股本。

6. 【實施庫藏股的影響】蘋果代工廠和碩（股票代號：4938）於 ×5 年 2 月 1 日公告，以 3 億元實施庫藏股票，買回 4,000 張股票，執行率達 100%；國內股票以 1,000 股為 1 張，面額一般為 $10。也就是說，和碩以約 $75 市價，動用現金買回 400 萬股股票，則此舉將使得和碩的 (1) 發行股數、(2) 流通在外股數、(3) 股本、(4) 現金各減少多少？

7. 【結帳分錄】在結帳時，企業應該作什麼分錄，將本期淨利結轉至保留盈餘？請分別記錄：(1) 本期盈餘為 $60 時，與 (2) 本期虧損 $50 時，所應該作的分錄。

8. 【加權平均流通在外股數】萬磁咖啡 ×8 年初流通在外普通股股數為 5,000 股，該公司在 ×8 年 9 月 1 日增資發行 1,000 股，請計算萬磁的加權平均流通在外股數。

9. 【每股盈餘】西索公司 ×1 年度的淨利為 3 億元，流通在外普通股股數為 3 億股，特別股股數為 1.5 億股，當年度特別股股利為每股 $1，請計算西索公司的每股盈餘。

10. 【前期損益調整】紫棋公司將 ×8 年度之產品保證費用（尚未支付）8.2 萬元，誤認為 3.2 萬元，此一錯誤使 ×8 年度之產品保證費用與產品保證負債均少列 5 萬元，也使 ×8 年度之淨利虛增 5 萬元。此事一直到 ×9 年 3 月 1 日才被發現，該公司於當日應如何作前期損益調整分錄？

11. 【前期損益調整】×2 年底清心公司預收 5 萬元工程款時，誤貸記為營業收入，此一錯誤使 ×2 年度營業收入與該年底合約負債分別多列與少列 5 萬元，也使 ×2 年度之淨利虛增 5 萬元。此事一直到 ×3 年 1 月 8 日才被發現（此時該合約所涉及之工程完全未開始施工），該公司於當日應如何作前期損益調整分錄？

12. 【股利】全家便利商店（股票代號：5903）宣告將發放現金股利 $1,026（百萬），則宣告日之會計分錄為何？

13. 【庫藏股票交易】從以下的分錄，你可以看出該企業所作的交易是什麼嗎？

現金	700	
庫藏股票		300
資本公積 - 庫藏股票交易		400

14. 【發行股數及流通在外股數】根據 ×9 年度江航貨櫃資產負債表資料，江航的股本是 $1,600，每股面額 $10，該年度實施庫藏股票共買回 20 股，且全數註銷，則年底 (1) 發行股數是多少？ (2) 流通在外股數是多少？ (3) 庫藏股數是多少？

15. 【權益綜合練習】紹卿人資公司

    ×8 年資產負債表顯示以下之期末餘額：總資產 $1,000、權益 $500、特別股股本 $100。

    ×8 年綜合損益表中利息費用 $20、淨利 $50；權益變動表顯示其當年度特別股現金股利 $10、普通股現金股利 $30。

    ×9 年資產負債表顯示以下之期末餘額：總資產 $1,200、權益 $600、特別股股本 $120。

    ×9 年綜合損益表中利息費用 $24、淨利 $60；權益變動表顯示其當年度特別股現金股利 $12、普通股現金股利 $36。

    ×9 年 12 月 31 日紹卿之普通股每股價格為 $16.5，×9 年度普通股之加權平均流通在外股數為 50 股。

    該公司所得稅稅率是 20%，請為該公司計算 ×9 年度之
    (1) 每股盈餘。　　　　　　　　　(2) 資產報酬率。
    (3) 普通股權益報酬率。　　　　　(4) 本益比。

16. 【附錄：合夥事業權益】×4 年度小亂合夥事業有以下分錄：

本期損益	3,000	
小欠君資本		2,000
亂碼君資本		1,000
小欠君資本	600	
亂碼君資本	300	
小欠君提取		600
亂碼君提取		300

    這兩項分錄能夠說明小亂合夥事業和該企業的二位合夥人發生了什麼樣的交易嗎？請作簡單描述。

應用問題

1.【發行普通股股票】 請幫小傑水果公司想一想，以下兩個事件應該如何作分錄？
  (1) ×1 年 1 月 1 日小傑發行普通股股票 7,000 股，每股面額 $10，發行價格 $20。
  (2) ×1 年 3 月 3 日小傑發行 8,000 股普通股股票，以交換善逸田莊的辦公設備。當日小傑股票市價是 $30；經鑑價結果，這批辦公設備的公允價值是 $240,000。

2.【股票股利】 野比民宿公司股本約為 25 億元，其於 ×0 年 5 月底宣布將要分配 20% 股票股利，如果野比每股面額 $10，則
  (1) 其股東共可獲分配多少股？ (2) 股票股利宣告日應該如何作分錄？
  (3) 除權日應該如何作分錄？ (4) 股票股利分配日應該如何作分錄？

3.【庫藏股票交易的會計處理】 隼人公司用「成本法」處理「庫藏股票」之交易事項，以下三個事件應該如何作分錄？
  (1) ×0 年 3 月 6 日，隼人以成本 $1,820 買進「庫藏股票」。
  (2) ×0 年 5 月 12 日，隼人公司賣出半數其所持有之庫藏股票，售得 $800。
  (3) ×0 年 7 月 3 日，隼人公司賣出所剩下另一半其所持有之庫藏股票，售得 $1,500。

4.【計算財務比率】 ×1 年黑崎資產負債表顯示以下之期末餘額：總資產 $170,000、權益 $70,000、特別股股本 $10,000。該公司的所得稅稅率是 25%。

×1 年　綜合損益表中利息費用 $1,000、淨利 $10,000；權益變動表顯示其當年度特別股現金股利 $2,000、普通股現金股利 $1,500。

×2 年　資產負債表顯示以下之期末餘額：總資產 $220,000、權益 $100,000、特別股股本 $10,000。

×2 年　綜合損益表中利息費用 $1,200、淨利 $15,000；權益變動表顯示其當年度特別股股利 $2,000、普通股現金股利 $3,000。

×2 年　年底黑崎之普通股每股價格為 $22，2 年間流通在外普通股數均為 10,000 股。

請為該公司計算 ×2 年度之
  (1) 每股盈餘。 (2) 資產報酬率。
  (3) 普通股權益報酬率。 (4) 本益比。

5.【權益綜合練習】 下列為霍爾田莊 ×7 年底時之權益相關資料：

普通股（面額 $10）	$1,500,000
資本公積 - 庫藏股票交易	2,000
資本公積 - 普通股發行溢價	80,000
保留盈餘	2,799,500
庫藏股票（50,000 股，成本）	(75,000)

已知霍爾於 ×7 年度及 ×8 年度並未有任何公司股票之交易，×7 年度也未發放股利。該公司 ×8 年之稅後淨利為 $319,000。試問：

(1) 該公司 ×8 年之每股盈餘為若干？
(2) 該公司 ×8 年之權益報酬率為若干？
(3) 如果該公司 ×8 年底普通股每股市價為 $33，則該公司 ×8 年底普通股之本益比為若干？

6. 【權益綜合練習】玩偶遊戲公司核准發行 (i) 5,000 股，每股面額 $10，股利為面額 2.5% 之特別股，以及 (ii) 70,000 股，每股面額 $10 的普通股。×8 年 1 月 1 日分類帳中權益相關項目之餘額如下：

特別股股本（1,200 股）	$ 12,000
特別股發行溢價	6,000
普通股股本（16,000 股）	160,000
普通股發行溢價	48,000
保留盈餘	200,000

×8 年間發生下列情況：

2/2　玩偶遊戲公司發行普通股股票 32,000 股，發行價格為 $15。
3/30　玩偶遊戲公司發現 ×6 年度之折舊費用因計算錯誤而低估，其產生之稅後淨額效果為 $12,000。
4/26　以每股 $14 買回普通股 4,000 股。
5/25　以每股 $15 售出 2,000 股庫藏股票。
8/1　玩偶遊戲公司發行 400 股特別股取得專利權，專利權之賣方開價 $8,000，每股特別股之市價為 $18。
12/31　當年度淨利 $200，當年度未宣告或是發放股利。

試作：

(1) 上述相關日期之分錄，以及淨利之結帳分錄。
(2) 編製玩偶遊戲公司 ×8 年 12 月 31 日資產負債表權益部分。

7. 【權益綜合練習】下列為 ×6 年底萊納洗衣機公司之權益相關資料：

普通股（面額 $10）	$ 10,000
資本公積－庫藏股票交易	20
資本公積－普通股發行溢價	800
保留盈餘	427,500
庫藏股票（25 股，成本）	(750)

已知萊納公司於 ×5 及 ×6 年度沒有任何公司股票交易，×5 年度也未發放股利。×6 年之稅後淨利為 $375,000。試問：

(1) 萊納公司 ×6 年底之權益餘額是多少？
(2) 如果該公司庫藏股票交易都是在 ×4 年進行，當初購入後又於同年出售 20 股，則當初出售庫藏股票之平均售價是多少？
(3) 如果你持有萊納公司普通股 100 股，而該公司宣布將發放普通股股利每股 $8，其中包括 $2 現金股利與 $6 之股票股利（即 60% 之股票股利），該公司將會分配給你多少現金與幾股之股票？

權益 11

12 投 資

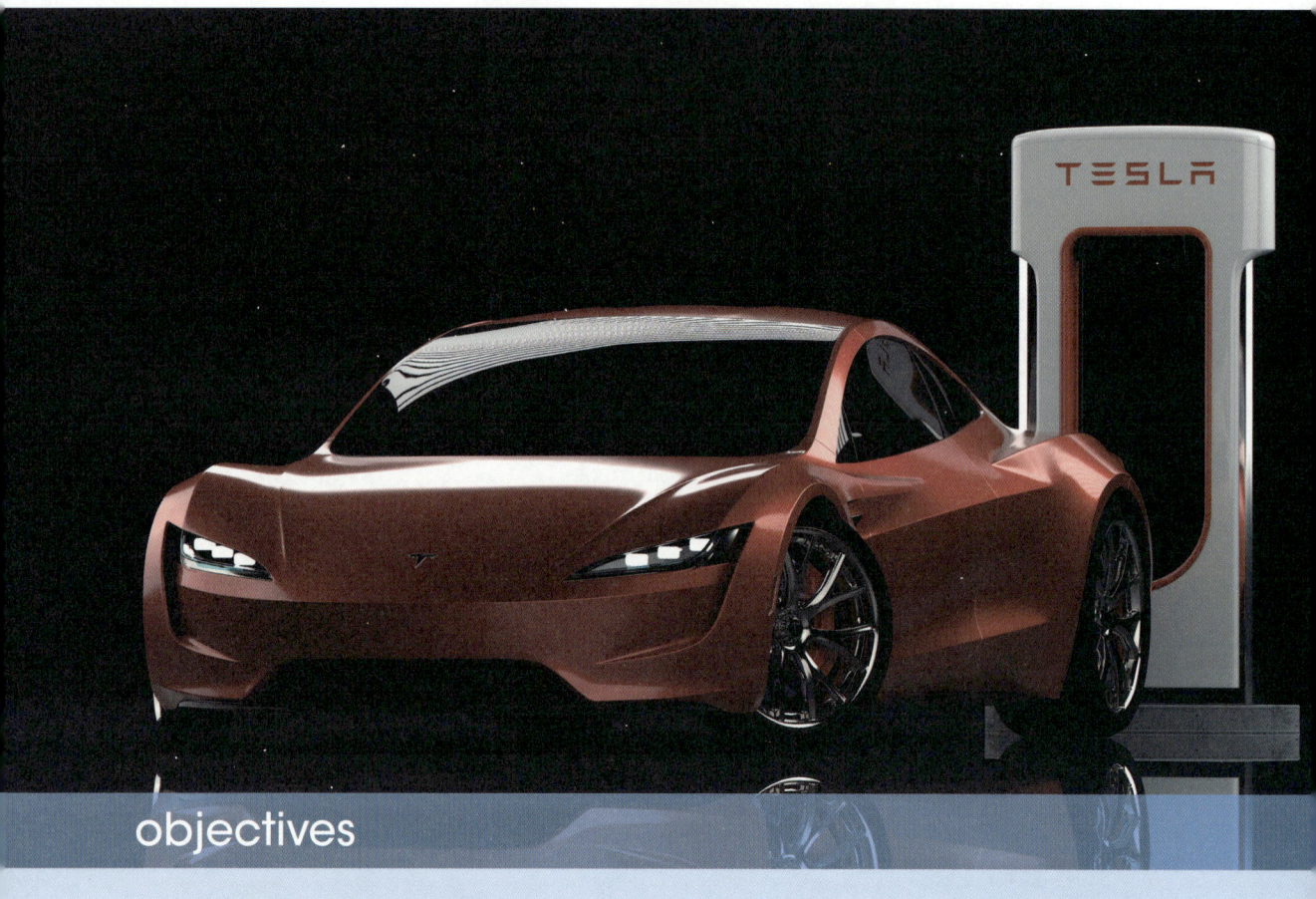

objectives

研讀本章後，預期可以了解：

- 什麼是貨幣市場與資本市場？各有哪些投資的標的？
- 金融資產在會計上的分類為何？
- 什麼是「透過損益按公允價值衡量之金融資產」？其會計處理為何？
- 什麼是「按攤銷後成本衡量之債務工具投資」？其會計處理為何？
- 什麼是「透過其他綜合損益按公允價值衡量之債務工具投資」？其會計處理為何？
- 什麼是「透過其他綜合損益按公允價值衡量之權益工具投資」？其會計處理為何？
- 債務工具投資之減損應如何處理？
- 權益工具（股票）投資在什麼情況下要採用權益法？權益法的會計處理為何？
- 企業何時需要編製合併報表？

騰訊於2017年3月17日透過認購Tesla新股發行，並持續於公開市場增加持股，總共以17.78億美元（約138.7億港元）購入Tesla已發行股份之5%，成為Tesla的第五大股東。以此計算，**騰訊**平均入股價為每股218美元。騰訊公開表示，Tesla在電動車、輔助駕駛、共享汽車及能源儲存等領域上，均為全球領先的新科技公司。騰訊創立至今的成功原因與良好的股權投資及極具野心的企業精神有關；而Tesla創辦人Elon Musk亦是代表創新、有願景、野心及執行力等良好企業精神的不二人選。

　　Tesla於2020年將發行之股票1股分割為5股，其股價由2017年初之218美元，上漲至2020年底之706美元；亦即2017年價值218美元的1股至2020年底變為價值3,530美元（5股、每股$706）；共計上漲了16倍之多。騰訊在2020年初將持股減少至Tesla總股份之0.5%，成功地實現了不錯的投資報酬；但2020年Tesla股票在後續期間持續大漲了5倍之多。騰訊有許多成功的「破壞性創新」投資，但大陸人說「常在河邊走，哪有不溼鞋」，例如騰訊2015年投資的線上教育「瘋狂教師」，在2019年線上教育類公司倒閉潮中也落到停止營業的結局。

　　因為騰訊投資之Tesla股票，係屬長期持有之策略性投資，而非為賺短期價差之持有供交易權益工具投資，依照IFRS 9之規定，騰訊可以選擇將該批股票列入透過其他綜合損益按公允價值衡量之權益工具投資。若騰訊不作此選擇，依IFRS 9規定，該批股票應列入透過損益按公允價值衡量之投資，則這些權益工具投資，其公允價值變動將列入每一期之淨利。像Tesla這類「破壞性創新」公司的股價波動率都很大，持有期間將大幅影響投資公司列報的損益或其他綜合損益金額。

　　企業投資的債券，其會計處理可分為按攤銷後成本衡量或按公允價值衡量等兩大類；而按公允價值衡量之金融資產又可分為「透過損益按公允價值衡量」及「透過其他綜合損益按公允價值衡量」。而企業的權益工具投資，其會計處理則可分為「透過損益按公允價值衡量」及「透過其他綜合損益按公允價值衡量」兩類。此外，企業所投資普通股占被投資公司股權比例達20%以上但未達50%，或具有其他對被投資公司有實質重大影響力之情形下，應採用權益法作此普通股投資之會計處理。本章將討論這些金融資產之會計處理。

本章架構

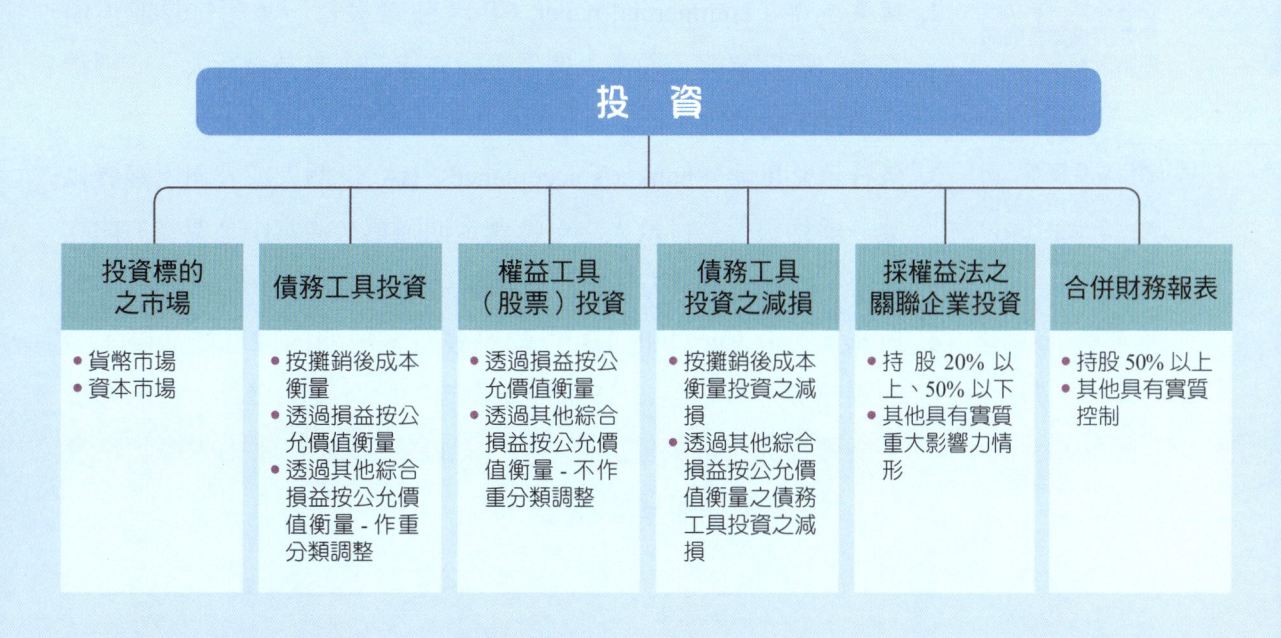

```
                           投　資
    ┌──────────┬──────────┬──────────┬──────────┬──────────┐
  投資標的    債務工具    權益工具    債務工具    採權益法之  合併財務報表
  之市場      投資       （股票）    投資之減損  關聯企業投資
                         投資
```

- 投資標的之市場
  - 貨幣市場
  - 資本市場

- 債務工具投資
  - 按攤銷後成本衡量
  - 透過損益按公允價值衡量
  - 透過其他綜合損益按公允價值衡量－作重分類調整

- 權益工具（股票）投資
  - 透過損益按公允價值衡量
  - 透過其他綜合損益按公允價值衡量－不作重分類調整

- 債務工具投資之減損
  - 按攤銷後成本衡量投資之減損
  - 透過其他綜合損益按公允價值衡量之債務工具投資之減損

- 採權益法之關聯企業投資
  - 持股20%以上、50%以下
  - 其他具有實質重大影響力情形

- 合併財務報表
  - 持股50%以上
  - 其他具有實質控制

12.1　貨幣市場及資本市場的投資標的

學習目標 1
了解貨幣市場及資本市場的意涵及分別有哪些投資標的

貨幣市場　1 年內到期金融工具的交易市場。

資本市場　到期日超過 1 年或無到期日金融工具的交易市場。

企業通常會以其剩餘資金做長期或短期投資，所投資之標的多於兩類金融市場中交易，一是金融工具流通期間相對較短的**貨幣市場**（money market），另一個是流通期間相對較長的**資本市場**（capital market）。本節將介紹在這兩類金融市場上流通的金融工具。

12.1.1　貨幣市場交易的金融工具

貨幣市場是將在 1 年內到期**金融工具**（financial instrument）之交易市場；資本市場則是到期日超過 1 年或無到期日（如普通股）的金融工具之交易市場。貨幣市場通常沒有集中買賣交易的場所，其主要功能是讓有短期剩餘資金的投資人買進有價證券，需用短期資金的籌資機構發行金融工具以換取現金。貨幣市場證券多以較大面額交易，包括以下幾種短期金融工具：

定存單　銀行對存款人將資金存放於銀行一定期間所發給的證明文件。

1. **定存單**（certificate of deposit, CD）：銀行對存款人將資金存放於銀行一定期間所發給的證明文件，可分為**可轉讓定存單**與**不可轉讓定存單**兩種。定存單廣泛地為投資人、公司和各機構所接受，是一種期限短、變現快的投資工具。

商業本票　承諾付息並清償本金的短期票據。

2. **商業本票**（commercial paper, CP）：企業發行、承諾付息並清償本金的短期票據，通常以債信等級較佳的企業為發行人，或經銀行擔保才能發行。

銀行承兌匯票　個人或公司所簽發以某一承兌銀行為付款人之可轉讓定期匯票。

3. **銀行承兌匯票**（banker's acceptances, BA）：個人或公司所簽發以某一承兌銀行為付款人之可轉讓定期匯票。通常由匯票賣方開立匯票，經由匯票買方往來銀行承諾兌現。

國庫券　政府發行、短期內付息並清償本金的票券。

4. **國庫券**（treasury bill, TB）：政府發行、短期內付息並清償本金的國庫券，可分為：(1) 甲種國庫券：由財政部發行，目的在於平衡預算赤字，調節國庫收支；(2) 乙種國庫券：由中央銀行發行，目的在於調節貨幣供給。

12.1.2 資本市場投資工具

貨幣市場的金融工具都是債務工具，而資本市場的金融工具大致上分為兩類：一為債券；另一為權益工具（主要是股票）。資本市場中的債券到期日較長（超過 1 年），而權益工具並無到期日，所以資本市場之金融工具風險通常比貨幣市場的金融工具大，平均報酬率亦較高。資本市場交易的金融工具包括下列有價證券：

1. **政府公債**（government bond）：政府發行之債券，其違約風險極低，正常狀況下市場利率也比公司債低。
2. **公司債**（corporate bond）：公司為籌集中長期資金所發行之債券，發行者須為股票公開發行公司，公司債可視有無擔保品，區分為有擔保公司債及無擔保公司債。公司債合約所載之現金流量提供持有人應有之利息收益。
3. **轉換公司債**（convertible bond）：轉換公司債持有人可以選擇將公司債轉換為發行公司的股票。發行公司股價上漲時，轉換公司債之轉換價值增加；若公司股價表現不佳時，投資人仍可領取固定的票面利息與本金，因此轉換公司債價值不會同幅度下跌。
4. **特別股**（preferred stock）：在國內有時被稱為優先股。這類的股票可能分配固定的股利，而且公司配息或清算資產時，其權利優先於普通股。
5. **普通股**（common stock）：普通股代表企業剩餘價值的求償權，持有人即是公司的股東。

政府公債 政府發行之債券。

公司債 公司發行之債券。

轉換公司債 轉換公司債可轉換為發行公司的股票。

特別股 這類的股票可能分配固定的股利，且公司配息或清算資產時，其權利優先於普通股。

普通股 普通股代表企業剩餘價值的求償權，持有人即是公司的股東。

12.2 金融資產在會計上的分類

公司投資的標的可能是貨幣市場的可轉讓定期存單或是國庫券，也可能是資本市場的股票或是公司債。不論投資貨幣市場及資本市場的哪一種標的，都屬於企業之**金融資產**（financial assets）。什麼是金融資產？傳統金融資產的範圍很大，但主要分為三種類型──企業持有的現金、債務工具（如票券、債券）投資，以及權

學習目標 2
了解金融資產在會計上的分類

益工具（如普通股）投資。此外，在中級會計及高等會計中才會探討的轉換公司債及衍生工具亦為公司可能投資的金融資產。

如果所投資之金融資產，在短期內（如 3 個月）到期且其信用（違約）風險很低時，一般會將它歸屬於現金及約當現金。例如，3 個月內將到期的國庫券或定存單，其處分所得之款項與其面額相差很少，故稱為「約當現金」。會計準則將貨幣市場交易的短期票券及資本市場交易的長期債券稱為債務工具，這些債務工具投資若非屬約當現金，則其會計處理方式可分為下列三類：

1. **按攤銷後成本衡量**（Financial Assets at Amortized Cost, AC）；
2. **透過其他綜合損益按公允價值衡量**（Fair Value through Other Comprehensive Income, FVTOCI 債券）（處分時應作重分類調整）；
3. **透過損益按公允價值衡量**（Fair Value through Profit or Loss, FVTPL）。

企業之權益工具投資，其會計處理可分為下列四類：

1. **透過其他綜合損益按公允價值衡量**（Fair Value through Other Comprehensive Income, FVTOCI 股票）（處分時不作重分類調整）；
2. **透過損益按公允價值衡量**（Fair Value through Profit or Loss, FVTPL）；
3. **以權益法衡量**（Investments under the Equity Method）；
4. **編製合併報表**（Consolidated Financial Statements）。

> **重分類調整** 係指曾於以前期間或本期認列為其他綜合損益，而於本期重分類至損益之金額。

本節簡要彙總債務工具（票券、債券）及權益工具（股票）投資之會計處理，請參考表 12-1 列示之金融資產會計處理要點。本章後續章節則詳細解說各類金融資產之會計處理。

> **學習目標 3**
> 了解債務工具投資之類型及其會計處理

12.3　債務工具之投資

本節說明應收帳款、應收票據、票券及債券等債務工具之會計

表 12-1　金融資產之會計處理要點

投資類型	會計處理	分類之條件
債務工具投資（票券、債券）	按攤銷後成本衡量之金融資產	(a) 以收取合約現金流量達成經營模式之目的 (b) 合約現金流量完全為支付本金及利息
	透過其他綜合損益按公允價值衡量之債務工具投資（FVTOCI債券）（處分時應作重分類調整）	(a) 以收取合約現金流量及出售兩者達成經營模式目的 (b) 合約現金流量完全為支付本金及利息（處分時，處分損益應作重分類調整）
	透過損益按公允價值衡量之金融資產（FVTPL）	以出售達成經營模式之目的（持有供交易）之票券、債務工具及權益工具投資，及不屬於上述兩類的票券、債務工具投資；或不屬於下述三類的權益工具投資
權益工具投資（股票）	透過其他綜合損益按公允價值衡量之權益工具投資（FVTOCI權益工具）（處分時不作重分類調整）	非持有供交易之權益工具投資，於原始認列時可選擇將公允價值價值變動列入其他綜合損益；處分時，處分損益不作重分類調整（現金股利列入投資收益）
	以權益法衡量	對被投資公司具重大影響力（持股達20%以上但未達50%以上或其他具實質重大影響力情形）
	編製合併報表	對被投資公司具實質控制（持股比率達50%以上或其他具實質控制情形）

處理原則，並以釋例闡釋這些原則。

12.3.1　債務工具投資之會計處理原則

債務工具之投資應按企業管理金融資產的經營模式及金融資產的合約現金流量特性，將其分類為「按攤銷後成本衡量之金融資產（AC）」、「透過損益按公允價值衡量（FVTPL）」，或「透過其他綜合損益按公允價值衡量（FVTOCI債券）」。債務工具投資若同時符合下列兩條件，應列為**按攤銷後成本衡量之金融資產**：

1. **收取合約現金流量經營模式條件**　該資產係於以收取合約現金流量為目的而持有資產的經營模式下持有。
2. **合約現金流量特性條件**　該資產的合約條款產生特定日期之現金

按攤銷後成本衡量之金融資產（AC）　同時符合收取現金流量經營模式與合約現金流量等兩條件的債務工具。

流量,該等現金流量完全為支付給持有人本金及利息。

　　以下列三個個案說明企業經營模式的目的是否為持有金融資產以收取合約現金流量:

收取合約現金流量經營模式(或稱收取本息經營模式)條件(第1條件)之說明

個案一: 南山人壽債券長期投資部門所持有債券投資組合之經營模式係將大部分之債券持有至到期前三個月內,其經營模式係為收取各債券合約規定之利息與本金等兩項合約現金流量。

個案二: 南山人壽債券中期交易部門之經營模式係將債券列為中長期投資標的,持有期間收取利息,亦可能持有債券至到期而收取本金;此外,在持有之債券價格波動時,該部門亦伺機買賣所擁有的債券,以賺取買賣價差。該部門經營模式之目的,係以收取合約現金流量及出售兩種方式達成(雙重目的之經營模式)。

個案三: 南山人壽債券短期交易部門積極頻繁買賣所擁有的債券投資組合,以獲取利率變動產生之公允價值變動。其經營模式係為出售以賺取買賣價差之持有供交易之經營模式,而非為收取合約現金流量之經營模式。

結　論: 南山人壽債券長期投資部門之債券(個案一),其持有模式係以收取債券合約產生的現金流量為目的。因此符合「按攤銷後成本衡量之金融資產(AC)」的經營模式條件(符合第1條件)。債券短期(個案三)及中期交易部門的債券(個案二),則不符合收取合約現金流量經營模式條件,不應列入「按攤銷後成本衡量之金融資產(AC)」。可注意的是,雙重目的的中期投資債券(個案二),也不合乎(僅以)收取合約現金流量經營模式條件。

　　繼續討論南山人壽長期投資部門之債券(個案一)投資組合,

該組合中是否每一張債券都應列入「按攤銷後成本衡量之金融資產（AC）」呢？應將組合內所有債券逐一檢視，看看是否合乎合約現金流量特性條件（第2條件）。以下再以前述債券長期投資部門債券（個案一），投資組合中兩張債券說明合約現金流量特性之條件。

合約現金流量特性只包含本息之條件（第2條件：純債券條件）之說明

債券一：投資組合中有一公司債，5年到期，每年年底付息一次，票面利率8%，到期日支付面額$100,000。此債券為單純之固定利率公司債，其合約現金流量（即每年$8,000之利息及到期時之面額$100,000）完全係支付給債券持有人本金及利息，因此合乎合約現金流量特性之條件。可注意的是，合約現金流量特性條件（第2條件）係用以確定投資標的為僅支付本金及利息的「純債券」。

債券二：投資組合中另有一轉換公司債。此債券未來現金流量可能包括轉換權利之現金流量，因此不合乎僅包含利息及本金之合約現金流量的條件。

結　論：債券一應列入「按攤銷後成本衡量之金融資產（AC）」；債券二應以公允價值衡量，其會計處理後續再繼續討論。

企業持有之應收票據、應收帳款等，極有可能同時符合前述第1與第2條件而分類為按攤銷後成本衡量之金融資產（AC），但到期日較短之應收帳款，例如在一年內到期之應收帳款，通常以發票金額列帳（無需折現）。

值得注意的是，前述南山人壽三個債券投資部門具有不同的經營模式，可知每一企業對債券投資組合的經營模式可能不只一種。此外，檢視債務工具投資之兩條件時，較快速的順序是先檢視經營模式條件，將合乎收取本息經營模式條件（條件1）的組合挑選出來，再詳細檢視這些組合中的每一債務工具是否合乎純債券條件（第2條件）。

按攤銷後成本衡量之金融資產，於企業原始取得時，在恰當條

按攤銷後成本衡量之金融資產　同時符合收取合約現金流量（或稱收取本息）經營模式條件以及純債券條件金融資產。

件下,亦可將該債券列入「**指定為**透過損益按公允價值衡量之金融資產(指定為 FVTPL)」,這特別的會計問題,在進階的會計學課程會作更深入的討論。

以下繼續討論南山人壽中期(個案二)及短期債券投資部門(個案三)的債券分類。這些債券若合乎下列兩個條件,則應列入「透過其他綜合損益按公允價值衡量之債務工具投資(FVTOCI 債券)」:

1. **雙重目的經營模式條件** 該資產係於以收取合約現金流量及出售兩個目的而持有資產的經營模式下持有。
2. **合約現金流量特性條件** 該資產的合約條款產生特定日期之現金流量,該等現金流量完全為支付給持有人本金及利息。

透過其他綜合損益按公允價值衡量之債務工具投資(FVTOCI 債券) 同時符合雙重經營模式與合約現金流量等兩條件的債務工具。

透過損益按公允價值衡量之金融資產(FVTPL) 不能列入「按攤銷後成本衡量之金融資產(AC)」或「透過其他綜合損益按公允價值衡量之債務工具投資(FVTOCI 債券)」之債券及票券,因此只能列入「透過損益按公允價值衡量之金融資產(FVTPL)」。

再詳細檢視該組合內債券之合約現金流量,若符合純債券條件(條件 2),則該債券應列入「透過其他綜合損益按公允價值衡量之債務工具投資(FVTOCI 債券)」。南山人壽短期債務投資部門持有之債券(個案三)投資組合,不能列入「按攤銷後成本衡量之金融資產(AC)」或「透過其他綜合損益按公允價值衡量之債務工具投資(FVTOCI 債券)」,因此只能列入「透過損益按公允價值衡量之金融資產(FVTPL)」。所以,持有供交易之債務投資,也是只能列入「透過損益按公允價值衡量之金融資產(FVTPL)」。

釋例 12-1、12-2 與 12-3 中甲公司之 3 年期債務工具投資原始購入時,係以公司債之面額平價購入。假設甲公司持有該債券至 3 年末到期日,釋例 12-1 列示債券在三種分類下應有之分錄;而釋例 12-2 則列式三種分類下綜合損益表及資產負債表相關金額之比較。釋例 12-3 假設甲公司在第三年的 4 月 1 日將該債券出售,並比較三種分類下之分錄及財務報表相關金額。

釋例 12-1

平價購入債券之會計處理

甲公司於×0年12月31日以$1,000,000買進A公司發行之面額$1,000,000、3年期、票面利率8%、每年年底付息的債券。該債券在×1年及×2年底之公允價值分別為$1,100,000及$900,000。

在下列三種分類下,試作甲公司於購買日、×1年、×2年及×3年底(債券到期)分錄:

(a) 該債券應列入「按攤銷後成本衡量之金融資產（AC）」
(b) 該債券應列入「透過損益按公允價值衡量之金融資產（FVTPL）」
(c) 該債券應列入「透過其他綜合損益按公允價值衡量之債務工具投資（FVTOCI 債券）」

解析

×0年12月31日

(a) 按攤銷後成本衡量之金融資產　　　　　　1,000,000
　　　現金　　　　　　　　　　　　　　　　　　　　　1,000,000

(b) 透過損益按公允價值衡量之金融資產　　　1,000,000
　　　現金　　　　　　　　　　　　　　　　　　　　　1,000,000

(c) 透過其他綜合損益按公允價值衡量之債務工具投資　1,000,000
　　　現金　　　　　　　　　　　　　　　　　　　　　1,000,000

×1年12月31日

　現金　　　　　　　　　　　　　　　　　　　80,000
　　　利息收入　　　　　　　　　　　　　　　　　　　80,000

(a) 攤銷後成本下,無須記錄公允價值變動

(b)* 透過損益按公允價值衡量之金融資產　　　100,000
　　　透過損益按公允價值衡量之金融資產損益　　　　100,000

(c) 透過其他綜合損益按公允價值衡量之債務工具投資評價調整　100,000
　　　其他綜合損益-透過其他綜合損益按公允價值衡量之債務工具評價損益　100,000

×2 年 12 月 31 日

現金	80,000	
利息收入		80,000

(a) 攤銷後成本下,無須記錄公允價值變動

(b)* 透過損益按公允價值衡量之金融資產損益 200,000
    透過損益按公允價值衡量之金融資產 200,000

(c) 其他綜合損益-透過其他綜合損益按公允價值衡量之債務工具投資評價損益 200,000
    透過其他綜合損益按公允價值衡量之債務工具投資評價調整 200,000

×3 年 12 月 31 日

現金	80,000	
利息收入		80,000

(a) 現金 1,000,000
    按攤銷後成本衡量之金融資產 1,000,000

(b)* 現金 1,000,000
    透過損益按公允價值衡量之金融資產損益 100,000
    透過損益按公允價值衡量之金融資產 900,000

(c) 現金 1,000,000
  透過其他綜合損益按公允價值衡量之債務工具投資評價調整 100,000
    透過其他綜合損益按公允價值衡量之債務工具金融資產 1,000,000
    其他綜合損益-透過其他綜合損益按公允價值衡量之債務工具投資損益 100,000

* 亦可另設「透過損益按公允價值衡量投資評價調整」項目,將公允價值之變動反映於評價調整項目,而「透過損益按公允價值衡量之金融資產」金額維持為原始成本。

釋例 12-2

平價購入債券之會計處理——綜合損益表及資產負債表比較

沿釋例 12-1,在 (a)、(b) 及 (c) 情況下編製甲公司於 ×1 年、×2 年與 ×3 年之綜合損益表及資產負債表相關部分。

解析

×1年部分綜合損益表

	按攤銷後成本衡量	透過損益按公允價值衡量	透過其他綜合損益按公允價值衡量
利息收入	80,000	80,000	80,000
其他利益及損失（評價損益）		100,000	
本期淨利	80,000	180,000	80,000
其他綜合損益			
後續可能重分類之項目：			
透過其他綜合損益按公允價值衡量之債務工具投資損益			100,000
本期綜合損益	80,000	180,000	180,000

×2年部分綜合損益表

	按攤銷後成本衡量	透過損益按公允價值衡量	透過其他綜合損益按公允價值衡量
利息收入	80,000	80,000	80,000
其他利益及損失（評價損益）		(200,000)	
本期淨利	80,000	(120,000)	80,000
其他綜合損益			
後續可能重分類之項目：			
透過其他綜合損益按公允價值衡量之債務工具投資損益			(200,000)
本期綜合損益	80,000	(120,000)	(120,000)

×3年部分綜合損益表

	按攤銷後成本衡量	透過損益按公允價值衡量	透過其他綜合損益按公允價值衡量
利息收入	80,000	80,000	80,000
其他利益及損失（評價損益）		100,000	
本期淨利	80,000	180,000	80,000
其他綜合損益			
後續可能重分類之項目：			
透過其他綜合損益按公允價值衡量之債務工具投資損益			100,000
本期綜合損益	80,000	180,000	180,000

比較三種衡量方式，值得觀察的是，按攤銷後成本（AC）及透過其他綜合損益按公允價值（FVTOCI）兩方式衡量下，債務工具投資產生的本期淨利相等（參考表中綠色數字部分）；而透過損益按公允價值（FVTPL）及透過其他綜合損益按公允價值（FVTOCI）兩方式衡量下，債務工具投資產生的本期綜合損益相等（參考表中紅色數字部分）。這是 IFRS 對在收取合約現金流量及出售雙重經營目的下持有的債券特別之設計：在損益表中表現出以收取合約現金流量所需資訊（與按攤銷後成本衡量（AC）相同），而在整體綜合損益表中表現出以出售目的所需公允價值變動資訊（與透過損益按公允價值衡量（FVTPL）相同）。

×1 年 12 月 31 日部分資產負債表

按攤銷後成本衡量		透過損益按公允價值衡量		透過其他綜合損益按公允價值衡量	
按攤銷後成本衡量之金融資產	1,000,000	透過損益按公允價值衡量之金融資產	1,100,000	透過其他綜合損益按公允價值衡量之債務工具投資	1,000,000
				透過其他綜合損益按公允價值衡量之債務工具投資評價調整	100,000
保留盈餘	80,000	保留盈餘	180,000	保留盈餘**	80,000
其他權益	0	其他權益	0	其他權益*	100,000

×2年12月31日部分資產負債表

按攤銷後成本衡量		透過損益 按公允價值衡量		透過其他綜合損益 按公允價值衡量	
按攤銷後成本衡量之金融資產	1,000,000	透過損益按公允價值衡量之金融資產	900,000	透過其他綜合損益按公允價值衡量之債務工具投資	1,000,000
				透過其他綜合損益按公允價值衡量之債務工具投資評價調整	(100,000)
保留盈餘	160,000	保留盈餘	60,000	保留盈餘**	160,000
其他權益	0	其他權益	0	其他權益*	(100,000)

×3年12月31日部分資產負債表

按攤銷後成本衡量		透過損益 按公允價值衡量		透過其他綜合損益 按公允價值衡量	
按攤銷後成本衡量之金融資產	--	透過損益按公允價值衡量之金融資產	--	透過其他綜合損益按公允價值衡量之債務工具投資	--
				透過其他綜合損益按公允價值衡量之債務工具投資評價調整	--
保留盈餘	240,000	保留盈餘	240,000	保留盈餘***	240,000
其他權益	0	其他權益	0	其他權益	0

* 其他綜合損益應結轉其他權益。
** 透過其他綜合損益按公允價值衡量（FVTOCI 債券）與按攤銷後成本衡量（AC）兩種處理方式下，保留盈餘相同；透過損益按公允價值衡量（FVTPL）與透過其他綜合損益按公允價值衡量（FVTOCI 債券）兩種處理方式下，權益總額相同（保留盈餘＋其他權益）。
*** ×3年到期後，三種衡量方式下，保留盈餘完全相同。

釋例 12-3

平價購入債券之會計處理──到期前處分

沿釋例 12-1，並假設甲公司將該 A 公司債在 ×3 年 4 月 1 日以 $1,030,000 加計應計利息出售。試作：

(1) 在 (a)、(b) 及 (c) 情況下，甲公司出售 A 公司債之相關分錄。
(2) 在 (a)、(b) 及 (c) 情況下，×3 年度綜合損益表及資產負債表相關部分

解析

(1) 出售時收取之現金 = $1,030,000 + $1,000,000 × 8% × (3/12) = $1,050,000
   在 (a)、(b) 及 (c) 情況下，×3 年相關分錄如下：

×3 年 4 月 1 日

應收利息 ($1,000,000×8%×(3/12))	20,000	
利息收入		20,000

(a)
現金	1,050,000	
應收利息		20,000
按攤銷後成本衡量之金融資產		1,000,000
除列按攤銷後成本衡量之金融資產損益		30,000

(b)
現金	1,050,000	
應收利息		20,000
透過損益按公允價值衡量之金融資產		900,000
透過損益按公允價值衡量之金融資產損益		130,000

(c)
透過其他綜合損益按公允價值衡量之債務工具投資評價調整	130,000	
其他綜合損益-透過其他綜合損益按公允價值衡量之債務工具投資評價損益		130,000
現金	1,050,000	
應收利息		20,000
透過其他綜合損益按公允價值衡量之債務工具投資		1,000,000
透過其他綜合損益按公允價值衡量之債務工具投資評價調整		30,000

（重分類調整）

其他綜合損益-重分類調整-透過其他綜合損益按公允價值衡量債務工具投資評價損益	30,000	
透過其他綜合損益按公允價值衡量之債務工具投資**處分損益**		30,000

註：本章正文中之其他綜合損益及重分類損益均未列示相關結帳分錄。

(2)

×3年部分綜合損益表

	按攤銷後成本衡量	透過損益按公允價值衡量	透過其他綜合損益按公允價值衡量
利息收入	20,000	20,000	20,000
其他利益及損失（評價及處分損益）	30,000	130,000	30,000**
本期淨利	50,000	150,000	50,000**
其他綜合損益			
後續可能重分類之項目：			
透過其他綜合損益按公允價值衡量之債務工具投資損益（$130,000－$30,000）			100,000*
本期綜合損益	50,000	150,000	150,000***

* 附註應揭露：本期其他綜合損益$100,000＝本期其他綜合損益之評價損益＋處分時重分類調整＝$130,000＋($30,000)。
** （表中綠色數字部分）處分當期，按攤銷後成本（AC）及透過其他綜合損益按公允價值兩種衡量下，處分損益與本期淨利仍然相同。
*** （表中紅色數字部分）處分當期，透過損益按公允價值（FVTPL）及透過其他綜合損益按公允價值（FVTOCI債券）兩種衡量下，本期綜合損益仍然相同。

×3年12月31日部分資產負債表

按攤銷後成本衡量		透過損益按公允價值衡量		透過其他綜合損益按公允價值衡量	
按攤銷後成本衡量之金融資產	--	透過損益按公允價值衡量之金融資產	--	透過其他綜合損益按公允價值衡量之債務工具投資	--
				透過其他綜合損益按公允價值衡量之債務工具投資評價調整	--
保留盈餘	210,000	保留盈餘	210,000	保留盈餘	210,000
其他權益	0	其他權益	0	其他權益	0

註：處分之後，因為透過其他綜合損益按公允價值衡量（FVTOCI債券）之債務工具投資之重分類調整，使得三種處理方式下，最後相關之累積保留盈餘都是相等的。

> **學習目標 4**
> 了解權益工具投資之類型及其會計處理

12.4 權益工具（股票）投資

本節說明 IFRS 9 之下，權益工具投資之會計處理原則，並以釋例說明這些原則。權益工具投資採用權益法及編製合併報表的情況則分別在第 12.6 與 12.7 節中說明。

12.4.1 權益工具投資之會計處理原則

股票投資並無明定之合約現金流量，因而 IFRS 9 認為公允價值衡量對權益工具投資而言，是唯一能提供有用資訊的衡量方式。所以 IFRS 9 原規定，權益工具投資應列入「透過損益按公允價值衡量之金融資產（FVTPL）」。

大部分的報表使用者同意 IASB 在 IFRS 9 早期提出的「權益工具投資以公允價值衡量」的觀點，但是對於評價損益（按公允價值衡量產生之差額）之處理則希望 IASB 進一步對策略性權益工具投資作特別的放寬。

策略性投資係指股權投資未達必須採用權益法處理的「具重大影響力」的情形，但是投資公司將被投資公司視為生意上的夥伴。例如上下游公司間，互相持股 5% 至 10%，如此一來，雙方之利益更結為一體，策略性的聯盟會更穩固。這些持股，並非以出售而獲取買賣股票利益為目的，而係以長期持有、透過股利收入獲取利益為主要目的。因此 IASB 在 IFRS 9 草案階段提出，若公司投資之股票係以策略性投資為目的，則可以選擇將股票列入「透過其他綜合損益按公允價值衡量之權益工具投資（FVTOCI 股票）」；在此一分類下，策略性投資之股票仍以公允價值衡量，但評價損益則列入其他綜合損益，使公司淨利不至於受長期性策略投資價值波動之影響。此外，在處分時，曾於以前期間或本期認列於其他綜合損益之金額也不會作重分類調整至本期損益。這類金融資產投資只有在公司有權收取股利收入時認列股利收入，而影響本期損益；其他的評價損益金額或於處分時之會計分錄，則只影響其他綜合損益。

然而在 IFRS 9 定案時，部分評論者認為策略性投資之定義在實務上很難認定，因此，IASB 最終決定，股票若非持有供交易者

（透過積極頻繁的買賣，賺取短期價差者），公司可以在初次買入時**（原始認列時）**，自由選擇將此權益工具投資列入「透過其他綜合損益按公允價值衡量之權益工具投資（FVOCI 股票）」。即使是同一支股票，公司對每批買入之每一股股票都可以自由選擇有多少股份要列入「透過其他綜合損益按公允價值衡量之權益工具投資（FVOCI 股票）」，剩餘的自然應列入「透過損益按公允價值衡量之金融資產（FVTPL）」。

透過其他綜合損益按公允價值衡量之權益工具投資（FVOCI 股票） 股票若非持有供交易者，公司可以在原始認列時，自由選擇將此權益工具投資列入「透過其他綜合損益按公允價值衡量之權益工具投資（FVOCI 股票）」

釋例 12-4

購入權益工具投資之會計處理

×1 年 2 月 1 日，甲公司以每股 $20 購入 A 公司普通股 300 股，並支付交易手續費 $150，對其中 100 股意圖以短期操作方式獲利，並選擇將剩餘 200 股中之 100 股列入「透過其他綜合損益按公允價值衡量之權益工具投資（FVOCI 股票）」。A 公司於 ×1 年及 ×2 年宣告並發放每股現金股利 $1，兩年度之現金股利除息日分別為 ×1 年 7 月 1 日及 ×2 年 7 月 1 日，現金股利發放日則分別為 ×1 年 8 月 1 日及 ×2 年 8 月 1 日。A 公司 ×1 年底及 ×2 年底普通股每股股價分別為 $10 及 $30。試作：

(1) ×1 年及 ×2 年相關分錄。
(2) ×1 年及 ×2 年綜合損益表及資產負債表相關部分。

解析

甲公司購入之 A 公司股票中 100 股，係意圖以短期操作方式獲利，應屬持有供交易之金融資產，必須列入「透過損益按公允價值衡量之金融資產（FVTPL）」；剩餘 200 股 A 公司股票中之 100 股，因甲公司之選擇而列入「透過其他綜合損益按公允價值衡量之權益工具投資（FVTOCI 股票）」；最後剩餘之 100 股則與持有供交易者之會計處理相同，亦應列入「透過損益按公允價值衡量之金融資產（FVTPL）」。

本題之 A 公司並未發放股票股利，在國外股票股利是以比例宣告，例如 10% 的股票股利即每 10 股發放一股，25% 的股票股利即每 4 股發放一股；在國內因上市、上櫃公司股票面額均為 $10（少部分外國公司在台灣上市股票例外），因而習慣上以金額表示股票股利的比例，例如 $1 的股票股利即每 10 股發放一股（$1/$10），而 $2.5 的股票股利即每 4 股發放一股（$2.5/$10）。若被投資公司發放股票股利，投資公司無需作會計分錄，只

股票股利 收到被投資公司發放股票股利，無需作會計分錄，但須以備忘分錄備記錄每一股之帳面金額之變動情形

要以備忘分錄註明每一股的成本或公允價值已經減少,但權益工具投資之帳面總金額不變,所以無需作分錄。

(1) ×1年2月1日
透過損益按公允價值衡量之金融資產 ($20×200)　　4,000
透過其他綜合損益按公允價值衡量之權益工具投資 *　2,050
手續費 **　　　　　　　　　　　　　　　　　　　　100
　　現金 ($20×300)　　　　　　　　　　　　　　　　　　6,150
註:「透過損益按公允價值衡量之金融資產（FVTPL）」,原始取得之交易成本,應列為當期費用;「透過其他綜合損益按公允價值衡量之權益工具投資（FVTOCI 股票）」,原始取得之交易成本,應納入原始取得成本之中。

* $20 \times 100 + \$150 \times \dfrac{100}{300}$

** $\$150 \times \dfrac{200}{300}$

×1年7月1日
應收股利 ($1×300)　　　　　　　　300
　　股利收入　　　　　　　　　　　　　　300

×1年8月1日
現金　　　　　　　　　　　　　　300
　　應收股利　　　　　　　　　　　　　　300

×1年12月31日
透過損益按公允價值衡量之金融資產損益　　2,000
　　透過損益按公允價值衡量之金融資產　　　　2,000
　　[($10 − $20)×$200]

其他綜合損益-透過其他綜合損益按公允價值衡量之權益工具投資損益　1,050
　　透過其他綜合損益按公允價值衡量之權益工具投資評價調整　　1,050
($10×100 − $2,050 = $1,050)

以下分錄係其他綜合損益之結帳分錄;列入損益之評價損失 2,000 結轉保留盈餘與一般損益項目相同,不另列示。

(其他綜合損益結帳分錄)
其他權益-透過其他綜合損益按公允價值衡量之權益工具投資損益　1,050
　　其他綜合損益-透過其他綜合損益按公允價值衡量之權益工具投資損益　1,050

×2 年 7 月 1 日
應收股利 ($1×300) 300
　　股利收入 300

×2 年 8 月 1 日
現金 300
　　應收股利 300

×2 年 12 月 31 日
透過損益按公允價值衡量之金融資產 4,000
　　透過損益按公允價值衡量之金融資產損益 4,000
(($30 − $10)×200)

透過其他綜合損益按公允價值衡量之權益工具投資評價調整 2,000
　　其他綜合損益-透過其他綜合損益按公允價值衡量之權益工具投資損益 2,000
($30×1,000 − $1,000)

（結帳分錄）
其他綜合損益-透過其他綜合損益按公允價值衡量之權益工具投資損益 2,000
　　其他權益-透過其他綜合損益按公允價值衡量之權益工具投資損益 2,000

(2)

部分綜合損益表

	×1年	×2年
股利收入	$ 300	$ 300
其他利益及損失（評價損益）	(2,000)	4,000
手續費	(100)	–
本期淨利	(1,800)	4,300
其他綜合損益		
不重分類至損益之項目：		
透過其他綜合損益按公允價值衡量之權益工具投資損益	(1,050)	2,000
本期綜合損益	(2,850)	6,300

12月31日部分資產負債表	×1年	×2年
透過損益按公允價值衡量之金融資產	$2,000	$6,000
透過其他綜合損益按公允價值衡量之權益工具投資	2,050	2,000
透過其他綜合損益按公允價值衡量之權益工具投資評價調整	(1,050)	1,000
保留盈餘	(1,800)	2,500
其他權益	(1,050)	950

　　金融資產於原始取得之交易成本（例如：手續費、佣金等），若分類為「透過損益按公允價值衡量之金融資產（FVTPL）」，包含債務工具與權益工具，應認列為當期費用；其他類別之金融資產投資於原始取得之交易成本，應納入原始取得成本之中，包含：「透過其他綜合損益按公允價值衡量之債務工具投資（FVTOCI 債券）」、「按攤銷後成本衡量之金融資產（AC）」、「透過其他綜合損益按公允價值衡量之權益工具投資（FVTOCI 股票）」及「以權益法衡量之權益工具投資」。

釋例 12-5

購入權益工具投資之會計處理──處分

　　沿釋例 12-4，但假設 ×2 年 3 月 1 日，甲公司以 $35 處分所有 300 股 A 公司之普通股。試作 ×2 年度相關分錄。

解析

×2 年 3 月 1 日
透過其他綜合損益按公允價值衡量之權益工具投資評價調整　2,500
　　其他綜合損益 - 透過其他綜合損益按公允價值衡量之權益工具投資損益　2,500
　　(($35 − $10)×100)

現金 ($35×300)		10,500
透過損益按公允價值衡量之金融資產		2,000
透過損益按公允價值衡量之金融資產損益 (($35 − $10)×200)		5,000
透過其他綜合損益按公允價值衡量之權益工具投資		2,000
透過其他綜合損益按公允價值衡量之權益工具投資評價調整		1,500

×2年12月31日＜假設×2年僅有此筆權益工具投資處分＞

依據我國IFRS推動小組決議，處分當期所有累積之評價損益應自其他權益直接結轉保留盈餘：

其他權益-透過其他綜合損益按公允價值衡量之權益工具損益	1,500	
保留盈餘		1,500

（結帳分錄）

其他綜合損益-透過其他綜合損益按公允價值衡量之權益工具投資評價損益	2,500	
其他權益-透過其他綜合損益按公允價值衡量之權益工具投資評價損益		2,500

12.5　債務工具投資之減損

學習目標 5
了解債務工具投資之減損會計處理

　　金融資產的公允價值經常變動，在正常的波動範圍內的跌價並非「減損（Impairment）」；金融資產之減損係指所投資股票或債務工具之價值顯著下跌或下跌時間較久，預期短期內無法恢復。

　　IFRS 9 對債務工具投資減損之觀念，係採用預期信用損失模式（Expected Credit Losses Model），而過去的 IASB 採用的觀念則為已發生損失模式（Incurred Loss Model）。現行 IFRS 9 之預期信用損失模式下認列債券可能的減損損失（預期無法收到的利息或本金），使減損損失及備抵損失認列的時間提早至投資原始認列時（即認列投資的第一天）；已發生損失模式則在有明確的跡象顯示所投資債務工具已經減損，才認列減損損失及備抵損失。

　　IFRS 9 的預期信用損失模式僅適用於「按攤銷後成本衡量之金融資產（AC）」及「透過其他綜合損益按公允價值衡量之債務工具投資（FVTOCI 債券）」，因為其他類別金融資產均以公允價值衡量，且評價損益均列入損益，亦即預期之減損已經反映在公允價值中且

預期信用損失模式僅適用於「按攤銷後成本衡量之金融資產（AC）」及「透過其他綜合損益按公允價值（FVTOCI債券）衡量之債務工具投資」。

公允價值變動已在綜合損益表之損益項下認列。另可注意的是，「透過其他綜合損益按公允價值衡量之權益工具投資（FVTOCI 股票）」之評價損益係列入其他綜合損益，且該類投資於處分時不作重分類調整；「透過其他綜合損益按公允價值衡量之權益工具投資（FVTOCI 股票）」亦可能發生減損（如重大跌價時），而認列之減損金額，亦僅列入其他綜合損益；亦即此類投資不論是否減損之價值變動，全部（股利收入除外）都是透過認列於其他綜合損益提供給報表使用者。所以 IFRS 9 的減損模式僅係針對債務工具，而稱為預期信用損失模型。

預期信用損失：三階段模式

國際上有三家著名的債券信用評級的公司：標準普爾公司（Standard and Poor's, S&P）、穆迪（Moody）及英商惠譽（Fitch）。以標準普爾公司為例，該公司將所有債券由信用等級從高至低分類為 AAA、AA、A、BBB、BB、B、CCC、CC、C 及 D（其中 AA 至 CC 各級均可再以「＋」、「－」號細分），評級在 BBB 級以上（含）者為投資等級（investment grade）債券，而低於 BBB 級者則為投機等級（如垃圾債券）。CCC、CC 及 C 三等級違約風險相當高，且各級間信用風險增加相當快。D 級則為已經發生違約（無法支付利息或本金）之債券。

三階段模式主要是作以下之判斷：債務工具投資在財報日的信用風險與**原始認列**債券時相比是否有顯著增加，若以投資級與投機級債券的分界點（BBB 級）說明實際之應用，較容易了解。舉例說明如下：

1. 若財報日債券屬投資級，則稱此債券屬低信用風險者，由此即可推斷，自原始認列至今，該債券信用風險並未顯著增加。例如原屬 AAA 級之債券，即使其評等降至 BBB 級，信用風險仍未顯著增加。

2. 債券原屬投資級，而於財報日降至投機級，若其等級降了兩等級（含）以上，則信用風險已顯著增加。例如原屬 A 級債券，若

其評等降至 BB 級，則信用風險已顯著增加。BBB 級降至 BB 級時，通常判斷為信用風險仍未顯著增加。

3. 在投機級中，降了兩等應判斷為信用風險已顯著增加。例如原屬 CCC 級債券，若其評等降至 C 級，則信用風險已顯著增加。若僅降了一級，則須謹慎判斷。專業投資機構未予評等之債券，應以類似觀念作判斷；例如採用公司內部評級。

本節以債務工具投資說明三階段模式，但此預期信用損失認列之模式適用所有債務工具。三階段模式之應用如下：

	第一階段 風險 未顯著增加	第二階段 風險 已顯著增加	第三階段 風險 (減損)已經發生
損失認列	▶ 12 個月預期信用損失	▶ 存續期間預期信用損失	▶ 存續期間預期信用損失
利息收入認列基礎	▶ 總帳面金額	▶ 總帳面金額	▶ 攤銷後成本（即總帳面金額扣除備抵損失）

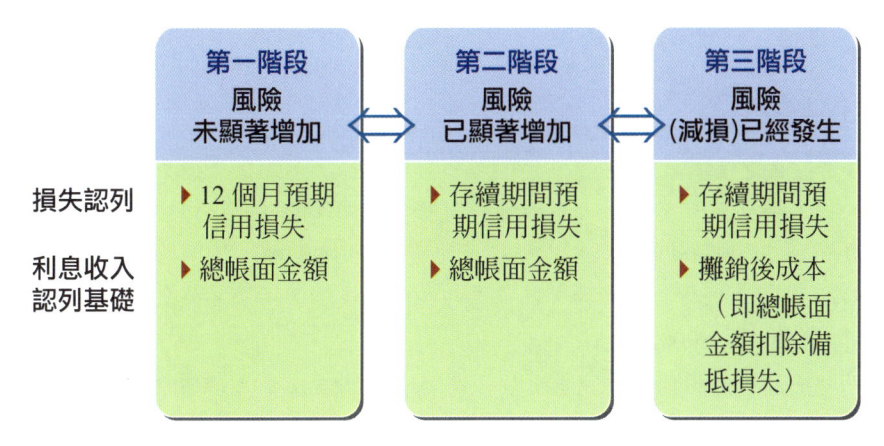

圖 12-1　三階段減損模式圖

第一階段：若債券信用風險與**原始認列時**相比，沒有顯著增加，則屬第一階段，只須認列未來 **12 個月預期信用損失**（12-month expected credit losses）即可。

第二階段：在財務報導日時，若該債券的信用風險已經較**原始認列時**顯著增加，則應認列整個債券**存續期間預期信用損失**（life-time expected credit losses）。若利息或本金之支付已經逾期超過 30 天，則應假設該債券已經進入第二階段減損。惟 30 天規定為可反駁的前提假設，但企業須有合理且可佐證的資訊來反駁。

第三階段：減損已經發生，此時應將該金融資產判定為進入減損第三階段。債務人逾期付款達 90 天時，應假設該債券已進

入第三階段，惟 90 天規定為可反駁的前提假設，但企業須有合理且可佐證的資訊來反駁。此階段下之債券投資除應認列存續期間預期信用損失外，未來的利息收入只能就該**債券的攤銷後成本（總帳面金額扣除備抵損失後之金額）**認列利息收入。

債務工具投資預期信用損失在第一及第二減損階段時，應依其**總帳面金額（未扣除備抵損失前之金額）**認列利息收入。12 個月預期信用損失及存續期間預期信用損失之計算，及相關分錄請參考釋例 12-6。

釋例 12-6

債券投資之信用減損

（除減損所需者外，其餘資料與釋例 12-1 同）甲公司於 ×0 年 12 月 31 日以 $1,000,000 買進 A 公司發行之面額 $1,000,000、3 年期、票面利率 8%、每年年底付息的債券。該債券在 ×1 年及 ×2 年底之公允價值分別為 $1,100,000 及 $900,000。

甲公司判斷該債券投資在 ×1 年底，信用風險並未顯著增加；且 ×0 年及 ×1 年底該債券 12 個月內違約之機率為 0.5%，違約後公司預期收回所有合約現金流量之 60%（即損失率為 40%）。

×2 年底，甲公司判斷該債券信用風險與 ×0 年底時相比，已經顯著增加。此時該債券在存續期間內（1 年內）違約之機率為 5%，違約後公司預期收回所有合約現金流量之 60%（即損失率仍為 40%）。

在下列兩種分類下，試作甲公司於 ×0 年底購買日、×1 年及 ×2 年底相關分錄：

(a) 該債券應列入「按攤銷後成本衡量之金融資產」
(b) 該債券應列入「透過其他綜合損益按公允價值衡量之金融資產」

解析

×0 年及 ×1 年底，該債務工具投資的 12 個月預期信用損失計算如下：

12 個月預期信用損失 = 12 個月內違約機率 × 違約後之損失率
　　　　　　　　　　× 現金流量現值

即 0.5% × 40% × $1,000,000 = $2,000

×2 年底,該債務工具投資的存續期間預期信用損失計算如下:

存續期間預期信用損失＝存續期間違約機率 × 違約後之損失率
× 現金流量現值

即 5%×40%×$1,000,000 ＝ $20,000

×0 年 12 月 31 日
(a) 按攤銷後成本衡量之金融資產　　　　　1,000,000
　　　現金　　　　　　　　　　　　　　　　　　　　1,000,000

　　減損損失　　　　　　　　　　　　　　　2,000
　　　備抵損失　　　　　　　　　　　　　　　　　　2,000

(b) 透過其他綜合損益按公允價值衡量之債務工具投資　1,000,000
　　　現金　　　　　　　　　　　　　　　　　　　　1,000,000

　　減損損失　　　　　　　　　　　　　　　2,000
　　　其他綜合損益-透過其他綜合損益按公允價值衡量之債務工具投資評價損益＊　2,000

<說明>此減損分錄較不易理解,將該分錄分解為下列兩個分錄:

　減損損失　　　　　　　　　　　　　　　　2,000
　　備抵損失　　　　　　　　　　　　　　　　　　　2,000

此時,該債務工具投資之帳面金額為:
　透過其他綜合損益按公允價值衡量之債務工具投資 $1,000,000 － 備抵損失 $2,000 ＝ $998,000

但此債券應該以公允價值衡量,因此帳面金額仍須調整(上升)至公允價值 $1,000,000,此類債券帳面金額上升係透過其他綜合損益記錄:

　備抵損失　　　　　　　　　　　　　　　　2,000
　　其他綜合損益-透過其他綜合損益按公允價值衡量之債務工具投資評價損益＊　2,000

＊上述兩分錄加總,即為前述單一分錄之結果。

×1 年 12 月 31 日
　現金　　　　　　　　　　　　　　　　　　80,000
　　利息收入　　　　　　　　　　　　　　　　　　　80,000

(a) 攤銷後成本下,無須記錄公允價值變動
(b) 透過其他綜合損益按公允價值衡量之債務工具投資評價調整　100,000
　　　其他綜合損益-透過其他綜合損益按公允價值衡量之債務工具投資評價損益　100,000

×1 年度 12 個月預期信用損失仍為 $2,000，無須進一步認列或迴轉減損損失。

×2 年 12 月 31 日
  現金　　　　　　　　　　　　　　　　　　　　80,000
　　利息收入　　　　　　　　　　　　　　　　　　　　80,000

(a) 攤銷後成本下，無須記錄公允價值變動

(b) 其他綜合損益-透過其他綜合損益按公允價值衡量之債務工具投資評價損益 200,000
　　　透過其他綜合損益按公允價值衡量之債務工具投資評價調整　200,000

此時該債券信用風險顯著增加，存續期間預期信用損失為：$20,000（減損增加 $18,000），(a) 及 (b) 情況下增加認列減損損失的分錄如下：

(a) 減損損失　　　　　　　　　　　　　　　　　　18,000
　　備抵損失　　　　　　　　　　　　　　　　　　　　18,000

(b) 減損損失　　　　　　　　　　　　　　　　　　18,000
　　其他綜合損益-透過其他綜合損益按公允價值衡量之債務工具投資損益　18,000

(a) 與 (b) 情況下，×0 年至 ×2 年部分綜合損益表及部分資產負債表之表達如下：

×0 年部分綜合損益表		
	按攤銷後成本衡量	透過其他綜合損益按公允價值衡量
利息收入		
其他利益及損失（減損損失）	(2,000)	(2,000)
本期淨利	(2,000)	(2,000)
其他綜合損益		
後續可能重分類之項目：		
透過其他綜合損益按公允價值衡量之債務工具投資評價損益		2,000
本期綜合損益	(2,000)	0

×1 年部分綜合損益表

	按攤銷後成本衡量	透過其他綜合損益按公允價值衡量
利息收入	80,000	80,000
其他利益及損失（減損損失）		
本期淨利	80,000	80,000
其他綜合損益		
後續可能重分類之項目：		
透過其他綜合損益按公允價值衡量之債務工具投資評價損益		100,000
本期綜合損益	80,000	180,000

×2 年部分綜合損益表

	按攤銷後成本衡量	透過其他綜合損益按公允價值衡量
利息收入	80,000	80,000
其他利益及損失（減損損失）	(18,000)	(18,000)
本期淨利	62,000	62,000
其他綜合損益		
後續可能重分類之項目：		
透過其他綜合損益按公允價值衡量之債務工具投資評價損益		(182,000)
本期綜合損益	62,000	(120,000)

×0 年 12 月 31 日部分資產負債表

按攤銷後成本衡量		透過其他綜合損益按公允價值衡量	
按攤銷後成本衡量之金融資產（扣除備抵損失後）	998,000	透過其他綜合損益按公允價值衡量之債務工具投資	1,000,000
保留盈餘	(2,000)*	保留盈餘	(2,000)*
其他權益	0	其他權益	2,000

* 此 $2,000 為原始認列時之減損損失。

×1年12月31日部分資產負債表			
按攤銷後成本衡量		透過其他綜合損益按公允價值衡量	
按攤銷後成本衡量之金融資產	998,000	透過其他綜合損益按公允價值衡量之債務工具投資	1,000,000
		透過其他綜合損益按公允價值衡量之債務工具投資評價調整	100,000
保留盈餘	78,000*	保留盈餘	78,000*
其他權益	0	其他權益	102,000

* 保留盈餘中,包含累積之減損損失 $2,000。

×2年12月31日部分資產負債表			
按攤銷後成本衡量		透過其他綜合損益按公允價值衡量	
按攤銷後成本衡量之金融資產	980,000	透過其他綜合損益按公允價值衡量之債務工具投資	1,000,000
		透過其他綜合損益按公允價值衡量之債務工具投資評價調整	(100,000)
保留盈餘	140,000*	保留盈餘	140,000*
其他權益	0	其他權益	(80,000)

* 保留盈餘中,包含累積之減損損失 $20,000。

值得注意的是,將上述釋例 12-6 兩個表格與釋例 12-2 相對年度表格對比,可以了解下列結論:

1. 不論是否提列減損,「按攤銷後成本衡量之金融資產(AC)」與「透過其他綜合損益按公允價值衡量之債務工具投資(FVTOCI 債券)」在綜合損益表之本期淨利部分完全相同,也因而保留盈餘的部分也應該完全相同。

2. 「透過其他綜合損益按公允價值衡量之債務工具投資(FVTOCI 債券)」提列減損後,因為在資產負債表上仍應以維持公允價值衡量該債務工具投資,故其他綜合利益會增加與認列減損損失

相等之金額，所以，綜合損益總額維持不變。亦即，不論是否提列減損，「透過其他綜合損益按公允價值衡量之債務工具投資（FVTOCI 債券）」與「透過損益按公允價值衡量之債務工具投資（FVTPL）」對總權益的影響完全相同。

3. 利息收入的認列與備抵損失的認列兩者脫鉤（decoupled）：

債務工具各期利息收入＝期初總帳面金額 × 有效利率（利息收入不考慮備抵損失）

債務工具各期備抵損失＝ 12 個月或存續期間預期信用損失

債務工具攤銷後成本＝期末總帳面金額－期末備抵損失

由上述關係式可知，認列利息收入時，不考慮備抵損失；第二步驟才在脫鉤的情形下獨立計算備抵損失。另應注意，已經列入第三階段減損時，認列利息收入則應以攤銷後成本（已考慮備抵損失）之金額為計算基礎。

4. 因為利息收入是以總帳面金額計算，所以為高估數，因為有可能未來本金是無法收取的；所以 IASB 特別設計在債券購買的第 1 天，即應認列減損損失及備抵損失，以平衡真正減損發生前，利

IFRS

為何 IASB 規定債券原始之日，即應認列減損損失，而造成首日損失呢？

釋例 12-6 中 ×0 年年底時，甲公司剛購入 A 公司債，IFRS 9 為何規定應立即認列 $2,000 之減損呢？因為，利息收入之認列是以 $1,000,000 的本金為基礎認列，但本金亦有無法回收之風險，所以利息收入認列金額是不考慮本金回收性的高估金額，IFRS 9 特別設計首日減損之認列（day one impairment），以平衡債券持有期間利息收入高估的情形。許多報表使用者可能不同意這種「原始認列時即發生減損」的處理方式，但 IASB 曾於 2009 年提出完全合乎理論的預期信用損失減損模式過度複雜，所以 IASB 最終採用之方法係以總帳面金額計算利息收入（高估），再以另提早記錄減損損失的脫鉤模式，希望在大樣本（不同時間購入多債券）下能有可以接受的估計值。

息收入可能之高估。此做法產生投資第 1 天即認列損失之不合理現象，但為何 IASB 最終仍決定以這種脫鉤模式處理減損呢？因為 2009 年 IASB 所提的理論上正確做法過度複雜，故最終才決定將利息收入認列與減損之提列脫鉤，以簡化計算過程。

學習目標 6
說明權益法的適用情形及其會計處理

12.6　權益法評價之長期股權投資

12.6.1　適用範圍

公司通常希望藉由持有另一公司較高比例的有表決權股份，達到重大影響或控制另一公司的目的，這種投資相較於本章已介紹之透過損益按公允價值衡量（FVTPL）或透過其他綜合損益按公允價值衡量（處分時不作重分類調整）的權益工具投資（FVTOCI 股票），其持有期間比較長、較不輕易出售，所以按公允價值衡量並不適當。

當企業對另一公司的長期股權投資占被投資公司已發行有表決權股份 20% 以上、50% 以下者；或雖然未達 20% 但具有重大影響力者（具實質重大影響力），應採用**權益法**（equity method）作會計處理。除此之外，如果企業對另一公司具有控制力除應編製母子公司合併報表外，亦應採用權益法作會計處理。茲將採用權益法作會計處理的情況列示如下：

1. 投資公司對被投資公司具有控制力。
2. 投資公司持有被投資公司有表決權股份 20% 以上、50% 以下者。不過，有時候投資公司雖持股達到此種標準，卻有證據顯示對被投資公司沒有重大影響力時，則不適用權益法作會計處理。
3. 投資公司持有被投資公司有表決權股份雖然未達 20%，但具有重大影響力（具實質重大影響力）。

12.6.2　權益法會計處理

長期股權投資的取得成本必須包括成交價格以及其他必要的

支出如手續費。後續即依權益法處理,即按被投資公司權益的增減變化,增加或減少長期股權投資之帳面金額:被投資公司若有淨利,投資企業應依其持股比率認列投資收益。此時投資公司應借記「**採用權益法之投資**」(Investments in Associates Accounted for using equity method),以反映股權投資價值的增加;同時貸記「**採用權益法之關聯企業損益份額**」〔Share of Profit(Loss)of Associates Accounted for using equity method〕。「採用權益法之關聯企業損益份額」屬於綜合損益表中「營業外收入及支出」。當以權益法認列之被投資公司發生淨損時,則投資公司應借記「採用權益法之關聯企業損益份額」,列入「營業外費用及支出」中;同時應貸記「採用權益法之投資」,以反映長期股權投資價值降低。被投資公司現金股利除息時,因被投資公司之權益減少,應該借記「應收股利」,同時貸記「採用權益法之投資」。現金股利發放日,應借記「現金」,貸記「應收股利」。茲以釋例 12-7 簡介如何以權益法記錄長期股權投資相關交易,進階的會計學課程將更完整討論權益法的會計處理。

釋例 12-7

×8 年 1 月 1 日甲公司以市價每股 $20 買進 10,000 股乙公司普通股股票,手續費及交易稅 $100,乙公司流通在外總股數是 25,000 股。另外,×8 年 12 月 31 日乙公司普通股每股股價 $22。下列各項交易或事項應如何適用權益法之會計處理?

(1) 在買進日,甲公司應該如何作分錄?
(2) ×8 年 5 月 17 日乙公司除息,每股現金股利 $1,甲公司應該如何作分錄?
(3) ×8 年 6 月 27 日乙公司發放現金股利,甲公司應該如何作分錄?
(4) ×8 年 12 月 31 日,乙公司告知其當年度淨利為 $60,000,甲公司之分錄為何?
(5) ×9 年 1 月 2 日以 $234,100 賣出乙公司股票,甲公司應該如何作分錄?

解析

(1) 取得日之會計處理:

買進股數 ÷ 乙公司流通在外總股數＝持股比率

10,000 股 ÷ 25,000 股 ＝ 40%，持股比率大於 20%，屬應採用權益法會計處理的長期股權投資。

取得成本＝（市價單價 × 股數）＋手續費
　　　　＝（$20×10,000）＋ $100 ＝ $200,100

應該作以下分錄：

×8 年 1 月 1 日
　　採用權益法之投資　　　　　　　　　　200,100
　　　　現金　　　　　　　　　　　　　　　　　　200,100

(2) 除息日

應收股利＝每股現金股利 × 持有股數
　　　　＝ $1×10,000 股 ＝ $10,000

應作以下分錄：

×8 年 5 月 17 日
　　應收股利　　　　　　　　　　　　　　10,000
　　　　採用權益法之投資　　　　　　　　　　　10,000

(3) 收到股利日

×8 年 6 月 27 日
　　現金　　　　　　　　　　　　　　　　10,000
　　　　應收股利　　　　　　　　　　　　　　　10,000

(4) 被投資公司當年度淨利 $60,000

投資收益＝被投資公司淨利 × 持股比率
　　　　＝ $60,000×40% ＝ $24,000

應作以下分錄：

×8 年 12 月 31 日
　　採用權益法之投資　　　　　　　　　　24,000
　　　　採用權益法之關聯企業損益份額　　　　　24,000

<**注意**>採用權益法之股票投資，無須記錄公允價值變動。

(5) 處分長期股權投資

權益法股權投資帳面金額＝ $200,100 ＋ $24,000 － $10,000 ＝ $214,100
應承認已實現之處分投資損益＝賣價－權益法股權投資帳面金額
　　　　　　　　　　　　　＝ $234,100 － $214,100 ＝ $20,000

×9年1月2日
現金 234,100
　　採用權益法之投資 214,100
　　處分投資損益 20,000

12.7　合併財務報表

學習目標 7
說明何時需編製合併財務報表

若投資公司能實質控被投資公司，此時投資公司與被投資公司形成母子公司關係，除應按權益法作會計處理以編製個體報表外，尚需編製母子公司**合併財務報表**（consolidated financial statements）。少數情況下投資公司持股超過 50%，卻不具控制力，此時即不屬於母子公司關係，無需編製合併報表。反之，投資公司持有被投資公司未超過 50% 的表決權股份，卻可能已實質控制被投資公司，此時編製合併報表才能反映彼此間真實的關係。是否具有實質控制力，係判斷應否編製合併報表的準繩，例如當被投資公司的經營政策可以由投資公司決定時，雖然兩公司是不同的法律個體，但可以藉由編製合併報表將其視為同一會計個體。IFRS 10「合併財務報表」，係採實質控制判斷來界定控制能力，而非單純看持股是否超過 50%。

企業編製合併報表時，即將母子公司財務報表中相同項目予以彙總相加，例如母子公司的資產、負債項目、收益、費損項目予以加總，不過股本及保留盈餘項目並不是將兩家公司個別的股本及保留盈餘相加。因為母公司個體財務報表上的「採用權益法投資 - 子公司」的金額，即代表所持有子公司權益的所有權，所以合併報表的權益數額與母公司個體財務報表權益數額應該是相同的，不因併入子公司而增加。

編製合併報表時，對於母子公司間的交易，應予以銷除，例如母公司銷貨給子公司，於母公司帳上產生對子公司的應收帳款，子公司帳上有對母公司的應

付帳款，在編製合併資產負債表時，應將兩邊的應收、應付帳款互相抵銷，因為編製合併報表時將母子公司視為同一會計個體。

摘要

企業除了投資不動產、廠房及設備外，也常投資其他公司所發行的公司債或股票等資本市場之金融工具。關於債務工具投資，其會計處理可以分為三類：按攤銷後成本衡量（AC）、透過損益按公允價值衡量（FVTPL），及透過其他綜合損益按公允價值衡量（FVTOCI 債券）（處分時作重分類調整）。關於權益工具投資，其會計處理可以分為四類：透過損益按公允價值衡量（FVTPL）、透過其他綜合損益按公允價值衡量（FVOCI 股票）（處分時不作重分類調整）、以權益法衡量，及編製合併報表。

如果企業投資債券純粹為了依合約定期定額獲取現金（例如依約定期獲得固定金額的利息，到期依面額收回本金）且該債券為「純債券」，在到期日前，儘管因市場利率波動而影響金融資產之公允價值，企業也沒有意圖作短線操作，賺取差價。像這一類的金融資產，方可按歷史成本衡量。由於這類金融資產（例如：公司債）的投資在到期日前長達好幾年，而當初又可能溢價或折價（詳見附錄）購入，因此必須對溢、折價攤銷，也因此稱之「按攤銷後成本衡量之金融資產（AC）」。這類資產即使期末公允價值有所波動，期末帳面金額也不會調整到公允價值；當然其中的價差也無從列入本期損益或其他綜合損益。

有的金融資產（如債券及股票）投資是為了短線進出，賺取差價，對這類以交易為目的之金融資產，將價差列入本期損益是合理的，因為即使今天不賣出，企業很快就會賣出，只差執行交易的動作。此類金融資產乃屬「透過損益按公允價值衡量之金融資產（FVTPL）」。

但有些債務工具投資的經營模式具有雙重目的：收取合約定期定額現金或伺機出售。這種債務工具投資即屬於「透過其他綜合損益按公允價值衡量之債務工具投資（FVTOCI 債券）」，其會計處理很特別，在綜合損益表之本期損益中，該處理提供與「按攤銷後成本衡量之金融資產（AC）」相同之利息收入資訊，但在其他綜合損益中，又提供了與「透過損益按公允價值衡量之金融資產（FVTPL）」相同之公允價值變動資訊，亦即將債務工具投資調整至公允價值，但按公允價值衡量所產生之價差不列入當期損益，而列為「其他綜合損益」-屬於權益性質。處分這類債務工具投資時，可將該部分的債券投資所累積的其他綜合損益重分類為出售年度的損益。亦即將歷年累積的評價損益出售時實現。所以其會計處理能完全反映經營模式的雙重目的。

對於權益工具投資，企業有時並不想頻繁買進賣出以交易為目的（例如策略性投

資），這時候將按公允價值衡量所產生之價差列入本期損益會使一時之公允價值大幅波動造成本期損益之波動，何況企業又不會很快賣出該權益工具投資。既然不列入本期損益，就像上述的「透過其他綜合損益按公允價值衡量之債務工具投資（FVTOCI 債券）」，將價差列為權益的加減項。雖然這種價差屬於權益性質，應在資產負債表的權益類下表達，可是一旦列入權益就會逐年累積而看不出當年度的價差（即評價利益或損失），因此在綜合損益表中，除了「本期損益」外，再加「其他綜合損益」，將當年度這類金融資產按公允價值衡量所產生之價差列入「其他綜合損益」。

IFRS 給予企業選擇的空間，可將非供交易為目的、非採權益法或非需編合併報表之權益工具投資價差列入「其他綜合損益」，這類金融資產即屬「透過其他綜合損益按公允價值衡量之權益工具投資（FVOCI 股票）」；當然企業也可選擇將價差列入本期損益，而該金融資產便屬「透過損益按公允價值衡量之金融資產（FVTPL）」，不論選擇何者，一旦選定後不得重分類。就整個綜合損益表言，當年度的「綜合損益」包括「本期損益」與當年度的「其他綜合損益」。因此，即使都是權益工具投資，有的股票為「透過損益按公允價值衡量之金融資產（FVTPL）」，另外的股票則為「透過其他綜合損益按公允價值衡量之金融資產（FVOCI 股票）」。與債務工具投資不同的是，處分這類的權益工具投資時，歷年所累積的其他綜合損益，不得重分類為處分年度之損益。

除了公允價值因正常波動造成的價差，按上述方式處理外，有時候投資標的之價值顯著下跌或下跌時間較久，預期短期內無法恢復，這種跌價則屬「減損」，IFRS9 對債務工具投資減損之會計處理，採「預期損失」模式且僅適用於「按攤銷後成本衡量（AC）」及「透過其他綜合損益按公允價值衡量（FVOCI 債券）」之債務工具投資。

若企業採有被投資公司的股份，達到對被投資公司具重大影響力時（通常為持股達 20% 以上但未達 50%），則應採權益法，將被投資公司的權益變化反映於企業的權益工具投資價值及投資損益上。若企業對被投資公司具實質控制（通常為持股比率達 50% 以上），則企業應編製合併財務報表。

本章習題

問答題

1. 以下哪些金融資產屬於貨幣市場工具？哪些屬於資本市場工具？

   (1) 定存單

(2) 普通股票
(3) 商業本票
(4) 銀行承兌匯票
2. 試簡述債務型工具及權益工具投資之會計處理？
3. 什麼情況下會將金融資產分類為「透過損益按公允價值衡量之金融資產」、「按攤銷後成本衡量之金融資產」、「透過其他綜合損益按公允價值衡量之債務工具投資」或「透過其他綜合損益按公允價值衡量之權益工具投資」？
4. 透過損益按公允價值衡量之權益工具投資、透過其他綜合損益按公允價值衡量之權益工具投資與採用權益法之投資這三類投資，哪一類權益工具投資在股價上升、下跌時，股價變動應認列為當期損益？哪一類股票之股價變動應列入當期其他綜合損益？
5. 持有供交易權益工具投資（列入透過損益按公允價值衡量之金融資產）、透過其他綜合損益按公允價值衡量之權益工具投資與採用權益法之投資這三類投資，在被投資公司宣告以及發放現金股利時，分別應該如何作分錄？
6. 公司處分透過其他綜合損益按公允價值衡量之債務工具投資時，處分前累積之其他綜合損益是否應重分類至損益？或應以其他方式處理？
7. 公司處分透過其他綜合損益按公允價值衡量之權益工具投資時，處分前累積之其他綜合損益是否應重分類至損益？或應以其他方式處理？
8. 什麼情況下會依權益法作長期股權投資之會計處理？
9. 投資公司對被投資公司具有實質控制力時，其會計處理為何？

選擇題

1. 下列何者不屬於貨幣市場的金融工具？
   (A) 商業本票　　　　　　　　　(B) 銀行承兌匯票
   (C) 國庫券　　　　　　　　　　(D) 政府公債

2. 下列何者不屬於資本市場的金融工具？
   (A) 附買賣回協定　　　　　　　(B) 政府公債
   (C) 公司債　　　　　　　　　　(D) 普通股票

3. 「銀行對存款人將資金存放於銀行一定期間所發給的證明文件，屬於期限短、變現快的貨幣市場投資工具。」此一說明係在敘述何種貨幣市場商品？
   (A) 定存單　　　　　　　　　　(B) 商業本票
   (C) 銀行承兌匯票　　　　　　　(D) 國庫券

4. 下列何者是政府發行、承諾短期付息並清償本金的貨幣市場投資工具？
   (A) 定存單　　　　　　　　　　(B) 商業本票

(C) 銀行承兌匯票　　　　　　　　(D) 國庫券

5. 如果被投資金融資產的到期日在 3 個月以內且其信用（違約）風險很低時，一般會將它歸類為下列何者？
   (A) 現金及約當現金
   (B) 按攤銷後成本衡量之金融資產
   (C) 透過損益按公允價值衡量之金融資產
   (D) 透過其他綜合損益按公允價值衡量之債務工具投資

6. 甲公司在短期獲利為目的之經營模式下取得固定利息及本金債券，應將此債券分類為下列何者？
   (A) 現金及約當現金
   (B) 按攤銷後成本衡量之金融資產
   (C) 透過損益按公允價值衡量之金融資產
   (D) 透過其他綜合損益按公允價值衡量之債務工具投資

7. 甲公司在取得合約現金流量為目的之經營模式下取得固定利息及本金債券，應將此債券分類為下列何者？
   (A) 現金及約當現金
   (B) 按攤銷後成本衡量之金融資產
   (C) 透過損益按公允價值衡量之金融資產
   (D) 透過其他綜合損益按公允價值衡量之債務工具投資

8. 甲公司在取得合約現金流量以及出售獲取未實現利益雙重目的之經營模式下取得固定利息及本金債券，應將此債券分類為下列何者？
   (A) 現金及約當現金
   (B) 按攤銷後成本衡量之金融資產
   (C) 透過損益按公允價值衡量之金融資產
   (D) 透過其他綜合損益按公允價值衡量之債務工具投資

9. 甲公司在取得合約現金流量的操作模式下取得可轉換公司債，應將此債券分類為下列何者？
   (A) 現金及約當現金
   (B) 按攤銷後成本衡量之金融資產
   (C) 透過損益按公允價值衡量之金融資產
   (D) 透過其他綜合損益按公允價值衡量之債務工具投資

10. 甲公司持有之 A 公司股票係列入「透過損益按公允價值衡量之金融資產」，當 A 公司宣告股票股利時，甲公司之會計處理為何？
    (A) 貸：透過損益按公允價值衡量之金融資產

(B) 貸：股利收入
(C) 貸：其他綜合損益
(D) 不作分錄，僅作備忘記錄

11. 汗牛公司 ×1 年 12 月 30 日以每股 $20 買進 500 股業勤公司股票，作為透過其他綜合損益按公允價值衡量之權益工具投資。×1 年 12 月 31 日業勤公司每股股價為 $25，汗牛並於 ×2 年 1 月 3 日以每股 $30 賣出 400 股。×2 年 12 月 31 日業勤公司每股股價為 $35。請問關於此權益工具投資汗牛公司應於 ×2 年度損益表中認列多少利益？
    (A) $5,500   (B) $4,000
    (C) $2,000   (D) $0

12. 汗牛公司 ×1 年 12 月 30 日以每 $10,000 平價買進業勤公司債券，作為透過其他綜合損益按公允價值衡量之債務工具投資。×1 年 12 月 31 日汗牛持有之業勤公司債券市價上升至 $10,500，汗牛並於 ×2 年 1 月 3 日即以每股 $80,600 賣出所持有業勤公司債券之 80%。×2 年 12 月 31 日汗牛仍持有剩餘部分債券之市價為 $20,200。請問關於此債務工具投資汗牛公司應於 ×2 年度損益表中認列多少利益（不計利息收入）？
    (A) $800   (B) $600
    (C) $80   (D) $0

13. 採權益法評價的情況包括下列何者？
    (A) 投資公司對被投資公司具有控制力
    (B) 投資公司持有被投資公司有表決權股份 20% 以上、50% 以下者，且沒有證據顯示對被投資公司不具重大影響力
    (C) 投資公司持有被投資公司有表決權股份雖然未達 20%，但具有重大影響力
    (D) 以上都正確

14. 當收到採用權益法長期權益工具投資發放的現金股利時，投資公司應作什麼處理？
    (A) 貸：投資收益
    (B) 貸：股利收入
    (C) 貸：採權益法之長期股權投資
    (D) 不作分錄，僅作備忘記錄

15. 老米公司於 ×3 年 1 月 1 日以 $50 買入大鼠公司普通股股份 40%，若大鼠公司在 ×3 年 12 月 31 日宣告並發放現金股利 $40，並報導當年之淨利為 $100。試問老米公司於 ×3 年 12 月 31 日對大鼠公司股權投資餘額應為多少？
    (A) $90   (B) $74
    (C) $50   (D) $40

【改寫自 93 年公務人員特種考試身心障礙人員考試試題】

16. 白色戀人公司於 ×0 年 1 月 1 日以成本 $100 購入方帽公司普通股股權 20%，作為長

期投資。×1 年 2 月 1 日方帽公司宣告淨利 $80，並於 ×1 年 3 月 1 日發放 $60 現金股利。則下列敘述何者正確？

(A) 白色戀人公司應編製合併報表
(B) 若採權益法，×1 年 2 月 1 日方帽公司宣告淨利，白色戀人公司不作任何分錄
(C) 若認定此為持有供交易之權益工具投資，×1 年 3 月 1 日，白色戀人公司應貸記：透過損益按公允價值衡量之金融資產 $12
(D) 若採權益法，×1 年 3 月 1 日，白色戀人公司應貸記：採用權益法之投資 $12

17. 若投資公司對被投資公司持股 22%，但對其具有實質控制力，此時投資公司需編製什麼文件？

(A) 銀行調節表 　　　　　　　　　(B) 存貨盤點結果
(C) 母子公司合併報表 　　　　　　(D) 應付憑單

18. 母公司銷貨給子公司，於母公司帳上產生對子公司的應收帳款，則在編製合併報表時，對於該項母子公司間的交易，應如何處理？

(A) 銷除
(B) 納入
(C) 企業可以選擇將其銷除或是納入
(D) 收到貨款前應予以納入

19. 甲公司以 $199,000 於 ×1 年 12 月 31 日買入乙公司面額 $200,00 公司債，另支付交易成本 $1,000。當日該批乙公司債券之 12 個月預期信用損失估計金額為 $2,000。若甲公司將該公司債作為按攤銷後成本衡量之金融資產，則其 ×1 年 12 月 31 日之總帳面金額及攤銷後成本分別為何？

(A) $200,000、$200,000 　　　　　(B) $200,000、$197,000
(C) $199,000、$197,000 　　　　　(D) $200,000、$196,000

20. ×0 年 12 月 31 日甲公司以 $100,000 平價買入乙公司債，並將該債券列入按攤銷後成本衡量之金融資產。認列減損資料如下：

	12 個月 預期信用損失	存續期間 預期信用損失
×0/12/31	$1,500	$ 5,000
×1/12/31	$5,500	$10,000

若 ×1 年底，該債券的信用風險已顯著增加，則甲公司於 ×0 年及 ×1 年底應認列之減損損失金額為何？

(A) $1,500、$5,500 　　　　　　　(B) $5,000、$5,000
(C) $1,500、$8,500 　　　　　　　(D) $1,500、$10,000

練習題

1. **【票券投資】** 甲公司將其手中可用 4 個月之閒置資金，以總成本（含票券價格、手續費用）$398，購置 4 個月以後到期、不附息、面額 $400 之乙公司商業本票。甲公司持有票券目的在收取此金融資產定期支付的利息和到期的本金。

   試作：

   (1) 甲公司於購置當日，應該如何作分錄？

   (2) 4 個月後，該商業本票到期時之分錄為何？

2. **【透過損益按公允價值衡量之金融資產與透過其他綜合損益按公允價值衡量之權益工具投資】** 甲公司 ×7 年 12 月 1 日以 $250 買入乙公司股票，乙公司股票於年底的市價為 $248，甲公司於 ×8 年 1 月 12 日以 $255 的價格賣出乙公司股票，試分別依認列為透過損益按公允價值衡量之金融資產及透過其他綜合損益按公允價值衡量之權益工具投資，作甲公司買入時、年底評價時與出售時之分錄。

3. **【透過損益按公允價值衡量之金融資產及透過其他綜合損益按公允價值衡量之權益工具投資】** ×2 年 2 月 2 日甲公司於公開市場購入乙公司面額 $10 之股票 50,000 股（持股比率未達重大影響力），每股購價 $25，另付手續費 $1。乙公司 ×2 年 3 月 3 日除息並除權、5 月 5 日發放現金股利每股 $1 及股票股利每股 $0.5（$0.5/ 面額 $10，即每 20 股分配一股）。×2 年 6 月 6 日將乙公司股票以每股 $25 全部出售。在權益工具投資兩種可能的會計處理下，試作下列日期甲公司分錄：(1) 2 月 2 日；(2) 3 月 3 日；(3) 5 月 5 日；(4) 6 月 6 日。

4. **【透過損益按公允價值衡量之權益工具投資與透過其他綜合損益按公允價值衡量之權益工具投資】** 甲公司 ×1 年度及 ×2 年 12 月 31 日之有關資料如下：

普通股	×1 年初買進時原始成本	×1/12/31 市價	×2/12/31 市價
玫瑰公司	$20	$20	$30
杜鵑公司	10	16	8
扶桑公司	46	30	40

在權益工具投資兩種可能之會計處理下，試作 ×1 年與 ×2 年必要的分錄（包含其他綜合損益之結帳分錄）。

5. **【債務工具投資三種會計處理】** 甲、乙、丙三公司均於 ×0 年 12 月 31 日以平價 $100,000 購入票面利率 8%、每年年底付息之 A 公司債。×1 年底該債券之公允價值為 $95,000，各公司與該投資相關之部分資訊如下（在不考慮減損損失情況下）

	本期投資帳列餘額	對稅前淨利之淨影響數
甲公司	①	$3,000
乙公司	$95,000	②
丙公司	$100,000	③

若甲、乙、丙三公司分別將投資歸屬於三種不同之分類，則上表內空格①、②、③之正確金額為何？ 【99年地方特考改編】

6. 【債務工具投資三種會計處理】沿上題，若甲、乙、丙三公司分別在×2年1月1日，以 $96,000 賣出 A 公司債，則該債券之出售，對三家公司×2年損益及其他綜合損益的靜影響數各為多少？ 【99年地方特考改編】

7. 【債務工具投資三種會計處理】沿第5題，若 A 公司債在×1年時信用風險顯著增加則在下列相關資料，三家公司在×0年及×1年底認列減損損失之分錄為何？

	12 個月預期損失	存續期間預期損失
×0/12/31	$500	$3,000
×1/12/31	700	$10,000

【99年地方特考改編】

應用問題

1. 【權益工具投資】×8年1月1日甲公司以每股 $192 買入乙公司股票 1,000 股（支付現金），並選擇將該投資列入「透過其他綜合損益按公允價值衡量之權益工具投資」。×8年底時乙公司股票的市價為 $196，甲公司於×9年1月1日處分該筆股票，收到現金 $197。

   試作：甲公司×8年及×9年相關分錄（包含其他綜合損益之結帳分錄）。

2. 【透過損益按公允價值衡量之金融資產與透過其他綜合損益按公允價值衡量之權益工具投資】甲公司在×8年及×9年權益工具投資的明細如下：

被投資公司	×8 年購價	×8/12/31 公允價值	×9/12/31 賣出價格
A 公司	$30,000	$50,000	$20,000
B 公司	50,000	40,000	70,000
C 公司	20,000	30,000	10,000
D 公司	100,000	70,000	130,000
小計	$200,000	$190,000	$230,000

甲公司購入 A 公司與 B 公司股票之目的為持有供交易；甲公司將 C 公司及 D 公司權益工具投資列為「透過其他綜合損益按公允價值衡量之權益工具投資」。試作：

(1) ×8 年及 ×9 年 12 月 31 日有關之調整分錄及其他綜合損益之結帳分錄。

(2) 說明 ×8 年 12 月 31 日在資產負債表及綜合損益表中的相關表達。

3. 【權益法 - 長期股權投資】甲公司於 ×5 年 1 月 1 日以 $162,000 購買乙公司流通在外股票 60,000 股中的 18,000 股。乙公司該年度之淨利為 $20,000，乙公司在該年度支付現金股利 $8,000。在權益法下甲公司 ×5 年底對慕容公司之長期股權投資項目帳面金額為若干？

4. 【權益法】×8 年 1 月 1 日甲公司以市價每股 $40.8，支付現金買進 600 股乙公司股票，乙公司流通在外總股數是 1,500 股。下列各項交易或事項應如何適用權益法之會計處理？

   (1) 買進日分錄為何？

   (2) 乙公司 ×9 年第 1 季淨利為 $7,200，甲公司之分錄為何？

   (3) ×9 年 5 月 2 日乙公司除息，每股現金股利 $3.00，甲公司之分錄為何？

   (4) ×9 年 5 月 29 日乙公司發放現金股息，甲公司之分錄為何？

5. 【平價購入債券之會計處理】甲公司於 ×0 年 12 月 31 日以 $500,000 買進乙公司發行之面額 $500,000、3 年期、票面利率 6%、每年年底付息的債券。該債券在 ×1 年及 ×2 年底之公允價值分別為 $560,000 及 $470,000。

   試作：在下列三種分類下，甲公司於 ×0 年底、×1 年底、×2 年底及 ×3 年底（債券到期）分錄：

   (1) 該債券應列入「按攤銷後成本衡量之金融資產」

   (2) 該債券應列入「透過損益按公允價值衡量之金融資產」

   (3) 該債券應列入「透過其他綜合損益按公允價值衡量之債務工具投資」

6. 【平價購入不同類別之債務工具投資之財務報表表達】延續第 7 題，在 (1)、(2) 及 (3) 情況下編製甲公司於 ×1 年、×2 與 ×3 年之綜合損益表與各年底資產負債表之相關部分。

7. 【透過其他綜合損益按公允價值衡量之債務工具投資】甲公司於 ×1 年及 ×2 年平價買入的債券，相關資料如下：

債券標的	×1年	×1/12/31 公允價值	×2年	×2年 處分價格	×2/12/31 公允價值
債券 A	$20,000	$40,000	—	$60,000	
債券 B	$30,000	$50,000	—		$70,000
債券 C	—	—	$60,000	$80,000	
債券 D	—	—	$70,000		$90,000

試作：計算 ×1 年及 ×2 年財務報表中下列項目：

(1) ×1 年及 ×2 年產生之「其他綜合損益-透過其他綜合損益按公允價值衡量之債務工具投資」（亦即減除重分類調整前之總額，註明利益或損失）。

(2) ×1 年及 ×2 年底「其他權益-透過其他綜合損益按公允價值衡量之債務工具投資」之餘額。

(3) ×1 年及 ×2 年底「其他綜合損益-透過其他綜合損益按公允價值衡量之債務工具投資」之重分類調整金額。

(4) ×1 年及 ×2 年「透過其他綜合損益按公允價值衡量之債務工具投資」對 ×1 年及 ×2 年綜合損益影響數（註明利益或損失）。

8. **【債務工具減損計算】** ×0 年 12 月 31 日甲公司以 $100,000 平價買入乙公司債，並將該債券列入按攤銷後成本衡量之投資。認列減損資料如下：

	12 個月 預期信用損失	存續期間 預期信用損失
×0 年底	$1,500	$5,000
×1 年底	$2,000	$6,000
×2 年底	$10,000	$25,000
×3 年底	$1,000	$3,000

若 ×1 年底，該債券的信用風險沒有顯著增加；×2 年底該債券的信用風險已顯著增加；×3 年底，該債券的信用風險沒有顯著增加（各年底均與原始認列時比較），則台北公司於 ×1 年底、×2 年底及 ×3 年底應認列之減損損失金額各為若干？

9. **【股權投資比較-權益法及兩種公允價值法】** ×0 年 12 月 31 日甲公司以每股 $30 購買乙公司 25% 普通股 8,000 股。乙公司 ×1 年及 ×2 年資料如下：

	公司淨利	每股發放現金股利	年底每股市價
×1 年	$ 80,000	$1	$25
×2 年	120,000	2	40

試作：

(1) 將乙公司股票列入採權益法之投資與列入透過損益按公允價值衡量之投資，對甲公司 ×2 年度之損益之差額為若干？

(2) 將乙公司股票列入採權益法之投資與列入透過其他綜合損益按公允價值衡量之權益工具投資，對甲公司 ×2 年度之損益及綜合損益之差額為若干？

(3) 將乙公司股票列入透過損益按公允價值衡量之投資與列入透過其他綜合損益按公允價值衡量之權益工具投資，對甲公司 ×2 年度之損益及綜合損益之差額為若干？

10. 【債務工具減損觀念】債務工具之減損分為哪些階段？各階段分別有哪些跡象可供判斷？會計處理為何？

11. 【債務工具減損觀念】與債務工具有關的利息收入、減損、總帳面金額及攤銷後成本等項目間的關係為何？並解釋何謂利息收入及減損脫鉤之模式（decouple model）？

投資 12

13 現金流量表

objectives

研讀本章後,預期可以了解:

- 現金流量表的功能與約當現金的意義
- 甚麼是營業活動之現金流量
- 如何以間接法計算營業活動之現金流量
- 如何以直接法計算營業活動之現金流量
- 甚麼是投資活動之現金流量
- 甚麼是籌資活動之現金流量

全球最大的獨立企業智能（BI）服務廠商微策略（MicroStrategy，在那斯達克（Nasdaq）掛牌股票代號：MSTR）的執行長塞勒指稱：每秒鐘有價值 1,000 美元的比特幣流入該公司。該公司在 2021 年 6 月底總資產是 26 億美元，其中 20.5 億美元是比特幣，帳列項目是**數位資產投資**（Digital Assets）；2021 年上半年度現金流量表顯示該期間比特幣跌價所造成微策略資產減損約 6.2 億美元，營業活動之淨現金流入僅 7,700 萬美元；其各項投資活動當中，購買比特幣金額即高達 16.2 億美元。現金流量表告訴我們：該公司不是很務正業。

　　大企業買賣合法的比特幣倒是可以堂而皇之，隨著虛擬貨幣總價值節節上升，地下金融洗錢與資助恐怖分子的管道，也早已納入比特幣（Bitcoin）系統。其實非屬銀行體系的跨國金流管道不限於數位貨幣，在杜拜國營航空會計部擔任副理的沙瑞，每個月總有一天會在下班後走到昏暗的老城區，西裝筆挺的他在這裡絲毫不顯突兀，發薪日一到，諸多在杜拜打拚的專業人士，帶著滿滿對家鄉的思念進到哈瓦拉（Hawala）小舖。

　　沙瑞匯出他領到的阿聯酋迪拉姆幣（1 迪拉姆幣約為 7.6 新臺幣）薪資給哈瓦拉經紀人，收到對方給他的一串密碼時，想到小他 10 歲的弟弟阿桑參加 2028 奧運之路又縮短了幾尺，沙瑞不禁會心一笑。杜拜的經紀人一拿到款項立刻知會位於伊朗首都德黑蘭的哈瓦拉經紀人，讓沙瑞雙親憑著沙瑞告訴他們的密碼，到經紀人那邊領取扣掉些微手續費後與該筆款項幾乎等值的伊朗里亞爾。哈瓦拉這個跨過亞非洲的金流體系承載著多個家庭的希望，讓沙瑞眾多年幼弟妹靠著哈瓦拉捎來的錢，無後顧之憂地受訓、參賽、升學。阿桑今年剛獲選為國家射擊項目儲備選手，他的偶像福洛吉在 2021 年的東京奧運為共囊括三金的伊朗獲得一面男子 10 米空氣手槍項目金牌。

　　在穆斯林世界中盛行的哈瓦拉發源自八世紀的印度，有別於現代銀行體系，哈瓦拉不開立任何形式的商業本票等票據，意味著經紀人間沒有正式債權與債務憑據，而全是靠經紀人彼此信賴。由哈瓦拉家族數個世代累積信譽所支撐出的全球金融網路，及時有效，經紀費用往往比銀行手續費便宜，而且匯款人不必擔心幣別轉換過程中的買賣外幣匯價差，在金融服務業不興盛的國家，像是長年戰亂的阿富汗或是沙瑞的故鄉伊朗，哈瓦拉甚至是想做「異地價值移轉」的首要憑藉。

　　史上最慘烈恐怖活動 911 事件爆發後，美國政府發現主謀賓拉登利用哈瓦拉不易追蹤金流的隱密性挹注鉅款給蓋達組織，開始打擊哈瓦拉，誓言重擊恐怖主義的拜登政府繼續壓制這個維繫著沙瑞對弟妹期望的社群；哈瓦拉在已開發國家已經轉向地下化，遊走法律邊緣。

　　沙瑞知道哈瓦拉對故鄉仍是主要血脈！在當上杜拜國營航空會計部主管那天，他發出宏願，要讓企業涉及哈瓦拉的收款和付款金流也能夠堂而皇之地呈現在現金流量表上。

本章架構

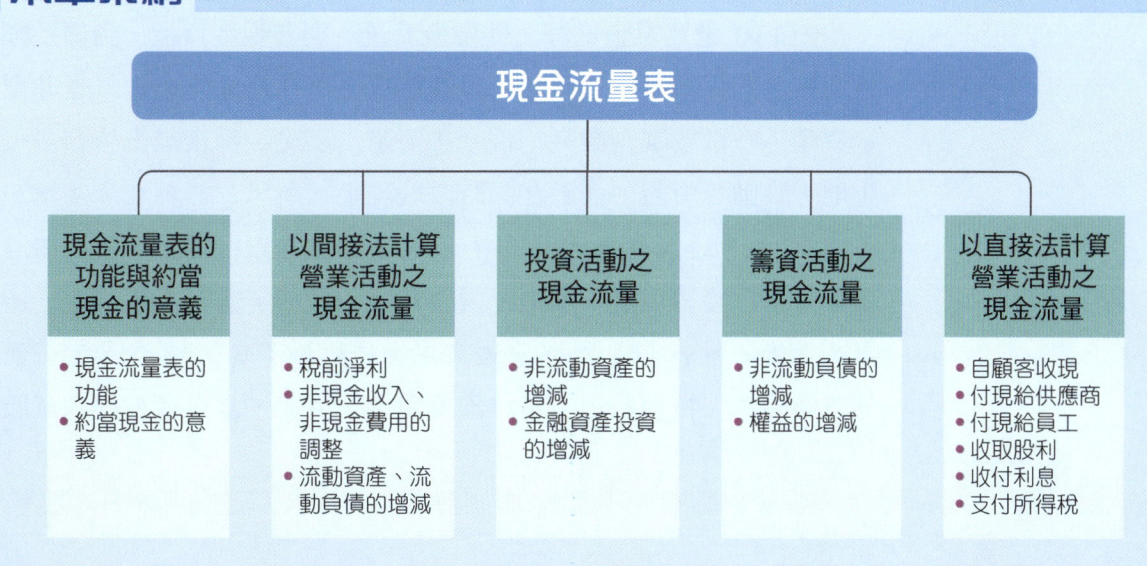

現金流量表

- **現金流量表的功能與約當現金的意義**
  - 現金流量表的功能
  - 約當現金的意義

- **以間接法計算營業活動之現金流量**
  - 稅前淨利
  - 非現金收入、非現金費用的調整
  - 流動資產、流動負債的增減

- **投資活動之現金流量**
  - 非流動資產的增減
  - 金融資產投資的增減

- **籌資活動之現金流量**
  - 非流動負債的增減
  - 權益的增減

- **以直接法計算營業活動之現金流量**
  - 自顧客收現
  - 付現給供應商
  - 付現給員工
  - 收取股利
  - 收付利息
  - 支付所得稅

13.1　現金流量表的功能與約當現金的意義

> **學習目標 1**
> 了解現金流量表的功能與約當現金的意義

現金流量表告訴讀者：一家企業在一段期間（1 季、半年、前 3 季或是 1 年）內經歷哪些變動？各產生多少的現金增加或是減少？IAS 7 現金流量表提供企業編製此一財務報表之指引。綜合損益表是依應計（權責發生）基礎所編製，投資人或債權人從綜合損益表只知道按應計（權責發生）基礎下的本期淨利有多少，從比較本期與前期期末資產負債表只知道本期的現金餘額增加或是減少的幅度，但不知道現金餘額的變化原因何在？剛開始讀這本會計學時，讀者或許花費不少力氣去釐清「費用」與「資產」；「企業現金支出，不等於本期費用，未來經濟效益耗用掉的，才是費用；未來經濟效益還沒有耗用掉的，仍然算是資產。」現在讀者不再認為付出現金一定是負面訊息，但是企業現金的增加或減少，當然是大家關切的財務訊息之一。如果現金不足以償還債務或因應必要支出，企業就會陷入財務困境。

根據會計恆等式：**資產＝負債＋權益**，因此，資產的增減會等於負債的增減與權益的增減之合計數。因為資產包括現金以及現金以外的資產（即非現金資產），所以我們可以進一步說：現金的增減加上非現金資產的增減之合計數等於負債的增減與權益的增減之合計數。現金流量表所關注的焦點是現金餘額的增減，由上述關係可知，欲了解現金之增減緣由，必須分析非現金資產之增減、負債的增減，以及權益的增減。

表 13-1 彙述現金增減（即現金流量）與非現金資產、負債及權益增減之關係：存貨、土地、設備等現金以外的資產，也就是非現金資產，多數要讓企業耗用現金去添購；反之，當企業出售存貨、土地、設備等資產，多數在同時收取現金。所以，**非現金資產增加（減少），會造成現金減少（增加）**。企業增加銀行借款、公司債等負債，可以獲得現金；反之，當企業償還負債，需要耗用現金。所以，**負債的增加（減少），會造成現金的增加（減少）**。企業發行新的普通股票、特別股票，可以獲得現金；反之，當企業實施庫藏股

表 13-1　現金增減與非現金資產、負債及權益增減之關係

	現金的流入	現金的流出
非現金資產的增加 （添置存貨、買土地、設備、其他企業股票、應收款增加等）		✓
非現金資產的減少 （出售存貨、土地、設備、其他企業股票、應收款減少等）	✓	
負債的增加 （銀行借款增加、發行公司債券等）	✓	
負債的減少 （償付銀行借款、贖回公司債券等）		✓
權益的增加 （發行新股、本期淨利等）	✓	
權益的減少 （買回本公司股票為庫藏股票、本期淨損、發放現金股利等）		✓

票、發放現金股利，需要耗用現金。所以，權益的增加（減少），會造成現金的增加（減少）。由現金流量表我們可以得知從營業活動中增加（或減少）多少現金，也幫助我們了解營業活動帶來的現金餘額變化為什麼與本期淨利金額不同。除了營業活動之外，企業也從事投資活動（如購置不動產、廠房及設備，處分不動產、廠房及設備等）與籌資活動（如發行股份籌措現金、分配現金股利等），從現金流量表中也可以看出這些活動分別又帶來多少的現金餘額變化。

　　現金流量表分別就**營業活動**、**投資活動**及**籌資活動**報導現金流入與現金流出之理由與金額，可幫助企業利害關係人評估企業未來可產生多少現金流量、償還負債及支付現金股利的能力。現金流量表之格式如表 13-2。

表 13-2　現金流量表之格式

嘆緻公司 現金流量表 XX 年 1 月 1 日至 12 月 31 日	
營業活動之現金流量：	
⋮	
營業活動之淨現金流入（流出）	$ XXX
投資活動之現金流量：	
（按現金收取總額及現金支付總額之主要類別分別報導）	
⋮	
投資活動之淨現金流入（流出）	XXX
籌資活動之現金流量：	
（按現金收取總額及現金支付總額之主要類別分別報導）	
⋮	
籌資活動之淨現金流入（流出）	XXX
匯率變動對現金及約當現金之影響	XXX
本期現金及約當現金增加（減少）數	XXX
期初現金及約當現金餘額	XXX
期末現金及約當現金餘額	$ XXX

釋例 13-1

請判斷下列何者可能會造成現金增加？

(1) 短期借款的增加。
(2) 應收帳款的增加。
(3) 存貨的增加。
(4) 企業淨利是負值，造成權益的減少。
(5) 企業分配現金股利。

解析

答案是 (1)：

(1) 企業如果多借錢，無論長期或是短期借款，所擁有現金會增加。
(2) 企業應收帳款增加等於是其貨款一時無法從客戶那裡拿回來；

(3) 企業添購存貨會耗用現金；
(4) 賠錢公司手中自然容易短缺現金，權益減少會造成現金減少；
(5) 同理，如果企業發放現金股利，也會造成現金減少。

會計部落格

無米樂

　　有一部頗為發人深省的紀錄片「無米樂」，上映時曾經引起廣泛的討論。劇中拍攝一群 60、70 歲的稻農，如何面對 WTO 帶來的衝擊，並呈現出台灣悠久的種稻文化、鄉鎮的傳統技藝，以及稻農們如何看犁田、淹水……等待稻田出穗與最後的收割。誠如劇中樂天的崑濱伯所說：「有時候晚上來灌溉，風清月朗，青翠的稻子映著月光，很漂亮！心情好，就哼起歌來；雖然心情有些擔憂，不知道颱風會不會來，或病蟲害是否會發生，也是無米樂，隨興唱歌，心情放輕鬆，不要想太多，這叫作無米樂啦！」不富有的崑濱伯捐資百萬元成立「無米樂稻米促進會」，推廣栽種技術，宣揚多元特色米食；2021 年 2 月他安詳辭世。

　　我們可以劇中的稻農為例，說明現金流量表的概念如下：

稻農賣米（營業活動產生現金流量） 　　稻農貸款（籌資活動產生現金流量） 　　稻農買牛（投資活動產生現金流量）

　　在現金流量表中，「現金」是採取廣義的定義，包括現金與約當現金。**約當現金**（Cash Equivalents）指形式上不屬於現金，但隨時可轉換成定額現金的投資，或即將到期、利率變動對其價值的影響很小的短期且具高度變現性的投資。常見的約當現金包括 3 個月內到期的貨幣市場工具，可以是政府所發行的國庫券、商業銀行所發行的可轉讓定期存單、企業所發行的商業本票及銀行承兌匯票等；但不包括股票、超過 1 年之後才到期的公債、公司債券等資本市場

> **約當現金** 指形式上不屬於現金，但隨時可轉換成定額現金的投資，或 3 個月內到期、利率變動對其價值的影響很小的短期且具高度流動性的投資。

工具。中國大陸企業的財務報表，常稱約當現金為「現金等價物」，適足以說明它不只是新台幣或人民幣，而是政府、銀行、企業的短期籌資工具。

釋例 13-2

以下哪一種證券可能被視為「約當現金」？

(1) 企業買回本公司的股票。
(2) 企業買進其他公司的股票。
(3) 企業買進其他公司還有 3 年才到期的公司債券。
(4) 企業買進其他公司所發行、還有 30 天到期、市場交易活絡的商業本票。

解析

答案是 (4)。因為企業買回本公司的股票，稱為庫藏股票，是權益的抵減項目；企業買進其他公司的股票或還有 3 年才到期的公司債券，都不符合「約當現金」之「3 個月內到期獲清償且價值變動風險甚低之投資」條件，而屬於企業之金融資產。

IFRS

IFRS：超過 90 天定期存款不列為現金及約當現金

依據國際會計準則對於「現金與約當現金」的定義：期間超過 90 天之定期存款，屬於按攤銷後成本衡量之金融資產，不列為現金及約當現金。

學習目標 2
了解營業活動之現金流量的意義，及了解如何分別以間接法與直接法計算營業活動之現金流量

13.2 營業活動之現金流量

營業活動係指企業產生主要營業收入之活動，及其他非屬投資與籌資的活動，例如產銷商品或提供勞務。**營業活動之現金流量**（cash flows from operating activities）包括列入本期淨利計算的交易、投資與籌資活動以外的交易及其他事項所造成的現金流入與流出。

13.2.1 營業活動現金流量之內容

營業活動的現金流入通常包括：

1. 交易型態為一手交錢、一手交貨者：現金銷售商品及提供勞務。
2. 客戶為先享受後付款者：賒銷產生的應收帳款或應收票據自顧客收現之金額。
3. 客戶為先付款後享受者：預收工程款、預收備料款等與收入相關之新產生合約負債。
4. 收取利息及股利。（依國際會計準則，利息收入及股利收入可以列為營業活動的現金流入或是投資活動的現金流入。）
5. 其他非因投資與籌資活動所產生的現金收入：如收回存出保證金、收到訴訟受償款、收取存貨保險理賠款等。

營業活動的現金流出項目通常包括：

1. 交易型態為一手交錢、一手交貨者：現金購買服務、原料或商品。
2. 本公司先享受商品或服務而後才付款給供應商者：償還對供應商之應付帳款及應付票據。
3. 本公司先付款給供應商而後才享受商品或服務者：預付貨款相關之預付金額。
4. 支付各項營業成本中人工及製造費用：如薪資、保險費用、租金、維修、水電費用等支出。
5. 支付各項營業費用：如支付銷售門市部、總管理處及研究開發等單位之費用。
6. 支付所得稅、罰款及規費。
7. 支付利息及股利。（依國際會計準則，利息支出與股利支出可以列為營業活動的現金流出或是籌資活動的現金流出。）
8. 其他非因投資與籌資活動所產生的現金支出：如訴訟賠償、捐贈等。

營業活動之現金流量 營業活動為企業生產、銷售商品（或提供服務）賺取盈餘的活動，營業活動的現金流量包括影響本期淨利的交易、投資與籌資活動以外的交易及其他事項所造成的現金流入與流出。

請注意：由於收取之利息、股利及支付之利息、股利影響損益或期末權益數值，故得分類為營業活動現金流量。此外，收取之利息、股利為投資之報酬；支付之利息、股利為籌措資金之成本，因此亦得分別分類為投資活動現金流量及籌資活動現金流量。本章節及後續釋例皆假設收取之利息與股利及支付之利息為企業分類為營業活動。

釋例 13-3

以下何者屬於本期營業活動的現金流入？何者屬於本期營業活動的現金流出？

(1) 以賒銷方式出售貨物，1 年半後才能夠收取貨款。
(2) 客戶為先享受後付款者，客戶為過去所購買貨物於本期付款。
(3) 客戶為先付款後享受者，客戶於本期先付貨款。
(4) 以賒帳方式購進原料，1 年半後才需要付款。
(5) 本公司先享受商品或服務者，現在為過去所購買貨物付款。
(6) 本公司先付款給供應商始能夠享受商品或服務者，現在先付貨款。

解析

(1) 以賒銷方式出售貨物，1 年半後才能夠收取貨款，不會在本期帶來任何現金流入或流出。
(2) 與 (3) 屬本期營業活動的現金流入。
(4) 以賒帳方式進原料，1 年半後才需要付款，不會在本期帶來任何現金流入或流出。
(5) 與 (6) 屬本期營業活動的現金流出。

13.2.2 以間接法計算營業活動之現金流量

營業活動現金流量之報導方法有兩種：一為直接法；一為間接法。**間接法** (indirect method) 是以綜合損益表中的稅前淨利起算，調整不影響現金的損益項目、與損益有關的流動資產及流動負債項目變動金額，以及資產處分和債務清償之損益項目，而計算出當期由營業活動產生之淨現金流入或流出。例如**易威生醫公司**（股票代號：1799）民國 110 年第一季稅前淨利為 540（千元），營業活動之

淨現金流出 41,623（千元），兩者差異很大。營業活動之現金流量主要來自綜合損益表的稅前淨利，因此，從綜合損益表的資料求算營業活動產生的現金流量，重點在於調整不影響現金之收入及費用項目。

不影響現金之損益項目主要有折舊費用和無形資產攤銷費用等，例如該期間易威生醫公司折舊費用為 15,527（千元），折舊費用的認列並未直接減少現金，但稅前淨利係扣除折舊費用（但不應誤解為折舊費用增加現金流量）後所算出，所以要加回折舊費用。究竟自營業活動產生多少現金，並無法自綜合損益表、資產負債表這兩個財務報表得知，間接法編製的現金流量表可呈現這個訊息。由於財務報表中的損益認列採用應計（權責發生）基礎，而認列的時間和實際收款或付款未必在同一會計期間，因此造成損益金額和現金流量間差異。

表 13-3 易威生醫公司民國 110 及 109 年度第一季之現金流量表。在現金流量表中打括號處，表示這一項活動會耗用現金（即：現金流出），在現金流量表中沒有打括號處，表示企業於本期因這一項活動取得現金（即：現金流入）。應用間接法表達營業活動之現金流量的公司，都是像易威生醫公司一樣，是以綜合損益表中的本期稅前淨利起算，調整不影響現金的損益項目、非流動資產處分及債務清償的損益項目，以及與損益有關的流動資產及流動負債項目變動金額，以計算當期由營業活動產生之淨現金流入或淨現金流出。

不影響現金之損益項目主要有折舊、折耗或無形資產攤銷費用等，例如折舊費用的認列並未直接減少現金，但稅前淨利係扣除折舊費用（但不應誤解為折舊費用增加現金流量）後所算出，所以要加回折舊費用。我們可利用下面的式子加強理解：

$$稅前淨利 = \frac{現金}{收入} + \frac{非現金}{收入} - \frac{現金}{費用} - \frac{非現金}{費用}$$

$$\frac{營業活動之}{現金流量} = \frac{現金}{收入} - \frac{現金}{費用}$$

表 13-3　易威生醫公司的現金流量表

易威生醫科技股份有限公司及其子公司
合併現金流量表（節略）
民國 110 年第 1 季　　　　　　　　　　（單位：千元）

	110年3月31日	109年3月31日
營業活動之現金流量：		
本期稅前淨利（淨損）	$　　　540	$ (47,835)
調整項目：		
不影響現金流量之收益費損項目：		
折舊費用	15,527	17,203
⋮		
利息費用	3,689	4,342
利息收入	(385,685)	(349,033)
⋮		
與營業活動相關之資產／負債變動數：		
與營業活動相關之資產淨變動：		
應收票據增加	(14,066)	(22,259)
⋮		
與營業活動相關之負債淨變動：		
應付帳款增加	7,516	20,525
⋮		
營運產生之現金流出	(37,212)	(43,976)
收取之利息	184	118
支付之利息	(3,801)	(4,029)
支付所得稅	(794)	(0)
營業活動之淨現金流出	$ (41,623)	$ (47,887)
投資活動之現金流量：		
處分按攤銷後成本衡量之金融資產	0	(51,000)
取得不動產、廠房及設備	(120)	(7,744)
⋮		
投資活動之淨現金流入	$ 10,353	$ 43,256
籌資活動之現金流量：		
償還公司債	(0)	(102,000)
租賃本金償還	(2,387)	(1,980)
⋮		
籌資活動之淨現金流出	$ (2,387)	$(103,980)
匯率變動對現金及約當現金之影響	(273)	(932)
本期現金及約當現金減少數	$ (33,930)	$(109,543)
期初現金及約當現金餘額	144,889	237,267
期末現金及約當現金餘額	$110,959	$ 127,724

所以，

$$\begin{matrix}\text{營業活動之}\\\text{現金流量}\end{matrix} = \begin{matrix}\text{現金}\\\text{收入}\end{matrix} - \begin{matrix}\text{現金}\\\text{費用}\end{matrix} = 稅前淨利 - \begin{matrix}\text{非現金}\\\text{收入}\end{matrix} + \begin{matrix}\text{非現金}\\\text{費用}\end{matrix}$$

企業想從稅前淨利推算營業活動之淨現金流量，第一步是要加回折舊等非現金費用。

　　此外，處分或報廢非流動資產發生的損益會影響稅前淨利，但此項目係屬投資活動，並非營業活動，應予扣除。例如，×0年度瑋航公司出售一批帳列金額為 300（千元）的不動產、廠房及設備，出售所得的價款是 100（千元），因資產沒有賣到帳列金額，該公司處分及報廢不動產、廠房及設備損失為 200（千元），該 200（千元）差額固然是綜合損益表中費損項目，但是該公司好歹也拿回來一些現金，即其處分損失其實也是一種不用消耗現金的費損項目，故應就稅前淨利加回損失金額（如有處分利益，則應自稅前淨利金額減除處分及報廢不動產、廠房及設備利益的金額，否則會重複計算處分利益）。加回（減除）處分或報廢非流動資產發生的損失（利益），是企業從稅前淨利推算到營業活動之現金流量的第二步。

　　表 13-3 營業資產及負債之淨變動項下，應收帳款增加對應於現金減少、應收帳款減少對應於現金增加。因為我們寫成「應收帳款減少（增加）」，應收帳款增加放在括號中；減少沒有放在括號中。也就是說，企業從稅前淨利推算到營業活動之現金流量的第三步是：

1. 扣除各項「非現金相關營業流動資產餘額的增加」。
2. 加上各項「非現金相關營業流動資產餘額的減少」。
3. 加上各項「相關營業流動負債餘額的增加」。
4. 扣除各項「相關營業流動負債餘額的減少」。

　　此一步驟的原理如表 13-1 所述：現金的增加，會伴隨非現金資產的減少、負債的增加、權益的增加；現金的減少，會伴隨非現金資產的增加、負債的減少、權益的減少。

釋例 13-4

傳說隊覺公司 ×1 年度的稅前淨利是 $23,000，折舊費用 $300，處分不動產、廠房及設備利益 $4,600，應收帳款增加 $1,260，應付票據減少 $940，支付所得稅 $4,000。

試作：以間接法為傳說隊覺公司編製 ×1 年營業活動之現金流量。

解析

傳說隊覺公司
現金流量表
×1 年度

營業活動之現金流量：		
本期稅前淨利		$23,000
加：折舊費用		300
減：處分不動產、廠房及設備利益	$ (4,600)	
應收帳款增加	(1,260)	
應付票據減少	(940)	(6,800)
營運產生之現金流入（出）		$16,500
支付所得稅		(4,000)
營業活動之淨現金流入		$12,500

完成前述三個步驟，即可得到營運產生之現金流入（出），進一步加上收取之利息、股利，以及扣減支付之利息、所得稅（這是企業從淨利推算到營業活動之現金流量的第四步），即可得到營業活動之淨現金流量。

綜合上述，以間接法編製營業活動之現金流量，須作的四大調整項目列示如下：

稅前淨利
調整項目：
(1) 非現金之費用項目：列為稅前淨利的加項（如折舊費用、攤銷費用）
(2) 出售資產損益：損失列為稅前淨利加項，利益列為淨利減項

(3) 非現金流動資產減少、流動負債增加：列為稅前淨利加項
　　非現金流動資產增加、流動負債減少：列為稅前淨利減項
(4) 收取之利息、收取之股利：列為稅前淨利加項
　　支付之利息、支付之所得稅：列為稅前淨利減項

　　初學者利用另一方法也可理解，為什麼表 13-3 相關營業資產及負債之淨變動項下，存貨增加使現金減少？當存貨巨幅增加時，老闆問道：「明明盈餘是正的，營業活動之現金流量怎會這麼低？錢賺到哪裡去了？」員工回答：「現金都拿去購買存貨，所以公司的現金沒有增加。」同理，應收帳款增加對應現金減少、應收帳款減少對應現金增加。老闆問道：「明明盈餘是正的，營業活動之現金流量怎會這麼低？錢賺到哪裡去了？」員工也可能回答：「資金都積壓在應收帳款，所以收銀機裡現金沒有增加。」。

　　表 13-3 相關營業資產及負債之變動項下，流動負債增加對應現金增加、流動負債減少對應現金減少。例如關係人應付票據的減少對應現金減少。老闆問道：「明明盈餘是正的，營業活動之現金流量怎會這麼低？賺錢賺到哪裡去了？」員工也可能回答：「現金都被拿去加速償還關係人應付票據了。」同理，應付票據增加對應現金增加，老闆問道：「明明盈餘很少，營業活動淨現金流量怎會這麼高？沒賺錢現金怎麼會增加？」員工也可能回答：「報告老闆，本期本公司賴債賴得較兇，應付票據都沒還，所以收銀機裡現金會增加。」

　　表 13-3 易威生醫公司民國 110 及 109 年度第一季之現金流量表是依據間接法（我國所採用間接法格式稱為「改良式」間接法）編製，其中營業活動之現金流量乃是以稅前淨利加以調整而得，並單獨表達收取之利息、支付之利息與支付之所得稅金額：易威生醫公司在民國 110 及 109 年度第一季並未收取任何股利，故未表達收取股利之金額。

會計好簡單

×8 年度薩諾樂器稅前淨利 $22，有關帳戶餘額如下：

	期初	期末
土地	$192	$ 0
廠房	40	40
累計折舊－廠房	10	12
存貨	14	18

另 ×8 年度薩諾樂器支付所得稅 $4，並曾出售土地得款 $180，該土地之取得成本為 $192。試作：由以上資訊計算來自營業活動之現金流量。

解析

營業活動所產生之現金流量
＝本期稅前淨利＋折舊費用＋土地出售損失－存貨增加－支付所得稅
＝ $22 ＋ ($12 － $10) ＋ ($192 － $180) － ($18 － $14) － $4
＝ $22 ＋ $2 ＋ $12 － $4 － $4
＝ $28

釋例 13-5

以下是東尼客運 ×5 年度相關資料：

本期稅前淨利	$84
折舊及攤銷費用	36
處分不動產、廠房及設備利益	6
應收票據減少	92
應收帳款（淨額）增加	66
存貨增加	20
預付費用及其他流動資產減少	24
應付帳款增加	60
應付費用及其他流動負債增加	28
支付所得稅	12

試作：東尼客運 ×5 年度營業活動之現金流量。

解析

營業活動之現金流量：	
本期稅前淨利	$84
調整項目：	
折舊及攤銷	36
處分不動產、廠房及設備利益	(6)
應收票據減少	92
應收帳款增加	(66)
存貨增加	(20)
預付費用及其他流動資產減少	24
應付帳款增加	60
應付費用及其他流動負債增加	28
支付所得稅	(12)
營業活動之淨現金流入	$220

13.2.3　以直接法計算營業活動之現金流量

直接法（direct method）是直接列出當期營業活動之收現數（現金流入）和付現數（現金流出），亦即將綜合損益表中與營業活動有關之各項目由應計基礎轉換成現金基礎。國際會計準則理事會（IASB）鼓勵企業採用直接法報導營業活動之現金流量。IASB認為直接法提供可能有助於估計未來現金流量的資訊，而這些資訊在依間接法編製的現金流量表中無法獲得。一般而言，在直接法下所列示的營業活動現金流量包括：

1. 銷貨的收現。
2. 利息收入及股利收入的收現（亦得列入投資活動）。
3. 其他營業收益的收現。
4. 進貨付現。
5. 支付薪資。
6. 支付利息（支付股息亦得列入營業活動，支付利息、股息亦得列入籌資活動）。

7. 支付所得稅。
8. 支付其他重要營業費用。

釋例 13-6

×7年度馬德里車自客戶聯珠公司收到應收款 $35,000，另收到尊爵飯店預付貨款 $5,000，馬德里車共支付上游供應商千尋機油公司貨款 $6,000，支付員工薪資 $20,000，請問馬德里車於×7年度來自營業活動之現金流量是多少？

解析

營業活動之現金流量 ＝ 應收款收現 ＋ 收到顧客預付貨款 － 支付上游供應商貨款 － 支付員工薪資

＝ $35,000 + $5,000 － $6,000 － $20,000
＝ $14,000（淨現金流入）

將應計基礎之綜合損益表轉換為現金基礎之現金流量表，轉換方法如下：

1. **銷貨之收現**：與銷貨收入和應收帳款項目金額之變動有關。

$$銷貨之收現 = 銷貨收入 \begin{cases} +應收帳款減少 \\ -應收帳款增加 \end{cases}$$

2. **進貨之付現**：與銷貨成本、存貨及應付帳款項目金額之變動有關。

$$進貨之付現 = 銷貨成本 \begin{cases} +存貨增加 \\ -存貨減少 \end{cases} \begin{cases} +應付帳款減少 \\ -應付帳款增加 \end{cases}$$

3. **營業費用之付現**：以折舊、攤銷以外之營業費用為基礎，再作應計費用與預付費用項目金額變動之調整。

$$營業費用付現 = 營業費用 \begin{cases} +預付費用增加 \\ -預付費用減少 \end{cases} \begin{cases} +應計費用負債減少 \\ -應計費用負債增加 \end{cases}$$

4. **利息及股利收現數**：以利息及股利收入為基礎，再作應收利息

（股利）項目金額變動之調整。

$$\text{利息及股利收現數} = \text{利息（股利）收入} \begin{cases} +\text{應收利息（股利）減少} \\ -\text{應收利息（股利）增加} \end{cases}$$

5. **所得稅費用之付現**：以所得稅費用為基礎，再作應付所得稅項目金額變動之調整。

$$\text{所得稅費用之付現} = \text{所得稅費用} \begin{cases} +\text{應付所得稅減少} \\ -\text{應付所得稅增加} \end{cases}$$

釋例 13-7

×5年度接骨木材公司之簡明綜合損益表資料如下：

銷貨收入		$800
銷貨成本		(400)
銷貨毛利		$400
折舊	$80	
其他營業費用	140	(220)
淨利		$180

×5年度非現金流動項目之金額變化如下：

應收帳款	淨增加	$50
存貨	淨減少	$60
預付門市部保險費	淨增加	$40
應付帳款	淨減少	$42
應付費用	淨增加	$36

該公司本期未收取利息、股利，未支付利息、所得稅。

試作：以直接法編製營業活動之現金流量部分。

解析

收到顧客現金＝應計基礎銷貨收入－應收帳款增加數
　　　　　　＝$800 － $50
　　　　　　＝$750
支付供應商現金＝應計基礎銷貨成本－存貨減少數＋應付帳款減少數
　　　　　　　＝$400 － $60 ＋ $42
　　　　　　　＝$382

$$\text{支付營業費用之現金} = \text{應計基礎營業費用} + \text{預付保險費增加數}$$
$$- \text{應付費用增加數}$$
$$= \$140 + \$40 - \$36$$
$$= \underline{\$144}$$

接骨木材公司
現金流量表
×5年度

營業活動之現金流量：	
收自顧客之現金	$750
支付供應商之現金	(382)
支付營業費用之現金	(144)
營業活動之現金淨流入：	$224

註：本題若以間接法編製營業活動現金流量部分，將如以下之表達：

本期淨利		$180
加：折舊	$80	
存貨淨減少	60	
應付費用淨增加	36	176
減：應收帳款增加	$50	
預付保險費淨增加	40	
應付帳款淨減少	42	(132)
營業活動之現金淨流入		$224

學習目標 3
了解投資活動現金流量的意義及計算方法

13.3　投資活動之現金流量

　　投資活動係指取得或處分非流動資產及其他非屬約當現金活動項目之投資活動，如取得與處分非營業活動所產生之債權憑證（例如公司債）、權益證券（例如股票）、不動產、廠房及設備（例如機器設備）、天然資源（例如油井、金礦）、無形資產（例如專利權）及其他投資等。

投資活動的現金流入通常包括：

1. 處分不動產、廠房及設備、無形資產及其他非流動資產所收取之

款項。

2. 收回貸款及處分債權憑證之價款，但不包括持有供交易之證券。
3. 處分權益證券之價款，但不包括持有供交易之權益證券。
4. 若期貨、遠期合約、交換、選擇權合約或其他性質類似之金融工具所產生之現金流入，但不包括持有供交易者。

投資活動的現金流出通常包括：

1. 取得不動產、廠房及設備、無形資產及其他非流動資產所支付之款項。
2. 承作貸款及取得債券及票券投資，但不包括取得持有供交易之債券、票券及約當現金部分。
3. 取得權益證券，但不包括持有供交易之權益證券。
4. 因期貨合約、遠期合約、交換中合約、選擇權合約或其他性質類似之金融工具所產生之現金流出，但不包括持有供交易者。

投資活動之現金流量（cash flows from investing activities）可用下式簡要表達：

投資活動之現金流量＝本期出售非流動資產價款－本期購置非流動資產耗用金額

$$\text{投資活動之現金流量} = \text{本期出售非流動資產所收價款} - \text{本期購買非流動資產耗用金額}$$

釋例 13-8

天能公司於×4年出售藍眼光學股票獲得 $10,000，處分機器設備獲得 $50,000，購置運輸設備付出 $20,000，因購買黑豹半導體股票作為權益法投資付出 $20,000，請計算×4年天能公司之投資活動現金流量。

解析

投資活動之現金流量 ＝ 本期出售非流動資產價款 － 本期購買非流動資產耗用金額

= 出售藍眼光學股票獲得 $10,000 ＋ 處分機器設備獲得 $50,000 － 購買運輸設備付出 $20,000 － 購買黑豹半導體股票付出 $20,000

= $20,000

13.4　籌資活動之現金流量

學習目標 4
了解籌資活動現金流量的意義及計算方法

籌資活動包括業主投資、分配予業主、與籌資性質之債務舉借及償還等。

籌資活動的現金流入通常包括：

1. 現金增資發行新股所得之金額。
2. 舉借債務、向銀行借款、發行公司債等所得之金額。
3. 出售庫藏股票所得之金額。

籌資活動的現金流出通常包括：

1. 支付現金股利（依國際會計準則，股利支出可以列為籌資活動的現金流出；為幫助使用者決定企業以營業活動現金流量支付股利之能力，股利支出也可以分類為來自營業活動的現金流出組成部分。
2. 償還債務（償還銀行借款、收回公司債等。依國際會計準則，利息支出可以列為營業活動的現金流出；因為支付之股利為取得財務資源之成本，也可以分類為籌資活動的現金流出）所支付之金額。
3. 購買庫藏股票及退回資本所支付之金額。

本章節及後續釋例皆假設支付之股利分類為籌資活動。

籌資活動之現金流量（cash flows from financing activities）可用下式簡要表達：

$$\text{籌資活動之現金流量} = (\text{本期新增加借款或公司債} - \text{本期所償還借款或公司債})$$
$$+ (\text{本期發行各類股票取得資金} - \text{本期買回（贖回）各類股票耗用資金} - \text{本期現金股利})$$

釋例 13-9

×9年度道尼公司以現金增資發行新股共獲得 $650，向銀行借款 $400，支付現金股利 $250，購買庫藏股票共付出 $100，請計算道尼公司

×9年度籌資活動之現金流量。

🔍 解析

$$籌資活動之現金流量 = (本期新增加借款或公司債 - 本期所償還借款或公司債)$$
$$+ (本期發行各類股票取得資金 - 本期買回庫藏股票耗用資金 - 本期現金股利)$$

$$= \underset{\$400}{新增銀行借款} + \underset{\$650}{增資發行新股獲得} - \underset{\$100}{購買庫藏股票付出} - \underset{\$250}{支付現金股利}$$

$$= \$700$$

　　IFRS特別規定：投資及籌資活動如有影響企業財務狀況而不直接影響現金流量者之揭露，不應表達於現金流量表，因此公司通常於附註中揭露此類資訊。

IFRS

　　IFRS要求利息及股利之收取及支付金額應於現金流量表中分別表達。但是IFRS對於利息、股利收付之歸類，給予選擇彈性，除要求金融業收付利息應列為營業活動項目；其他行業則可自由選擇：

現金利息收入，可以列為(1)營業活動或是(2)投資活動現金流入。
現金利息支出，可以列為(1)營業活動或是(2)籌資活動現金流出。
現金股利收入，可以列為(1)營業活動或是(2)投資活動現金流入。
現金股利支出，可以列為(1)營業活動或是(2)籌資活動現金流出。

　　截至目前為止，我們已經知道如何編製營業活動、投資活動及籌資活動的現金流量。直接法與間接法是營業活動現金流量的兩種不同報導方式，但是不論採用直接法或間接法，投資活動之現金流量與籌資活動之現金流量內容呈現方式均相同。將營業活動、投資活動及籌資活動三大部分之現金流量加總，即可得出本期現金及約當現金之淨增加（或淨減少）數額，以作為本期期初與期末現金及

表 13-4　瑋航現金流量表（部分）

瑋航公司 合併現金流量表（部分） X5 年 1 月 1 日至 12 月 31 日	（單位：千元）
營業活動之淨現金流入（流出）	$34
投資活動之淨現金流入（流出）	(28)
籌資活動之淨現金流入（流出）	(11)
本期現金及約當現金增加（減少）數	$ (5)
期初現金及約當現金餘額	40
期末現金及約當現金餘額	$35

約當現金餘額之調節。表 13-4 為瑋航 ×5 年度三大現金流量部分資訊彙總，可作為調節期初與期末現金餘額差異之說明。

另外，由現金流量表編製的過程，我們應該知道編製所需的資料包括：

1. **上期與本期之比較資產負債表**：主要提供資產、負債及權益各項目金額變動的資訊。
2. **當期綜合損益表**：提供營業活動現金流量之大部分資訊。
3. **其他補充資料**：例如增資、股利發放、購置或處分不動產、廠房及設備等，及其他須於現金流量表中作說明與揭露之交易。

會計好簡單

×5 年度幻視企業償還銀行貸款之本金 $1,000 及利息 $10，此項交易應如何在現金流量表報導？

解析

償還本金部分之 $1,000 屬於籌資活動，利息部分的 $10 許多企業會選擇列為屬於營業活動。由本例可知：一筆交易可能包含不同類別的現金流量活動。

會計部落格

看現金流量表說故事—博達公司利用假賒帳交易將利潤灌水

看到上市公司綜合損益表上利潤增加,先別高興得太早,你要看現金流量是否同步流入現金,如果沒有,就應該要警覺,因為有可能是該公司利用賒帳交易將利潤灌水。

上一世紀末期發生國內史上最大之利潤灌水案:博達公司1994年至2001年的淨利皆正,但營業活動現金流量為負,表示博達公司綜合損益表所表達之獲利,並未如統一超一樣真正帶來現金流入。

會造成稅後淨利大於營業活動之現金流量,有可能是因為雖有營業收入,但尚未向客戶收現,而造成應收帳款增加;或是公司用現金購入更多存貨,而造成現金減少;也可能是公司清償流動負債,而使得現金減少。博達公司在1994年至2001年的淨利為正,但營業活動現金流量為負,很明顯的是因為應收帳款急遽升高及存貨過多。此種情況頗不尋常,後來證實博達公司透過設立海外子公司,虛增銷貨業績,並將假銷貨創造應收帳款,造成淨利為正,但營業活動之現金流量為負。

博達公司

(單位:新台幣千元)

年度	稅後淨利	營業活動之現金流量	應收帳款(12/31)	存貨(12/31)	流動負債(12/31)
1994	3,582	(10,072)	43,169	19,693	106,277
1995	8,791	(28,638)	56,858	53,999	153,774
1996	17,102	(123,327)	147,323	148,219	384,175
1997	48,246	(7,009)	260,386	116,306	589,443
1998	174,747	(204,528)	566,844	282,653	899,845
1999	341,344	(330,266)	1,120,884	657,389	1,836,434
2000	747,378	(97,747)	1,913,099	769,446	3,494,478
2001	938,993	(191,974)	3,509,364	1,093,582	3,337,250

會計達人

通寧水產公司 ×4 年底及 ×5 年底 12 月 31 日的資產負債表如下：

通寧水產公司
×5 年底及×4 年底
資產負債表

	×5 年 12 月 31 日	×4 年 12 月 31 日
資產		
現金	$ 2,500	$ 2,000
應收帳款（淨額）	4,500	2,500
存貨	6,000	5,000
土地	–	1,500
機器設備	28,000	8,000
累計折舊	(5,000)	(2,500)
資產總額	$36,000	$16,500
負債		
應付帳款	$ 2,000	$ 1,500
應付票據－短期	1,000	2,000
應付票據－長期	9,500	3,000
權益		
普通股股本	17,000	7,500
保留盈餘	6,500	2,500
負債及權益總額	$36,000	$16,500

其他補充資料如下：

1. ×5 年度之本期淨利為 $8,000，折舊費用為 $2,500。
2. 按成本出售土地。
3. 以現金 $7,500 及簽發長期應付票據 $12,500 購入機器設備。
4. 現金增資發行普通股 $3,500。
5. 發放現金股利 $4,000。

試作：編製 ×5 年度之現金流量表（假設沒有支付利息與所得稅）。

解析

通寧水產公司
現金流量表
×5 年度　　　（單位：新台幣千元）

營業活動之現金流量		
本期淨利		$8,000
調整項目		
折舊	$2,500	
應收帳款增加	(2,000)	
存貨增加	(1,000)	
應付帳款增加	500	
短期應付票據減少	(1,000)	(1,000)
營業活動之淨現金流入		$7,000
投資活動之現金流量		
出售土地	$1,500	
購買機器設備	(7,500)	
投資活動之淨現金流出		(6,000)
籌資活動之現金流量		
發放現金股利	$(4,000)	
發行普通股	3,500	
籌資活動之淨現金流出		(500)
本期現金及約當現金增加數		$500
期初現金及約當現金餘額		2,000
期末現金及約當現金餘額		$2,500

摘要

現金流量表說明企業於某特定會計期間「現金及約當現金」為何會增加或減少的原因。約當現金係指形式上不屬於現金，但隨時可轉換成定額現金，常常是 3 個月內到期、利率變動對其價值影響很小的短期且具高流動性的投資。現金流量表的內容包括營業活動現金流量、投資活動現金流量、籌資活動現金流量，以及現金及約當現金淨增加（減少）、期初及期末現金及約當現金餘額。

在計算營業活動的現金流量時，有間接法與直接法可以採用，我國企業多採間接法。在間接法下，由本期稅前淨利推算營運產生之現金流入（出），方法為

$$\begin{aligned}\text{營業產生之現金流入（出）} =\ &\text{稅前淨利} + \text{不動用現金的費損} - \text{不產生現金的收益} \\&+ \text{處分投資（含不動產、廠房及設備）及清償債務的損失} \\&- \text{處分投資（含不動產、廠房及設備）及清償債務的利益} \\&+ \text{與營業有關的資產減少或負債增加數} \\&- \text{與營業有關的資產增加或負債減少數}\end{aligned}$$

算出營運產生之現金流入（出）後，進一步加上收取之利息、股利，再扣減支付之利息、所得稅，即可得到營業活動的現金流量。如果採用直接法，企業會在現金流量表中直接列示當期各項營業活動所產生現金流入及現金流出各多少，報導企業銷售商品或服務客戶所收現之金額，以及為進貨支付供應商、支付員工薪資、支付債權人利息（但不含還本）、支付政府所得稅之金額。

投資活動之現金流量即本期出售非流動資產、出售投資性質流動資產價款與本期購置非流動資產、購置投資性質流動資產耗用現金之差額；籌資活動之現金流量包括業主投資、分配予業主與籌資性質債務的舉借及償還等造成之現金增加或減少。

本章習題

問答題

1. 現金流量表與綜合損益表，都是企業重要報表。其中哪一報表是依應計（權責發生）基礎所編製？哪一報表是依現金基礎所編製？
2. 現金流量表將企業的活動分成哪三類，以報導其個別之現金流量？
3. 什麼是營業活動之現金流量？試舉三個例子。

4. 什麼是籌資活動之現金流量？試舉三個例子。

5. 什麼是投資活動之現金流量？試舉三個例子。

6. 哪一種營業活動現金流量呈現方法顯示並調節本期損益金額和營業活動之現金流量間的差異？

7. 請說明使用直接法與間接法在編製現金流量表的不同處。

8. 哪種特性的證券投資可能被列為「約當現金」？

9. 請說明企業 (1) 營業活動之現金流量、(2) 籌資活動之現金流量、(3) 投資活動之現金流量、與其 (4) 本期現金及約當現金增加數四者之間的關係。

10. 請說明企業 (1) 本期現金及約當現金增加數、(2) 期初現金餘額、(3) 期末現金餘額三者之間的關係。

選擇題

1. 以下何者是正確的？
   (A) 企業編製現金流量表，是基於應計基礎
   (B) 現金流量表告訴讀者為什麼一家企業的現金會在一段期間（1季、半年、前3季或是1年）內增加或是減少
   (C) 企業編製綜合損益表，是基於現金基礎
   (D) 淨利應等於營業活動之現金流量

2. 以下何者會造成現金的增加？
   (A) 應收帳款增加
   (B) 存貨增加
   (C) 負債增加
   (D) 現金股利增加

3. 哪一種營業活動現金流量呈現方法顯示並調節本期損益金額和營業活動之現金流量間的差異？
   (A) 間接法
   (B) 直接法
   (C) 先進先出法
   (D) 加速折舊法

4. 企業從淨利算到營業活動之淨現金流量的過程中，正確的步驟包括
   (A) 扣除各項「非現金流動資產餘額的增加」
   (B) 加上各項「廠房及設備餘額的減少」
   (C) 扣除各項「流動負債餘額的增加」
   (D) 加上本期支付所得稅所耗用現金的金額

5. 以間接法編製現金流量表營業活動之淨現金流入（出）部分時，出售資產利得應如何處理？
   (A) 作為加項

(B) 作為減項
(C) 不用處理，因為不會影響現金流量
(D) 作為籌資活動現金流量之加項

6. 下列有關現金流量表之敘述，何者正確？
   (A) 收到現金股利可列於籌資活動之現金流量
   (B) 支付現金股利可列於籌資活動之現金流量
   (C) 出售公司某一部門而收到的現金總額應列於營業活動的現金流量
   (D) 以現金支付保險費應列於籌資活動的現金流量

7. 處分不動產、廠房及設備或處分投資所發生的利益會影響淨利，此項目於計算營業活動現金流量時，應如何處理？
   (A) 並非營業活動，應予扣除
   (B) 並非營業活動，應予加回
   (C) 屬於營業活動，應予扣除
   (D) 屬於營業活動，應予加回

8. 籌資活動的現金流出項目包括下列何者？
   (A) 貸款給其他企業，或取得約當現金以外的債權憑證
   (B) 購買其他企業股票等權益證券的成本、承作貸款及取得債權憑證，但不包括因交易目的而持有之債權憑證及約當現金部分
   (C) 購買不動產、廠房及設備、天然資源、無形資產及其他非流動資產的成本
   (D) 買回本企業所發行且流通在外股票，增加庫藏股數

9. 投資活動的現金流入不包括下列何者？
   (A) 處分約當現金以外的債權憑證所得的價款（但不包括收到的利息）
   (B) 處分無形資產之價款
   (C) 處分股票投資之價款
   (D) 賣出存貨

10. 金牌舞蹈社 ×3 年初現金餘額為 $200，該年度營業活動之現金流量為 $400、籌資活動之現金流量為 $(200)、投資活動之現金流量為 $(200)，則該企業期末現金餘額為何？
    (A) $800
    (B) $600
    (C) $400
    (D) $200

11. 現金流量表中，通常不會出現下列何者？
    (A) 期初現金及約當現金數額
    (B) 本期之三大活動現金流量
    (C) 期末現金及約當現金數額
    (D) 期末應收帳款數額

12. 直接法現金流量表中，通常會出現下列何者？
    (A) 本期支付供應商之現金
    (B) 本期營業成本

(C) 本期營業費用　　　　　　　　(D) 本期營業收入

13. 直接法現金流量表中，通常會出現下列何者
　(A) 生產設備之期末累計折舊　　(B) 本期折舊費用
　(C) 期初辦公設備成本　　　　　(D) 本期自顧客收現之金額

14. 在直接法下，下列哪項不會出現在現金流量表「由營業活動而來之現金流量」？
　(A) 支付給員工之現金　　　　　(B) 從顧客收到之現金
　(C) 支付給供應商之現金　　　　(D) 出售資產利得

15. 索爾公司×4年度之財務報表上的銷貨為$800,000，應收帳款期初餘額為$200,000，期末餘額為$140,000，期初預收貨款餘額為$40,000，期末預收貨款餘額為$80,000，則經由銷貨而收到的現金為何？
　(A) $700,000　　　　　　　　　(B) $780,000
　(C) $820,000　　　　　　　　　(D) $900,000

16. 英眼公司出售一設備產生利益$9,000，其原始成本為$32,000，出售當時之累計折舊為$24,000，則此交易產生之投資活動現金流量為何？
　(A) $1,000　　　　　　　　　　(B) $8,000
　(C) $9,000　　　　　　　　　　(D) $17,000　　　　【改寫自初等特考】

練習題

1.【現金流量的類型】以下何者屬於營業活動的現金流入？何者屬於營業活動的現金流出？
　(1) 以賒銷方式進原料，1年半後才能夠收取貨款。
　(2) 先享受後付款客戶為前一年度所購買貨物付款。
　(3) 先付款後享受客戶預付下一年度始交付產品之貨款。
　(4) 以賒帳方式進原料，1年半後才需要付款。
　(5) 公司於本期為過去年度所購買商品存貨付款。
　(6) 出售無形資產獲取現金。
　(7) 公司於本期先付款給供應商，下個會計年度始能夠取得商品存貨。

2.【現金流量的類型】以下各屬於哪一類活動之現金流量？
　(1) 增資發行新股獲取現金。
　(2) 向銀行借款、發行公司債獲取現金。
　(3) 再出售庫藏股票獲取現金。

3.【現金流量的類型】以下各屬於哪一類活動之現金流量？
　(1) 銷貨的收現。　　　　　　(2) 支付薪資。

(3) 支付所得稅。　　　　　　　　　(4) 支付購買機器設備價款。

4. 【銷貨收入與本期從客戶收現金額】星絕公司本期銷貨收入大幅增加，這是否意味該公司本期從客戶收現金額一定會增加？為什麼？

5. 【自供應商進貨與對上游供應商付款總金額】黃蜂美食×9年自供應商進貨不論是單價或是數量都遠超過×8年度，該公司×9年對上游供應商付款總金額是否一定會增加？為什麼？

6. 【直接法計算營業活動之現金流量】曉淇企業以直接法列示其營業活動現金流量，其相關項目如下：

顧客應收帳款收現	$400
支付原料供應商貨款	(50)
支付員工薪資	(100)
支付銷售、管理、研發等營業費用	(50)
預收顧客帳款	10
支付利息	(11)
支付所得稅	(22)

請問該企業本期營業活動現金流入或是流出金額是多少？

7. 【計算籌資活動現金流量】荒漠沙輪×3年發行特別股共獲得$420，發行公司債共獲得$196，支付現金股利$16，荒漠公司選擇將支付現金股利列於籌資活動之現金流量，請計算×3年荒漠籌資活動之現金流量。

8. 【計算籌資活動現金流量】沙讚公司×7年度向銀行借款$6，以現金增資發行新股共獲得$4，發放股票股利$1,000，購買庫藏股票共付出$2，請計算該公司×7年度籌資活動之現金流量。

9. 【造成現金增減的事件】請判斷下列何者可能會造成現金增加？
   (1) 流動負債的增加。
   (2) 應收票據的增加。
   (3) 存貨的增加。
   (4) 企業淨利是負值，造成權益減少。
   (5) 企業分配現金股利。

10. 【造成現金增減的事件】請判斷下列何者可能會造成現金減少？
    (1) 短期銀行借款的減少。
    (2) 應收帳款的減少。
    (3) 買回本企業所發行且流通在外股票，增加庫藏股數。

(4) 企業淨利豐厚，造成權益增加。

(5) 企業分配股票股利，增加發行股數。

11. 【用直接法計算營業活動現金流量】×6 年八卦山茶葉於自客戶處收到應收款 $1,300，另收到合歡山飯店預付貨款 $40，八卦山茶葉共支付上游供應商清境山莊貨款 $150、支付員工薪資 $420，則八卦山茶葉該年度營業活動之現金流量是多少？

應用問題

1. 【用間接法計算營業活動現金流量】×2 年光明路燈的淨利是 $250，折舊費用 $25，處分不動產、廠房及設備利益 $15；該年度其存貨減少 $175，應付帳款增加 $600；請用間接法為光明路燈計算 ×2 年營業活動之現金流量（假設支付所得稅金額為零）。

2. 【計算籌資活動現金流量】×4 年梅拉公司 (1) 作現金增資，藉由發行新股共獲得 $15，(2) 銀行借款共增加 $30，(3) 實施庫藏股票共付出 $10。請計算 ×4 年梅拉公司籌資活動之現金流量。

3. 【計算投資活動現金流量】美隊服飾 ×3 年出售原本其重大投資浩克企業股票獲得 $200，處分不動產、廠房及設備獲得 $20，購買運輸設備付出 $800，購買洛基公司股票以增加其重大投資付出 $400，請計算 ×3 年美隊服飾投資活動之現金流量。

4. 【處分設備交易在現金流量表之表達】羅賓公司於 ×3 年中大幅更換其運輸設備，×3 年度設備變動之資料如下：

	12 月 31 日	1 月 1 日
運輸設備	$560	$320
累計折舊	144	240

年度中曾將帳列成本 $290、累計折舊 $190 之舊設備出售，得款 $80；另購置新設備之價款係以 2 年期票據支付。

試作：
(1) 計算處分設備損益。
(2) 計算新設備成本。
(3) 計算 ×3 年度設備之折舊費用。
(4) 列示有關設備交易在 ×3 年度現金流量表之表達（包括項目及金額）。

5. 【直接法與間接法】試依下列資料求算營業活動之現金流量，並分別依：(1) 直接法；(2) 間接法表達。假設支付所得稅金額為零，應計負債中之「應付所得稅」亦為零。

<table>
<tr><td colspan="2" align="center">庫洛公司
綜合損益表</td></tr>
<tr><td>銷貨收入</td><td>$600</td></tr>
<tr><td>銷貨成本</td><td>(190)</td></tr>
<tr><td>銷貨毛利</td><td>$410</td></tr>
<tr><td>銷管部門折舊費用以外之營業費用</td><td>(70)</td></tr>
<tr><td>折舊費用</td><td>(20)</td></tr>
<tr><td>淨利</td><td>$320</td></tr>
<tr><td>其他綜合損益</td><td>0</td></tr>
<tr><td>綜合損益</td><td>$320</td></tr>
</table>

流動資產及流動負債當年變動如下：

	增	減
應收帳款		$10
存貨	$6	
預付費用	4	
應付帳款	12	
應計負債	2	

6. **【計算各項活動之現金流量與計算現金餘額】** 福爾青草茶 ×8 年 1 月 1 日的現金餘額為 $300，以下係該公司 ×8 年度的相關資訊：

發行公司債券	$ 600	支付供應商貨款	$ 700
購買長期債券	70	支付員工薪資	300
收到現金利息	20	收到現金股利	30
償還非流動負債	350	自客戶收取現金	1,900
出售不動產、廠房及設備收現	450	付現購置不動產、廠房及設備	280
發放現金股利	50	支付營業費用	100

福爾選擇將發放現金股利列為其籌資活動之現金流量，將收到現金利息和股息列為其營業活動之現金流量，試求福爾：

(1) ×8 年度營業活動之現金流量。
(2) ×8 年度投資活動之現金流量。
(3) ×8 年度籌資活動之現金流量。
(4) ×8 年底的現金餘額。

7. **【間接法】** 艾蓮公司會計年度採曆年制，其 ×2 年度之綜合損益表內的本期損益資料如下：

營業收入	$15,000
主要費損（含出售設備損失 $4,800，不含折舊費用） $9,840	
折舊費用 1,760	(11,600)
稅前淨利	$3,400
所得稅費用	(1,106)
本期淨利	$ 2,294

另公司 ×2 年度及 ×1 年底比較資產負債表中相關項目餘額如下：

	×2 年	×1 年
現金	$ 778	$1,578
應收帳款	1,550	1,220
存貨	1,668	1,734
應付帳款	1,042	1,002
應付所得稅	470	410

試作：求算艾蓮公司 ×2 年營業活動之現金流量。

8. 【直接法】艾爾文公司 ×5 年度相關損益資料如下：

銷貨收入	$1,000
銷貨成本中原料與人工部分	900
銷貨成本中折舊費用部分	30
營業費用與所得稅費用總和	70

該公司 ×4 年底與 ×5 年底相關資產負債資料如下：

	×5/12/31	×4/12/31
現金及約當現金	$ 20	$292
應收帳款	180	160
存貨	100	80
預付費用	6	4
應付帳款	36	40
應付費用	14	30

其他相關資料如下：

1. 以 $200 現金購買土地。
2. 發放現金股利共 $40，而艾爾文公司選擇將發放現金股利列為其籌資活動之現金流量。

試作：根據上列資料，採直接法編製現金流量表。

中英索引

⭐ 中文索引

$1 複利現值　present value of $1 at compound interest　374
12 個月預期信用損失　12-month expected credit losses　491
T 字帳　T account　92

一畫

一般公認會計原則　Generally Accepted Accounting Principles, GAAP　21
一般合夥組織　general partnership　455

三畫

土地　Land　312
土地改良物　Land Improvement　312
工作底稿　work sheet　168

四畫

不附息票據　non-interest bearing note　353
不動產、廠房及設備　Property, Plant and Equipment　310
內部控制　internal control　273
公允價值　fair value　14, 18
公司　corporation; company　4, 430
公司治理　corporate governance　10
公司債　corporate bonds　7
公開公司會計監督委員會　Public Company Accounting Oversight Board, PCAOB　30
分期應收帳款　Installment Accounts Receivable　284
分類式資產負債表　classified balance sheet　209
分類帳　ledger　83
天然資源　Natural Resources　332
日記簿　journal　83
毛利率法　gross profit method　255

五畫

世界會計師大會　World Congress of Accountants　30
主理人　principal　8
付息日　dividend payment date　443
代理人　agent　8
代理理論　agency theory　8
出售　sale　330
加速折舊法　accelerated depreciation method　320
加權平均法　weighted average method　243
可了解性　understandability　25
可比性　comparability　25
可回收金額　recoverable amount　335
可折舊金額　depreciable cost　318
可供銷售商品成本　cost of goods available for sale　238
可能義務　possible obligation　357
可轉換特別股　convertible preferred stock　433
可贖回特別股　callable preferred stock　433
可驗證性　verifiability　25
外部審計人員　external auditors　5
市場利率　market rate of interest　363
平價發行債券　issuing bonds at par　363
未兌現支票　outstanding check　279
未來值　future value　373
本金　principal　6
本益比　price-to-earnings ratio, PE Ratio　451
永久性帳戶　permanent account　154
永續盤存制　perpetual inventory system　189, 238
目的地交貨　FOB destination　192, 283

六畫

交易目的用　trading　18

中英索引

企業個體假設　separate entity assumption　21
先進先出法　first-in, first-out method, FIFO　243
合併財務報表　consolidated financial statements　501
合夥　partnership　4, 430
名目利率　nominal rate　363
在途存款　deposit on transit　278
多站式綜合損益表　multiple-step statement of comprehensive income　215
存貨　Inventory　191
存貨週轉平均天數　inventory turnover in days　257
存貨週轉率　inventory turnover in times　257
存款不足退票　not sufficient funds, NSF　279
存續期間預期信用損失　life-time expected credit losses　491
安隆事件　Enron scandal　11
年金　annuity　376
年報　annual report　8
年數合計法　sum-of-the-years'-digits method　321
成本公式　cost formula　242
成本法　cost method　446
成本與淨變現價值孰低　lower of cost or net realizable value　251
收入　revenue　17
收入認列　revenue recognition　123
收益支出　revenue expenditure　328
有效利息法　effective-interest method　366
有效利率　effective rate of interest　363

七畫

利息　interest　6
利益　gain　17
利率　interest rate　7
投入資本　Contributed Capital or Paid-in Capital　431
投資人　investors　4
投資活動之現金流量　cash flows from investing activities　533
折耗　depletion　332
折耗費用　Depletion Expense　332
折價　discount　363

折價發行債券　issuing bonds at a discount　363
折舊　depreciation　316
折舊性資產　depreciable asset　316
折舊費用　Depreciation Expense　135, 317
攸關性　relevance　25
每股盈餘　earnings per share, EPS　449
沙賓法案　Sarbanes-Oxley Act　30, 273

八畫

使用價值　value in use　335
供應商　suppliers; vendors　4
其他綜合損益　other comprehensive income　18
其他權益　Other Equity　431
具名營業人　general partners　455
到期值　maturity value　363
固定資產　Fixed Assets　310
定期盤存制　periodic inventory system　189, 237
忠實表述　faithful representation　25
或有負債　contingent liability　357
抵銷帳戶　contra account　199
抵銷項目　contra account　317
直接沖銷法　Direct Write-off Method　286
直接法　direct method　529
直線法　straight-line method　318
股本　Capital Stock　47, 431
股份　share　431
股利　dividends　9
股東　shareholders; stockholders　4, 430
股票股利　stock dividend　444
股票股利發放日　stock dividend distribution date　445
金融工具　financial instrument　470
金融資產　financial assets　471
附息票據　interest-bearing note　352

九畫

保留盈餘　Retained Earnings　53, 148, 431
前期損益調整　Prior Period Adjustment　440
契約利率　contract rate　363
宣告日　declaration date　443
建築物　Building　312

後進先出法　last-in, first-out method, LIFO　243
指定用途或是指撥　appropriated　439
政府　government　4
活動量法　activity method　319
相互代理　mutual agency　455
約當現金　cash equivalent　273, 519
美國會計師協會　American Institute of Certified Public Accountants, AICPA　15, 27
美國會計學會　American Accounting Association, AAA　13, 29
美國證券交易委員會　U.S. Securities and Exchange Commission, SEC　29
負債　liabilities　16
負債準備　provision　357
重大性　materiality　311
面額　face amount; par value　311, 431

十畫

個別認定法　specific identification method　243
倍數餘額遞減法　double declining balance method　320
借方　debit　83
借貸法則　rules of debit and credit　83
借項通知單　debit memorandum　191
原則式準則　principles-based standards　33
員工　employees　4
家管　stewardship　13
庫藏股票　Treasury Stock　446
捐贈資本　Donated Capital　438
時效性　timeliness　25
特別股　Preferred Stock; Perferred Share　432
特許權　Franchise　394
財務狀況表　statement of financial position　16
財務長　chief financial officer, CFO　11
財務報表　financial statements　5, 15
財務會計　financial accounting　15
財務會計基金會　Financial Accounting Foundation, FAF　28
財務會計準則公報　Statement of Financial Accounting Standards　28
財務會計準則理事會　Financial Accounting Standards Board, FASB　28
起運點交貨　FOB shipping point　192, 283
除息日　ex-dividend date　443
除權日　ex-stock-dividend date　445

十一畫

假設　assumptions　21
參加特別股　participating preferred stock　433
商品存貨　Merchandise Inventory　191
商業折扣　trade discount　284
商標權　Trademark　394
商譽　Goodwill　395
國際財務報導準則　International Financial Reporting Standards, IFRS　28
國際會計師聯盟　International Federation of Accountants, IFAC　15
國際會計準則公報　Statements of International Accounting Standards, IAS　28
國際會計準則委員會　International Accounting Standards Committee, IASC　28
國際會計準則理事會　International Accounting Standards Board, IASB　28
國際會計團體聯合會　International Federation of Accountants, IFAC　29
國際審計準則　International Standards on Auditing, ISAs　29
國際證券管理機構組織　International Organization of Securities Commission, IOSCO　29
執行長　chief executive officer, CEO　11
執照　License　394
基本品質特性　fundamental qualitative characteristics　25
寄銷　consignment　284
專利權　Patent　392
帳戶　account　82
帳面金額　carrying amount　136, 317
帳齡分析法　aging of accounts receivable method　289
強化性品質特性　enhancing qualitative characteristics　25
採用權益法之投資　Investments in Associates Accounted for using equity method　499

採用權益法之關聯企業損益份額　Share of Profit（Loss）of Associates Accounted for using equity method　499
淨公允價值　net fair value　335
淨利　net income　18
淨值　net worth　17
淨損　net loss　18
淨資產　net assets　17
現存義務　present obligation　350
現金流量　cash flows　14, 19
現金流量表　statement of cash flows　15
現金基礎　cash basis　25
現值　present value　373
現時義務　present obligation　357
票面利率　coupon rate　363
票據到期發票人拒付　Dishonored Notes Receivable　294
移動平均法　moving average method　244
累計折耗　Accumulated Depletion　333
累計折舊　Accumulated Depreciation　135, 317
累計攤銷　Accumulated Amortization　392
累積特別股　cumulative preferred stock　432
累積積欠股利　dividends in arrears　432
處分利益　gain on disposal　330
處分損失　loss on disposal　331
規則式準則　rules-based standards　33
設備　Equipment　313
貨幣市場　money market　470
貨幣的時間價值　time value of money　373
貨幣單位衡量假設　unit-of-measure assumption　22

十二畫

備抵法　Allowance Method　286
單站式綜合損益表　single-step statement of comprehensive income　214
報廢　retirement　330
幾乎確定　virtually certain　360
普通股　Common Stock　432
普通股權益報酬率　return on common equity, ROE　450
殘值　residual value　318

減損　impairment　335
減損損失　Impairment Loss　336
發行股本　issued stock　435
發票　Invoice　190
結帳分錄　closing entry　150
著作權　Copyright　394
虛帳戶　nominal account　154
評價　valuation　14
貸方　credit　83
貸項通知單　credit memorandum　198
費用　expenses　17
貼現　discount　294
進貨　Purchase　237
進貨折扣　Purchase Discount　194
進貨折讓　Purchase Allowance　190
進貨退回　Purchase Return　189
進貨退回與折讓　Purchase Return and Allowance　238
開辦費　start-up costs　395
間接法　indirect method　522

十三畫

債權人　creditors　4
意見書　Opinion　27
損失　loss　17
會計分錄　journal entry　83
會計恆等式或會計方程式　accounting equation　16
會計研究公報　Accounting Research Bulletins, ARB　27
會計原則委員會　Accounting Principles Board, APB　27
會計循環　accounting cycle　35
會計期間　accounting period　24
會計期間假設　time-period assumption　24
會計項目　accounting item　82
會計資訊系統　accounting information systems　15
業主兼經理人　owner-manager　4
準備矩陣　provision matrix　287
溢價發行債券　issuing bonds at a premium　364
解釋　Interpretations　28
資本公積　Capital Surplus　431

資本支出　capital expenditure　328
資本市場　capital market　470
資訊不對稱　information asymmetry　5
資產　assets　16
資產負債表　balance sheet　15
資產報酬率　return on total assets, ROA　450
運費　Freight-In　238
過帳　posting　83
零用金　petty cash fund　275
預付費用　prepaid expenses　125
預收收入　unearned revenue　125
預收房租收入　Unearned Rent　138
預期信用減損損失　Expected Credit Impairment Loss　285

十四畫

實帳戶　real account　154
幣值不變假設　stable monetary unit assumption　23
管理報表　managerial accounting reports　15
管理會計　management accounting; managerial accounting　15
管理會計人員協會　Institute of Management Accountants, IMA　15
綜合損益　comprehensive income　19
綜合損益表　statement of comprehensive income　15
聚合　convergence　27
認股選擇權　stock options　7
遞耗資產　Wasting Assets　332
銀行存款調節表　bank reconciliation　278

十五畫

數位資產投資　Digital Assets　515
暫時性帳戶　temporary account　154
調整分錄　adjusting entry　125
銷貨成本　Cost of Goods Sold　198
銷貨收入　Sales Revenue　198
銷貨折扣　Sales Discount　194
銷貨退回與銷貨折讓　Sales Return and Allowance　198
餘額遞減法　declining balance method　320

十六畫

整批購貨　lump-sum purchase　314
曆年制　calendar year　10
歷史成本　historical cost　14
獨資　proprietorship　4, 430

十七畫

應付利息　Interest Payable　137
應付帳款　Accounts Payable　350
應付票據　Notes Payable　352
應付票據折價　Discount on Notes Payable　353
應付薪資　Salaries Payable　137
應收利息　Interest Receivable　141
應收帳款　Accounts Receivable　140
應收帳款　Accounts Receivable; Trade Receivable　283
應收帳款週轉天數　accounts receivable turnover in days　298
應收帳款週轉率　accounts receivable turnover in times　297
應收帳款餘額百分比法　percentage of accounts receivable method　288
應收票據　Notes Receivable　283
應計（或稱權責發生）基礎　accrual basis　25
應計收入　accrued revenue　126
應計費用　accrued expenses　125
營業活動之現金流量　cash flows from operating activities　520
營業週期　operating cycle　188, 298
隱名合夥人　limited partners　455
隱名合夥組織　limited partnership　455

十八畫

額定股本或授權股本　authorized stock　435

十九畫

證券交易法　Securities and Exchange Act　29

二十畫

籌資活動之現金流量　cash flows from financing activities　534
繼續經營假設　going-concern assumption　22

二十一畫

顧客　customers　4

二十二畫

攤銷　amortization　391
攤銷費用　Amortization Expense　392

二十二畫

權益　equity　16
權益法　equity method　498
權益變動表　statement of equity　15

二十三畫

變動對價　Variable Consideration　291

英文索引

12-month expected credit losses　12 個月預期信用損失　491

A

accelerated depreciation method　加速折舊法　320
account　帳戶　82
accounting cycle　會計循環　35
accounting equation　會計恆等式或會計方程式　16
accounting information systems　會計資訊系統　15
accounting item　會計項目　82
accounting period　會計期間　24
Accounting Principles Board, APB　會計原則委員會　27
Accounting Research Bulletins, ARB　會計研究公報　27
Accounts Payable　應付帳款　350
Accounts Receivable　應收帳款　140
accounts receivable turnover in days　應收帳款週轉天數　298
accounts receivable turnover in times　應收帳款週轉率　297
Accounts Receivable; Trade Receivable　應收帳款　283
accrual basis　應計（或稱權責發生）基礎　25
accrued expenses　應計費用　125
accrued revenue　應計收入　126
Accumulated Amortization　累計攤銷　392
Accumulated Depletion　累計折耗　333
Accumulated Depreciation　累計折舊　135, 317
activity method　活動量法　319
adjusting entry　調整分錄　125
agency theory　代理理論　8
agent　代理人　8
aging of accounts receivable method　帳齡分析法　289
Allowance Method　備抵法　286
American Accounting Association, AAA　美國會計學會　13, 29

American Institute of Certified Public Accountants, AICPA　美國會計師協會　15, 27
amortization　攤銷　391
Amortization Expense　攤銷費用　392
annual report　年報　8
annuity　年金　376
appropriated　指定用途或是指撥　439
assets　資產　16
assumptions　假設　21
authorized stock　額定股本或授權股本　435

B

balance sheet　資產負債表　15
bank reconciliation　銀行存款調節表　278
Building　建築物　312

C

calendar year　曆年制　10
callable preferred stock　可贖回特別股　433
capital expenditure　資本支出　328
capital market　資本市場　470
Capital Stock　股本　47, 431
Capital Surplus　資本公積　431
carrying amount　帳面金額　136, 317
cash basis　現金基礎　25
cash equivalent　約當現金　273, 519
cash flows　現金流量　14, 19
cash flows from financing activities　籌資活動之現金流量　534
cash flows from investing activities　投資活動之現金流量　533
cash flows from operating activities　營業活動之現金流量　520
chief executive officer, CEO　執行長　11
chief financial officer, CFO　財務長　11
classified balance sheet　分類式資產負債表　209
closing entry　結帳分錄　150
Common Stock　普通股　432

comparability 可比性 25
comprehensive income 綜合損益 19
consignment 寄銷 284
consolidated financial statements 合併財務報表 501
contingent liability 或有負債 357
contra account 抵銷帳戶 199
contra account 抵銷項目 317
contract rate 契約利率 363
Contributed Capital or Paid-in Capital 投入資本 431
convergence 聚合 27
convertible preferred stock 可轉換特別股 433
Copyright 著作權 394
corporate bonds 公司債 7
corporate governance 公司治理 10
corporation; company 公司 4, 430
cost formula 成本公式 242
cost method 成本法 446
cost of goods available for sale 可供銷售商品成本 238
Cost of Goods Sold 銷貨成本 198
coupon rate 票面利率 363
credit 貸方 83
credit memorandum 貸項通知單 198
creditors 債權人 4
cumulative preferred stock 累積特別股 432
customers 顧客 4

D

debit 借方 83
debit memorandum 借項通知單 191
declaration date 宣告日 443
declining balance method 餘額遞減法 320
depletion 折耗 332
Depletion Expense 折耗費用 332
deposit on transit 在途存款 278
depreciable asset 折舊性資產 316
depreciable cost 可折舊金額 318
depreciation 折舊 316
Depreciation Expense 折舊費用 135, 317

Digital Assets 數位資產投資 515
direct method 直接法 529
Direct Write-off Method 直接沖銷法 286
discount 貼現（折價） 294, 363
Discount on Notes Payable 應付票據折價 353
Dishonored Notes Re-ceivable 票據到期發票人拒付 294
dividend payment date 付息日 443
dividends 股利 9
dividends in arrears 累積積欠股利 432
Donated Capital 捐贈資本 438
double declining balance method 倍數餘額遞減法 320

E

earnings per share, EPS 每股盈餘 449
effective rate of interest 有效利率 363
effective-interest method 有效利息法 366
employees 員工 4
enhancing qualitative characteristics 強化性品質特性 25
Enron scandal 安隆事件 11
Equipment 設備 313
equity 權益 16
equity method 權益法 498
ex-dividend date 除息日 443
Expected credit impairment loss 預期信用減損損失 285
expenses 費用 17
ex-stock-dividend date 除權日 445
external auditors 外部審計人員 5

F

face amount 面額 363
fair value 公允價值 14, 18
faithful representation 忠實表述 25
financial accounting 財務會計 15
Financial Accounting Foundation, FAF 財務會計基金會 28
Financial Accounting Standards Board, FASB 財務會計準則理事會 28

financial assets　金融資產　471
financial instrument　金融工具　470
financial statements　財務報表　5, 15
first-in, first-out method, FIFO　先進先出法　243
Fixed Assets　固定資產　310
FOB destination　目的地交貨　192, 283
FOB shipping point　起運點交貨　192, 283
Franchise　特許權　394
Freight-In　運費　238
fundamental qualitative characteristics　基本品質特性　25
future value　未來值　373

G

gain　利益　17
gain on disposal　處分利益　330
general partners　具名營業人　455
general partnership　一般合夥組織　455
Generally Accepted Accounting Principles, GAAP　一般公認會計原則　21
going-concern assumption　繼續經營假設　22
Goodwill　商譽　395
government　政府　4
gross profit method　毛利率法　255

H

historical cost　歷史成本　14

I

impairment　減損　335
Impairment Loss　減損損失　336
indirect method　間接法　522
information asymmetry　資訊不對稱　5
Installment Accounts Receivable　分期應收帳款　284
Institute of Management Accountants, IMA　管理會計人員協會　15
interest　利息　6
Interest Payable　應付利息　137
interest rate　利率　7
Interest Receivable　應收利息　141
interest-bearing note　附息票據　352

internal control　內部控制　273
International Accounting Standards Board, IASB　國際會計準則理事會　28
International Accounting Standards Committee, IASC　國際會計準則委員會　28
International Federation of Accountants, IFAC　會計師聯盟（國際會計團體聯合會）　15, 29
International Financial Reporting Standards, IFRS　國際財務報導準則　28
International Organization of Securities Commission, IOSCO　國際證券管理機構組織　29
International Standards on Auditing, ISAs　國際審計準則　29
Interpretations　解釋　28
Inventory　存貨　191
inventory turnover in days　存貨週轉平均天數　257
inventory turnover in times　存貨週轉率　257
Investments in Associates Accounted for using equity method　採用權益法之投資　499
investors　投資人　4
Invoice　發票　190
issued stock　發行股本　435
issuing bonds at a discount　折價發行債券　363
issuing bonds at a premium　溢價發行債券　364
issuing bonds at par　平價發行債券　363

J

journal　日記簿　83
journal entry　會計分錄　83

L

Land　土地　312
Land Improvement　土地改良物　312
last-in, first-out method, LIFO　後進先出法　243
ledger　分類帳　83
liabilities　負債　16
License　執照　394
life-time expected credit losses　存續期間預期信用損失　491
limited partners　隱名合夥人　455
limited partnership　隱名合夥組織　455

loss　損失　17
loss on disposal　處分損失　331
lower of cost or net realizable value　成本與淨變現價值孰低　251
lump-sum purchase　整批購貨　314

M

management accounting; managerial accounting　管理會計　15
managerial accounting reports　管理報表　15
market rate of interest　市場利率　363
materiality　重大性　311
maturity value　到期值　363
Merchandise Inventory　商品存貨　191
money market　貨幣市場　470
moving average method　移動平均法　244
multiple-step statement of comprehensive income　多站式綜合損益表　215
mutual agency　相互代理　455

N

Natural Resources　天然資源　332
net assets　淨資產　17
net fair value　淨公允價值　335
net income　淨利　18
net loss　淨損　18
net worth　淨值　17
nominal account　虛帳戶　154
nominal rate　名目利率　363
non-interest bearing note　不附息票據　353
not sufficient funds, NSF　存款不足退票　279
Notes Payable　應付票據　352
Notes Receivable　應收票據　283

O

operating cycle　營業週期　188, 298
Opinion　意見書　27
other comprehensive income　其他綜合損益　18
Other Equity　其他權益　431
outstanding check　未兌現支票　279
owner-manager　業主兼經理人　4

P

par value　面額　431
participating preferred stock　參加特別股　433
partnership　合夥　4, 430
Patent　專利權　392
percentage of accounts receivable method　應收帳款餘額百分比法　288
periodic inventory system　定期盤存制　189, 237
permanent account　永久性帳戶　154
perpetual inventory system　永續盤存制　189, 238
petty cash fund　零用金　275
possible obligation　可能義務　357
posting　過帳　83
Preferred Stock; Perferred Share　特別股　432
prepaid expenses　預付費用　125
present obligation　現存義務　350
present obligation　現時義務　357
present value　現值　373
present value of $1 at compound interest　$1 複利現值　374
price-to-earnings ratio, PE Ratio　本益比　451
principal　本金（主理人）　6, 8
principles-based standards　原則式準則　33
Prior Period Adjustment　前期損益調整　440
Property, Plant and Equipment　不動產、廠房及設備　310
proprietorship　獨資　4, 430
provision　負債準備　357
provision matrix　準備矩陣　287
Public Company Accounting Oversight Board, PCAOB　公開公司會計監督委員會　30
Purchase　進貨　237
Purchase Allowance　進貨折讓　190
Purchase Discount　進貨折扣　194
Purchase Return　進貨退回　189
Purchase Return and Allowance　進貨退回與折讓　238

R

real account　實帳戶　154
recoverable amount　可回收金額　335

relevance　攸關性　25
residual value　殘值　318
Retained Earnings　保留盈餘　53, 148, 431
retirement　報廢　330
return on common equity, ROE　普通股權益報酬率　450
return on total assets, ROA　資產報酬率　450
revenue　收入　17
revenue expenditure　收益支出　328
revenue recognition　收入認列　123
rules of debit and credit　借貸法則　83
rules-based standards　規則式準則　33

S

Salaries Payable　應付薪資　137
sale　出售　330
Sales Discount　銷貨折扣　194
Sales Return and Allowance　銷貨退回與銷貨折讓　198
Sales Revenue　銷貨收入　198
Sarbanes-Oxley Act　沙賓法案　30, 273
Securities and Exchange Act　證券交易法　29
separate entity assumption　企業個體假設　21
share　股份　431
Share of Profit（Loss）of Associates Accounted for using equity method　採用權益法之關聯企業損益份額　499
shareholders; stockholders　股東　4, 430
single-step statement of comprehensive in-come　單站式綜合損益表　214
specific identification method　個別認定法　243
stable monetary unit assumption　幣值不變假設　23
start-up costs　開辦費　395
statement of cash flows　現金流量表　15
statement of comprehensive income　綜合損益表　15
statement of equity　權益變動表　15
Statement of Financial Accounting Standards　財務會計準則公報　28
statement of financial position　財務狀況表　16
Statements of International Accounting Standards, IAS　國際會計準則公報　28

stewardship　家管　13
stock dividend　股票股利　444
stock dividend distribution date　股票股利發放日　445
stock options　認股選擇權　7
straight-line method　直線法　318
sum-of-the-years'-digits method　年數合計法　321
suppliers; vendors　供應商　4

T

T account　T字帳　92
temporary account　暫時性帳戶　154
time value of money　貨幣的時間價值　373
timeliness　時效性　25
time-period assumption　會計期間假設　24
trade discount　商業折扣　284
Trademark　商標權　394
trading　交易目的用　18
Treasury Stock　庫藏股票　446

U

U.S. Securities and Exchange Commission, SEC　美國證券交易委員會　29
understandability　可了解性　25
Unearned Rent　預收房租收入　138
unearned revenue　預收收入　125
unit-of-measure assump-tion　貨幣單位衡量假設　22

V

valuation　評價　14
value in use　使用價值　335
Variable Consideration　變動對價　291
verifiability　可驗證性　25
virtually certain　幾乎確定　360

W

Wasting Assets　遞耗資產　332
weighted average method　加權平均法　243
work sheet　工作底稿　168
World Congress of Accountants　世界會計師大會　30